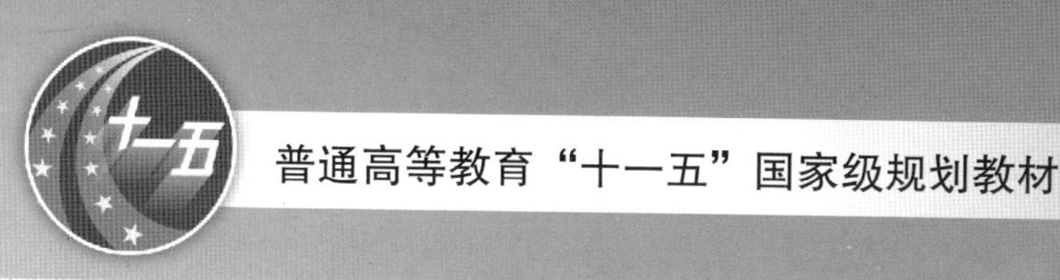

计算机科学与技术专业规划教材

C语言及程序设计基础

主编 谭成予

参编 胡文斌

图书在版编目(CIP)数据

C语言及程序设计基础/谭成予主编 .—武汉:武汉大学出版社,2010.2
(2022.8重印)
普通高等教育"十一五"国家级规划教材
计算机科学与技术专业规划教材
ISBN 978-7-307-07563-4

Ⅰ.C… Ⅱ.谭… Ⅲ.C语言—程序设计—高等学校—教材 Ⅳ.TP312

中国版本图书馆CIP数据核字(2010)第006559号

责任编辑:林 莉　　责任校对:刘 欣　　版式设计:支 笛

出版发行:**武汉大学出版社** (430072 武昌 珞珈山)
(电子邮箱:cbs22@whu.edu.cn 网址:www.wdp.com.cn)
印刷:武汉邮科印务有限公司
开本:787×1092 1/16 印张:25 字数:634千字 插页:1
版次:2010年2月第1版 2022年8月第4次印刷
ISBN 978-7-307-07563-4/TP·351 定价:49.00元

前　言

作者在武汉大学为一年级本科生教授程序设计时，发现很多初学者热衷于学习各种语言工具以及语法细节，但是却常常陷入对语言工具极为熟悉而无法写出高质量程序的困境，因而萌发了编写本书的想法。

怎样才能通过学习成为一个优秀的程序员？对这个问题，初学者常常存在一些认识上的误区，即只要花费大量的时间学习语言工具就能成为一个程序设计的高手。这个观点有些荒谬，识字很多的人一定是最好的作家吗？能演奏最多音符的人一定是最好的音乐家吗？显然不是。编程工作不仅仅只是编写代码，它应当是恰当的问题解决策略和正确的语言细节的完美结合，其中最困难的部分并不是学习语言细节，而是理解问题的解决之道。

本书从一开始就注重程序设计方法，从准备完整且准确的程序说明开始，并强调测试计划和程序验证的重要性。本书以 C 语言为样例，着重讲解高级语言程序设计的基本理论，结合程序设计的基本思想、问题表达、设计方法以及解决问题能力为主线条，配合 C 语言的文法及描述方法，组织全书的内容。

本书在介绍程序设计的基本概念的基础上，强调算法的重要性及其在程序设计中的作用；强调"以算法带动文法"、"学思想用细节"的思想。并通过大量的数学、工程和算法方面的完整样例程序，为读者展示如何通过编程技巧阐述问题的解决策略。

本书为水平各不相同的所有程序设计人员编写。无论是程序设计的初学者、教师还是成熟的专业人士，我们相信本书及其辅导教材将提供一种内容丰富而具有挑战性的学习经历。

欢迎访问我们建立的课程资源网站：http://jpkc.whu.edu.cn/jpkc2005/alprogram/。

作者在每学年授课时，常被学生问到一个问题：为什么选择 C 语言作为第一门编程课程？笔者认为，C 语言比 C++或者 Java 等更适合作为编程的入门语言。实际上，由于好奇的天性，人们更容易注意到那些新的事物，而忽视了用以构筑未来的坚实基础。C 语言正是这样的基础，很多的程序代码是用 C 语言运行的，C++正是在此基础上建立的，C 语言的语法构成了 Java 的基础。但是，C 语言不仅仅只是其他语言的起点，它到今天仍然至关重要，仍然具有其他计算机语言无法比拟的魅力。除此之外，从 C 语言开始学起，可以有助于为随后学习的 C++或者 Java 奠定理论基础，这样更容易理解抽象的数据类型。

为了系统地介绍结构化程序设计方法和 C 语言，全书共分 11 章，下面简单介绍这些章节的内容：

第一部分：程序设计概述

第 1 章介绍了计算机的基本组成和原理、程序和计算机语言、高级语言源程序的组成、C 语言的发展史、C 程序的基本组成、程序规范、测试计划和编程的基本步骤。初学者通过第 1 章的学习，为深入了解 C 语言的技术细节打下坚实的基础，有经验者可快速浏览本章。

第二部分：数据与运算

第 2 章介绍了计算机中的数与数制、计算机中的数据表示方法、数据类型和 C 的数据类型、变量、常量、表达式、C的运算符、类型转换，以及数值问题的计算误差等内容。通过本章的学习，读者可以初步理解计算机中的数据和运算与数学上的含义有哪些异同。

第三部分：程序的结构

第3章至第5章介绍了顺序结构、选择结构和循环结构三种基本结构，以及模块化程序设计的基本单位：函数。其中，主要包括if、switch、for、while、do-while、goto、break和continue等控制语句的使用，以及使用库函数等。通过这三章的学习，学生应当能够编写一些简单的程序设计文档和测试计划，同时能够编写和调试包含调用库函数在内的程序代码。

第四部分：程序设计方法概述

第6章着重介绍算法的概念和特点、算法的自然语言描述和图形化描述工具、程序设计方法的演变、结构化程序设计的基本方法等内容。通过本章的学习，学生开始了解在通过计算机编写程序来求解一个问题之前，透彻地理解问题以及仔细地设计解决问题的办法是至关重要的，甚至是决定性的。

第五部分：结构化数据类型

第7章至第10章介绍了一些简单的数据结构和运算法则，即数组、指针、结构类型、联合类型、文件，并以链表为例说明了指针构造动态数据结构的基本方法。本部分学习完成之后，学生可以从编写处理简单数据的程序，上升到编写使用多个函数，且可以处理大量数据的更实用的程序。

第六部分：问题求解策略和算法设计

第11章从C语言实例出发，简要介绍穷举法、局部搜索法、回溯法、分治法、动态规划法以及人工智能方法等常见的算法设计技术。本章通过对一些常见而又具代表性的算法及其实现的讨论，帮助读者初步领略算法设计的奇妙之处。

附录：各种应用的信息

附录中包括了ASCII、C语言运算符、C语言关键字、C语言常用库函数以及C/C++互联网资源的列表。

本书在编写时注意了以下几个方面：

（1）以程序设计为重点，没有过多地描述C语言的语法细节。“学思想，用细节”，程序设计课程的目的是建立设计思想，语法的细节是要通过实践掌握的。教学中，应该以程序设计的原理、思想、方法为重点，强调构建软件的算法，通过算法表述来带动学生对文法的理解、掌握。

（2）实例丰富，难易程度适当。本书中一些示例侧重于说明C语言的某些语法规则，以加强读者对基本概念的认识和理解；另外特别加入一些经典算法和实用的示例，这些示例具有一定的综合性，读者通过分析它们，可以对程序设计的整体性和综合运用C语言的基本概念和方法有更深入的了解。

（3）本书讲解的C语言的知识遵循ISO C的标准，具有通用性。但是，请读者注意，不同的C语言版本之间存在小的差异，在编程时应该尽可能避免程序对硬件环境和软件版本存在依赖。

本书内容的编排由浅入深，由易到难，符合初学程序设计者的特点，通过大量实例进一步剖析C语言的难点和重点，引导学生逐步掌握综合运用C语言的知识进行一般程序设计的方法，从而达到独立设计程序的目的。

开始阅读本书之前要做好以下准备工作：

（1）关于本书的样例程序

本书包含的所有示例程序都按照规范样式编写，并在 DEV C++ 4.9.9.2、Visual C++2005 或者 TURBO C2.0 开发环境中调试成功。除了个别示例程序是为了说明上述三种环境的差异而特别编写的之外，其余的大多数示例程序在上述三种开发环境中运行结果一致。读者可以在本书的课程资源网站上下载例题的源程序。

（2）关于本书例题的导读

本书所有例题的源程序都给出了源程序和运行结果，为了阅读方便，特别添加了代码的行号。源程序书写样式如下所示。

行号 区域	源程序区域
程序运行结果区域	

很高兴在此表达对许多人士的感谢。特别感谢胡文斌、常军和吴泽俊提供的无私帮助，他们为本书收集资料，并提供部分章节的初稿。特别感谢梁意文在本书撰写之初提供的宝贵意见。同时还要感谢武汉大学出版社的工作人员为本书完成的编辑、排版工作。

谭成予

2009 年 10 月于武汉大学

目 录

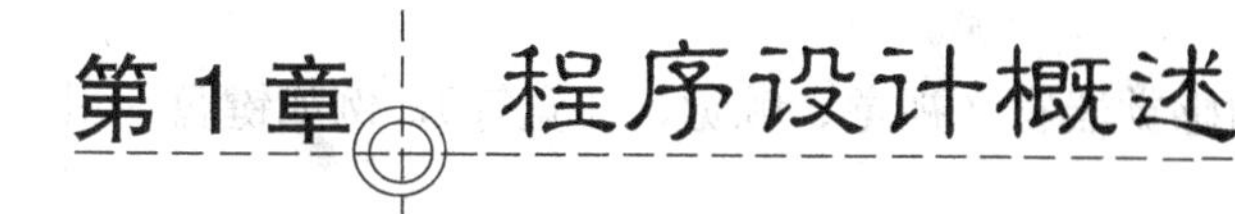

第 1 章　程序设计概述

许多读者都惊叹于计算机的神奇：由物理部件（硬件）组装而成的计算机，竟可以实现游戏、购物、银行业务、教学等各种功能。其实，这无非就是“软件控制硬件”。软件是程序员用计算机语言编写而成的，用于控制计算机实现各种神奇的功能。通过本书的学习，读者将学会如何使用 C 语言编写程序，用来控制计算机实现读者心中所想。

本书的核心思想是通过结构化程序设计来实现程序的清晰性，这个思想无论对初学者还是有经验的程序员都是极其重要的。许多程序员没有最终成为真正的高手就是因为在入门时没有得到正确的引导，他们也许掌握了一门结构化程序设计的语言，但却没有受到规范的结构化程序设计的培训，因而写不出质量更高的代码。

本章介绍的主要内容包括：

- 计算机、软件、计算模式的基本概念。
- 计算机语言和程序设计的基本概念，并通过示例来说明 C 语言的一般知识。
- 程序设计的基本步骤。

初学者可通过本章的学习为深入了解 C 语言的技术细节打下坚实的基础，有经验者可快速浏览本章。

1.1　什么是计算机

为了使用计算机而学习计算机的工作原理是没有必要的，但简要了解计算机的体系结构和工作原理，将有助于掌握程序设计语言的本质和规则，有助于更灵活地使用这些语言。

计算机是一台能够完成计算和逻辑判断的电子设备，它的计算速度比人类快几十亿倍。也就是说，人需要用一辈子完成的计算工作量，计算机只需一秒钟时间就可以完成。计算机是在计算机程序的控制下，完成对数据的处理的。而计算机程序事先由程序员编写好，其中规定了计算机完成运算的每个具体步骤，即指令代码集合。

计算机的物理部件（如显示器、键盘、鼠标、硬盘、内存、DVD、处理器等）称为硬件，运行在计算机上的程序被称为软件。硬件是计算机的身体或者称为实体，软件是计算机的灵魂。

1.1.1　物理计算机

如图 1-1 所示，计算机的主要物理部件可以粗略地比喻为人体器官。

（1）CPU（中央处理单元）：是计算机的大脑。CPU 是现代计算机中处理器芯片上的主要组件，CPU 控制并协调整个机器的工作。

（2）RAM（随机存储器，内存）：是计算机的记忆装置。计算机的存储器是由大量称为位（比特，bit）的基本单元组成的，每个位可关闭（代表二进制数 0）和打开（代表二进制数 1)。存储器中的位被组织成一系列单元，每个单元都拥有一个地址。

(3) 总线 (BUS)：计算机的神经系统，在 CPU 和计算机的各个物理部件之间传递信息。总线是处理器和其他所有器件之间的通路。总线由两组导线组成，一组传送地址，一组传送数据。

(4) 输入 (INPUT) 设备：计算机的感觉器官（视觉、触觉、味觉等），例如键盘、鼠标和扫描仪等都是计算机的输入设备。

(5) 输出 (OUTPUT) 设备：计算机的操纵设备（手和声音），例如监视器、打印机等。

计算机的输入/输出设备是人类和计算机之间交流信息的窗口，内存是存储数据和指令的“仓库”，CPU 是运算中心。

计算机程序执行的一般流程是：CPU 在计算机程序的控制下，首先从输入设备读取输入数据；然后按照预先设定的运算步骤，完成对输入数据的处理，得出最终结果；最后在预先设定的输出设备上按预订样式将结果展示给用户。

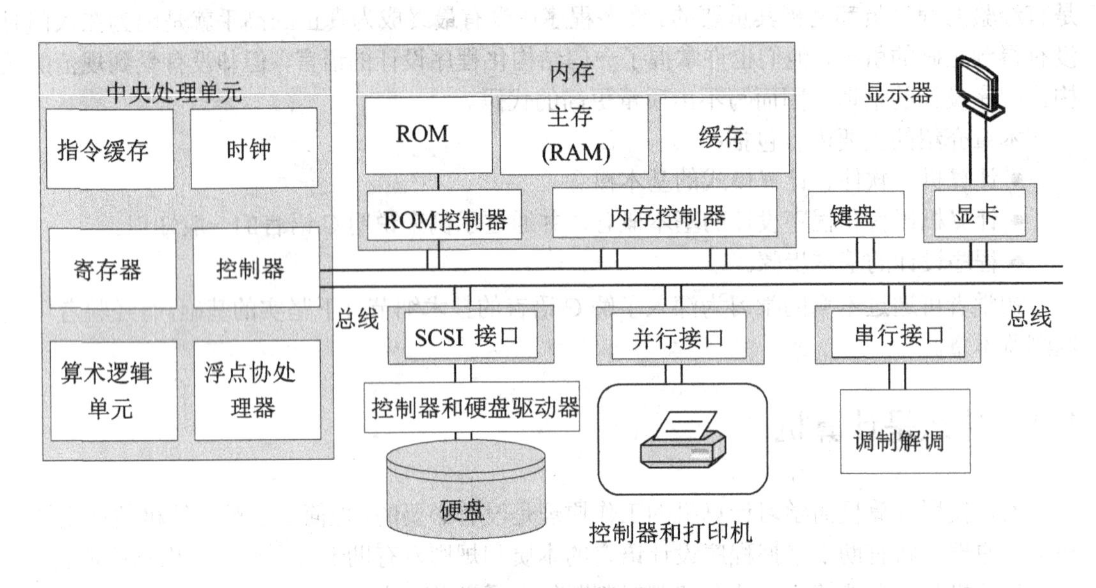

图 1-1 计算机的基本体系结构

1.1.2 系统软件和应用软件

人体的各个器官都必须在大脑指挥下才能正常工作，帮助人们从外界获取知识或信息，完成各种运算和信息处理。与此类似，计算机的硬件在计算机程序的指令控制下完成数据处理，而计算机软件正是在这个过程中用户和计算机交流所必不可少的工具。

计算机软件分为系统软件和应用软件。

1. 系统软件

系统软件由厂家提供，是用于管理和使用计算机的各种程序以及相应数据、文档的总称。系统软件主要包括操作系统、语言处理程序、数据库管理系统、为用户提供各种服务的各种实用程序（如 Office 图文排版程序、杀毒软件等）。

操作系统 (Operating System，OS) 是为了方便人们使用计算机而研发的，它是系统软件中最重要的部分，是启动计算机时运行的第一个软件。操作系统是计算机系统的管理者，

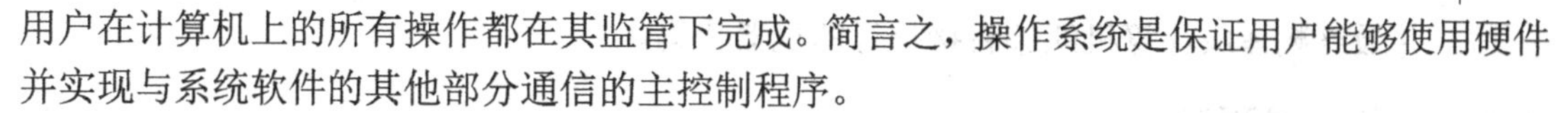

用户在计算机上的所有操作都在其监管下完成。简言之，操作系统是保证用户能够使用硬件并实现与系统软件的其他部分通信的主控制程序。

操作系统主要部件包括：系统内核，即中央控制部件；内存管理系统，为每个运行的程序分配内存空间；文件系统，组织和控制外存设备的使用；设备驱动，控制连接到计算机上的硬件设备；系统程序库，其中包含各种可被用户调用的有效的应用程序。

2. 应用软件

应用软件是为了使用计算机处理各种实际问题而专门研发的具有特定用途的程序。由于计算机应用极为广泛，因而应用软件种类众多，例如教学、财务、办公等各种管理信息系统、计算机辅助设计系统、工业控制系统等。

1.1.3　网络和计算模式

计算机的计算模式就像人的工作习惯，既有个人计算模式，也有团队合作计算模式。平时每个人作为一个独立个体，各自完成自己的工作。一旦需要团队合作，就按照预先设定的分工组成工作团队，多人协同完成工作。这时，建立快速、准确的通信作为沟通机制是非常必要的，例如会议、文本、打电话、E-mail 等。

计算机系统中有着类似于人类社会的通信机制，在一台计算机内部，不同硬件部件（如内存、硬盘）通过内部总线相互通信，这就像人体器官之间通过神经系统传递各种感觉和控制信息一样。计算机之间的相互通信则通过网络来实现，这就像人们通过电话等方式进行交换信息一样。

共享资源和信息、通信是组建网络的主要目的，网络的出现不仅改变了用户的工作空间和工作习惯，同时改变了计算机的计算模式。从这个角度来看，计算机的计算模式包括个人计算、客户/服务器计算和分布式计算三种模式。

（1）个人计算（Personal Computing）。1977 年美国苹果公司推出个人使用的计算机，拉开了个人计算的序幕。这些个人计算机都是独立的单元，每个用户只能在自己的计算机上工作，这好比一个人独立地完成运算。个人计算机之间的信息共享通过人力传递磁盘，或者通过电话线或局域网来进行。

（2）客户/服务器计算（Client/Server Computing）。在网络中，负责保存共享数据的计算机被称为服务器（Server），而向服务器提出查询数据请求的计算机被称为客户机（Client），这样的计算模式就是客户/服务器计算模式。这好比设置一个资料管理员来集中管理工作团队中各种数据、文件等资料，工作团队中的其他人在完成运算过程中，根据需要向管理员提出使用公共资料的申请。这种计算模式有利于数据的统一管理和控制。

（3）分布式计算（Distributed Computing）。一台个人计算机的计算能力难以独立承担复杂性较高的计算任务，这就需要把计算任务分解为多个子任务，通过在多个计算机上同步完成这些子任务，以并行方式运行。

1.2　程序和程序设计概述

人们要把原本由人力完成的运算交给计算机来完成，就必须要把人力解决问题的算法和步骤转化为计算机能够识别和执行的形式，这个过程就是程序设计（编写程序的过程）。换言之，程序设计就是把用人类语言描述的解决问题的算法，重新编写为用计算机语言编写的程序，并最终翻译成计算机能够直接执行的机器代码。

1.2.1 什么是程序

程序是计算机指令的集合。程序接收数据，然后执行指令，产生有效的结果。更准确地说，计算机通过执行程序的指令来执行程序。

计算机可以直接执行的指令非常原始，例如两个数的加法运算等，因此即使完成最简单的计算任务也需要执行大量指令。目前的程序都相当复杂和庞大，没有计算机软件的协助根本无法构建。程序员先以人类能够看懂的方式编写源程序，然后在相应的语言处理程序的帮助下把源程序翻译成目标程序或者机器代码。在这个过程中，涉及源程序、目标程序和机器代码三个基本概念。

（1）源程序：程序的描述，采用各种计算机语言编写而成，提供给程序员看。源程序不能直接被计算机执行。

（2）目标程序：编译后的程序。

（3）机器代码：从源程序翻译而成的计算机能够直接识别的机器语言代码程序

人们通常用“程序”来统称上述三者，使得三者之间边界模糊不清，必须通过上下文来明确“程序”的确切含义[①]。瑞士科学家沃思(Nikiklaus Wirth)于1976年在结构化程序中提出程序的正式定义，其定义是：

程序=数据结构+算法

按照上述定义，不管多么复杂的程序，一般应包括以下两个方面的内容：

（1）数据结构。在程序中需要指定数据的类型（数据类型决定了数据的编码形式、取值范围）和数据的组织形式，即数据结构（Data Structure）。例如，一个学生一门课程的成绩可以定义一个整型（int）变量score来存储，其中变量score的类型int决定了它在内存中占有的存储空间大小、数据的范围，以及变量score所能参与的操作。

（2）算法。算法是指为解决某个特定问题而采取的确定的、有限的操作步骤。例如，求表达式1+2+3+…+50，可以先进行1+2，再加3，再加4，一直加到50，即可求出该表达式的和值。程序中的每一条语句，实际上就是算法的体现。因此，算法是程序设计的基础。

简而言之，数据是操作的对象，算法描述了操作的步骤。这就像厨师做菜，菜谱就是制作菜肴的源程序，描述了制作菜谱的所有过程。菜肴的配料就是制作菜肴的数据，制作的步骤就是程序的算法。编写菜谱的过程就是程序设计的过程，而按照菜谱描述的步骤制作菜肴就是执行程序的过程。

然而，一个实际的程序除了以上两个主要因素之外，还应当采用合适的程序设计方法，用某一种计算机语言来实现。因此，算法、数据结构、程序设计方法和语言工具四个方面是一个程序设计人员所应具备的知识，即

程序=算法+数据结构+程序设计方法+语言工具

其中，算法是程序设计的灵魂，数据结构是被加工的对象，计算机语言是编写代码的工具，程序设计方法是构建算法和程序架构的理论指导。本书讲解的是结构化程序设计方法以及作为其典型代表的C语言。

① 没有特别说明，本书中的程序特指源程序。

1.2.2 计算机语言

计算机的能力和人类的能力是不同的，所以计算机的语言和人类的语言也是不同的。每种计算机都有自己的机器语言，这反映了计算机的特殊能力。程序要在计算机上执行，必须用计算机能够直接识别的机器语言来编写。但这种二进制语言不利于程序员记忆和理解，难以直接用于程序员编程。因此出现了各种更适合于人类书写习惯的计算机语言。

1. 计算机语言的代

计算机语言分为机器语言、汇编语言和高级语言三类。从软件技术的发展来看，计算机语言发展大致经历了四代。

（1）第一代语言——机器语言。

机器语言用二进制代码表示机器指令和数据，机器语言程序能够被计算机直接理解和执行，因而程序效率高。早期采用机器语言编程时，由于人们无法写出毫无错误的二进制长字符串，因而采用八进制系统编程[①]，但即使如此，编程仍然是非常繁琐的过程，因为机器语言程序不便于记忆和阅读，程序维护难度极大。

（2）第二代语言——汇编语言。

汇编语言采用符号来代替二进制表示机器指令，为每个数据存储位置定义一个符号名字。程序员不必写八进制代码，而书写指令和数据存储位置的符号名字。汇编语言和机器语言统称为低级语言，它们是与机器相关的。正因为如此，汇编语言仍然是非常重要的，以至于像C这样的高级语言根本没有命令可以完全表达它们。许多大型的系统主要用高级语言编写，但某些部分仍然采用汇编语言编码，这些部分通常是系统的核心部分，直接与机器部分打交道。

（3）第三代语言——结构化的高级语言。

高级语言类似于人类的自然语言。使用高级语言编写的程序更像是英语，更容易被人类理解。20世纪60年代，随着软件的规模越来越大，软件行业遭遇“软件危机”，即软件开发进度延误、成本上升、可靠性差。结构化程序设计——这个革命性的概念应运而生，与早期程序相比，结构化程序设计要求开发的程序结构清晰，可读性、可理解性强，易于进行测试和调试，易于进行程序维护和修改。

许多著名的计算机语言都属于结构化程序设计语言，例如BASIC、Fortran、Pascal和C语言。1971年产生的Pascal是结构化程序设计的标志性成果，但由于Pascal没有为商业数据处理、工业控制和文件处理提供专门的功能支持，因而阻碍了其发展。

（4）第四代语言——非结构化的高级语言。

第四代语言是用来快速开发事务处理系统的高产软件工具，这类语言和第三代语言最大区别是非结构化。第四代语言是面向应用的。第四代语言的典型代表包括面向对象程序设计语言及可视化编程环境，如Visual C++、Power Builder、Delphi、Java，以及为人工智能领域应用而设计的描述型语言，例如Prolog、LISP等。

2. 编译和解释

用计算机语言编写好的程序是不能直接在计算机上执行的，必须翻译成机器语言的机器代码。各种语言处理软件作为编译工具，其职责正是将源程序翻译成机器代码。编译工具作

① 每个八进制位可直接转换为3个二进制位。

为程序员和计算机之间的语言翻译，就像人类的语言翻译一样，每种计算机语言都有自己专用的编译工具。使用时需要根据语言种类的不同，选择不同的翻译工具。

从工作原理来看，编译工具首先需要检查语法错误（例如错别字、语句不通顺等），其次将源程序翻译成计算机能认识的机器指令。编译工具的工作模式分为解释和编译两种，这类似于现实生活中的翻译与口译。编译是指一次性地、完整地翻译成机器指令。解释是指一次只翻译一条语句并立刻执行，执行完后再取下一条语句来翻译。

1.2.3 C语言的发展历史和特点

C语言是使用范围最广泛的高级语言之一，它不仅适合于书写诸如操作系统之类的系统软件，而且适合于编写各种应用软件。

1. C语言的发展历史

C语言的发展史如图1-2所示。

（1）C语言的产生（1970—1973年）。

1960年出现了ALGOL60语言。1963年英国剑桥大学在ALGOL60语言的基础上推出了CPL（combined programming language）语言，增加了对硬件的处理能力。1967年剑桥大学的Martin Richards对CPL进行了简化，推出了BCPL（basic combined programming language）语言。1970年美国贝尔实验室的Ken Thompson对BCPL语言进一步简化，突出了硬件处理能力，取名B语言，并用B语言写了第一个UNIX操作系统，这就是C语言的前身。

1972年贝尔实验室的Dennis M. Ritchie对B语言进行了完善和扩充，扩充了数据类型，强调了通用性，并命名为C语言。1973年Ken Thompson和Dennis M. Ritchie合作，用C语言重写了UNIX操作系统，并在PDP—11计算机上加以实现，C语言伴随着UNIX操作系统成为最受欢迎的计算机程序设计语言之一。这期间C语言是附属于UNIX操作系统的。

（2）C语言的发展（1974—1988年）。

1977年Dennis M. Ritchie等发表了不依赖于具体机器的C语言编译版本《可移植C语言编译程序》，1978年发表了补充版《C语言修订报告》，使得C语言不再依赖于UNIX操作系统而独立存在。同时，UNIX操作系统的极大成功和广泛使用，促进了C语言的迅速推广。

1978年，贝尔实验室的Brian W. Kernighan和Dennis M. Ritchie合著了*The C Programming Language*一书，对C语言的语法进行了规范化的描述，成为以后广泛使用的C语言的基础。这个C语言版本到20世纪70年代末基本定型，被称为“传统C语言”。

随着计算机的普及，产生了各种不同的C语言版本，为了统一标准，美国国家标准化协会（American National Standards Institute, ANSI）于1983年制定了“一个无二义性的硬件无关的C语言标准”，这就是ANSI C标准。1987年又公布了新标准——87ANSI C。

（3）C语言的成熟（1989年以后）。

1989年由美国国家标准学会综合各类C语言标准制定了C语言文本标准，并被国际标准化组织（International Standards Organization, ISO）在国际推广，该标准被称为“ANSI/ISO C”，“标准C”诞生。1990年，C语言成为国际标准化组织（ISO）通过的标准语言。1999年，这个标准被更新为“INCITS/ISO/IEC9899-1999”（C99）。C99对“标准C”进行了精练

和扩展，但到目前为止未得到广泛接受。

C 语言的发展史如图 1-2 所示。

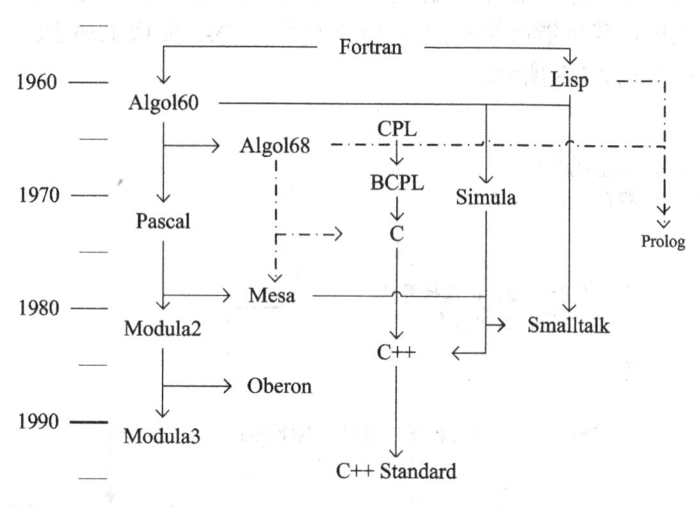

图 1-2　C 语言发展史

2. C 语言的特点

C 语言从产生至今，已成为目前使用最广泛的程序设计语言之一，并被选为适应近代软件工程需要而发展起来的面向对象程序设计语言 C++的基础语言。这是由 C 语言自身的许多优点所决定的。

（1）简洁紧凑、表达能力强。

C 语言一共只有 32 个关键字，9 种控制语句，34 个运算符。运算符和数据类型丰富，灵活使用各种运算符可以实现在其他高级语言中难以实现的运算。C 语言可以直接访问物理地址，可以像汇编语言一样对位、字节和地址进行操作，直接对硬件进行操作。

（2）使用灵活。

C 程序书写自由，语法限制不太严格、程序设计自由度大。C 语言是弱类型语言：基本类型变量和取值之间不要求严格对应；表达式可做语句使用；逻辑值处理方法灵活，用“非零”表示“真”，整数零（0）表示“假”；同一数据可以有多种等价的表示形式。

（3）效率高。

C 语言程序生成代码质量高，程序执行效率高于其他高级语言的程序，一般只比汇编程序生成的目标代码效率低 10%～20%。

（4）可移植性好。

由于 C 语言的标准化，以及 C 语言的各类操作大多采用 C 库函数完成，使得 C 编译程序容易在不同的系统上实现，而且使得 C 用户对程序不必修改或稍做修改就可以在不同的机器系统上运行。

1.2.4　程序设计

程序设计就是用计算机语言编制程序，解决一个具体问题的过程。程序设计的目的是对数据进行加工处理，以得到期望的结果。作为程序设计人员，必须认真考虑和设计数据结构和算法，选择适当的程序设计方法和开发工具。

在编写程序之前，首先要明确需要解决什么问题，其次是选择合适的解决问题的方法（算法），再次是将算法用计算机能够执行的方式给出设计方案。完成上述步骤后才能编写代码。程序设计的基本步骤如图 1-3 所示。

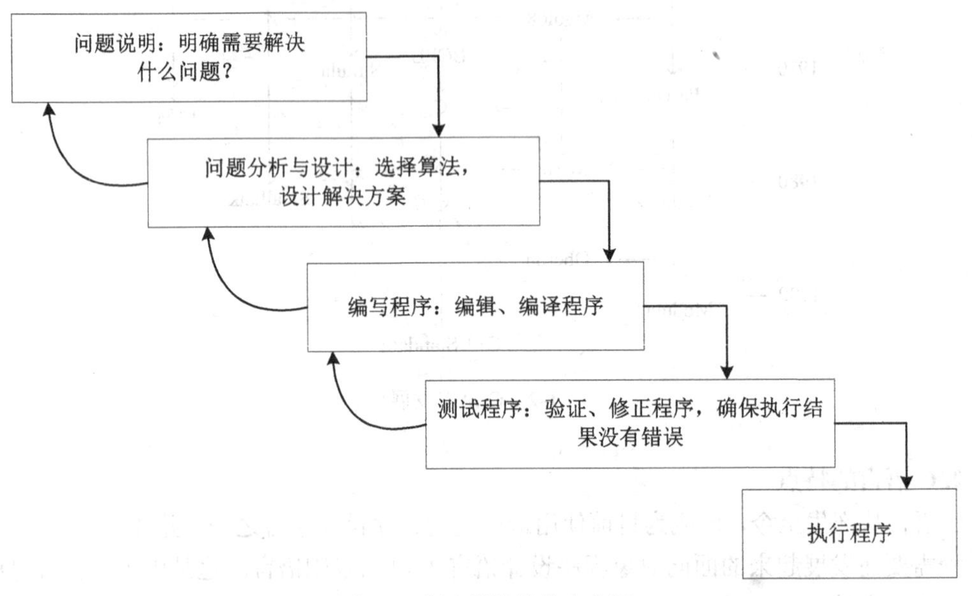

图 1-3　程序设计的基本步骤

对同一个问题，可以有不同的解决方法，选择合适的算法是程序设计成败的关键。例如，求表达式 1+2+3+⋯+50 的和值。可以采取以下不同的算法：

$1+2+3+\cdots+50 = 50 + (1+49) + (2+48) + (3 + 47) +\cdots+ (24+26) + 25$

$= 50\times25 + 25 = 1275$

或：

$1+2+3+\cdots+50 = (1+50) + (2 + 49) + (3 + 48) + \cdots + (25 + 26) = 51\times25=1275$

程序设计的学习过程是一个循序渐进的过程，需要学习计算机语言（编写程序的工具）、程序设计方法（构思算法的方法）、编程调试（实现，工程实施）等多个方面的内容，大致可将程序设计的学习分为四个阶段。

（1）语法学习阶段。学习计算机语言的语法规范，熟练掌握相应的编译工具的使用。

（2）编程练习阶段。通过大量编程的练习，提高实践动手能力。

（3）技巧和理论学习阶段。阅读高质量程序范例，学习数据结构、算法等相关课程，以提高编写的程序代码质量。

（4）软件工程学习阶段。学习软件工程等课程，系统学习软件开发相关的理论和方法。

1.3　程序的组成

用高级语言编写程序就像人类用英文写文章一样，由字符构成单词，单词构成语句，语句构成段落，段落构成章节，章节构成整篇文章。从书写上看，程序包括以下要素：

（1）词法语法。就像人类的语言一样，不同的计算机语言有着不同的单词和语句的书写规定，即词法语法。并不是每一段源代码都是一个有效的程序，程序必须严格按照设定的拼写、语法和标点规则编写；源程序中的每个单词必须定义，并按照一定的语法规则构成语句，这样才能成为有效的程序。无效的程序无法通过编译程序的检查，出现编译错误（或称语法错误），因此无法生成目标程序。

（2）控制。程序是有顺序的，即程序执行按照从程序开头到结尾的顺序执行（顺序结构）。但允许通过控制语句改变语句执行的顺序，这些控制语句分为选择结构和循环结构两大类。结构化程序设计定义了顺序、选择和循环三种基本结构。

（3）数据。数据存储在计算机中的内存中。必须预先说明数据的类型，类型的不同决定了数据在内存中存储结构的不同，即需要多少个字节的内存单元作为存储空间，采用何种二进制编码形式表示。这就是数据的物理结构。

1.3.1　程序的语法对象

程序由多个语法对象组成，包括：表达式、语句、函数、注释、预处理命令等。一个 C 程序由一系列注释、预处理命令、声明语句和函数定义组成，函数定义包含详细说明、语句和声明语句。

【例题 1-1】　请编程输出一行指定文字。源程序如下所示：

```
1.   /*第一个 C 程序范例，文本输出程序。源程序：LT1-1.C*/
2.   #include <stdio.h>
3.   #include <stdlib.h>
4.   /*一个完整的 C 程序有且仅有一个主函数。直接执行的是主函数的函数体*/
5.   int main(void)
6.   {
7.        printf("Welcome to the C world!\n");  /*显示指定文字*/
8.
9.        system("PAUSE");       /*执行暂停，按任意键继续执行*/
10.       return 0;              /*返回，表示程序执行正常结束*/
11.  }    /* 主函数结束符*/
```

```
Welcome to C!
请按任意键继续…
```

（1）注释。注释是给读者看的，不是给计算机看的，因此，注释不是程序中有效的指令。程序编译时，注释不会编译成机器指令。C 语言的注释是由/*和*/包围起来的文本，它可以出现在程序的任何位置。程序开始位置的注释（例如：例题 1-1 中的第 1 行）称为序言式注释，通常说明程序的作者、文件名、创建日期、程序功能等程序整体信息。程序中间的注释称为功能性注释，单独的功能性注释行通常说明其后的语句段落的功能，语句后面的功能性注释说明该行语句的功能。

（2）预处理命令。以#开始的命令行为C程序的预处理命令，在编译程序翻译代码之前由C预处理器负责处理。例题1-1中的第2、3行都以#开头，这是C语言的预处理命令行。预处理命令必须独占一行，通常写在一个源程序文件的开始位置。

其中，第2、3行是文件包含预处理命令，分别表示C预处理器将把stdio.h和stdlib.h这两个头文件（.h扩展名文件）的全部内容复制到文件LT1-1.C中，分别替代第2行和第3行。stdio.h和stdlib.h是C编译程序提供的系统头文件，由于第6行中调用的printf库函数是在stdio.h文件中声明的，而system库函数是在stdlib.h中声明的，因此必须在调用之前写上#include <stdio.h>和#include <stdlib.h>。

（3）语句。语句类似于英文中动宾结构的句子，一条语句包含一个或多个动词，表示需要完成的动作，以及作为宾语的单词，表示完成该动作使用的对象名称。有时，C语句被控制结构分组，使用花括号组合成段落。整个程序就像一篇散文，从头到尾围绕一个主题。

C语句以分号作为间隔符。编写C程序时，一行内可以写一个语句，也可以写多个语句。一个语句也可以分别写在多行上。每个语句的最后必须有一个分号。

例如，例题1-1中第6行是函数调用语句，单词printf表示执行输出动作（在标准控制台上输出），其后双引号包含的文字表示需要输出的文本内容；其作用是将字符串“Welcome to C!\n”输出在屏幕上，字符串中的“\n”是C语言中的换行符，即在输出“Welcome to C!”后光标回车换行。第7行的语句是system ("pause")，执行该语句时暂停，等待用户按任意键后，继续执行。第8行的语句，return表示结束程序的执行，返回调用者，并以整数0作为返回结果。

（4）函数。C语言中的函数，在其他高级语言中又称子程序、过程或函数等，是整个程序中独立的程序模块，就像一篇文章中的各个独立章节。每个函数完成整个计算任务中的一个独立的子运算。函数由函数首行和函数体组成。函数首行包括函数返回值类型、函数名和参数等内容，函数名后一定要有圆括号，圆括号内可以包含若干个参数，也可以没有参数。函数名是这段独立程序模块的名称，返回值类型说明了该函数完成运算后得到结果的数据类型，参数表示该函数完成运算需要的输入数据。函数首行后面的花括号包围起来的内容被称为函数体，函数体包含完成相应运算的语句集合。

C语言中的函数分为库函数（标准函数）和用户定义函数两类。用户定义函数是程序员自行编写的函数，库函数是由编译系统提供的通用函数，以目标代码形式集中存放在C标准函数库的文件中。

例题1-1从第5行到第9行是主函数的定义。其中第5行是函数首行，main为函数名，后面圆括号中的void表示main函数没有参数；main前面的单词int（整型类型）表示main函数返回结果为整型数据。从第5行到第9行，函数首行后用花括号{ }括起来的部分为函数体。

1.3.2 程序的基本结构

高级语言编写的程序通常由一个主程序和若干子程序（含 0 个）构成，程序运行从主程序开始，子程序由主程序或者其他子程序调用。C 语言中将主程序称为主函数，子程序称为函数。

【例题 1-2】　请编程求解两个整数的最大值。

例题 1-2 的源程序如下所示：

```
1.    /*计算两个整数的最大值。源程序：LT1-2.C*/
2.    #include <stdio.h>
3.    #include <stdlib.h>
4.    int main(void)
5.    {
6.        int numbera,numberb,max;            /*变量定义*/
7.
8.        scanf("%d,%d",&numbera,&numberb);  /*输入numbera,numberb值*/
9.
10.       if (numbera>numberb)
11.           max=numbera;  /*将numbera和numberb中的较大者赋给max*/
12.       else
13.           max=numberb;
14.
15.       printf("max=%d\n",max);             /*输出结果*/
16.
17.       system("PAUSE");
18.       return 0;
19.   }   /*end main*/
20.
```

```
21,45↙①
max=45
请按任意键继续…
```

例题1-2和例题1-1的程序结构基本相同。不同的是，例题1-2中 main 函数的函数体中包含两个部分：说明部分和语句部分，说明部分必须位于语句部分前面。例题1-2的第5行是变量说明语句，表示定义三个整型变量 numbera、numberb、max。该语句的作用是要求在内存中为三个变量分配内存空间，分别用于存储用户输入的两个整数和运算结果。第6行到第13

① 21,45↙　此行为用户输入，即运行程序时用户从键盘输入的内容。↙表示回车键。

行是语句部分，包含五个语句。第6行输入语句 scanf，用于从键盘输入两个数据，分别存储到变量 numbera 和 numberb 中。第7行到第10行是条件语句 if，用于计算 numbera 和 numberb 中最大值，并存储到变量 max 中。第11行的输出语句 printf 将运算结果 max 变量（numbera 和 numberb 的最大值）按规定格式显示在屏幕上。

【例题 1-3】 请编程求解三个整数的最大值。源程序如下所示：

```
1.   /* 计算三个整数的最大值。源程序：LT1-3.C*/
2.   #include <stdio.h>
3.   #include <stdlib.h>
4.
5.   /*dmax函数，计算两个整数的最大值*/
6.   int dmax(int first,int second)
7.   {
8.       int tmax;                    /*定义本函数中用到的变量*/
9.
10.      if (first>second)   tmax=first;   /*将first和second中的较大者赋给tmax*/
11.      else         tmax=second;
12.
13.      return tmax;                 /*返回tmax的值*/
14.  }   /*end dmax*/
15.
16.  /*主函数*/
17.  int main(void)
18.  {
19.      int numbera,numberb,numberc,maxd;
20.
21.      scanf("%d,%d,%d",&numbera,&numberb,&numberc);   /*输入数据*/
22.
23.      maxd=dmax(numberc,dmax(numbera,numberb));/*调用dmax函数maxd*/
24.
25.      printf("max=%d\n",maxd);                 /*输出结果*/
26.
27.      system("PAUSE");
28.      return 0;
29.  }   /*end main*/
```

```
21,45,44↙
max=45
请按任意键继续…
```

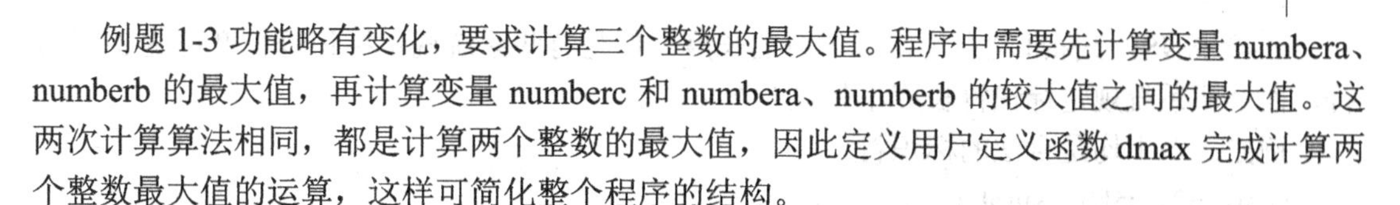

例题 1-3 功能略有变化，要求计算三个整数的最大值。程序中需要先计算变量 numbera、numberb 的最大值，再计算变量 numberc 和 numbera、numberb 的较大值之间的最大值。这两次计算算法相同，都是计算两个整数的最大值，因此定义用户定义函数 dmax 完成计算两个整数最大值的运算，这样可简化整个程序的结构。

从上述三个范例来看，一个完整的 C 程序，其基本结构应符合以下规范：

（1）C 程序是由一个或多个函数组成的，各函数是并列关系。

函数是组成 C 程序的基本单位，所以 C 又被称为函数式语言。例题 1-3 中定义了两个函数：main 和 dmax。用户定义函数 dmax 的功能是求两个整数中的较大者，first 和 second 是函数 dmax 的形式参数。在 dmax 的函数体中，使用 if 语句选择 first、second 中的较大者赋给 tmax，return 语句的作用是表示函数结束并将其后表达式的值作为函数的返回值。

（2）一个完整的 C 程序有且仅有一个主函数。

如例题 1-1、例题 1-2 和例题 1-3 中所示，C 程序中的主函数名为 main。一个完整的 C 程序必须有且仅有一个 main 函数，也可以有一个 main 函数和若干个其他函数。

（3）C 程序总是从 main 函数开始执行的。

C 程序直接执行的就是 main 函数体中的语句，其他函数必须通过主函数或者函数调用才能执行。不管 main 函数在什么位置，C 程序总是从 main 函数开始执行。

例如，例题 1-3 中的用户定义函数 dmax 就是在 main 函数中由语句 maxd =dmax(numberc, dmax(numbera,numberb));的两次调用执行的。dmax(numbera,numberb)计算变量 numbera、numberb 的较大值，dmax(numberc,dmax(numbera,numberb))计算变量 numberc 和 numbera、numberb 的较大值之间的最大值，并将计算结果存储到变量 maxd 中。

（4）书写格式自由。

如果一个 C 程序由若干个函数组成，则函数的书写顺序是任意的。main 函数可以位于程序的开头、最后或其他函数之间，不过人们习惯将 main 函数写在所有其他函数的前面。

1.3.3　程序的基本语法单位

程序的语法单位是由基本语法单位按照一定的语法规则构成的，而基本语法单位指具有独立语法意义的最小语法成分。

C 语言中的基本语法单位被称为单词，组成单词的基本单位是字符。C 语言的单词分为六类：标识符、关键字、字符串、常量、运算符和分隔符。C 语言的基本语法单位包括下述方面。

1. 标识符

在 C 语言中要使用的对象，例如符号常量、变量、函数、标号、数组、文件、数据类型和其他各种用户定义的对象都要为其进行命名，标识符就是这些对象的名字。在构造标识符时，应注意做到“见名知意”，即选择有含义的英文单词（或汉语拼音）作标识符，以增加程序的可读性。如表示时间可用 time，表示长度可用 length，表示累加和可以用 sum 等。

当然，并不是任意一个字符序列都是标识符，它们必须满足标识符的构成规则：

（1）标识符由三类字符构成：英文大小写字母，数字 0~9，下画线。

（2）必须由字母或下画线开头；后面可以跟随字母、数字或下画线。

（3）C 语言区分大小写，即大小写字母有不同的含义，例如：num，Num，NUM 为 3 个不同的标识符。

（4）ANSI C标准没有规定标识符的长度，但是有些系统规定标识符长度可达31个字符，而早期系统规定标识符长度不超过8个字符。

例如：以下均是合法的标识符：

sum，a2，j5k3，suml_ave，_123

以下均是不合法的标识符：

```
8i              /*错在以数字开头*/
w.5             /*错在出现小数点"."*/
good bye        /*错在中间有空格*/
```

此外，标识符还应注意以下规则：

（5）标识符不能与关键字同名。

（6）有些标识符虽不是关键字，但C语言总是以固定的形式将其用于专门的地方，因此，用户也不要把它们当作一般标识符使用，以免造成混淆。例如：define，include，ifdef，ifndef，endif等。

（7）在选择标识符时，尽量避免使用容易混淆的字符。比如：字母l和数字1、字母o和数字0、字母z和数字2、字母b和数字6等。

2. 关键字

关键字又称为保留字，由小写字母组成，是具有特定含义、专门用作语言特定成分的一类标识符。标准C语言的关键字总共有32个，如表1-1所示。

表1-1　　标准C语言关键字列表

auto	break	case	char	const	continue	default	do
double	else	enum	extern	float	for	goto	if
int	long	register	return	short	signed	sizeof	static
struct	switch	typedef	union	unsigned	void	volatile	while

3. 分隔符

分隔符包括空格符、制表符、换行符、换页符、注释符，统称为空白字符。分隔符在语法中起间隔单词的作用。当两个单词之间没有间隔符时，就无法区分这两个单词。例如，例题1-1中的代码int main(void)不能写成intmain(void)，否则编译系统会认为函数名为intmain，该函数返回类型缺省，采用默认类型（通常为int）。

常量、运算符和字符串参见第2章和第7～8章中的相关内容。

1.4　程序设计的步骤

1.4.1　问题说明

在开始解决问题之前，必须先彻底了解问题是什么。假设需要编写统计平均值的程序，首先需要有人说明"我希望该程序可以完成平均值"，这样就可以定下总目标，但是仍然没

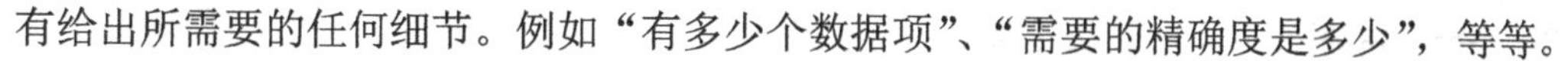

有给出所需要的任何细节。例如“有多少个数据项”、“需要的精确度是多少”，等等。

【例题 1-4】　平均值计算程序。

例题 1-4 问题描述如表 1-2 所示。

表 1-2　　**平均值计算程序问题说明**

目标：计算 3 个数的平均值

输入：用户将交互式输入三个数：n1、n2 和 n3

公式：$平均值=\frac{n1+n2+n3}{3}$

计算需求：需要使用实数，输入和输出限定在-1000000 和 1000000 范围内。

答案要求总共 8 位数字精确度，精确到 2 位小数。

问题说明与分析阶段必须重点考虑以下四个方面：

（1）定义解决方案所需范围。在编写平均值计算程序之前，必须从定义答案所需的实质内容开始。例如总共多少个数据，是否可以缩小输入数据范围，结果要求多大的计算精度等。

（2）定义输入和输出。限定输入和输出数据为实数，此外通常还必须决定如何表示输出内容，使得结果更易于理解和阅读。

（3）定义常量和公式。有些应用程序需要使用一个或多个公式，以及一些常量。

（4）定义基本计算需求。计算机中的整数取值范围通常都很小，实数虽然范围较宽，但不同实数类型计算精度差异较大。因此必须要说明需要处理的数字的取值范围，或者需要知道多少位的十进制精确度。

1.4.2　设计测试计划

验证程序是否按照程序员的意愿正确执行的过程就是测试，通常由于计划中的错误、不可预料的环境问题、程序员疏忽等原因造成程序中出现错误。虽然测试和验证的过程是在程序编写和编译之后才进行，但是程序验证计划（即测试计划）必须在程序说明完成时、程序开发之前就创建完毕。这有助于理清程序员思路，帮助发现一些必须处理的特殊情况，有助于创建一个更容易验证的设计方案。

测试计划由一张输入数据集和对应的正确输出结果组成，结果通常是手算得到的。测试计划列表应当考虑测试程序可能遇到的所有正常和异常情况。

表 1-3 提供了例题 1-4 所述的平均值计算程序的测试计划。

表 1-3　　**平均值计算程序的测试计划**

n1	n2	n3	平均值
1	1	1	1
21	5	66	30.6667
−2	20.5	−6.5	4

1.4.3 设计方案

设计一个程序的方案时必须考虑以下三个因素：

（1）选择或创建一种符合说明的算法。这可能与计算一个公式一样简单，也可能与象棋游戏中选择下一步那么复杂。学会选择适合解决复杂问题的算法，需要通过数据结构、算法等多门课程的长期学习，以及大量阅读经典代码，积累扎实的基础知识和经验才能做到。

（2）设计驱动程序。驱动程序是界面程序的一部分。驱动程序关心用户的反应，它要求用户输入数据，然后将数据传递给计算算法，调用计算算法运算得出结果，最后驱动程序需要将结果按照一定格式显示在界面程序上，产生有用的输出。

（3）设计测试和调试用的语句。一个优秀的程序员通常编写代码时要加入一些测试用的语句，用来产生一些额外的输出，以便监视程序执行过程，通过中间结果的取值是否正确，使得程序员可以快速定位编写代码是出错的语句并修改。第一次编写测试用的语句看起来有些麻烦，但在长时间的编程和运行时将节省大量时间。

1.4.4 开发环境

开发环境通常由一系列系统程序构成，其中包括编辑器、编译程序、连接程序、运行支持系统。程序的创建过程如图 1-4 所示。包括编辑源程序、编译程序和连接程序。

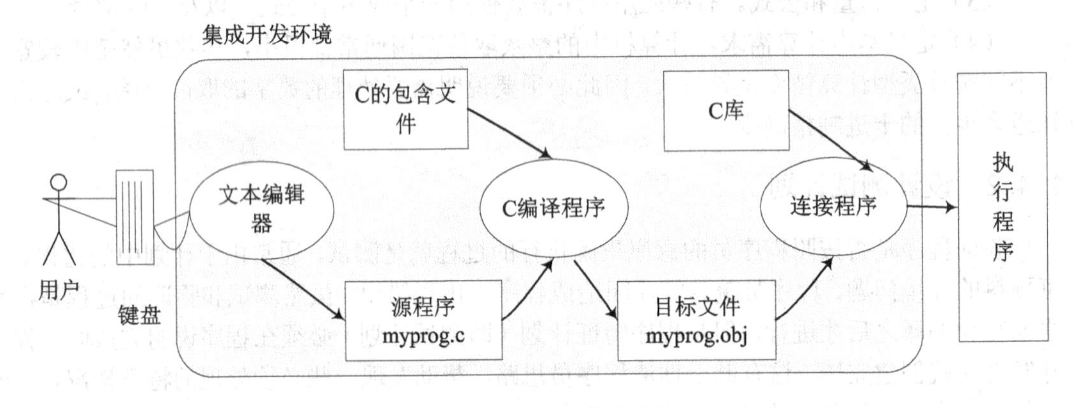

图 1-4　程序翻译的步骤

1.4.5 构造程序

一旦明确了问题的定义，以及为完成计算选择了算法，就可以编写代码了。程序员需要在纸上详细编写代码，然后使用计算机，这样既可明确程序员的思路，以便上机时少犯错误，又可确保少占用计算机时间。有经验的程序员在上机时只带有一张详细的程序草图，这样可简化程序员的工作。当然，对初学者来说，仍然需要在上机之前编写完整的代码。表 1-4 为例题 1-4 的程序草图，源程序参见 3.6 节。

表 1-4　　平均值计算程序的程序草图

1.	定义 n1、n2、n3 和 average
2.	打印程序标题
3.	提示用户输入 3 个数字
4.	输入 n1、n2、n3，回显 n1、n2、n3 以便用户确认已经正确输入数据
5.	n1、n2、n3 相加，然后除以 3，将结果保存到 average 中
6.	打印结果 average，结果保留 2 位小数

上机时按照图 1-4 所示的步骤，首先编辑并保存源程序文件。其次，使用编译命令，编译程序并改正语法错误。再次，连接生成可执行程序。最后，执行和测试程序，改正程序算法错误，直到程序正确为止。

例题 1-4 的完整程序参见 3.5 节中例题 3-3。

1.4.6　执行和测试程序

当程序完成编译和连接后，就可以开始测试步骤。如果使用集成开发环境，可以使用菜单栏中的 Run 或执行等命令。并按照测试计划中给定的输入用例执行程序，验证程序实际运行结果是否和理想结果一致。如果不一致，则调试程序，改正错误，然后再次进入“编辑→编译→连接→执行和测试”的过程，直到全部成功为止。

1.5　本章小结

本章介绍了计算机硬件和软件的组成、计算机语言的发展、程序的组成、C 语言的特点以及程序设计相关的基本知识，应重点掌握知识点包括：

- 计算机硬件和软件的关系，系统软件和应用软件、网络和计算模式等概念。
- 程序和程序设计的定义，程序设计的基本步骤。
- 计算机语言发展与分类，程序组成的语法对象和基本语法对象。
- C 语言的发展、特点及 C 程序的基本结构。
- C 语言的标识符和关键字，了解关键字的含义，逐步熟记标准 C 的 32 个关键字。
- 程序开发的步骤：问题定义、测试过程的设计、解决方案的设计、构造程序、程序翻译和验证。

如果希望避免在编程中出现事故，请记住：“事情看起来容易，做起来难”；“注意对细节的把握，编程要求程序员精益求精、尽善尽美”；“跳过每个开发步骤都将浪费数个小时”。

习　题　1

1. 简述计算机的组成及各部分的作用。
2. 请指出下列事物哪些属于软件，哪些属于硬件。

a）中央处理单元 CPU　　b）C 程序编译器　　c）输入单元
d）目标程序　　e）算数逻辑单元　　f）源程序

3. 解释如下名词的区别。

a）编译和解释　　　　b)源程序、目标程序和机器代码
c）主程序和子程序　　　　d）个人计算、分布式计算和客户、服务器计算
e）测试计划和程序验证　　　　f）编译错误和连接错误

4. 为什么大多数情况下需要用与机器无关的计算机语言编写程序，而不采用与机器相关的语言？请试着举一个例子，说明为什么在编写某种特殊类型的程序时还需要采用与机器有关的语言。

5. 解释一个在预期前一天开始工作的初学者为什么总是无法按时完成程序。

6. 简述C程序的基本结构。

7. C语言以函数为程序的基本单位，有什么好处？

8. 判断对错，并给出自己的理由：程序在编译、运行和产生结果后就可以准备出售。

9. 请指出如下哪些是正确的C标识符，可以作为C程序中变量的名称。

a）a12_3　　b）we#32　　c）1234　　d）be 666
e）if　　f）If　　g）2km　　h）case

10. 编写一个C程序，输入a、b、c三个整数，计算三个整数的和值。

第2章　数据、类型和运算

计算是计算机编程的核心。本章主要介绍如何为一个程序定义命名对象，例如变量、常量等，以及如何在计算中使用这些对象。

表达式是计算机程序中计算的最基本形式，表达式由计算机语言的基本元素——数据和运算符构成。数据可由变量、常量或函数返回的值来表达。运算符通常由图形化符号表示，代表对数据执行的操作种类。这里将讨论如何对变量、常量运用C语言的各种运算操作，C的表达式比多数计算机语言的表达式更丰富、更强、更灵活。

本章介绍的主要内容包括：

- 计算机中的数和数制。
- C的数据类型和基本数据类型。
- 变量的定义、初始化等基本概念。
- 常量的表达。
- 计算误差的基本概念，数据的上溢、下溢以及可表示误差等。
- 表达式的基本概念，C语言中的算术运算、赋值运算、关系和逻辑运算、条件运算符、逗号运算符、位运算以及其他运算符。
- 自动类型转换和强制类型转换。

2.1　计算机中的数与数制

一般来说，用计算机解决一个具体问题时，基本步骤之一就是正确地描述现实问题中的数据。为了编写一个“好”的程序，必须首先了解计算机中的数据表达和数学意义上的数据表达有哪些异同。

从数学意义来看，数据是对现实世界中的人物、事件、其他对象或概念的描述。它是对客观事物的符号表示，如图形符号、数字、字母等。例如统计武汉大学在校学生的平均年龄，需要处理的对象包括每个学生的年龄以及学生人数，分别用实数和整数来表示。

从数学意义来看，数据的表示范围和计算精度仅受到待处理问题计算要求的限制。现实世界中数据含义极为广泛，除了我们所熟知的整数以及实数等数值数据（常用十进制数制来表示）外，还包括图像、视频、声音等各种表示形式。

用计算机程序解决实际问题时，首先需要将现实问题抽象成一个适当的数学模型，然后为此数学模型设计一个相应的算法，以便将数据和相应的操作转换成计算机可“识别”的表示形式。从这个意义来看，计算机中的数据不仅是客观事物的符号表达，同时也是所有能输入到计算机并被计算机程序处理的符号介质的总称。计算机中的数据不仅受到待处理问题的计算要求的限制，同时受到计算机物理部件的限制。因此，计算机中的数据和纯粹数学意义上的数据存在以下区别：

（1）计算机中的数据必须考虑其物理存储的结构和形式。对计算机科学而言，数据可以是整数、实数等数值数据，也可以是文字、图形、图像和声音等不同形式。

（2）计算机中的数据受到计算机字长的限制，例如计算机中的整数是有限集合，包括数据上下限；而且计算机无法表示无穷位数的实数。所以，数据类型决定了数据的表示范围和精度，每一种数据类型的表示范围和精度都是有限制的。

（3）为了便于实现，计算机中数据都是采用二进制数制来存储的。为了便于记忆和转换，计算机科学中常用八进制和十六进制等两种数制形式。当然，为了程序员方便，计算机语言仍然常用十进制形式数据来表示数据，但是请注意，所有形式的数据在计算机内部都是以二进制形式存储的，计算机程序中的运算最终都是二进制数据的运算。为了少犯错误，程序员有必要掌握数据的物理表示形式。

（4）不同程序设计工具中所支持的数据类型各不相同。

本节以下部分将简单地说明计算机中整数、实数和字符的表示方法。

2.1.1 计算机中的整数

1. 计算机中的无符号整数

计算机的无符号整数采用二进制数制表示，需要明确字长（数据的二进制位数），其中每一个二进制位都表示相应数值，即位权的大小。

例如，表示十进制的125，如果字长是8bit，其计算机内部表示形式是：

位权	128	64	32	16	8	4	2	1
	0	1	1	1	1	1	0	1

而如果采用16位字长表示，那么125的计算机内部表示形式是：

位权	2^{15}	2^{14}	2^{13}	2^{12}	2^{11}	2^{10}	2^{9}	2^{8}	2^{7}	2^{6}	2^{5}	2^{4}	2^{3}	2^{2}	2^{1}	2^{0}
	0	0	0	0	0	0	0	0	0	1	1	1	1	1	0	1

2. 计算机中的有符号整数

计算机的有符号整数，最高位的二进制数字表示符号位，符号位为0表示正数，为1表示负数；余下的二进制位为数值部分，表示有符号整数的数值大小。在计算机中，有符号整数有原码、反码和补码三种形式。

（1）原码。正整数的原码是该整数的真值形式，而负整数的原码最高位为1，其余为数值的真值表示。例如+125的16位原码是：

0 000 0000 0111 1101

而−125的16位原码是：

1 000 0000 0111 1101

（2）反码。正整数的反码就是其原码，而负整数的反码最高位为1，其余（数值部分）是数值的真值表示的按位取反。例如−125的16位原码是：

1 111 1111 1000 0010

（3）补码。大多数计算机中的整数都是采用补码形式来表示，这样做的好处是：可以将减法运算转换为加法运算，这样 CPU 中只需实现加法器即可，降低了计算机物理部件的实现难度。

先来看一个现实中补码的例子，例如，图 2-1 所示的时钟，是一个典型的十二进制数制。表盘上有 0～11 点 12 个整点的表示；即时钟表示十二进制数，编码包括 0、1、2、…、11 等 12 个数字。假设顺时针表示正整数，逆时针表示负整数。

图 2-1　时钟：十二进制数

以 2009 年 2 月 14 日 0 点为原点，那么 2009 年 2 月 14 日 1 点，即凌晨 1 点，可编码表示为 1。2009 年 2 月 14 日 13 点，即中午 1 点，同样编码表示为 1。

为什么 13 点和 1 点在时钟上都编码表示为 1 呢？这时因为表盘上无法表示 12，即逢 12 归 0，因此将 12 称为 12 进制表盘数据的模。而对任意整数 d（取值在 0~11 之间），都有

$$d + k \times 12 = d$$

成立，其中 k 为任意整数。

那么，怎样定义补码可以将减法转换为加法来实现呢？以 9 减去 1 这个运算为例来看：

$$9 - 1 = 9 + (-1) = 9 + (12 - 1)$$

因此，9 减去 1 可以转换为“9 ”和“12 – 1”的加法运算，因此定义正整数的补码为原码，而负整数的补码为模减去其绝对值的原码。

将这个概念延伸到计算机中来，如果二进制数的字长为 w，则 w 位的二进制无符号整数的最大值为：

$$2^w - 1$$

每逢 2^w 二进制整数就归 0，因此，2^w 被称为 w 位二进制数的模。那么，X 的补码被定义为

$$X的补码 = \begin{cases} X的原码 & X \geqslant 0 \\ 2^w - (-X)\ 的原码 & X < 0 \end{cases}$$

例如，假设字长为 16bit，+125 的补码是：

0 000 0000 0111 1101

而-125 的补码是：2^{16}-125，表示为

1 111 1111 1000 0011

C 语言中的有符号整数就是采用补码形式来表示的。

2.1.2　计算机中的实数

1. 定点数

早期的计算机在表示实数时曾采用定点数，即假设小数点在固定位置，所以实现时小数点是不必实现的。定点数包括定点纯小数和定点纯整数两种方式。

如果小数点被固定在最前面，这就是定点纯小数。也就是说，定点纯小数可直接表示的数据必须小于 1。以 8bit 的字长为例，定点纯小数可表示为：

小数点固定位置 .	0	1	1	1	1	1	0	1

定点纯整数中，小数点被固定在最后面。也就是说，定点纯整数可直接表示的数据必须是整数。以 8bit 的字长为例，定点纯整数可表示为：

0	1	1	1	1	1	0	1	. 小数点固定位置

采用定点机完成运算时，如果操作数不在直接表示的数据范围之内，首先需要将操作数放大或者缩小相应倍数，以便转换到可直接表示的数据范围内之后，再完成相应运算，然后将计算结果放大或缩小相应倍数，以得到正确计算结果。由于定点机所能表示的数据范围太小，而且使用不便，现在的计算机大多已不采用定点方式表示实数。

2. 浮点数

顾名思义，浮点数就是小数点位置不固定的实数。浮点数包括阶码、尾数以及基数三个部分，尾数是定点纯小数，阶码必须是整数形式；基数是一个固定不变的值，因此在浮点数编码中不必表示基数。

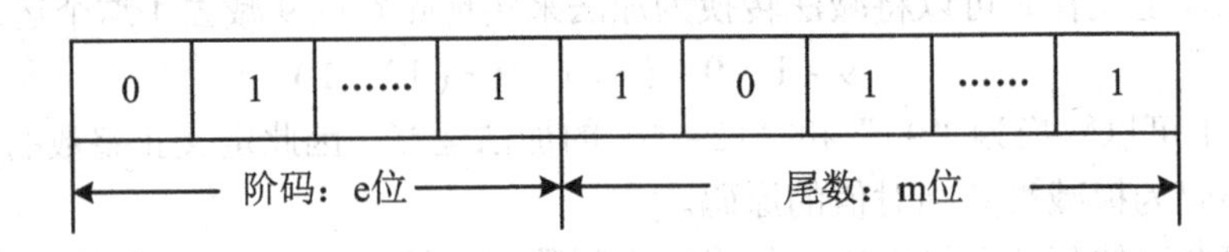

图 2-2　浮点数的表示

浮点数的表示如图 2-2 所示，其数值大小是：

$$尾数 \times 基数^{阶码}$$

阶码的位数决定了浮点数的数据表示范围，尾数的位数决定了浮点数的精度。现有的计算机在表示实数时大多采用浮点数，C 语言同样如此。

2.1.3　计算机中的文字

任何数据信息，无论是数字、字母还是字符，其计算机中的表示形式都必须遵循某种二进制编码规则。目前在计算机中常用的是 ASCII 码，即美国标准信息交换代码。ASCII 码的基本字符集只有 128 个字符，而扩展后的 8bit ASCII 码可以表示 256 个字符。

汉字表示不包括在 ASCII 码中，汉字通常采用双 7 位编码表示，在每个字节的最高位采用“1”，以便与西文 ASCII 码区别。

2.2　C 的数据类型和基本数据类型

每种计算机语言所能支持的数据类型之间都多少存在一些差异，但其支持的基本数据类型却大致相同，如整型、实型、字符型等。本节简单介绍 C 语言中的数据类型和基本数据类型。

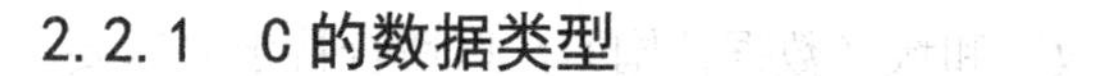

2.2.1　C的数据类型

C语言支持的数据类型如图2-3所示，包括基本数据类型、构造数据类型、指针类型和枚举类型。基本数据类型包括整型、字符型和浮点型。构造数据类型包括数组、结构类型和联合类型。

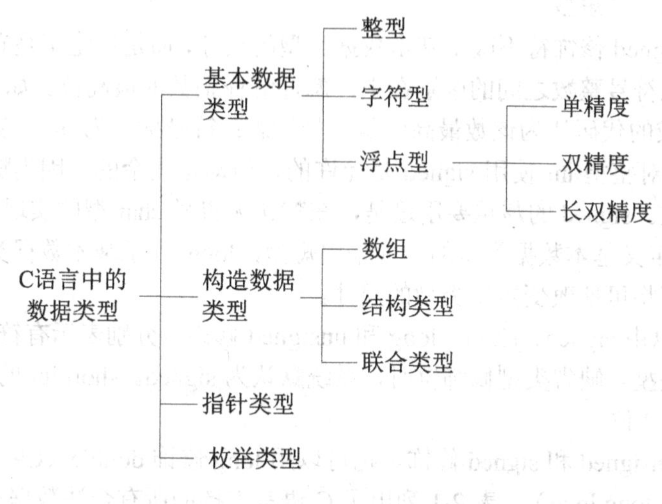

图2-3　C语言中的数据类型

2.2.2　C的基本数据类型

1. C的基本数据类型

C89定义了五种基本数据类型，它们是：

- char　　　　字符型
- int　　　　　整型
- float　　　　浮点型
- double　　　双精度浮点型
- void　　　　无值型

C语言中以这5个基本数据类型为基础，构成了其他各种数据类型。

字符型char的对象在任何情况下都是1个字节。int类型的尺寸通常与程序的执行环境的字长相同；对于16位环境，例如DOS、Windows 3.1，int是16位；对于大多数32位环境，如Windows NT/2000/XP等，int都是32位的。C语言只规定了每种数据类型的最小范围而不是字节大小。

浮点数的格式以实现而定。整数一般取主机字的自然长度。字符的值常采用ASCII码表示，不同编译程序对ASCII字符集之外的值，处理可能不同。

float和double型的数据范围由有效位确定，float和double型值的规模依表示浮点的方法而定。标准C规定的最小范围是从1E-37到1E+37。每种浮点类型的最小位精度见表2-1。void类型既可明确表示无返回值的函数，又可生成适于各种元素的指针。

2. 基本数据类型修饰符

除void型之外，基本类型之前都可以加各种修饰符。类型修饰符改变基本类型的含义，以更加精确地定义数据类型的尺寸（二进制位数）和域（数据范围），以适合特定的需要。C 语言中修饰符包括：

- signed　　　　有符号
- unsigned　　　无符号
- long　　　　　长型
- short　　　　 短型

signed 和 unsigned 修饰符不改变基本数据类型的尺寸，而是决定了是有符号数还是无符号数。有符号和无符号整数之间的区别在于，怎样解释整数的最高位。如果是有符号整数，则 C 编译程序生成的代码认为该数最高位是符号标志：符号标志为 0，该数为正；符号标志为 1，该数为负。对整型 int 使用 signed 是允许的，但却是冗余的，因为默认整型定义中假设其为有符号整数。signed 的最重要用途是，在默认无符号 char 型的实现中修饰 char 型。

short 修饰符定义基本数据类型的尺寸采用短型，long 表示基本数据类型的尺寸采用长型，这两个修饰符将可能改变数据类型的尺寸。

int 基类型可以由 signed、short、long 和 unsigned 修饰，分别表示有符号整型、短整型、长整型和无符号整型。缺省类型修饰符时，系统默认为 signed。short int 的尺寸为 16 位，而 long int 的尺寸为 32 位。

char 可以由 unsigned 和 signed 修饰。也可以用 long 修饰 double（C99 还允许用 long 修饰 long，从而生成 long long）。表 2-1 列出了 C 语言支持的所有合法数据类型，以及它们的最小范围和典型位宽。

表 2-1　　　　ANSI C 标准定义的全部数据类型

类型	典型宽度（比特数）	最小取值范围
char	8	-127～127
unsigned char	8	0～255
signed char	8	-127～127
int	16 或 32	-32767～32767
unsigned int	16 或 32	0～65535
signed int	16 或 32	同 int
short int	16	-32767～32767
unsigned short int	16	0～65535
signed short int	16	同 short int
long int	32	-2147483647～2147483647
long long int	64	$-(2^{63}-1)$～$2^{63}-1$（C99 所加）
signed long int	32	同 long int
unsigned long int	32	0～4294967295
unsigned long long int	64	$2^{64}-1$（C99 所加）
float	32	6 位精度，1E-37～1E+37
double	64	10 位精度，1E-37～1E+37
long double	80	10 位精度，1E-37～1E+37

2.3 变量

在学习编写一个有用的程序之前，我们必须了解如何在程序中保存和引用信息。

2.3.1 数学中的变量和计算机中的变量

变量就是其值可变的量。然而，计算机中的变量除了保有这个数学上的含义之外，还有其特殊的意义。对计算机程序而言，变量是由程序命名的一块内存空间，可以用来保存或记忆一个数值，其值可以修改。因此，在使用变量之前，该变量必须已经通过合法的途径从操作系统处获得相应的内存空间，这被称为变量“先定义，后使用”。操作系统在给变量分配内存时，依据变量的数据类型决定分配给该变量内存空间的大小；此外，数据类型决定了变量的二进制编码规范。

每个内存空间都有一个独一无二的地址编号，系统可以根据每个变量的地址存取该变量的内容。但是，高级语言为了达到屏蔽内存管理的细节、简化程序员的工作的效果，在定义变量时，要求必须给变量一个名称。此后的程序可以通过变量名来读写该变量的内容。

总之，变量必须“先定义，后使用”，定义变量的过程实质上是向操作系统申请获得相应内存空间的过程，即内存分配的过程。

2.3.2 变量的定义形式

C 语言中定义变量的一般形式是：

【限定词】 数据类型　对象名称【=初始值】;

其中，【　】包围起来的部分是可选的。限定词通常是类型限定词或者存储类别限定词。数据类型可以是任何有效的 C 数据类型之一。对象名称就是被定义的变量名列表，它可以是一个或多个用逗号间隔的标识符；通常习惯给变量取一个不太长、但有意义的名称。

例如，下面是一些变量的定义语句：

```
int a, b, c;          /* 定义 a, b , c 为整型变量 */
char cc;              /* 定义 cc 为字符变量 */
double x, y;          /* 定义 x ,y 为双精度实型变量 */
```

2.3.3 变量的定义位置

定义变量的基本位置有三个：函数内、函数参数的定义以及所有函数之外。函数内定义的变量，被称为局部变量或者私有变量，它的定义点必须出现在左花括号{的后面。局部变量只有定义它的函数有权可以使用它。函数参数位置定义的变量就是函数的形式参数，它属于局部变量范畴。而在所有函数之外定义的变量被称为全局变量或共用变量，在定义点之后的所有函数都可以使用它。

2.3.4 变量的初始化

在 C 程序中，多数变量在定义时初始化。变量的初始化是用一个等号和一个常量值放在变量名的右侧进行的，其一般形式是：

数据类型　变量名 = 常量值;

例如，以下的第一条语句定义了 int 型的变量 i1、i2，并初始化其值为 3 和 4。第二条语句定义了 float 型的变量 f1、f2，f1 没有初始化，而 f2 被初始化为 3.5。

```
int i1 = 3,   i2 = 4;
float f1,   f2 = 3.5;
```

当然， 变量也可以在定义之后，用赋值语句明确其取值。例如：

```
int i1, i2;           /*  定义整型变量 i1 和 i2 */
i1 = 3;               /*为 i1 赋初值为 3   */
i2 = 4;               /*为 i2 赋初值为 4   */
```

变量的初始化与变量的内存分配是同时进行的。全局变量只在程序开始运行时初始化，而局部变量只有在进入被定义的代码段时初始化。未初始化的全局变量，系统会自动设置其初值为 0；未初始化的局部变量，系统仅仅为其分配内存空间，但是会保留该内存空间原有的内容而不清零，因此未初始化的局部变量其初值是不确定的。

2.3.5 类型限定词

C 语言定义了控制如何访问或修改变量的类型限定词。C89 定义了两个类型限定词：const 和 volatile，C99 增加了第三个，称为 restrict。这里仅介绍前两个。

1. const

用 const 类型限定词修饰的变量不能被程序修改，但可以被赋初值，也就是只能给该变量赋值一次。此后，编译程序把这类变量放到只读区域。例如语句

```
const int a = 10;
```

定义了名称为 a 的整型变量，程序不能修改其内容。a 的初始值为 10，可以用于各种表达式中，const 通过直接初始化或某些依赖于硬件的方法取得初值。

2. volatile

volatile 类型限定词通知编译程序一个事实，就是被其修饰的变量可能被编译器未知或者未在程序中明确表达的方法改变，例如被操作系统、硬件或者其他线程等改变其值。遇到这个关键字声明的变量，编译器对访问该变量的代码就不再进行优化，从而可以提供对特殊地址的稳定访问。

当要求使用 volatile 声明的变量的值的时候，系统总是重新从它所在的内存读取数据，即使它前面的指令刚刚从该处读取过数据。而且读取的数据立刻被保存。

例如，以下语句段：

```
volatile int i = 10;
int a = i, b;
……
/*  其他代码，并未明确告诉编译器，对 i 进行过操作   */
b = i;
```

多数编译程序认为没有出现在赋值语句左侧的变量，其值不会改变，因此自动优化某些表达式，一旦编译器发现两次从某个变量读数据的代码之间的代码没有对该变量进行过赋值操作，它会自动使用上次读出的数据，而不是重查其值。

volatile 类型限定词可以防止这类优化过程中发生的变量值的改变。例如上述代码段中 volatile 类型限定词明确指出变量 i 的值是随时可能发生变化的，每次使用它的时候必须从 i 的地址中读取，因而编译器生成的汇编代码会重新从 i 的地址读取数据放在 b 中。所以 volatile

可以保证对特殊地址的稳定访问。

2.3.6　变量的左值和右值

简单地说，左值（lvalue）和右值(rvalue)在C语言中表示位于赋值运算符两侧的两个值，左边的被称为左值，右边的被称为右值。

例如：

```
int    ii, jj;
ii = 5;              /*  ii 是左值，5 是右值     */
jj = ii;             /*  jj 是左值，ii 是右值   */
```

可见左值肯定可以作为右值使用，但反之则不然。左值和右值的最早区别就在于能否改变，左值是可以变的，右值不能变。左值通常指可以定位的值，即有地址的值，可以用来存储其他的值。而右值没有地址，不能存储其他的值。例如变量ii的左值和右值如图2-4所示。

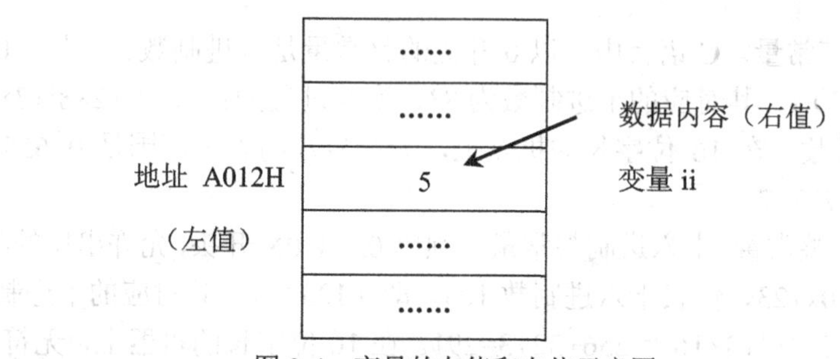

图2-4　变量的左值和右值示意图

下面看两个例子，如：

①x = 5;　　　　　　　　　　②5 = x;

这两条语句看起来很相似，但第一句正确，而第二句不正确。为什么？首先5与变量x都可以提供右值，因此这两条语句中赋值运算符“=”右侧都没有问题。另一方面，变量x可以提供存储空间用来存储其他的值，即变量a有左值；而5是常量，没有左值；C语言中赋值运算符的左边必须是一个有左值的量，所以第二句是错误的。

一个变量，在某些场合它的作用是提供值；而在某些场合它的作用却是提供存储空间。一个变量出现在提供值的场合时，则称它在此扮演右值的角色；当它出现在提供存储空间的场合时，则称它在此扮演左值的角色。

变量通常当作运算符的操作数，或函数的参数，所以决定一个变量究竟扮演右值或左值角色的，通常就是运算符或函数。例如赋值运算符“=”的功能是要把右边的值存入左边的存储空间，所以它左边的量必须扮演左值的角色；而它右边的量必须扮演右值的角色。

有些量只能当右值，例如常量；有些量既可当右值又可当左值，例如变量。有些运算符仅要求操作数有右值，例如加法“+”运算的两个操作数、赋值运算符的右操作数等。有些运算符的操作数要求有左值，例如赋值运算符“=”的左操作数。另外，一些运算符要求操作数同时扮演右值与左值的角色，例如自增运算符“++”、自减运算符“--”就要求它的操作数先扮演右值的角色，再扮演左值的角色。

C语言中除了变量有左值之外，也可通过指针指向的对象来表示有左值的内存空间。

2.4 常量

程序中其值不变的量被称为常量。常量根据字面形式范围不同的数据类型：整型常量、浮点常量、字符常量及字符串常量。常量除了这种以自身的存在形式直接表示之外，还可以用标识符来表示常量。这种常量通常被称为符号常量，其正式名称是宏（不带参数的宏）。

2.4.1 整型常量

1. 十进制、八进制和十六进制常量

C 语言的整型常量可以表示为十进制、八进制、十六进制三种形式。

（1）十进制整常量。十进制整常量是允许带正负号的整数，第一个数字不能为 0，允许出现数字符号 0~9。例如：12，0，-12 等。在 16 位字长的机器上，其表示范围是-32768~32767，int 类型。如果整型常量的值超出 int 类型的数据范围，那么系统就认定它是长整数（long int 类型）。

（2）八进制整常量。C 语言中，以 0 开头的整常量是八进制数。例如：0123 表示八进制数 123，即（123）$_8$，其对应的十进制数为 83，换算过程为：$1\times8^2+2\times8^1+3\times8^0=83$。八进制数通常是无符号数。在 16 位字长的机器上，无符号数的表示范围是 0~65535，其八进制表示形式为 00~0177777。

（3）十六进制整常量。十六进制整常量必须以 0x 或 0X 开头，允许出现的数码符号 0~9、A~F 或 a~f。例如 0x123，代表十六进制数 123，即（123）$_{16}$，其对应的十进制数为 291，换算过程为：$1\times16^2+2\times16^1+3\times16^0=256+32+3=291$。在 16 位字长的机器上，无符号数的表示范围是 0~65535，其十六进制表示形式为 0x0~0xffff 或 0X0~0XFFFF。

2. 整型常量的数据类型

C 系统可以根据整型常量的具体数值确定它的类型，判定原则是编译程序把数值常量表示成最小兼容类型。例如：

10	int 型常量
60000	unsigned int 型常量
100000	long int 型常量

简而言之，对于十进制整常量，如果它的值可以在基本整型 int 的数据范围内，那么它的类型就是基本整型（int）；如果它的值超出这个范围，但尚未超出长整型（long int）的范围，那么，它的类型就是长整型（long int）；如果其值也超出 long int 所能表示的范围，那么，它的类型就是无符号长整型（unsigned long int）。对于八进制整型常量和十六进制整型常量来说，根据表示的数值从小到大，它的类型可以是 int、unsigned int、long int 或者 unsigned long int。

3. 整型常量的后缀

除上述规定以外，整型常量的类型也可以用后缀来指定。整型常量后缀分为无符号型后缀和长型后缀两类。

（1）无符号型后缀。无符号型后缀用小写字母 u 或者大写字母 U 表示。当一个整型常量带有后缀 u 或 U 时，就表示该整型常量的类型是无符号整型（unsigned int）。例如：395u、052u 和 0XABCu 等都是无符号整型常量。

（2）长型后缀。长型后缀用小写字母 l 或大写字母 L 表示。当一个整型常量带有后缀 l

或 L 时，就表示该整型常量的类型是长整型（long int）。例如：23l、0123L 和 0x45L 等。

如果一个整型常量后面同时带有后缀 l（或 L）和 u（或 U），那么，它的类型就是 unsigned long int。例如，678UL 就属于 unsigned long int 类型。

2.4.2　浮点数常量

1. 小数形式和指数形式的浮点常量

浮点常量又称实型常量、浮点数或实数。在 C 语言中，浮点常量只采用十进制。它有小数形式和指数形式等两种表示方式。

（1）小数形式的浮点常量。小数形式的浮点常量由数字 0~9 和小数点组成（注意必须有小数点，否则就是整常量）。小数点的前面或者后面必须有数字。如：123.453、12.、.12、0.0、−99.0 等都是合法的浮点常量。

（2）指数形式的浮点常量。指数形式浮点常量又称科学表示法，它由尾数、字母 e（或 E）以及指数等三部分组成。例如 12e3 或 12E3 都表示 12×10^3。但请注意字母 e（或 E）之前必须有数字，且 e 后面的指数必须为整数。例如，6.8E2.3 是错误的浮点常量，因为 E 后面的指数是小数形式。

一个浮点数可以有多种指数表示形式。例如：123.456 可以表示为 123.456e0、12.3456e1、1.23456e2、0.123456e3、0.0123456e4 等。其中的 1.23456e2 称为“规范指数形式”，即在字母 e（或 E）之前的小数部分中，小数点左边应有一位（且只能有一位）非零的数字。例如：3.0e5、6.E-4。

2. 浮点常量的数据类型

按照 C 语言的规则：编译程序把数值常量表示成最小兼容类型，因此无任何修饰的浮点常量被系统默认为 double 类型。之所以是 double 类型而不是 float 类型，是兼顾浮点数的尺寸和精度两方面的考虑。

3. 浮点常量的后缀

如果浮点常量不带后缀，那么它的类型是双精度型（double）。若在浮点常量后面带有后缀——字母 f 或 F，那么它的类型就是单精度浮点型（float），通常简称为浮点型。在浮点常量后面还可带有后缀——字母 l 或 L,此时，它的类型是长双精度型（long double）。

例如：

3.5L	long double 类型常量
123.23F	float 类型常量
1.23E-2F	float 类型常量

2.4.3　字符型常量

C 语言的字符型常量是用单引号括起来的一个字符。如：'a'，'D'，'*'，'5'等都是字符常量。注意，'a'和'A'是不同的字符型常量；'5'和 5 是不同类型的常量，'5'是字符型常量，占据 1 个字节，取值为 ASCII 表中字符 5 的码值。而 5 是整型常量。

把字符放在一对单括号中的方法，适合多数可打印字符。但是，有些字符（例如回车键等）却无法通过键盘放置在字符常量或者字符串常量中。为此，C 语言定义了特殊的反斜线字符常量（转义字符），如表 2-2 所示。允许程序员书写程序时方便地使用这些特殊的字符。这种方法，比用 ASCII 码更能保证程序的可移植性。

表 2-2 反斜线字符常量

反斜线字符	含义	反斜线字符	含义
\b	退格		
\r	换页	\\	反斜线
\n	新行	\v	垂直制表
\r	回车	\a	报警
\t	水平制表	\?	问号
\"	双引号	\N	码值为 N 的字符（N 是 8 进制常量）
\'	单引号	\xN	码值为 N 的字符（N 是 16 进制常量）

【例题 2-1】 编写一个程序，输出一个新行和一个制表符，然后输出 This is a test。

```
1.  /*输出一个新行和一个制表符，然后输出This is a test。源文件：LT2-1.C*/
2.  #include <stdio.h>
3.  #include <stdlib.h>
4.
5.  int main(void)
6.  {
7.      printf("\n\tThis is a test.\n");
8.
9.      system("PAUSE");
10.     return 0;
11. }/*main 函数结束*/
```

```
    This is a test.
请按任意键继续…
```

程序 LT2-1.C 中第 7 行的 printf 输入语句中遇到了两个反斜线字符常量：新行符'\n'，即回车换行符；水平制表符'\t'。

2.4.4 字符串常量

C 语言中的字符串常量是包围在一对双引号中的零个或多个字符序列。例如："How are you！"、"A"、""、"123.45"都是字符串常量。

字符串常量在 C 语言中被看成是一个数组，这个数组中的元素为单个字符。程序编译时会自动在每个字符串末尾加上空字符'\0'，作为字符串的结束，从而使程序能完整识别字符串。但计算字符串长度时不计算这个字符串结束标记字符'\0'。例如：字符串常量"\a\"Name\\Address\n"的长度是 15，占据的内存空间是 16 个字节。

需要注意的是，字符常量和字符串常量是两种完全不同的数据类型，它们的区别是：

（1）字符常量由单引号括起来，字符串常量由双引号括起来。

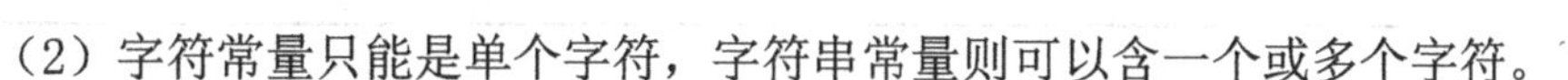

（2）字符常量只能是单个字符，字符串常量则可以含一个或多个字符。

（3）可以把一个字符常量赋予一个字符变量，但不能把一个字符串常量赋予一个字符变量。在C语言中没有相应的字符串变量。但可以用一个字符数组来存放一个字符串常量。相关内容将在第7章数组中予以详细介绍。

（4）字符常量占1个字节的内存空间。字符串常量占的内存字节数等于字符串中字节数加1。

例如，字符常量'a'和字符串常量"a"虽然都只有一个字符，但二者属于两个不同的数据类型，其占据的内存空间是不同的。'a'在内存中占一个字节，可表示为：

a

"a"在内存中占2个字节，可表示为：

A	\0

2.4.5 符号常量（不带参数的宏）

当在程序中需要多次使用某些常量时，为了方便和增加程序的可读性，我们通常用一个标识符来表示它们。在C语言中，可以采用标识符来表示一个常量，被称为不带参数的宏，俗称为符号常量。

符号常量在使用之前必须先定义，其定义的一般形式是：

#define 标识符 常量

其中#define是一条预处理命令（预处理命令都是以“#”开头），称为宏定义命令（参见第9章中详细介绍），其功能是把该标识符定义为其后的常量值。一经定义，以后在程序中所有出现该标识符的地方均以该常量值替换之。习惯上符号常量的标识符用大写字母，变量标识符用小写字母，以示区别。

【例题2-2】 编写一个程序，输入圆的半径，计算圆的周长和面积。

```
1.   /*计算圆的周长和面积。源文件：LT2-2.C*/
2.   #include <stdio.h>
3.   #include <stdlib.h>
4.
5.   #define PI 3.14159          /*宏定义*/
6.
7.   int main(void )
8.   {
9.       float perimeter, area, radium;
10.
11.      printf("请输入圆的半径：");
12.      scanf("%f", &radium);
13.
14.      perimeter=2.0*PI*radium;
15.      area=PI*radium*radium;
```

```
16.
17.        printf("圆的周长：%f\n", perimeter);
18.        printf("圆的面积：%f\n", area);
19.
20.        system("PAUSE");
21.        return 0;
22.    }/*main 函数结束*/
```

```
请输入圆的半径：2.3↙
圆的周长：14.451314
圆的面积：16.619011
请按任意键继续…
```

程序 LT2-2.C 在主函数之前用宏定义命令定义 PI 表示 3.14159，在程序中即以该值代替 PI。程序中第 14 行和第 15 行的代码

```
perimeter=2.0*PI*radium;
area=PI*radium*radium;
```

中的 PI 被 C 编译器替换为 3.14159，替换后的代码是

```
perimeter=2.0*3.14159*radium;
area=3.14159*radium*radium;
```

应该注意的是，符号常量虽然也有自己的名称，但它不是变量，它所代表的值在整个作用域内不能再改变。也就是说，在程序中，不能再用赋值语句对它重新赋值。

2.5 数值问题的计算误差

计算机中的数据受到存储空间的字长限制，无法表示无限位数的整数或实数，因此无论是程序中的哪种数据类型，都有其有限的数据表示范围；而且实数还存在表示精度的问题。一旦操作数过大、过小或者两个操作数相差过大，那么各种运算可能产生不准确或者完全错误的数据。这就是计算误差问题。

计算误差分为上溢、下溢和可表示误差等三种情况。上溢就是因为运算结果过大，超过数据类型的可表示范围之外的一种错误状态。下溢就是当数据小于最小可表示数值时产生的一种错误状态；由于最小的整数是 0，因此整数不会产生下溢，只有浮点数（实数）会产生下溢。可表示误差是指由于计算机无法表示无限数位的实数，因此计算机中的实数大多数是近似表示，由此带来的误差被称为可表示误差。

2.5.1 整数上溢

程序中的整型在一定表示范围内提供了精确表示数据的方法，但是由于短整型 short int 和整型 int 的表示范围较小，对于这种范围的限制尤为明显，很多计算结果均较大，无法存放在短整型或整型 int 中。所以引起整数上溢的表达式在小型计算机中很常见。较大整数的

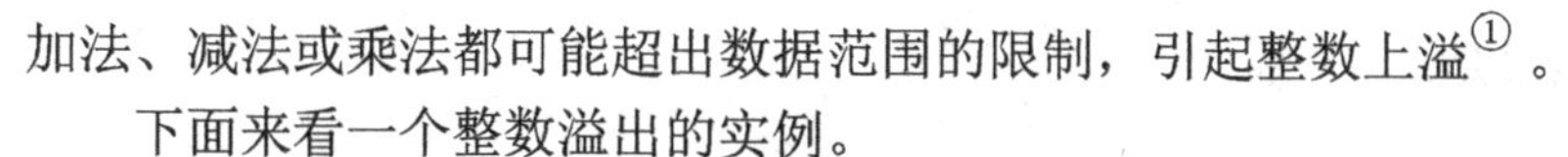

加法、减法或乘法都可能超出数据范围的限制，引起整数上溢[①]。

下面来看一个整数溢出的实例。

【例题 2-3】　编写一个程序，计算 32767 加 1 的结果。

```
1.  /*整型数据溢出范例。源文件：LT2-3-1.C*/
2.  #include <stdio.h>
3.  #include <stdlib.h>
4.  
5.  int main(void)
6.  {
7.      short int a,b;
8.  
9.      a = 32767;
10.     b = a + 1;
11. 
12.     printf("a=%d,b=%d\n",a, b);
13. 
14.     system("PAUSE");
15.     return 0;
16. }/*main 函数结束*/
17. 
```

```
a=32767,b=-32768
请按任意键继续…
```

程序 LT2-3-1.C 的运行结果中 b 的值为-32768，为什么不是 32768？显然结果不是读者想象的 32768。下面分析一下程序 LT2-3-1.C 运行时变量 a、b 的值的演变过程：

第 10 行中加法运算的第一个操作数是变量 a，其值为 32767，类型为短整型，其编码是：

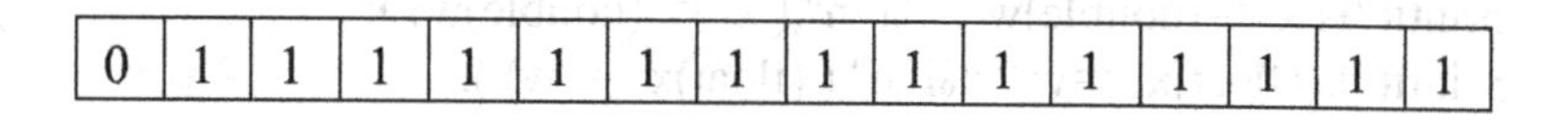

0	1	1	1	1	1	1	1	1	1	1	1	1	1	1	1

第 2 个操作数是整数 1，类型 int，在 16 位平台下，其编码是：

0	0	0	0	0	0	0	0	0	0	0	0	0	0	0	1

如果是 32 位的平台下，操作数 1 的编码多高位的 2 个字节全 0 的编码。

变量 a 加操作数 1 实际上是上面两个二进制数的加法运算，然后将结果存放到短整型变

① 和+、-、*运算不同，整数除法/不会引起溢出。即使用最小整数 1 作为除数，也不会增加被除数的值。

量 b 中，因此变量 b 的结果是：

1	0	0	0	0	0	0	0	0	0	0	0	0	0	0	0

变量 b 中的二进制数是-32768 的补码形式。出现错误的原因是因为 a+b 的值已经超过了 short int 所能表示的数据范围。

那么，如何改正程序 LT2-3-1.C 中错误呢？首先需要将第 7 行的变量定义改为：

long int a, b;

由于%d 是输出 int 或者 short int 的格式符，长整型必须用格式符%ld，因此第 12 行修改为：

printf("a=%ld, b=%ld\n", a, b);

2.5.2 浮点数的可表示误差

计算机中无法精确地表示无限数位的实数，只能精确表示某些位。但是大部分只能近似表示。真值和计算机内部的表示值之间的差值称为“可表示误差”。float 和 double 均为实数的近似表示法，只不过精度不同。最能体现实数的可表示误差的一个运算是实数的比较，由于整数是精确表示，因此比较两个整数，它们要么相等要么不相等。而实数由于存在可表示误差，比较两个实数有些难度。下面通过一个范例来说明实数的可表示误差。

【例题 2-4】 浮点数可表示误差范例程序。

```
1.   /*浮点数可表示误差范例。源文件：LT2-4.C*/
2.   #include <stdio.h>
3.   #include <stdlib.h>
4.
5.   int main(void)
6.   {
7.        float w = 4.4;
8.        double x = 4.4;
9.
10.       printf(" x is %.12f, w is %.12f \n", x , w );
11.       printf("Is x ==(double)w ? %i \n",( x == (double)w) );
12.       printf("Is (float)x ==w ? %i \n",( (float)x == w) );
13.
14.       system("PAUSE");
15.       return 0;
16.  }/*main 函数结束*/
```

```
x is 4.400000000000, (double)w is 4.40000095367
Is x == (double)w?    0
Is （float）x == w?   1
请按任意键继续…
```

根据第 10 行的运行结果可以看出，变量 w 和 x 虽然都初始化为 4.4，但是由于 float 和 double 型的精度不同，所以这两个变量的值不同。而表达式

x == (double)w

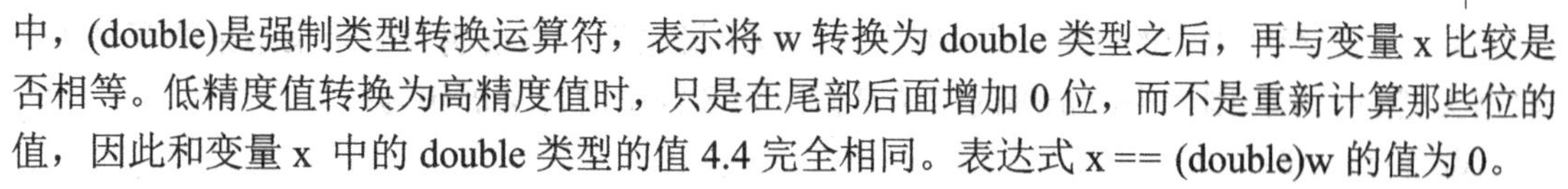

中，(double)是强制类型转换运算符，表示将 w 转换为 double 类型之后，再与变量 x 比较是否相等。低精度值转换为高精度值时，只是在尾部后面增加 0 位，而不是重新计算那些位的值，因此和变量 x 中的 double 类型的值 4.4 完全相同。表达式 x == (double)w 的值为 0。

表达式

(float) x == w

中，(float)是强制类型转换运算符，表示将 x 转换为 float 类型之后，再与变量 w 比较相等。高精度值转换为低精度值时，将截掉多余的位，所以，两个数值就完全相同了，表达式"(float)x == w"的值为 1。

由此引出一个问题：应该如何比较浮点数是否相等？解答是：如果两个浮点数之间的差值非常小，小于问题的精度要求，就可认为二者相等。例如，判断变量 w 和 x 是否相等，可以用表达式：

fabs(w – x) < epsilon

其中，fabs( )是计算绝对值（math.h 中声明），epsilon 是自行设定的一个误差值，例如 1e-4。

2.5.3　浮点数上溢

浮点数上溢的处理方式和整数上溢不同，IEEE 的浮点数标准定义了一个特殊位模式，称为"无穷大"，表示计算时产生了上溢（指数域全 1，尾数域全 0）。math.h 中定义的符号常量 HUGE_VAL 表示每个局部系统的无穷大，因此测试浮点数上溢的一种方法是将计算结果与 HUGE_VAL 或者-HUGE_VAL 比较。另一种测试浮点数上溢的方法是某些系统中，用 printf( )函数输出这个值显示+Infinity 或者-Infinity 信息。但是要注意，上述技巧都非常有用，但只有在完全标准的系统中才提供这些功能，某些系统中没有这些技巧。

【例题 2-5】　浮点数上溢范例程序，请编程计算 35 的阶乘。

```
1.   /*浮点数上溢范例，计算的阶乘。源文件：LT2-5.C*/
2.   #include <stdio.h>
3.   #include <stdlib.h>
4.
5.   int main(void)
6.   {
7.       int n;
8.       float factf = 1.0;
9.
10.      for( n = 1 ; n <= 35; n++)
11.          factf = factf * n;
12.
13.      printf(" 35的阶乘是%.12g \n", factf);
14.
15.      system("PAUSE");
16.      return 0;
17.  }/*main 函数结束*/
```

```
35的阶乘是1.#INF
请按任意键继续…
```

其中，运行结果中的#INF 表示产生浮点数上溢错误。这说明存储阶乘结果的变量 factf 数据类型的表示范围太小，正确的做法是修改第 8 行中的定义语句为：

double factf = 1.0;

2.5.4 浮点数下溢

只有实数才有可能产生下溢的错误，它是在数据小于最小可表示的数值时产生的。

【例题 2-6】 浮点数下溢范例程序，不断用 1.0 除以 10，显示 10^{-43} 到 10^{-47} 的结果。

程序 LT2-6.C 用 1.0 不断地除以 10。由于 float 的表示最低界限是 1.175e-38，从程序运行结果可以看出，10^{-43} 到 10^{-47} 的值已经低于这个最小界限，这时产生浮点数下溢。有些系统在达到这个最小界限的限制时，产生 0 值。而有些系统仍然使用非规格化值表示，例如程序 LT2-6.C 的运行结果就是如此，但即使这样，当 n 等于 46 时，所有位都移到右侧，结果变为 0。

```
1.  /*浮点数下溢范例，计算的-43～-47次方。源文件：LT2-6.C*/
2.  #include <stdio.h>
3.  #include <stdlib.h>
4.
5.  int main(void)
6.  {
7.      int n;
8.      float frac = 1.0;
9.
10.     for( n = 1 ; n <= 42; n++)
11.         frac = frac /10 ;
12.
13.     for( n = 43 ; n <= 47; n++){
14.         frac = frac /10 ;
15.         printf(" n = %d,   frac = %.8g \n", n, frac);
16.     }
17.
18.     system("PAUSE");
19.     return 0;
20. }/*main 函数结束*/
```

```
n = 43, frac = 9.9492191e-044
n = 44, frac = 9.8090893e-045
n = 45, frac = 1.4012985e-045
n = 46, frac = 0
n = 47, frac = 0
请按任意键继续…
```

可能产生下溢的几种运算是：

（1）用一个非常大的数作为除数或者如例题 2-6 所示的反复执行除法运算。

（2）乘以一个非常接近 0 的小数据。

（3）两个接近 float 表示法的最小值的数相减，或者两个本应相等，但是由于舍入误差而不相等的两个数相减。

2.5.5 数据类型的选择

我们已经了解了各种数据类型的限制，以及由于数据类型选择不当或者由于某些运算产生的溢出错误。在实际应用中，编写源程序、编译程序（编译、改正编译错误、改正连接错误）C 语言中那么多种数据类型，该如何正确选择数据类型？

简单地说，正确选择数据类型需要考虑以下几个因素：

（1）合适的数据范围。应当选择足够表示所有可能出现的数据值的数据类型。

（2）满足精度要求。应当充分考虑浮点数的可表示误差问题，以满足精度要求。

（3）尽量少占据内存空间。满足上述条件的前提下，尽可能少占据内存空间。

2.6 表达式的基本概念

表达式就像英文中一个完整的语句，它包含动词和名词。动词是运算符（又称操作符）或函数，表示需要完成的操作。名词表示操作对象，或称操作数，通常是变量或常量。因此，表达式就是说明动词应当如何应用到名词上产生一个结果，这个结果就是表达式的值。

2.6.1 运算符和算元

运算符，又称操作符。C 语言中除了那些对数值数据完成数学运算的运算符之外，还包括大量其他特殊运算符，例如关系运算符、逻辑运算符、赋值运算符、位运算符等。每一类运算符都对应一类特定类型的对象。

操作数（或称操作元）指一个表达式，其值是一个操作的输入值。例如表达式 a+b 中包含两个操作数 a 和 b。按照运算符所需要的操作数数目，分为一元、二元和三元运算符。算元指的就是运算符所需要的操作数的数目。

一元运算符（算元为 1）只有一个操作数，例如-（取负）。多数一元运算符都是前缀运算符，即运算符写在前面，操作数写在后面。C 语言中三元运算符只有一个，就是条件运算符。

2.6.2 优先级别、括号和结合性

1. 优先级别

当一个表达式中出现多个运算符时，我们需要知道哪些运算符先计算，哪些运算符后计算。默认情况下，按照运算符的缺省优先级别顺序执行。优先级别高的先执行，优先级别低的后执行。

例如，表达式

13 / 5 + 2

包含除法（/）和加法（+）两个运算符，除法优先级别高于加法，因此先计算 13/5，再完成 + 2 的运算。

2. 圆括号

如果需要改变表达式中各个运算符的计算顺序，可以使用圆括号。严格来说，圆括号既不是运算符，也不是操作数，它是组合符号，可以用来控制操作数和运算符的关联。

例如，表达式

13 / (5 + 2)

表示先计算圆括号中的子表达式 5 + 2，再执行除法运算。

3. 结合性

结合性，又称相关性法则，负责管理优先级别相同的运算符，即在优先级别相同的情况下，按照运算符的结合性规定的顺序执行各个运算符。结合性分为从左到右和从右到左两种方式，从左到右相关性称为左结合性，从右到左相关性称为右结合性。

例如，表达式

3 * Z / 10

包含乘法（*）和除法（/）两个优先级别相同的运算符，这两个运算符都是左结合性，因此按照左结合性法则，从左到右计算表达式的值，先执行乘法运算，再完成除法运算。

2.6.3 C语言中的运算符概述

C语言中运算符如表2-3所示。

表2-3　C语言中的运算符

运算符类型	运算符	结合性
基本	( )　[ ]　->　.	从左至右
单目	!　~　++　--　+　-　(type)　*　&　sizeof	从右至左
算术	*　/　%	从左至右
	+　-	
移位	>>　<<	从左至右
关系	<　<=　>　>=	从左至右
	==　!=	
位逻辑	&	从左至右
	^	
	|	
逻辑	&&	从左至右
	||	
条件	?:	从右至左
赋值	=　+=　-=　*=　/=　%=　|=　^=　&=　>>=　<<=	从右至左
逗号	,	从左至右

从表2-3和附录B可以看出，C语言中运算符共有17个优先级别。其中，只有三类运算符是右结合性的，它们是：单目运算符、条件运算符和赋值运算符。

2.7 C语言中的运算符

C语言的内部运算符很丰富，实际上，C语言比其他计算机语言拥有更多的运算符。C语言包括算术运算符、关系运算符、逻辑运算符和位运算符，以及赋值运算符、条件运算符等执行指定任务的特殊运算符。本节将详细介绍这些运算符的规则。

2.7.1 算术运算、增量和减量运算符

表2-4列出了C语言中的算术运算符。+、−、*、/运算符的作用和其他语言一样，基本可以作用于任何C语言内设的数据类型。需要特别说明是包括除法/、模除%、增量和减量运算符，其他运算符和我们习惯的使用方法没有区别。

表2-4　　　　算术运算符

运算符	作用	运算符	作用
-	减法、取负（一元减）	%	模除
+	加法	--	减量
*	乘法	++	增量
/	除法		

1. 除法/

除法运算“/”在使用时要特别注意数据类型。因为两个整数（或字符）执行除法运算时，其结果是整型。两个浮点数相除，结果为浮点数。而两个类型不同的数相除时，先进行类型转换，再运算。

例如，表达式

5 / 2

的结果为2，而不是2.5。因为5和2都是整型常量，其除法的结果也是整型。而表达式

5 / 2.0

的结果为2.5，因为其中一个操作数2.0是double类型的，所以整型常量5将被转换为double类型之后，再完成除法运算。

2. 模除%

模除运算“%”又称求余运算，它要求两个操作数都为整型，其结果是整数除法的余数。例如，表达式

4 % 3

的结果是1。

对于有负整数参与的模除运算，一般系统中取%前面的操作数的符号作为结果的符号。例如，表达式

-10 % 3

的结果为-1。

3. 增量++和减量--

C语言包含两个其他计算机语言一般不支持的算术运算符，即增量运算符++和减量运算符--。增量运算符对操作数增加一个单位，减量运算符对操作数减少一个单位。换言之

x++

与

x = x + 1

一样。而

x--

与

x = x - 1

一样。

增量和减量运算符都可以放在操作数前面或者后面，也就是都有后缀和前缀两种方式。

前缀增量运算：

++x

表示先对操作数完成增量运算之后，才使用操作数的值。

前缀减量运算：

--x

表示先对操作数完成减量运算，再使用操作数的值。

后缀增量运算：

x++

先使用操作数的值，再对操作数完成增量运算。

后缀减量运算：

x--

先使用操作数的值，再对操作数完成减量运算。

【例题 2-7】 增量、减量运算符范例程序。

```
1.   /*增量、减量运算符举例。源程序：LT2-7.C*/
2.   #include <stdio.h>
3.   #include <stdlib.h>
4.
5.   int main(void)
6.   {
7.       short int a,b;
8.
9.       a = 9;
10.      b = ++a;
11.      printf("(1)a=%d***b=%d\n",a,b);
12.
13.      a = 9;
14.      b = a++;
15.      printf("(2)a=%d***b=%d\n",a,b);
16.
17.      system("PAUSE");
18.      return 0;
19.  } /*main 函数结束*/
```

```
(1)a=10***b=10
(2)a=10***b=9
请按任意键继续…
```

程序 LT2-7.C 中第 10 行的代码

```
b = ++a;
```

表示先对 a 实现增量运算，在把前一步的结果赋给变量 b；所以变量 a 和 b 的数值均为 10。

而第 14 行的代码

```
b = a++;
```

表示先把 a 原来的数值赋给变量 b，再对 a 实现增量运算，所以变量 a 的值为 10，b 的数值是 9。

注：不要滥用增量或减量运算符。

使用增量和减量运算符时，需要记住 C 语言设置这两个运算符的目的，是因为这里和减量运算符比等价的赋值运算符代码的运行速度快得多，目标代码效率更高。但是它们都存在某种副作用，增量或减量运算符会改变运算分量的值。但是如果使用不当，会带来意想不到的结果。

下面来看两个滥用增量/减量运算符的例子。

第一个例子是，假设有定义

```
int i = 3;
```

则表达式

```
(i++) + (i++) + (i++)
```

的结果应为多少？

答案是：不同的系统结果可能不同。有的系统从左到右完成上述表达式，即表达式结果为 3+4+5=12。另外一些系统（如 Turbo C、MS C）则先计算表达式的值，再自加 3 次 i，即表达式结果为 3+3+3=9。这样的语句可移植性极差，在这样的表达式应该少用增量运算符，应该尽量使用类似

```
i + ( i + 1 ) + ( i + 2 )
```

这样的表达式。

第二个典型滥用的例子来自于下面这个问题：对于代码

```
int i = 3;
i = i++;
```

对于变量 i 不同编译器给出不同的结果，有的为 3，有的为 4，哪个是正确的？

实际上这里没有正确答案。这个表达式无定义，编译程序在处理这个表达式时，无法判断该引用中赋值运算符左边的 i 应该使用增量运算符之前的旧值还是新值。有些编译程序使用旧值，则上述代码被这些编译程序解读为：

```
i++;
i = 3;
```

这时变量 i 的结果是 3。另外一些编译程序使用新值，则上述代码被解读为：

```
i++;
i = 4;
```

这时变量 i 的值为 4。

2.7.2 赋值运算符

赋值运算符可构成 C 语言最基本、最常用的赋值语句，同时 C 语言还允许赋值运算符

“=”与双目运算符联合使用，形成复合赋值运算符，使得C程序简明而精练。

1. 赋值运算符

赋值运算就是完成把一个值存储到某个存储空间中的操作。赋值运算符的一般形式是：

对象名称 = 表达式

其中，对象名称是被赋值的内存空间，它可以是变量或指针指向的对象，被赋值对象要求有左值（即代表存储空间）。赋值运算符是右结合性的。

例如，假设有变量定义

```
int a, b, c;                    /*说明 a, b , c 为整型变量*/
```

那么表达式

```
a = 12;
```

表示将12赋值给变量a。而多重赋值语句

```
b = c = a ;                     /*多重赋值*/
```

其中包含两个赋值运算符，按照右结合性，先把变量a的值12赋值给变量c，再把表达式“c = a”的结果12赋值给变量b。

赋值运算符要求左侧的操作数具有左值，右侧的表达式扮演右值的角色。因此，表达式

```
23 = a;
```

是错误的，因为赋值运算符左侧的23是常量，没有左值，不能被赋值。

2. 赋值中的类型转换

当赋值运算符的左侧对象名称与右侧表达式的数据类型不一致时，按照赋值的类型转换规则进行。赋值运算的类型转换规则非常简单：将赋值右部（表达式）的值转换为赋值左部（赋值目标，对象名称）的类型，再完成赋值操作。例如，假设有以下定义语句

```
int x;
float y = 3.5;
```

那么，赋值语句

```
x = y;
```

执行时，先将y的值3.5转换为变量x的类型后，再执行赋值操作，所以x的值为3。

当整型类别数据相互赋值时，存在两种类型转换的情况：

一种情况是，把整型赋值给字符型变量，或者把长整型数据赋值给短整型变量；也就是二进制位数长的数据赋值给长度短的变量。这时直接截取低位赋值，相应高位值将会丢失。例如，有如下变量定义：

```
unsigned char   c;
short int   x = 0xff76;
```

那么，赋值语句

```
c = x;
```

把x的值“1111 1111 0111 0110”赋给8bit的变量c，因此，直接截取低8位的编码赋给c，c的内容是0x76。

另一种情况是，把字符型数据赋给整型变量，或者把短整型数据赋给长整型变量。也就是把长度短的、或者数据范围窄的赋给长度长的（或者数据范围宽的）变量。这时，类型转换的规则是：扩充长度短的数据直到与给赋值对象的长度一致为止，扩充之后的数据和之前的数据值不变。例如，有如下变量定义：

```
unsigned char   c = '\376' ;                    /*(八进制数 376）*/
short int   x;
```

那么，赋值语句

```
x = c;
```

把 8 位的变量 c 的内容“1111 1110”赋给 16 位的变量 x，这时需要首先将'\376'扩充至 16 位，注意 c 是无符号字符型，因此为了确保扩充后的 16 位编码和扩充前的编码'\376'取值不变，缺少的高 8 位必须是全 0，即“0000 0000 1111 1110”。如果将上述定义修改为：

```
char   c = '\376' ;                    /*(八进制数 376）*/
short int   x;
```

那么，赋值语句

```
x = c;
```

执行时，首先将'\376'扩充至 16 位，由于 c 是有符号字符型，因此'\376'是负整数，被系统确认为补码形式。按照补码的计算原则，为了保证扩充后的 16 位编码和之前的 8 位编码'\376'，二者表示同一个负整数的补码，必须在缺少的高 8 位补符号位的 1，这被称为“符号位扩展”。因此，赋给变量 x 的编码是“1111 1111 1111 1110”。

其他的有些计算机语言例如 PASCAL 等是禁止自动类型转换的，因此 C 语言允许这样的类型转换有时结果是令人惊奇的。C 语言是为了简化程序员的劳动而设计的，通过允许 C 替代汇编语言而达到设计目标。为了能够替代汇编，C 语言允许这种类型转换。

3. 复合赋值运算符

C 语言允许任何一个二元运算符与赋值运算符组合成为复合赋值运算符。例如：+=、-=、*=、/=、%=、<<=、>>=、|=、&=、^=等。

复合赋值运算符的一般形式是：

对象名称 运算符= 表达式

它是以下赋值语句的变异，等价于

对象名称 =对象名称 运算符 (表达式)

例如，赋值语句

```
x -= 10;
```

等价于

```
x = x - 10;
```

例如，假设变量 a 初值为 2，表达式

```
a += a -= 4
```

执行时，先计算 a - = 4，其结果为-2；此时，变量 a 的值被更改为-2。然后再计算 a += -2，则变量 a 的值被更改为-4。表达式的结果是-4。

2.7.3 关系运算符和逻辑运算符

关系运算符中的“关系”是指各值之间的关系。而逻辑运算符中的“逻辑”指怎样组合各值之间的关系。所以，关系运算符和逻辑运算符通常一起使用，这里一并讨论。表 2-5 是 C 语言中关系和逻辑运算符的总结。

表 2-5　　　　　　　　　　**关系和逻辑运算符**

<table>
<tr><th colspan="2">关系运算符</th><th colspan="2">逻辑运算符</th></tr>
<tr><th>运算符</th><th>作用</th><th>运算符</th><th>作用</th></tr>
<tr><td>></td><td>大于</td><td>&&</td><td>与</td></tr>
<tr><td>>=</td><td>大于等于</td><td>||</td><td>或</td></tr>
<tr><td><</td><td>小于</td><td>!</td><td>非</td></tr>
<tr><td><=</td><td>小于等于</td><td colspan="2" rowspan="3">关系和逻辑运算符是优先级别说明：
! 高于 > >= < <=
== != 高于 && 高于 ||</td></tr>
<tr><td>==</td><td>等于</td></tr>
<tr><td>!=</td><td>不等于</td></tr>
</table>

逻辑运算符的运算规则是：“与”运算相当于乘法运算，只有两个操作数同时为“真”，结果才为“真”；否则为“假”。“或”运算是加法运算，只要两个操作数有一个为“真”，结果就为“真”；否则结果为“假”。“非”运算的结果是操作数的相关值，即操作数为“真”，“非”运算的结果为“假”。

关系运算和逻辑运算的结果都是逻辑值，即“真”和“假”，分别表示条件成立和不成立。在C语言中没有专门的逻辑型数据，所以，在进行逻辑判断时，将非0视为“真”，将0视为“假”。但对于关系运算和逻辑运算的结果，将结果“真”表示为整数1，将结果“假”表示为整数0。

例如，下面是几个关系表达式的例子。

```
3 > 5                    /*结果为0，表示“假”*/
'a' <= 'b'               /*结果为1，表示“真”*/
1.2 == 2.5               /*结果为0，表示“假”*/
x == 0                   /*判断变量x是否等于0*/
```

如果要表示变量x取值在（0, 10）之间，应该用逻辑表达式

```
( x > 0 ) && ( x < 10 )
```

而不能用表达式

```
0 < x < 10
```

因为，上面的表达式按照运算符优先级别，应当先计算“0 < x”，其结果要么为0要么为1，再计算“< 10”的运算，最终结果是1。

例如，逻辑表达式

```
! ( x == 0 )
```

表示判断x是否不等于0。

逻辑运算中的“短路原则”

逻辑运算中的“短路原则”是指在完成与运算“&&”和或运算“||”中，如果能够提前得出这个表达式的结果，就不再继续余下的运算。

执行逻辑与运算

```
a && b
```

时，当a为0时，可提前计算表达式结果为0，因此不再处理b。

与此类似，逻辑或运算

a || b

时，若a为1，则可提前计算表达式结果为1，因此不再处理b。

例如，假设int型变量m、n、a、b的初值均为0，那么执行表达式

(m = a > b) && (n = a >= b)

时，先计算“(m = a > b)” 的值，其值为0。这时可以提前确定整个表达式的值是0，子表达式“(n = a >= b)”不再执行，其中的副作用（更改变量n的取值）不会执行。所以，表达式计算之后，变量n 的值仍然是原来的0，而不是1。

表达式

(m = a >= b) || (n = a >= b)

的值是1，其中子表达式“(n = a >= b)”没有执行。表达式计算之后，变量n 的值仍然是原来的0，而不是1。

2.7.4　条件运算符和逗号运算符

1. 条件运算符

条件运算符是C语言中唯一的三元运算符，其一般形式是：

Exp1? *Exp*2:*Exp*3

其中，Exp1、Exp2和Exp3是3个表达式。条件运算符的计算规则是：首先计算Exp1的值；如果Exp1的值为真，计算Exp2的值作为表达式的结果；如果Exp1的值为假，计算Exp3的值作为表达式的结果。

例如，假设整型变量x初值为10，表达式

y = (x > 9) ? 100:200 ;

的结果是把100赋给变量y，因为“x > 9”为“真”，所以条件运算符的结果是100。

2. 逗号运算符

逗号运算符，又称顺序求值运算符，其一般形式是：

*Exp*1 , *Exp2*

其中，先计算Exp1的值，再计算Exp2的值，把Exp2的值作为整个逗号表达式的结果。当然，也可以连续使用逗号运算符，一般形式是：

Exp1 , *Exp2*, … , *Expn*

其中，先计算Exp1的值，再计算Exp2的值。以此类推，以最后一项Expn的值作为表达式的结果。

例如，下面是几个逗号表达式的例子。

a = 3 * 5 , a * 4　　　　/*结果为60，变量a的值更改为15*/

(a = 3 * 5 , a * 4) , a + 5　　　　/*结果为20，变量a的值更改为15*/

2.7.5　位运算符

与很多计算机语言不同，C语言支持一套按位操作。由于C语言就是专为在很多程序设计任务中取代汇编语言而设计的，因此C语言必须支持汇编操作。按位操作是指测试、抽取、设置或移位字节和字中的二进制位。位运算只能作用于标准的char 和整型类别的数据，不能作用于浮点型、void和其他复杂数据类型。表2-6列出了C语言中的位运算符。

表 2-6　　　　按位操作的位运算符

运算符	作用	运算符	作用
&	与	^	异或
|	或	>>	右移
~	非（求1的补）	<<	左移

1. 位运算符和逻辑运算符的区别

与、或、非的计算规则和对应的逻辑运算符基本一致，区别在于位运算符是逐位（bit）操作的，而逻辑运算符是以整个操作数的“真假”操作的。

位运算的结果通常是整数，例如，表达式

4 & 6

是将4（16位平台下，二进制编码：0000 0000 0000 0100）和6（16位平台下，二进制编码是：0000 0000 0000 0110）逐位完成与运算，结果的二进制编码是“0000 0000 0000 0100”，也就是说表达式结果是 4。

逻辑运算的结果要么是1，要么是0。例如，表达式

4 && 6

中，两个操作数都是非0 数据，被认定为“真”，表达式结果是 1。

2. 异或运算

异或（^）运算实质上是不产生进位的二进制加法运算，因此“0^0”、“1^1”的结果都是0;“0^1”、“1^0”的结果都是1。

例如，假设短整型变量m和n的值分别为0x137f和0xf731，则m和n的二进制编码是：

m　　　　0001　0011　0111　1111

n　　　　1111　0111　0011　0001

则，表达式

m ^ n

结果的二进制编码是“1110 0100 0100 1110”，也就是0xe44e。

3. 移位运算

C语言提供了两个移位运算：左移和右移，它们是把整数作为二进制位序列，求出把这个序列左移若干位或右移若干位所得到的序列。左移和右移都是双目运算，运算符左边的运算对象是被左移或右移的数据，而运算符右边的运算对象是指明移动的位数。

向左移动1位时，高位被移出，最低位补0。表达式

x << 1

相当于乘2运算。例如，假设短整型变量x的值0x23，其二进制编码是“0000 0000 0010 0011”，那么表达式

x <<= 2;

等价于

x = x << 2;

其功能是：将x的值左移2位并更新到变量x，x的值左移2位之后的二进制编码是“0000 0000 1000 1100”，由于高位移出的都是0，没有产生溢出，所以相当于x原来的数值乘以4，结果是0x8C。

如果 x 的数值是 0xff23，二进制编码是“1111 1111 0010 0011”，由于高位为 1，所以执行运算“x<<=2”时，高位被移出的是 1，此时产生了上溢，表达式结果的二进制编码是“1111 1100 1000 1100”，结果是 0xfC8C。

对右移运算来说，右移 1 位相当于除以 2 的运算。这时被移出的是最低位，编写源程序、编译程序（编译、改正编译错误，改正连接错误）最高位空缺，需要补位。按照除以 2 的原则，如果被移位的数据是无符号数，高位补 0；如果被移位的数据是有符号数，则高位补符号位，也就是正整数右移 1 位，高位补 0；负整数右移 1 位，高位补 1。这样可以确保右移 1 位的结果等于原有数据除以 2 的结果，读者可自行验证（注意有符号整数采用补码形式的存储结构）。

例如，假设短整型变量 x 的值 0x23，其二进制编码是“0000 0000 0010 0011”，那么表达式

x >>= 2;

等价于

x = x >> 2;

它将 x 的值右移 2 位，然后更新到变量 x 中。由于 x 是正整数，高位补 0，所以结果是 0x8。

如果 x 的数值是 0xff23，二进制编码是“1111 1111 0010 0011”。执行运算“x>>=2”时，移位 x 是有符号数，高位补符号位 1，所以表达式结果是 0xffc8。

2.7.6 其他运算符

除了上述介绍过的运算符之外，C 语言还提供了 sizeof( )、取地址（&）和指针运算符（*）、下标运算符（[ ]）、指向运算符（->）和成员运算符（.）。指针运算符将在第 8 章指针中详细介绍，下标运算符将在第 7 章和第 8 章中介绍，而指向运算符和成员运算符将在第 9 章中介绍。本节将介绍 sizeof( )和取地址运算符（&）的用法。

1. 编译时运算符 sizeof( )

sizeof 是编译时一元运算符，也就是说，它在编译时求值，它所产生的值在用户程序中可以视为常量。sizeof 的作用是返回操作数（变量或者类型名）对应的数据类型的字节数。其一般形式是：

sizeof（操作数）

其中，操作数是变量名，或者类型名。如果操作数是变量名，也可写成如下形式：

sizeof 变量名

sizeof 的返回值可以看作是无符号整数。

【例题 2-8】 sizeof 范例程序，编程输出 double 类型变量以及 short int 的字节数。

```
1.  /*sizeof运算范例。源程序：LT2-8.C*/
2.  #include <stdlib.h>
3.  #include <stdio.h>
4.
5.  int main(void)
6.  {
7.      double f;
```

```
8.
9.        printf("double: %d byte\n",sizeof f);
10.       printf("short int: %d byte\n",sizeof(short int));
11.
12.       system("PAUSE");
13.       return 0;
14.   }   /*end main*/
```

```
double: 8 byte
short int: 2 byte
请按任意键继续…
```

程序 LT2-8.C 中第 9 行输出 double 类型变量 f 的字节数，使用的是

sizeof f

而第 10 行输出短整型的字节数，使用的是

sizeof(short int)

2. 取地址运算符

“&”是地址运算符，其含义是取指定变量的地址。“*”的一般形式为：

& 内存变量

例如，假设有变量定义

int x;

那么，输入语句

scanf("%d", &x);

中的&x 表示将输入数据存储到地址为&x 的内存空间中。编写源程序、编译程序（编译、改正编译错误，改正连接错误）

2.8 表达式中的自动类型转换和强制类型转换

2.8.1 自动类型转换

当表达式中混用不同数据类型的常量与变量时，它们必须转换成统一类型。如果没有特别声明，默认按照自动类型转换的原则进行。唯一另外的编写源程序、编译程序（编译、改正编译错误、改正连接错误）是赋值运算符，它是将右部的操作数强制类型转换成左部的类型之后，完成赋值运算的。

自动类型转换时，C 编译程序把所有操作数转换成尺寸最大的操作数类型，称为类型提升。首先，所有 char 和 short int 被自动提升为 int。这一步称为整数提升，一旦完成了这个过程，所有其他变换随操作进行，按照以下算法所示：

if 如果某个操作数是 long double 类型
则第二个操作数被转换为 long double 类型
else if 如果某个操作数是 double 类型
则第二个操作数被转换为 double 类型

else if 如果某个操作数是 float 类型
则第二个操作数被转换为 float 类型
else if 如果某个操作数是 unsigned long 类型
则第二个操作数被转换为 unsigned long 类型
else if 如果某个操作数是 long 类型
则第二个操作数被转换为 long 类型
else if 如果某个操作数是 unsigned 类型
则第二个操作数被转换为 unsigned 类型

另一个特例是：如果一个操作数是 long 类型，且另一个是 unsigned 类型，同时 unsigned 类型的值又不能用 long 表示，则两个操作数都被转换为 unsigned long。

例如，图 2-5 是自动类型转换的一个典型范例。

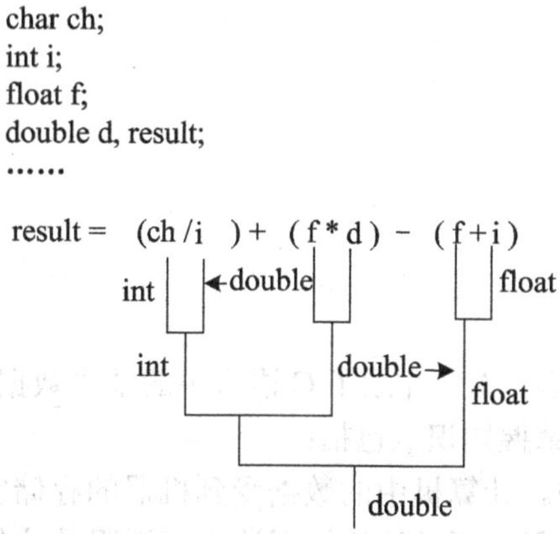

```
char ch;
int i;
float f;
double d, result;
……

result =  (ch /i  ) +  ( f * d ) -  ( f + i )
          int  ←double          float
          int      double→      float
                   double
```

图 2-5　自动类型转换的典型例子

2.8.2　强制类型转换

使用强制类型转换运算符，可以把表达式的结果硬性转换为指定类型。其一般形式是：

(*type*) (*expression*)

其中，type 是有效的 C 语言数据类型名；expression 是需要转换的表达式。当被转换的表达式是一个简单表达式时，外面的一对圆括号可以缺省。

强制类型转换运算符优先级别高于除法，所以表达式

(float) 5 / 2

等价于

(float) (5) / 2

表示将 5 转换成 float，再除以 2，结果为 2.5。而表达式

(float) (5 / 2)

先计算 5 整除 2 的结果，再转换成 float。表达式结果是 2.0。

使用强制类型转换运算符，常常处于两种目的。其一是为了满足运算的要求，例如某些运算符对操作数类型有限制。例如：

int i = 3;

```
float x = 13.6;
```

那么，表达式

```
( int ) x % i;
```

中就必须有(int)运算符，这是因为 x 不是整型，不能参与模除运算。必须先对 x 进行类型转换，然后才能执行模除运算。所以，表达式结果是 1。

另一个考虑是，为了提高运算精度。例如：

```
int i = 10;
float x;
```

那么，语句

```
x = i / 3 + 25.5;
```

先计算 i 除以 3 的结果，结果是 3；再完成加法运算，表达式结果是 28.5。这时计算误差过大，因此修改表达式为

```
x = ( float ) i / 3 + 25.5;
```

这时，表达式结果为 28.83。

2.9 本章小结

2.9.1 主要知识点

计算是计算机编程的核心。本章介绍了 C 语言中的基本数据类型、变量、常量以及运算符的运算规则。本章应重点掌握知识点包括：

- **计算机中的数据表示方法**。计算机中的数据受到机器的存储空间限制，任何类型的数据都只能表示有限的数据范围；而且计算机无法表示无限数位的实数，因此某些实数只能近似地被计算机表示。
- **类型和对象**。变量和常量就是对象，它们的名称是动作的主体和目标。每个对象都有自己的数据类型，对象类型藐视了对象的属性以及使用该对象的方法。C 语言中规定：变量必须先定义，后使用。
- **运算符**。C 语言中提供 34 个运算符，包括算术、赋值、关系和逻辑、条件、逗号、位运算符等多个类别。每个运算符都类似英文中的动词，代表一个动作，可以应用到相应的对象上。
- **优先级别和结合性**。每个运算符都有自己的优先级别，默认情况下，按照运算符的缺省优先级别顺序执行。优先级别高的先执行，优先级别低的后执行。在优先级别相同的情况下，按照运算符的结合性顺序执行。C 语言中只有单目运算符、赋值运算符和条件运算符是右结合性的，其余运算符都是左结合性。
- **运算符的副作用**。C 语言的某些运算符，如增量、减量和赋值运算符等，存在副作用，也就是可能改变某些操作数（变量）的数值。
- **逻辑与和逻辑或运算中的短路原则**。执行逻辑与和逻辑或运算时，如果从左到右可以提前得出表达式的结果，那么余下的子表达式将被系统忽略。
- **数值问题的计算误差**。计算机程序在计算过程中由于数据类型选择不当，可能引起计算误差。整数可能引起上溢错误，实数可能出现上溢、下溢和可表示误差等错误。

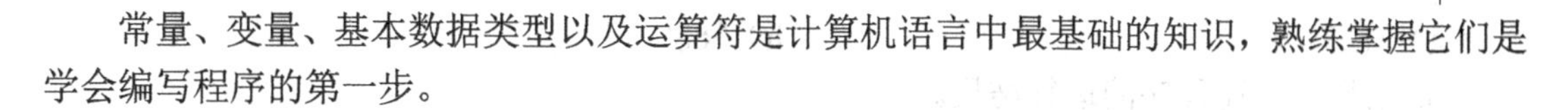

常量、变量、基本数据类型以及运算符是计算机语言中最基础的知识，熟练掌握它们是学会编写程序的第一步。

2.9.2　难点和常见错误

对初学者来说，C 语言的数据类型和运算符可能包含一些复杂特性，容易引起错误。以下列出几种常见指针错误。

1. 忽略大小写字母的区别

C 语言是严格区别大写字母和小写字母的。例如，如下程序

```
#include <stdio.h>
int main(void)
{
    int a = 5;
    printf("%d" , A);
}
```

C 语言认为大写字母和小写字母是两个不同的字符。编译程序认为 a 和 A 是两个不同的变量名，所以显示出错信息。

2. 混淆“=”和“==”

在许多高级语言中，用“=”符号作为关系运算符“等于”。如在 BASIC 程序中可以写

```
if (a = 3) then …
```

但 C 语言中，“=”是赋值运算符，“==”是关系运算符。如：

```
if (a == 3) a = b;
```

圆括号中的表达式是进行比较，a 是否和 3 相等；后者（a = b）表示在 a 和 3 相等的前提下，把 b 值赋给 a。

由于习惯问题，初学者往往会犯这样的错误：

```
if (a = 3)   a=b;
```

表示将 3 赋给变量 a，表达式“a=3”的结果为 3，表示“真”。

习　题　2

1. 解释如下名词的区别。

a）字符型和字符串　　b）型和值

c）左值和右值

2. 请指出以下变量定义语句有什么错误？

a)　int a; d = 5;　　b)　doublel　h;

c)　int c=2.5;　　d)　double h = 2.0 * g;

3. 请问：在程序中使用符号常量有哪些好处？

4. 请指出如下哪些是错误的 C 常量，为什么？

a）.23　　b）05687

c）'1234'　　d）2E3.4

e）0x1123　　f）""

g）'\123'　　　　　　　　　　　　h）'\68'

5. 请指出下述程序的运行结果。

```
#include <stdio.h>
#include <stdlib.h>
int main( )
{
        printf("??ab?c\t?dfrge\rf\tg\n");
        printf("h\ti\b\b\bj???k");
        system("PAUSE");
        return 0;
}。
```

6. 请写出将整型变量 a 增 1 的 4 种不同的 C 语言表达式。

7. 将如下的公式或命题表示成 C 语言的表达式。

a）公制单位转换：升 ＝ 盎司 / 33.81474

b）圆：周长 ＝2×π×r

c）正三角形：面积 ＝b h / 2

d）年龄大于等于 18 岁，小于等于 50 岁

e）环形：面积= π×（外半径 2-内半径 2）

8. 使用给定数值，计算以下表达式的值，并指出 k 和 m 中保存的数值是多少。每次都从 k 的初始值开始。

```
int m, k = 10;
```

a）m = ++k;

b）m = k++;

c）m=--k/2;

d）m = 3 * k--;

9. 使用如下数值，计算每个表达式的值，并说明表达式的结果是 true 还是 false。

```
int h = 0;
int j = 7;
int k = 1;
int n = -3;
```

a）k && n

b）!k && j

c）k || j

d）k || !n

e）j > h && j < k

f）j > h || j < k

g）j > 0 && j < h || j < k

h）j < h || h < k && j < k

10. 请写出如下程序的运行结果。

```
#include <stdio.h>
```

```
#include <stdlib.h>
int main(void)
{
    unsigned int a = 0152, b = 0xbb;
    printf("%x\n", a | b);
    printf("%x\n", a & b);
    printf("%x\n", a ^ b);
    printf("%x\n", ~a + ~b);
    printf("%x\n", a <<= b);
    printf("%x\n", a >> 2);
    system("PAUSE");
    return 0;
}
```

11. 下列语句中，哪些正确表达了等式 $y = ax^3 + 7$ 的含义？

a）y = a * x * x * x + 7;

b）y = a * x * x * (x + 7);

c）y = (a * x) * x * (x + 7);

d）y = (a * x) * x * x + 7;

e）y = a * (x * x * x) + 7;

f）y = a * x * (x * x + 7);

12. 请说明下列 C 语句中运算符的运算结合顺序，并给出该语句运算后变量 x 的值。

a）x = 7 + 3 * 5 / 2 - 1;

b）x = -3 % 2 + 2 * 2 - 2 / 2;

c）x = (3 * 9 * (3 + (9 * 3 / (3))));

13. 请编写一个程序，输入两个整数，计算并输出它们的和、乘积、差、商和余数。

14. 请编写一个程序，输入两个整数，判断第二个数是否是第一个数的倍数。

15. 请编写一个程序，输入一个整数，判断是偶数还是奇数。

16. 请编写一个程序，输入一个圆的半径，计算并输出圆的直径、周长和面积。要求定义符号常量 PI 代表 3.141592。

第3章 简单程序设计

程序就像人们写的文章一样，是由语句组成的有序集合。也就是说，语句是可执行程序的一部分，每一条语句说明的是一种行为或者动作。无论是简单的或者复杂的程序，都是由若干个行为按照先后次序构成的。学习一定数量的基本概念，C语言的初学者就可以编写简单的程序，完成一些有用的工作。

本章中将重点阐述语句、输入输出等C语言的基本特性，并通过简单而实用的范例程序来解释程序工作的基本原理，这些样例引入了读写简单程序所必须的概念。

本章介绍的主要内容包括：

- C语言的语句。
- 控制台输入输出。
- 程序原型、程序书写风格和布局。
- 编写简单的顺序结构程序。

3.1 结构化的三种基本结构

结构化程序设计能够使源程序结构清晰、规范化，可读性更强。这都源于结构化“自顶向下”的程序设计思想和三种基本结构的划分。

3.1.1 结构化程序设计的基本思想

结构化程序设计（structured programming）作为软件开发过程中详细设计的基本原则，是软件发展的一个重要里程碑。结构化程序设计是以模块化设计为中心，将待开发的软件系统划分为若干个相互独立的模块，这样使得完成每一个模块的工作变得单纯而明确，为设计一些较大的软件打下良好的基础。

结构化程序设计的基本思想是采用“自顶向下，逐步求精”的程序设计方法和“单入口单出口”的控制结构。“自顶向下，逐步求精”的程序设计方法从问题本身开始，经过逐步细化，将解决问题的步骤分解为由基本程序结构模块组成的结构化程序框图。

按照结构化程序设计的观点，任何算法功能都可以通过由程序模块组成的三种基本程序结构的组合：顺序结构、选择结构和循环结构来实现。而“单入口单出口”的思想认为一个复杂的程序，如果它仅是由顺序、选择和循环三种基本程序结构通过组合、嵌套构成，那么这个新构造的程序一定是一个单入口单出口的程序。据此就很容易编写出结构良好、易于调试的程序。

3.1.2 三种基本结构

1. 顺序结构

计算机是按照一个特定的顺序执行一系列操作来实现问题的求解。这个特定的顺序被称为顺序结构，只需按照解决问题的先后次序写出相应的语句，执行时按照“自上而下，依次执行”的顺序执行。顺序结构是程序执行最基本的次序。如图 3-1 所示，表示先执行操作 A，再执行操作 B。

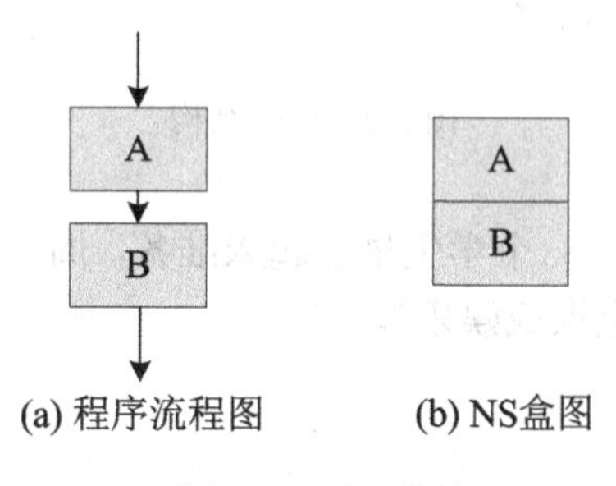

(a) 程序流程图　　(b) NS盒图

图 3-1　顺序结构

“将要执行的操作+执行这些操作的顺序”描述了求解一个问题的流程，这被称为算法。在设计算法时，定义执行操作的顺序是至关重要的。请看如下的这个例子，该例子描写了一个学生早上起床准备去上课，要求“起床——容光焕发上课”，则

① 起床
② 洗脸
③ 穿着打扮
④ 享用早餐
⑤ 步行去上课

按照上述流程，该学生每天早上都能以最佳的面貌去上课。但是如果将第②步放在最后一步（第⑤步），那么该学生每天早上都以“脏”的面貌出现在教室。

在计算机程序中，如果需要改变顺序执行的基本次序，就需要定义改变程序语句执行顺序的控制语句。结构化程序设计将控制语句分为选择结构和循环结构。

2. 选择结构

顺序结构的程序虽然能解决输入、计算和输出等基本问题，但不能根据判断的结果作出选择。选择结构用于从若干个可选择操作中选择部分来执行。选择结构的执行是依据一定的条件选择执行路径，而不是严格按照语句出现的物理顺序。选择结构程序设计的关键在于构造合适的分支条件和分析程序流程，根据不同的程序流程定义适当地选择语句。

选择结构如图 3-2 所示，表示先判断条件 P 是否成立，如果 P 成立，则执行操作 A；如果 P 不成立，则执行操作 B 或者什么操作都不做。

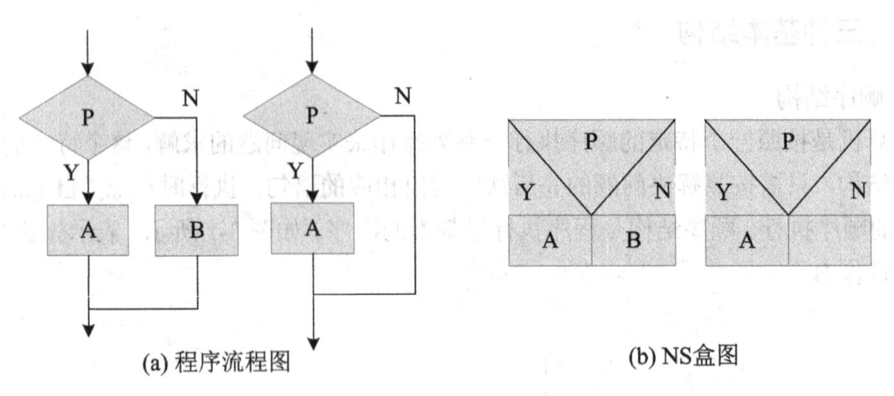

(a) 程序流程图

(b) NS盒图

图 3-2　选择结构

如果将上面的例子修改为：一个学生早上起床准备，周一到周五去上课，周六或周日娱乐，要求“起床——容光焕发上课或娱乐”，则

① 起床
② 洗脸
③ 穿着打扮
④ 享用早餐
⑤ 如果今天不是周六或者周日，执行步骤⑥，否则执行步骤⑦
⑥ 步行去上课，转步骤⑧
⑦ 娱乐
⑧ 结束

其中，第⑤步判断当天是星期几，以决定是上课还是娱乐，这个控制操作就是选择结构。

3. 循环结构

循环结构就是当满足某个条件的情况下，重复执行一个操作，循环结构就是帮助你实现这个目的的程序控制结构。

循环结构如图 3-3 所示，表示先判断循环条件 P 是否成立。如果 P 成立，则执行操作 A，直到 P 不成立才结束上述操作。

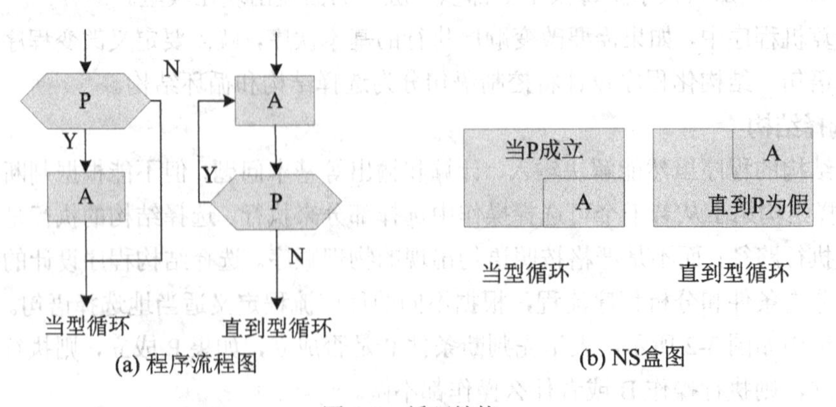

(a) 程序流程图

(b) NS盒图

图 3-3　循环结构

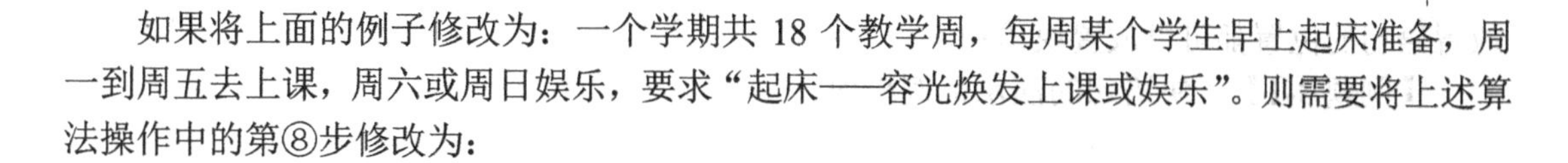

如果将上面的例子修改为：一个学期共 18 个教学周，每周某个学生早上起床准备，周一到周五去上课，周六或周日娱乐，要求“起床——容光焕发上课或娱乐”。则需要将上述算法操作中的第⑧步修改为：

⑧　如果第 18 个教学周没有结束，转步骤①；否则，学期结束

这个操作中根据“第 18 个教学周有没有结束”这个条件，来判断是否需要重复执行①～⑦步。这就是循环结构，称“第 18 个教学周有没有结束”为循环条件，而需要重复执行的①～⑦步为循环体。

3.2　语句

语句表示一个动作，其中包含表示操作种类的“动词”，和操作对象的“名词”。C 语言的语句分为：

- 表达式语句
- 块语句
- 跳转语句
- 选择语句
- 循环语句
- 标号语句

3.2.1　表达式语句

表达式语句就是一个以分号（;）结尾的有效表达式，例如：

```
a = 3;
i++;
a=b+c;
```

都是有效且有意义的表达式语句。而表达式

```
b+c;
```

是个有效的、却没有意义的表达式语句。虽然 C 系统可以计算该表达式的结果，但是没有打印或者保存这个和值的结果，后续语句也无法运用这个表达式的计算结果。

函数调用语句是一个以分号（;）结尾的函数调用。例如：

```
printf("This is a C statement! ");
scanf("%d",&a);
```

而空语句是只由一个分号组成的语句，C 程序有时需要使用空语句达到特别的效果。例如：

```
;
```

3.2.2　块语句

块语句就是语句块，也称为复合语句。它是作为一个单元处理的组相关语句，它将一些语句用花括号括起来。块语句在逻辑上被当作一个语句看待。

程序员常用块语句构成其他语句（例如 if、while 和 for）的目标，但实际上在任何可以

放置语句的位置都可以放置块语句。

【例题 3-1】 块语句的演示范例程序。

```
1.   /*块语句范例。源文件：L3-1.C: */
2.   #include <stdio.h>
3.   #include <stdlib.h>
4.
5.   int main(void)
6.   {
7.       float x,y,t;
8.
9.       scanf("%f%f",&x,&y);
10.      {   float z;
11.          z=x+y;
12.          t=z/100;
13.          printf("%f\n",t);
14.      }
15.
16.      system("PAUSE");
17.      return 0;
18.  } /*main 函数结束*/
```

```
23    45↙
0.680000
请按任意键继续…
```

例题 3-1 中第 10 行到第 14 行块语句的用法虽然不常见，但确实是完全有效的 C 语句。C 语言规定，块语句的左花括号后面都可以定义变量。例如，第 10 行块语句的左花括号后面定义变量 z，此处定义的变量仅仅在该块语句中可以访问。所以 z 变量只能被第 10 行到第 14 行之间的代码段访问。

3.2.3 跳转语句

跳转语句包括 break、continue、goto、return 语句以及 exit( )函数。break 和 continue 语句的用法参见第 4 章。这里仅仅介绍 goto、return 语句以及 exit( )函数。

1. return 语句

return 语句用于从函数返回，跳回到执行函数的被调用点。return 语句包括无值和有值两种用法。

无值的 return 语句的一般形式是：

return;

它用于从 void 函数中返回。

有值 return 语句的一般形式是：

return expression;

用于从非 void 函数中返回，返回时带出一个 expression 的值。如果没有指定 expression，则返回一个无效值。return 语句的详细用法参见第 5 章。

2. goto 语句

goto 语句是无条件跳转语句，其一般形式是：

```
goto   label;        /*label 为语句标号*/
……
label:      statement;
```

其中，label 是无条件跳转的目标语句标号，它是合法的标识符。鉴于高级语言丰富的控制结构以及 break 和 continue 等附加控制语句，需要用到 goto 语句的情况不多。多数程序设计者都对高级语言中使用 goto 语句存在疑虑，认为会破坏程序的可读性。程序设计完全可以不使用 goto 语句，它只是一个便利措施，如果使用恰当，在某些程序设计条件下也可能确有收益。第 4 章中将会讲解如何使用 goto 语句构成循环结构。

3. exit( )函数

尽管 exit( )不是控制语句，但标准库函数 exit( )常用于立刻终止全部程序执行，强制返回操作系统。实际上，exit( )的作用是跳出整个程序。

exit( )的一般形式是：

exit(return_value);

其中，返回值 return_value 将被送回调用该程序者，通常是操作系统。习惯上，返回零值表示程序正常结束，非零值表示出现某种错误。

3.2.4　其他控制语句

选择语句包括 if、switch 和条件运算符构成的表达式语句。循环语句包括 for、while 和 do-while。标号语句包括 case 和 default（和 switch 一起讨论），还有 label（和 goto 一起讨论）。选择语句、循环语句的用法参见第 4 章。

3.3　控制台 I/O

C 语言的 I/O 系统提供在设备间传递数据的机制，既灵活又规范。当然，C 的 I/O 系统也相当大，包括很多函数，I/O 函数的头文件是<stdio.h>。

C 语言的 I/O 系统既有控制台 I/O 也有文件 I/O。控制台 I/O 函数的作用是实现在程序和控制台之间的数据交换。而文件 I/O 实现程序和文件之间的数据交换，文件 I/O 在第 10 章详细介绍。

在没有输入输出重定向时，本节讲解的控制台 I/O 函数表示从键盘输入，输出数据到显示屏。

3.3.1　读写字符

1. 读一个字符函数 getchar( )

getchar( )表示从键盘读入一个字符，它等待击键，在击键后将读入值返回，并自动将击键结果显示在屏幕上。

getchar（）的一般形式是：

getchar( )

其中，getchar 后的一对括号内无参数，但括号不能省略。注意 getchar( )只能输入 char 类型的数据。如果从键盘输入字符失败，则该函数返回 EOF，EOF 在 stdio.h 中定义，通常为-1。

需要注意的是，getchar( )采用行缓冲模式。也就是说，系统必须等待用户键入完一行字符之后，才结束等待击键动作。键入的这一行字符串被存储在一个称为“stdin”的标准输入流对应的缓冲区内。只有该缓冲区内没有任何字符时，getchar( )才等待用户击键，否则直接从该缓冲区读入一个字符，并将该字符从缓冲区删除。

例如：

c＝getchar( );

表示从键盘读一个字符并赋给字符变量 ch。执行这个语句时，用户如果输入：

abcd↙

那么，将读入字符'a'并付给变量 ch，但是本次输入余下的字符串"bcd↙"将留在缓冲区中，留给下一个输入函数读取数据。如果希望从缓冲区中删除余下的字符串，可调用对流清仓函数调用语句：

fflush(stdin);

2. 写一个字符函数 putchar( )

putchar( )表示输出一个字符到屏幕上当前光标处。Putchar( )的一般形式是：

putchar(ch)

其中，ch 是需要输出的字符。如果输出失败，则返回 EOF。

【例题 3-2】 编程实现：输入一个小写字母，并将其转换为大写字母。

```
1.   /*输入小写字母，转换为大写字母输出。源文件：LT3-2.C: */
2.   #include <stdio.h>
3.   #include <ctype.h>
4.
5.   int main(void)
6.   {
7.        char ch;
8.
9.        printf("Enter a text:\n");
10.       ch=getchar();
11.
12.       if(islower(ch))
13.            ch=toupper(ch);
14.
15.       putchar(ch);
16.
17.       system("PAUSE");
18.       return 0;
19.  }   /*main 函数结束*/
```

```
Enter a text:
a↙
A请按任意键继续…
```

计算机科学与技术专业规划教材

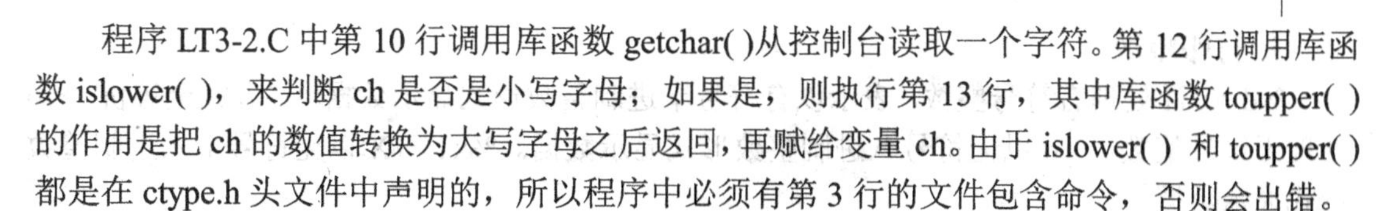

程序 LT3-2.C 中第 10 行调用库函数 getchar( )从控制台读取一个字符。第 12 行调用库函数 islower( )，来判断 ch 是否是小写字母；如果是，则执行第 13 行，其中库函数 toupper( )的作用是把 ch 的数值转换为大写字母之后返回，再赋给变量 ch。由于 islower( ) 和 toupper( )都是在 ctype.h 头文件中声明的，所以程序中必须有第 3 行的文件包含命令，否则会出错。

3. 非缓冲模式读一个字符函数 getch( )和 getche( )

如果希望键入字符时不必等待到键入完一行，而是键入一个字符就立刻返回。这就要求采用非缓冲模式读一个字符。这时可以考虑使用下面两个读一个字符的库函数来替换例题 3-2 中第 10 行中的 getchar( )函数。

getch( )库函数用于输入一个字符，读入一个字符后立刻返回，不回显键入字符到屏幕上。如果用

```
ch = getch( );
```

替换例题 3-2 中第 10 行，则程序运行时，用户键入“a”，不必键入回车键，程序就显示结果“A”。当然用户键入的字符“a”不会显示在屏幕上。

getche( )库函数输入一个字符后立刻返回，不同的是它将键入的字符回显到屏幕上。例如，用：

```
ch = getche( );
```

替换例题 3-2 中第 10 行，则程序运行时，用户键入“a”，不必键入回车键，程序马上回显键入的字符“a”，并显示结果“A”。

3.3.2 格式化控制台输出

格式化输入输出函数 printf( )和 scanf( )，在程序设计者的控制下按照指定格式读写控制台。格式化输出函数 printf( )写数据到显示屏上，格式化输入函数 scanf( )从键盘读数据。

函数 printf( )的一般形式是：

printf (*control_string, output_list*);

其中，output_list 是需要打印到屏幕上的表达式列表，被称为输出项。control_string 是格式控制串，它由两个部分组成：第一类是显示到屏幕上的普通字符，第二类是控制输出项显示格式的格式说明符。格式说明符由百分号（%）开始，后面紧随格式码。格式说明符的个数必须和 output_list 中表达式项的个数严格一致，二者从左到右一一对应。

表 3-1 所示是 printf( )函数可使用的各种格式说明符。

表 3-1　printf 格式说明符

格式符	含义	格式符	含义
%c	字符	%o	无符号八进制
%d	有符号十进制整数	%s	字符串
%i	有符号十进制整数	%u	无符号十进制整数
%e	科学表示	%x	无符号十六进制（小写）
%E	科学表示	%X	无符号十六进制（大写）
%f	十进制浮点数	%p	指针
%g	在%e 和%f 中择短使用	%n	指向整数的指针（printf 输出的字符数已经写入其中）
%G	在%E 和%f 中择短使用	%%	显示百分号

1. 打印整数

%d 和%i 处理有符号整数，表示以有符号十进制整数形式显示数据，二者完全等价。%u 处理无符号整数。%o 以无符号八进制整数形式显示数据。%x、%X 以无符号十六进制整数形式显示数据。

例如，执行

```
printf("%o,%x,%d",16,16,16);
```

运行结果为：

```
20,10,16
```

没有使用域宽说明符时，显示整数实际数值（按实际位数显示）。

有两个修饰符 l 和 h，适用于格式说明符 d、i、o、u、x 和 X。修饰符 l 表示处理的是长整型（long int）数据，h 表示处理的是短整型（short int）数据。如，%ld 表示应显示 long int 数据，%hu 表示应显示 unsigned short int 数据。

2. 打印实数

%f 表示以浮点格式显示数据。

%e、%E 以科学表示法格式显示实数，科学表示法的一般格式是

x.ddddddE+/−yy

希望显示大写字母 E，用%E；否则，用%e。

%g、%G 格式符表示在%f 和%e（或%E）中选用，规则是产生最短输出者优先。希望大写，用%G；否则，用%g。

例如，执行

```
printf("%f,  %e,  %E",1.23E-2, 1.23E-2, 1.23E-2);
```

运行结果是：

```
0.012300,   1.230000e-002,   1.230000E-002
```

修饰符 l 适用于格式说明符 f、e、E、g 和 G，说明处理的是 long double 类型数据。

3. 定义字符和串

%c 打印单个字符。%s 打印字符串。例如，执行

```
printf("I like %c %s.", 'C', "very much");
```

之后显示：

```
I like C very much.
```

其中，%c 是输出项'C'的格式说明符，%s 是输出项"very much"的格式说明符。

4. 显示地址

使用%p 可显示地址，它令 printf( )以主机的地址格式显示机器地址。例如，执行

```
int sample;
printf("%p", &sample);
```

将显示变量 sample 的地址。

5. 最小域宽说明符

百分号和格式符之间的整数成为最小域宽说明符，它用来指定输出项的显示宽度。当显示的串或数据的位数窄于指定宽度时，printf( )用空格填充至指定宽度；当显示宽度宽于指定宽度时，数据内容将全部显示无遗。例如，执行

```
printf("%4o,%4x,%4d\n",16,16,16);
```

printf("%10f,%10e,%10E\n",1.23E-2, 1.23E-2, 1.23E-2);

之后显示

□□20, □□10, □□16

□□0.012300,1.230000e-002,1.230000E-002

其中，□表示一个空格符号。

如果希望用 0 代替空格来填充至指定宽度，则需要在指定最小域宽的整数前加 0，如%05d 表示将小于 5 为宽度的整数左侧填充字符 0，使得输出达到 5 位宽度。例如，执行

printf("%04o,%04x,%04d\n",16,16,16);

之后显示

0020,0010,0016

6. 精度说明符

精度说明符位于最新域宽说明符之后，由一个圆点（.）及其后的整数构成。精度说明符可用于打印实数和字符串，其含义依相应的类型而定。

用于格式说明符 f、e 和 E 时，精度说明符指定显示小数点后面的位数。例如，%10.3f 指定显示的数据至少有 10 位宽度，其中小数位数 3 位。如果为指定精度说明符，默认小数位数 6 位。例如，执行

printf("%10.3f,%10.3e\n",1.23E-2, 1.23E-2);

之后显示

□□□□□ 0.012, 1.230e-002

当精度说明符所用于格式说明符 g 或 G 时，指的是有效位的数目。

精度说明符作用于串时，用于限制最大域宽。例如，执行

printf("%5.7s\n","china");

printf("%5.3s\n","china");

之后显示

china

□□□ chi

其中，%5.7s 显示的串最少有 5 个字符，最宽 7 个字符，而串"china"中实际只有 5 个字符，因此全部显示，左侧不需填充空格。%5.3 表示最少有 5 个字符（左侧填空空格），3 表示最宽 3 个字符，因此串"china"中超长的部分到结尾全部截掉。

精度说明符作用于整数时，决定必须显示的最小位数，不足时左侧填充 0。例如，执行

printf("%3.8d\n", 1000);

之后显示

00001000

7. 对齐输出方式

默认所有输出都是右对齐的，既当域宽大于数据实际宽度时，数据显示在域的右边界上。百分号后直接放置一个减号（-）可以强制指定为左对齐方式。例如，执行

printf("right-justified:%8d\n",100);

printf("left-justified:%-8d\n",100);

之后显示

right-justified: □□□□□100

left-justified:100□□□□□

8. 格式说明符%n

与其他格式说明符不同的是，%n 不向 printf( )传递格式化信息。而是令 printf( )把自己已经打印的字符个数存储到相应的变元指向的整型变量中。例如，执行

```
int count = 0;
printf("This%n is a test.", &count);
```

之后显示

This is a test.

但是此时变量 count 的值已经变为 4。因为格式符 %n 表示将正确语句显示的字符个数 4 存储到物理地址为&count 的变量中。注意%n 对应的变元必须是地址（整数指针），因此输出项&count 前面的取地址算符&必不可少。

3.3.3 格式化控制台输入

格式化输入函数 scanf( )从键盘读数据，其一般形式是：

scanf(control_string, input_address_list);

其中，input_address_list 是读入数据的存储地址。control_string 是输入格式控制串，它规定用户在键入数据时需要遵循的格式和规范。control_string 中包含非空白符、空白符以及格式说明符。非空白符表示读取并过滤掉输入流中的相同字符，即约定从键盘输入时必须在相应位置输入相同字符。空白符表示跳过输入流中的一个或多个前导空白符。而输入格式说明符由一个百分号开始，它规定 scanf( )随后读哪种类型的数据。

表 3-2 所示是 scanf( )函数可使用的各种格式说明符。与 getchar( )类似，scanf( )同样采用行缓冲模式，即系统等待用户键入完一行字符之后，才结束等待击键动作。

表 3-2 scanf 格式说明符

格式符	含义	格式符	含义
%c	读单字符	%o	读一个八进制
%d	读一个十进制整数	%s	读一个字符串
%i	读一个十进制整数	%u	读一个无符号整数
%e	读一个浮点数	%x	读一个十六进制数
%f	读一个浮点数	%p	读一个指针
%g	读一个浮点数	%n	接受一个整数，其值由 scanf 自动产生，为已读入的字符数
%[ ]	扫描字符集合	%%	读一个百分号

1. 输入整数

%d 和%i 读入十进制整数，二者完全等价。%u 处理无符号整数。%o 读入八进制整数。%x 读入十六进制整数。默认时，scanf( )遇空白类字符（空格、跳格、回车）停止输入整数。

例如，执行

int i, j;

```
scanf("%o%x",&i,&j);
```

运行时从键盘输入：

    20 10↙

其中，↙表示回车键。变量 i、j 的值分别为 20、10。

使用%u 可以读入一个无符号整数。例如，执行

```
unsigned int k;
scanf("%u", &k);
```

运行时从键盘输入：

    345↙

之后，变量 k 的值为 345。

和 printf( )一样，scanf( )也允许使用两个修饰符 l 和 h，适用于格式说明符 d、i、o、u、和 x 。修饰符 l 表示读入的是长整型（long int）数据，h 表示读入的是短整型（short int）数据。如，%ld 表示读入 long int 数据，%hu 表示读入 unsigned short int 数据。

2. 输入实数

%e、%f 和%g 表示以标准格式或者科学表示法输入实数。默认时，scanf 遇空白类字符（空格、跳格、回车）停止输入实数。例如，执行

```
float x,y;
scanf("%f%f ",&x,&y);
```

运行时从键盘输入：

    20.1 −12.5↙

之后，变量 x、y 的值分别为 20.1 和−12.5。

修饰符 l 和 L，适用于格式说明符 f、e、g。l 放在格式说明符 f、e、g 前面，表示读入 double 类型数据。L 放在格式说明符 f、e、g 前面，表示读入 long double 类型数据。

3. 输入字符和串

%c 表示读入单个字符。%s 表示读入字符串。例如，执行

```
char a,b,c;
scanf("%c%c%c",&a,&b,&c);
```

运行时从键盘输入：

    xy ↙

之后，变量 a、b、c 的值分别为：'x'、'y'、' '。

输入串时，默认情况下遇空白类字符（空格、跳格、回车）停止输入串。例如，执行

```
char str[20];
scanf("%s",   str);
```

运行时从键盘输入：

    abcdefgh   ij↙

之后，字符数组 str 中内容为"abcdefgh"。这里数组名 str 就是串的起始地址，不必写&.。

4. 输入地址

%p 表示读入一个内存地址，它令 scanf( )以主机的地址格式读入内存地址。例如，执行

```
int *sample;
scanf("%p", &sample);
```

5. 域长说明符

scanf( )允许使用域长修饰符，域长修饰符是一个整数，位于百分号和格式说明符之间，限制该域读入的最大字符数。例如，执行

```
char str[20];
scanf("%6s", &str);
```

运行时从键盘输入：

abcdefghij↙

为响应上面的调用，读入'a'到'f'的 6 个字符并存储到 str 中，余下的"ghij"未用。

6. 控制串中的非空白字符

control_string 中的非空白符表示读取并过滤掉输入流中的相同字符，即约定从键盘输入时必须在相应位置输入相同字符。例如，执行

```
int i,j;
scanf("i=%d,j=%d",&i,&j);
```

运行时，必须从键盘键入：

i=20, j=10↙

其中，“i=”和，“j=”必不可少。

7. 使用扫描集合

扫描集合是以百分号开始，紧随用方括号括起的一组字符，它仅用于输入字符串。当 scanf( )出来扫描集合时，将输入属于扫描集合中定义的组内的字符。这些字符将被赋值给扫描集合对应的变元指向的字符数组中。例如，执行

```
char str1[20], str2[20];
scanf("%[abcdefg]%s", str1, str2);
```

运行时从键盘输入：

abcdtye↙

由于 t 不是扫描集合[abcdefg]中定义的字符，scanf( )读到字符 t 之后，停止向 str1 输入字符。因此，str1 的内容是"abcd"，str2 的内容是"tye"。

8. 忽略输入

在域的格式说明符前面加星号（*）时，使得 scanf( )读入数据但不将该数据赋值给任何变量。例如，执行

```
int x,y;
scanf("%d%*c%d", &x, &y);
```

运行时从键盘输入：

10,10↙

逗号可以被读入，但被 scanf( )忽略，不保存到任何变量中。因此，变量 x、y 的值都是 10。

9. 格式说明符%n

%n 令 scanf( )把至此已经读入的字符个数存储到相应的变元指向的整型变量中。%n 对应的变元必须是地址（整数指针）。

3.4 程序原型

本节将给出简单的程序样式，以及程序书写的风格和布局。

3.4.1　程序原型

下面给出的程序原型是本章和第 4 章开始的样例程序典型而简单的样式。简单的程序可以接收输入、执行计算和产生输出。

```
int main( )
{
    variable declarations;
                    Each with a comment that describes its purpose;
    An output statement that identifies the program;
    Prompts and statements that read the input data;
    Statements that perform calculations and store results;
    Statements that echo input and display results for user.
}
```

这个简单的格式可以扩展成为后续章节将要介绍的包含用户自定义函数的程序样式。

3.4.2　程序书写风格

程序的书写风格就像写文章一样，需要注意如何划分章节（模块）、程序段落、断句，甚至包括首行缩进等。程序书写的一般风格如下所示：

（1）函数与函数之间加空行，以清楚地分出程序中有几个函数。

（2）一个说明或一个语句占一行。

（3）程序采用缩进风格：

① 函数体或者块语句的花括号一般与该结构语句的第一个字母对齐，并单独占一行。

② 低一层次的语句或说明可比高一层次的语句或说明缩进若干格后书写，同一个层次的语句左对齐，以便看起来更加清晰，增加程序的可读性。

（4）定义变量的说明语句之后应当注释该变量的用途。

（5）对于数据的输入，运行时最好首先出现输入提示。

（6）对输入数据应当进行有效性检查，无效输入导致无效输出。

（7）对于数据的输出，也要有一定的提示和格式，以帮助用户理解输出信息的含义。

（8）对一些较难理解的、重要的语句及过程，应加上适当的注释。

3.4.3　程序布局与规范

什么是最好的 C 程序布局风格，这个问题没有唯一的答案。对于 C 程序员来说，应当保持好的程序布局风格，使得自己及团队小组成员间通用源代码保持一致，比使程序代码布局风格完美更重要。你的编码环境通常遵循本地习惯或公司政策，但如果你的公司或本地习惯没有建立一个统一的风格，你也不想发明自己的风格，可以沿用 K&R 中的风格。K&R 提供了最常被抄袭的实例，但他并不要求大家沿用他的风格，就像 K&R 说过的“大括号的位置并不重要，尽管人们对此有着执著的热情。我们在几种流行的风格中选了一种。选一个适合你的风格，然后坚持使用这一风格”。读者可以参见《印第安山风格指南》(*Indian Hill Style Guide*)。

程序“好风格”的品质并不简单，它包含的内容远远不止代码的布局细节。请读者注意，代码质量的重要性远胜于格式细节，不要把大量的时间都花在格式上而忽略了更实质性的代码本身的质量。

3.5 编写简单的C程序

读者阅读到这里，已经可以开始学习编写简单的C程序。

【例题3-3】 平均值计算程序：请写出例题1-4完整的C程序代码。

```
1.   /*平均值计算。源程序：LT1-4.C*/
2.  #include <stdio.h>
3.  #include <stdlib.h>
4.
5.  int main(void)
6.  {
7.     double n1,n2,n3,average;     /*3个输入数、平均值变量*/
8.
9.     printf("\nWelcome.\nCalculate the average.\n"
10.                "given three numbers.\n");           /*打印程序标题*/
11.
12.    printf("Input three numbers(eg.1.2,2.3,3.4):");
13.    scanf("%lf,%lf,%lf",&n1,&n2,&n3);        /*输入3个数据*/
14.
15.    average = (n1 + n2 + n3) / 3.0;        /*计算平均值*/
16.
17.    printf("average=%.2f\n",average);       /*输出平均值*/
18.
19.    system("PAUSE");
20.    return 0;
21. }     /*end main*/
```

```
Welcome.
Calculate the average.
Given three numbers.
Input three numbers(eg.1.2,2.3,3.4):2.3,3.4,4.5↙
average=3.40
请按任意键继续…
```

例题1-1中第7行定义的变量n1、n2、n3表示输入的3个数，average表示平均值。程序中第9行的作用是打印程序标题。第12行和第13行显示输入提示信息，然后读取用户输入的3个数据，并分别保存到n1、n2和n3中。第15行计算平均值。第17行打印计算结果，即平均值。

注意这些变量都是double类型，输入时采用格式符%lf，输出时采用格式符%f。

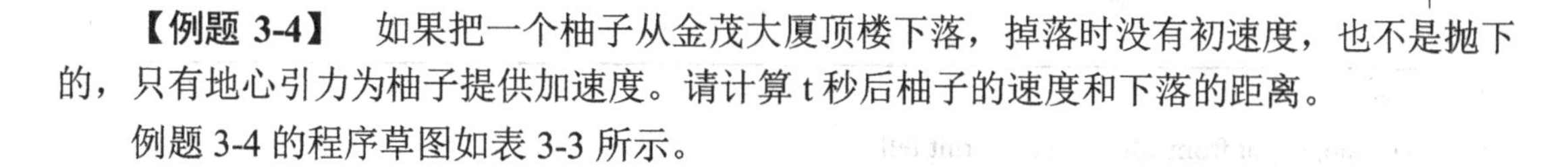

【例题 3-4】 如果把一个柚子从金茂大厦顶楼下落，掉落时没有初速度，也不是抛下的，只有地心引力为柚子提供加速度。请计算 t 秒后柚子的速度和下落的距离。

例题 3-4 的程序草图如表 3-3 所示。

表 3-3 自由落体，计算下落距离和速度的程序草图 1

1.	定义 t、y、v，分别表示时间、下落距离、速度；
2.	打印程序标题；
3.	提示用户输入时间 t；
4.	输入 t 并回显；
5.	计算下落距离 y=0.5*9.81*t*t；
6.	计算速度 v=9.81*t；
7.	打印结果 y 和 v。

例题 3-4 的源程序如下所示：

```
1.   /*自由落体，计算下落距离和速度。源程序：LT3-4.C*/
2.   #include <stdio.h>
3.   #include <stdlib.h>
4.
5.   #define GRAVITY 9.81      /*gravitational acceleration (m/s^2)*/
6.
7.   int main(void)
8.   {
9.      double t,y,v;       /*time (s),distance of fall(m),final velocity(m/s)*/
10.
11.     printf("\n\nWelcome.\n"
12.               "Calculate the height from which a grapefruit fell\n"
13.               "given the number of seconds that it was falling.\n\n");
14.
15.     printf("Input seconds:");
16.     scanf("%lg",&t);
17.
18.     y = .5 * GRAVITY * t * t;
19.     v = GRAVITY * t;
20.
21.     printf("Time of fall=%g seconds\n", t);
22.     printf("Distance of fall=%g meters\n", y);
23.     printf("Velocity of fall=%g m/s\n", v);
24.
25.     system("PAUSE");
26.     return 0;
27.  }   /*end main*/
```

```
Welcome.
Calculate the height from which a grapefruit fell
Given three numbers of seconds that it was falling.

Input seconds:1↙
Time of fall=1 seconds
Distance of fall= 4.905 meters
Velocity of fall=9.81 m/s
请按任意键继续…
```

例题 3-4 中定义的变量 t 表示自由落体的时间，y 表示下落距离，v 表示下降的速度。此程序中假设金茂大厦顶楼的高度足够高（无穷大），因此在第 16 行输入下落时间 t 的数值后，没有对输入的时间 t 进行有效性检查。理论上，考虑到金茂大厦顶楼实际高度的限制，t 的数值必须大于等于 0，并且小于一个特定的阈值。如果需要对输入数据进行合法性检查，本程序需要修改（在第 15 行和第 17 行之间增加对 t 的合法性检查）。

3.6 本章小结

本章讲解了 C 语言中顺序结构的简单程序设计相关的基本概念，请读者从本章开始，加强程序阅读、编写程序和程序调试的练习。请记住程序设计就是“10%的灵感+90%的调试”，只有在练习过程中不断遇到问题、解决问题才能真正提高程序设计的能力。

3.6.1 主要知识点

本章应重点掌握知识点包括：

- 结构化程序设计的“自顶向下、逐步求精”基本思想；结构化程序设计的顺序、选择和循环三种基本结构。
- C 语言的语句：表达式语句，跳转语句，块语句，控制语句。
- 控制台 I/O 库函数的使用：getchar( )、getch( )、getche( )和 putchar( )以及格式化控制台 I/O 库函数 printf( )和 scanf( )。
- 程序原型：简单程序的样式，程序书写基本风格和程序布局规范。

3.6.2 难点和常见错误

真正好的程序员都是好的调试员。本章出错的常见类型如下所述。

1. 处理顺序错

增量和减量运算符是 C 语言最常使用的运算符之一，操作发生的次序受操作符和操作数的位置关系影响。考虑下面的例子：

```
y = 10;            y = 10;
x = y++;           x = ++y;
```

这两列的作用是不同的。第一列中，y 的值先赋值给变量 x，再对 y 加 1；第二列中，y 的值先加 1，再赋值给 x。第一列 x 的结果是 10，第二列 x 的值是 11。忘记增量和减量运算符的规则将会带来麻烦。

处理顺序错最常见是由修改现有程序引起的。例如，为了优化代码。可能将下面的代码

```
x = a + b;
a = a + 1;
```

修改为下面的样子：

```
x = ++a + b;
```

但是，这两个代码段产生的结果并不相同。第二段代码是将变量 a 先加 1，再完成 a 和 b 加法运算。而第一段代码正好相反。

这类错误可能很难发现，错误的线索可能是循环次数不对或者数组下标越界等。

2. 变元错

调用函数（包含库函数）时，必须确保传递给函数的变元类型与期望的类型一致，否则将会出现意想不到的错误。而且，当函数变元的数目不定时，编译程序无法捕获变元/参数类型不匹配的情况。考虑下面的例子：

```
int x;
scanf("%d", x);
```

是错误的，因为传递给 scanf( )函数的第二个变元 x 不是地址。但是，编译程序对这个 scanf( )调用不会报变元错，而执行这个语句将导致运行时错误或运行结果错误。对 scanf( )的正确调用是：

```
scanf("%d", &x);
```

习　题　3

1. 请找出并更正以下程序片段中的错误。

a）scanf("%.4f", &value);

b）printf("The value is %d", &number);

c）scanf("%d%d", &number1, number2);

d）firstNumber + secondNUmber = sumOfNumbers;

e）*/ Program to determine the largest of three numbers/*

2. 下列语句中哪些正确表达了等式 $y = ax^3 + 7$ 的含义？

a）y = a * x * x * x + 7;

b）y = a * x * x * (x + 7);

c）y = (a * x) * x * x + 7;

d）y = (a * x) * x * (x + 7);

e）y = a * (x * x * x) + 7;

f）y = a * x * (x * x + 7);

3. 请分别写出实现以下功能的 C 语句（或注释）。

a）将变量 a 和 b 的乘积赋值给变量 c。

b）提示用户输入三个整数。

c）从键盘输入 3 个整数分别存入变量 a、b 和 c 中。

d）说明程序的功能是计算三个整数的乘积。

e）打印“The product is”，并紧跟着打印整型变量 result 的值。

4. 设 a = 3 , b = 4 , c = 5 , d = 1.2 , e = 2.23 , f = – 43.56，编写程序，使程序输出为：

a = □□ 3, b = 4□□□ , c = * * 5

d = 1.2

e = □□ 2.23

f = – 43.5600□□ * *

（其中□表示空格）

5. 执行下列程序，按指定方式输入（其中　　表示空格），能否得到指定的输出结果？若不能，请修改程序，使之能得到指定的输出结果。

输入：2　3　4↙

输出：a = 2, b = 3, c = 4

x = 6 , y = 24

程序如下：

```
#include <stdio.h>
#include <stdlib.h>
int main(void)
{
    int a , b, c ,x ,y;
    scanf(" %d , %d , %d ", a , b , c);
    x = a*b ;
    y = x*c;
    printf(" %d %d %d ",a , b , c);
    printf(" x=%f\n ",x , " y=%f\n" , y);
}
```

6. 请编写一个这样的程序：读入5位正整数，分割该数各个位上的数字并以间隔3个字符的形式依次打印输出（提示：组合使用整数除法和求余数运算符）。例如输入31587，则程序应该输出：

□□3□□1□□5□□8□□7

（□表示空格）

7.（温度转换）编写一个程序实现华氏温度到摄氏温度的转换，转换公式如下：

$$摄氏温度 = \frac{(华氏温度 - 32)\times 5}{9}$$

8.（重量转换）编写一个程序读取以磅为单位的重量，将其转换以克为单位，输出原始重量和转换后的重量。要求编写程序草图或画出程序流程图，并设计测试计划（提示：一磅等于 454 克）。

9.（距离转换）编写一个程序将距离从英里转换为公里：每英里等于 5280 英尺，每英尺等于 12 英寸，每英寸等于 2.54 厘米；而每公里等于 100000 厘米。要求编写程序草图或画出程序流程图，并设计测试计划。

第4章　流 程 控 制

你现在应该已经学会了如何编写简单而完整的C程序。本章将讨论控制语句，这些语句的作用是改变正常的从顶向底的语句执行顺序，帮助你编写更复杂的程序。

本章介绍的主要内容包括：

- 条件控制语句的作用是根据条件判断是执行还是跳过某些代码。C语言包括条件语句if和多重选择语句switch。
- 循环语句的共同点是重复执行一段代码。C语言包括for、while和do-while三种循环语句。
- break和continue语句的功能是控制从一段代码内部移动到这些代码的开始或结束。C语言还支持goto语句，本章将介绍如何用goto构成循环结构。
- 采用范例程序说明常用的哨兵循环、查询循环和计数循环结构的程序编写。

4.1　if 条件语句

if语句包括双分支和单分支两种基本用法，并且可以嵌套使用。

4.1.1　双分支 if 语句

双分支if语句的一般形式是：

```
if (expression)
    statement1;
else
    statement2;
```

其中，statement1和statement2是if或else的目标语句，C语法上规定必须是单条语句，因此只能写一条语句、块语句或者空语句。

如果条件表达式expression取值为“真”，执行statement1；expression取值为“假”，执行statement2。

标准C没有定义布尔类型的数据，它处理“真”和“假”的规则非常简单：真值是非零值，而假值为零值；当然条件表达式的结果为“真”或“假”时，分别用整数1或0来表示。双分支if语句的流程图如图4-1所示。

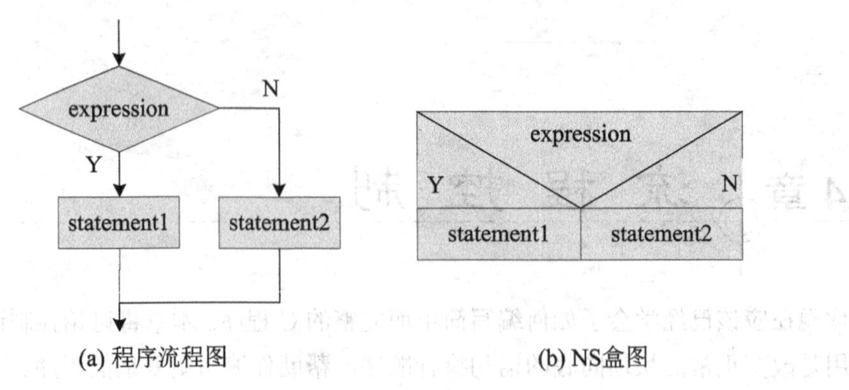

(a) 程序流程图　　(b) NS盒图

图 4-1　双分支 if 语句

【例题 4-1】　从控制台输入一个整数，判断该整数是否是 13 的倍数。

例题 4-1 的程序草图如表 4-1 所示。

表 4-1　**判断一个整数是否为 13 的倍数的程序草图**

1.	定义 n、m，分别表示输入整数、余数；
2.	打印程序标题；
3.	提示用户输入整数 n；
4.	输入 n 并回显；
5.	判断 n 是否为 13 的倍数，如果是，执行第 6 步；否则执行第 7 步；
6.	输出整数 n 是 13 的倍数；转第 8 步；
7.	输出整数 n 不是 13 的倍数；转第 8 步；
8.	程序结束。

例题 4-1 的源程序如下所示：

```
1.   *输入整数，判断是否为13的倍数。源程序：LT4-1.C*/
2.   #include <stdio.h>
3.   #include <stdlib.h>
4.
5.   int main(void)
6.   {
7.       int n;          /*用户输入的整数*/
8.       int m;          /*n的余数*/
9.
10.      printf("\n欢迎使用13的倍数判断程序\n");
11.
12.      printf("请输入一个整数：");
13.      scanf("%d",&n);
14.
```

```
15.        m = n%13;
16.
17.        if (m == 0)
18.            printf("%d是13的倍数\n", n);
19.        else
20.            printf("%d不是13的倍数\n",n);
21.
22.        system("PAUSE");
23.        return 0;
       } /*main 函数结束*/
```

```
欢迎使用13的倍数判断程序
请输入一个整数：14↙
14不是13的倍数
请按任意键继续…
```

例题 4-1 中定义变量 n 用来存储输入的整数，变量 m 存储 n 对 13 的余数。程序中第 17 行使用的双分支 if 语句的作用是：通过判断余数 m 是否等于 0 来决定显示何种信息。

4.1.2 单分支 if 语句

单分支 if 语句的一般形式是：

if (expression)
　　statement;

其中，statement 是 if 的目标语句，只能写一条语句、块语句或者空语句。如果条件表达式 expression 取值为"真"，执行 statement；expression 取值为"假"，则跳过 statement，执行单分支 if 之后的语句。

单分支 if 语句的流程图如图 4-2 所示。

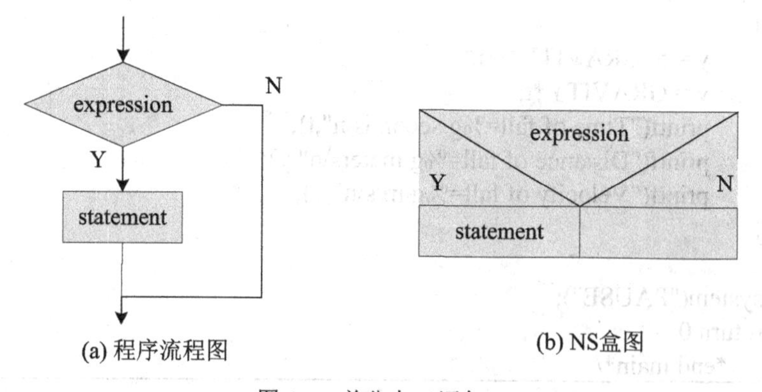

图 4-2 单分支 if 语句

【例题 4-2】 改进例题 3-3 的程序，增加输入时间的无效过滤。

例题 4-2 中假设金茂大厦顶楼的高度足够高（无穷大），因此对输入的时间进行有效性检查仅需检查输入时间是否大于等于 0。例题 4-2 的程序草图如表 4-2 所示。

表 4-2　　自由落体，计算下落距离和速度的程序草图 2

1. 定义 t、y、v，分别表示时间、下落距离、速度；
2. 打印程序标题；
3. 提示用户输入时间 t；
4. 输入 t 并回显；
5. 判断 t 是否无效，如果 t 小于 0，程序执行结束；
6. 计算下落距离 y=0.5*9.81*t*t；
7. 计算速度 v=9.81*t；
8. 打印结果 y 和 v。

例题 4-2 的源程序如下所示：

```
1.    /*自由落体，计算下落距离和速度。版本，源程序：LT4-2.C*/
2.    #include <stdio.h>
3.    #include <stdlib.h>
4.
5.    #define GRAVITY 9.81       /*gravitational acceleration (m/s^2)*/
6.
7.    int main(void)
8.    {
9.       double t,y,v;          /*time (s),distance of fall(m),final velocity(m/s)*/
10.
11.      printf("\n\nWelcome.\n"
12.                "Calculate the height from which a grapefruit fell\n"
13.                "given the number of seconds that it was falling.\n\n");
14.
15.      printf("Input seconds:");
16.      scanf("%lg",&t);
17.
18.      if(t >= 0)
19.      {
20.           y =.5*GRAVITY*t*t;
21.           v = GRAVITY*t;
22.           printf("Time of fall=%g seconds\n",t);
23.           printf("Distance of fall=%g meters\n",y);
24.           printf("Velocity of fall=%g m/s\n",v);
25.      }
26.
27.      system("PAUSE");
28.      return 0;
29.   }     /*end main*/
```

```
Welcome.
Calculate the height from which a grapefruit fell
Given three numbers of seconds that it was falling.

Input seconds:-1↙
请按任意键继续…
```

例题4-2中的程序和例题3-3程序的唯一区别是，增加了第18行的输入数据合法性检查，当输入时间t小于0时，程序没有提示任何信息。也可考虑改用双分支if语句，提示用户输入了非法数据。当然，t大于等于0时，运行样式和例题3-3没有区别。

注意例题4-2中第19行到第25行的块语句，是在t>=0条件为真的时候执行的。其中，表示需要完成动作的语句超过1条，因此，必须使用块语句。请问，如果将第19行和第25行中块语句的花括号删除，程序会出现什么错误？请读者自行分析。

【例题4-3】　简单的猜数游戏，版本1：要求数字随机产生，其取值范围从0到RAND_MAX（定义为32767或更大的整数）。

例题4-3的程序草图如表4-3所示。

表4-3　　简单猜数游戏的程序草图

1. 定义magic、guess，分别表示随机整数、用户猜的数； 2. 打印程序标题，产生随机数存储到magic中； 3. 提示用户输入猜的数； 4. 输入guess并回显； 5. 判断guess是否等于magic，如果是，执行第6步；否则执行第7步； 6. 输出猜测正确的提示；转第7步； 7. 程序结束。

例题4-3的源程序如下所示：

```
1.   /*简单猜数游戏，magic number #1，版本。源程序：LT4-3.C*/
2.   #include <stdio.h>
3.   #include <stdlib.h>
4.
5.   int main(void)
6.   {
7.      int magic;          /*magic number*/
8.      int guess;          /*user's guess*/
9.
10.     printf("\nWelcome to the magic number game\n");
11.
12.     magic = rand();        /*产生随机数*/
13.
14.     printf("\nGuess the magic number:");
15.     scanf("%d",&guess);
16.
17.     if(guess == magic)
18.         printf("***Right***\n");
19.
20.     system("PAUSE");
21.     return 0;
22.  }  /*end main*/
```

```
Welcome to the magic number game

Guess the magic number:23↙
请按任意键继续…
```

例题 4-3 中第 12 行调用了随机数产生库函数 rand( )，产生一个随机整数并保存到变量 magic 中；然后读取用户猜的数据 guess；最后由第 17 行的 if 语句判断用户是否猜对了。

例题 4-3 只是一个最简单的猜数游戏版本。当游戏者没有猜中数时，程序没有任何提示信息。而且用户只有一次猜数据的机会，实际上游戏者一次猜中数据的可能性极低。我们在后面将陆续给出猜数游戏程序的多种改进版本。

4.1.3 嵌套 if 语句

嵌套 if 语句指 if 或 else 的目标语句是另一个 if 语句。C 语言中，一个 else 总是与最近的 if 语句配对，当然该 if 和 else 必须在同一个块中，且没有配对的 else。

嵌套 if 语句常见的实例一是：

```
if (expression1)
    if (expression2)
        statement1;
    else
        statement2;
else
    if (expression3)
        statement3;
    else
        statement4;
```

这是一个两层嵌套的双分支 if 语句，如图 4-3 所示。C89 规定：编译程序至少应该支持 15 层 if 嵌套；而 C99 将这个规定提高到 127 层。现有的多数编译程序支持远大于 15 层 if 嵌套。

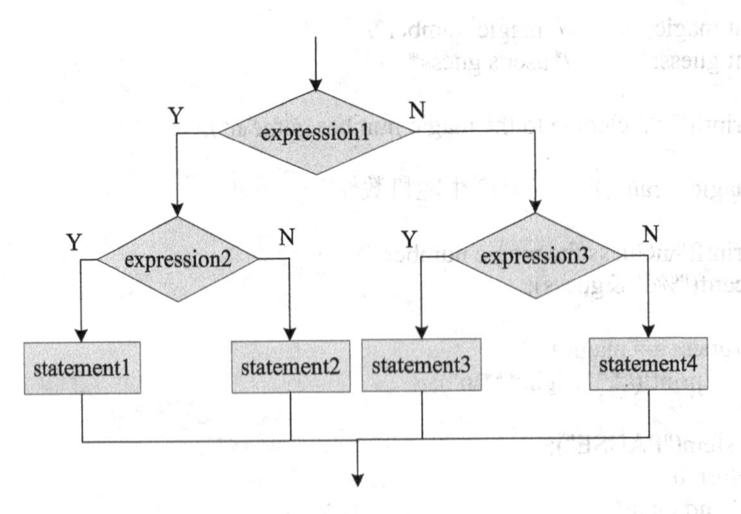

图 4-3 嵌套 if 语句实例一

下面来看两个容易引起歧义性理解的两个嵌套 if 语句的实例。

实例二是：

```
if (expression1)
    if (expression2)
        statement1;
else
        statement2;
```

如图 4-4 所示。而实例三是：

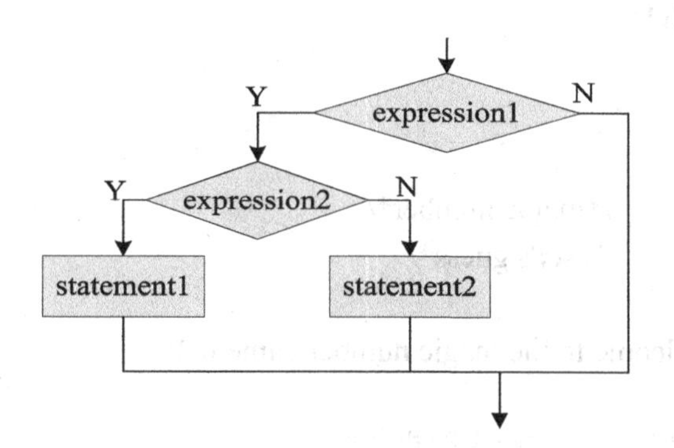

图 4-4 嵌套 if 语句实例二

```
if (expression1)
{
    if (expression2)
        statement1;
}
else
    statement2;
```

如图 4-5 所示。注意实例二和实例三之间的区别。

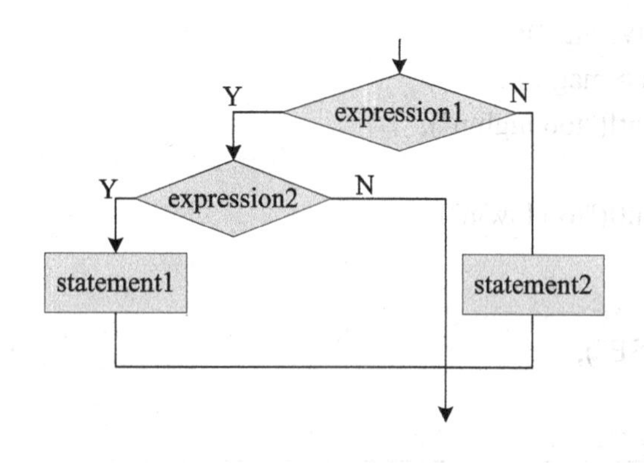

图 4-5 嵌套 if 语句实例三

在实例二中 else 与第二个 if 配对，因此只有表达式 expression1 为“真”且 expression2 为“假”时，才执行语句 statement2。而在实例三中，由于第二个 if 前后有块语句的标记，因此 else 与第一个 if 配对，指向语句 statement2 语句的条件是 expression1 为“假”。请读者注意 else 与 if 配对的规则，以及块语句的使用。

【例题4-4】 简单的猜数游戏版本2，要求当游戏者猜数错误时，向游戏者提供有关错误及相关提示信息。

```
1.   /*简单猜数游戏，magic number #2，版本。源程序：LT4-4.C*/
2.   #include <stdio.h>
3.   #include <stdlib.h>
4.
5.   int main(void)
6.   {
7.     int magic;        /*magic number*/
8.     int guess;        /*user's guess*/
9.
10.    printf("\nWelcome to the magic number game\n");
11.
12.    magic = rand();      /*产生随机数*/
13.
14.    printf("\nGuess the magic number:");
15.    scanf("%d",&guess);
16.
17.    if(guess == magic)
18.    {
19.        printf("***Right***\n");
20.        printf("%d is the magic number\n",magic);
21.    }
22.    else
23.    {
24.         printf("Wrong,");
25.         if(guess > magic)
26.              printf("too high\n");
27.         else
28.              printf("too low\n");
29.    }
30.
31.    system("PAUSE");
32.    return 0;
33.  }  /*end main*/
```

```
Welcome to the magic number game

Guess the magic number:23↙
Wrong,too low
请按任意键继续…
```

与例题 4-3 不同的是，例题 4-4 中第 17 行到第 29 行采用的是双分支 if 语句，其中增加了游戏提示信息。一旦游戏者猜数错误时，提示游戏者猜的数据是太大还是太小。其中，用到了与实例一相似的嵌套 if 语句。

4.1.4 if-else-if 梯次

if-else-if 梯次是一种常用的嵌套 if 结构。其一般形式是：

```
if (expression1)
    statement1;
else if (expression2)
    statement2;
else
    ……
```

其中，诸条件从顶向下求值，发现真值条件时，立刻执行相关语句，跳过其后有关语句。如果未发现真值，则执行最后一个 else。

【例题 4-5】 简单猜数游戏版本 3，利用 if-else-if 梯次改写例题 4-4。

```
1.   /*简单猜数游戏，magic number #3，版本。源程序：LT4-5.C*/
2.   #include <stdio.h>
3.   #include <stdlib.h>
4.
5.   int main(void)
6.   {
7.      int magic;          /*magic number*/
8.      int guess;          /*user's guess*/
9.
10.     printf("\nWelcome to the magic number game\n");
11.
12.     magic = rand();         /*产生随机数*/
13.
14.     printf("\nGuess the magic number:");
15.     scanf("%d",&guess);
16.
17.     if(guess == magic)
18.     {
19.          printf("***Right***\n");
20.          printf("%d is the magic number\n",magic);
21.     }
22.     else if(guess > magic)
23.          printf("Wrong,too high\n");
24.     else
25.          printf("Wrong,too low\n");
26.
27.     system("PAUSE");
28.     return 0;
29.  }    /*end main*/
```

```
Welcome to the magic number game

Guess the magic number:41↙
***Right***
41 is the magic number
请按任意键继续…
```

当 if-else-if 梯次的嵌套深度增大时，向右缩进太多。因此 if-else-if 梯次也可不采用阶梯递进的缩进方式来写。

4.1.5 代替 if 语句的条件运算符

形式如：

```
if (expression)
    var = statement1;
else
    var = statement2;
```

的 if 语句，可以用条件运算符代替，替代形式是：

```
var =(expression)  ? statement1: statement2;
```

例如，求解两个整数的最大值，采用条件运算符可以写成：

```
int a = 10, b = 20, max;
max = (a > b) ? a : b;
```

用 if 语句写成：

```
int a = 10, b = 20, max;
if ( a > b )
    max = a ;
else
    max = b;
```

4.2 switch 多重选择语句

switch 多重选择语句把一个表达式的值和一个整数或字符常量表中的元素逐一比较。一旦发生匹配，与匹配常量关联的语句被执行。

4.2.1 switch 语句基本语法

switch 语句的一般形式是：

```
switch(expression)
{
    case constant1:
        statement sequence
        break;
    case constant2:
```

statement sequence
break;
……
default:
statement sequence
}

其中，case 的后面只能写常量表达式，不能出现变量。C89 规定，一个 switch 语句的 case 分支最少可以是 257 个，而 C99 要求至少支持 1023 个 case 语句。case 本身是一个标号语句，但是它在 switch 之外不能独立存在。case 标号语句后面是与其关联的语句序列，这里可以写多条语句。

default 分支是可选的，如果没有 default 分支，一旦测试任何 case 分支都不匹配，则不执行任何操作。

表达式 expression 必须是可枚举的，只能是字符型或整型表达式，但不能是浮点表达式。表达式 expression 的值与 case 后面的常量逐一比较，一旦与某个常量匹配，则执行与该 case 关联的语句序列，直到遇到 break，或者到达 switch 的结尾为止。

break 用在 switch 中，其作用是控制程序执行强行从 break 处跳转到 switch 的结尾处，紧跟着执行 switch 之后的第一行代码。标准 C 规定 break 语句是可选的。break 语句结束与一个 case 关联的语句序列，如果删除它，则继续执行到下一个 case 分支关联的语句序列，这时不再对下一个 case 中的常量进行测试。直到遇到 break 语句或者到达 switch 的结尾为止。

【例题 4-6】　输入一门课程的成绩（5 分制），显示该分数对应的成绩等级。

下面先来看一个错误的程序范例，如下所示：

```
1.  /*break语句在switch中的应用，错误版本。源程序：LT4-6-1.C*/
2.  #include <stdio.h>
3.  #include <stdlib.h>
4.
5.  int   main(void)
6.  {
7.      int x;
8.
9.      printf("Please input a score:");
10.     scanf("%d",&x);
11.
12.     switch(x)
13.     {
14.         case 5:   printf("excellent");
15.         case 4:   printf("Good");
16.         case 3:   printf("Pass");
17.         case 2:   printf("Fail");
18.         default: printf("Poor");
```

```
19.         }
20.
21.         system("PAUSE");
22.         return 0;
23.     }   /*end main*/
```

```
Please input a score:3↙
PassFailPoor请按任意键继续…
```

程序 LT4-6-1.C 中从 12 行开始的 switch 语句，每一个 case 分支后都没有使用 break 语句。按照 C 的规则，首先判断变量 x 的数值与哪个分支后的常量相等，这样找到“case 3”这个分支，所以执行第 16 行中的输出语句。此后，不再与其后的“case 2”和“default”分支中的常量比较是否相等，而是顺序执行第 17 行和第 18 行中的两个输出语句。

所以，上面所示的错误版本中，由于 case 分支之后的语句序列最后忘了使用 break 语句。导致该程序的运行结果中是“PassFailPoor”信息。该程序的正确版本是：

```
1.  /*break语句在switch中的应用，正确版本。源程序：LT4-6-2.C*/
2.  #include <stdio.h>
3.  #include <stdlib.h>
4.
5.  int   main(void)
6.  {
7.      int x;
8.
9.      printf("Please input a score:");
10.     scanf("%d",&x);
11.
12.     switch(x)
13.     {
14.         case 5:   printf("excellent");     break;
15.         case 4:   printf("Good");          break;
16.         case 3:   printf("Pass");          break;
17.         case 2:   printf("Fail");          break;
18.         default: printf("Poor");
19.     }
20.
21.     system("PAUSE");
22.     return 0;
23. }   /*end main*/
```

```
Please input a score:3↙
Pass请按任意键继续…
```

程序 LT4-6-2.C 中在第 14 行到第 17 行的每个 case 分支的最后，认为添加了 break，以控制正确地跳出 switch 语句。标准 C 规定由程序员人为控制是否跳出 switch 语句，而不是像其他很多高级语言一样，由系统控制自动跳出，这样设计的好处是：由于不存在中断（break）时，诸 case 可以一起执行的事实，因而防止了不合理的代码冗余，可以产生效率非常高的代码。

4.2.2 使用 switch 语句的三个要点

使用 switch 语句，需要注意的三个要点是：

（1）与 if 语句不同的是，switch 只能测试是否相等，不能测试关系或逻辑表达式。

（2）各个 case 常量必须各异。事实上，所有 case 分支的常量和 default 分支一起，应该涵盖 expression 表达式的所有可能取值，且每个取值仅出现一次。

（3）遇到第一个相等的 case 常量分支之后，顺序向下执行，不再进行相等与否的判断。因此，注意除非是特别情况，break 语句必不可少。

【例题 4-7】 分析以下程序，写出程序的运行结果。

```
1.    #include <stdio.h>
2.    #include <stdlib.h>
3.
4.    int main()
5.    {
6.        int a,b,c;
7.        a = 2; b = 7; c = 5;
8.
9.        switch(a > 0)
10.       {
11.           case 1:switch(b < 10)
12.                  {
13.                      case 1:printf("@");     break;
14.                      case 0:printf("!");     break;
15.                  }
16.           case 0:switch(c == 5)
17.                  {
18.                      case 0:printf("*");     break;
19.                      case 1:printf("#");     break;
20.                      default:printf("%");    break;
21.                  }
22.           default:printf("&");
23.       }
24.
25.       printf("\n");
```

```
26.
27.        system("PAUSE");
28.        return 0;
29.    }  /*end main*/
```

第9行的外层switch语句中表达式“a>0”为真，匹配的是第11行的“case 1”分支。执行内层第11行的switch语句，表达式“b<10”为真，执行第13行的“case 1”分支，打印字符@，其后的break语句将跳转到第14行的内层switch的结尾处。

这时，由于外层switch中“case 1”分支关联的语句序列中缺少break语句，因此，顺序执行第16行的“case 0”分支。

紧跟着执行第16行的内层switch语句，表达式“c==5”为真，执行第19行的“case 1”分支关联语句序列，打印字符#。其后的break语句将跳转到第21行的内层switch语句结尾处。接着，顺序执行default分支，打印字符&。

例题4-7的运行结果是：

```
@#&
请按任意键继续...
```

4.3 循环语句

大多数程序都包含循环。循环语句是在循环继续条件（简称循环条件）为真时，需要计算机重复执行的一组计算机指令。

4.3.1 for语句

1. for语句的基本语法

在其他结构化程序设计语言中，都有与C语言的for语句类似的循环语句。但是C语言的for语句功能特别强，也特别灵活。

for语句的一般形式是：

for(initialization; condition; increment)

statement;

其中，initialization（初始化）一般为赋值语句，为循环的控制变量赋初值；

condition（循环条件）通常是一个条件表达式，循环一直执行到condition为假值为止；

statement（循环体）是需要重复执行的语句，它只能是单条语句，可以写单个语句、块语句或空语句；

increment（增值）定义每次重复循环是如何修改控制变量。for语句执行流程如图4-6所示。

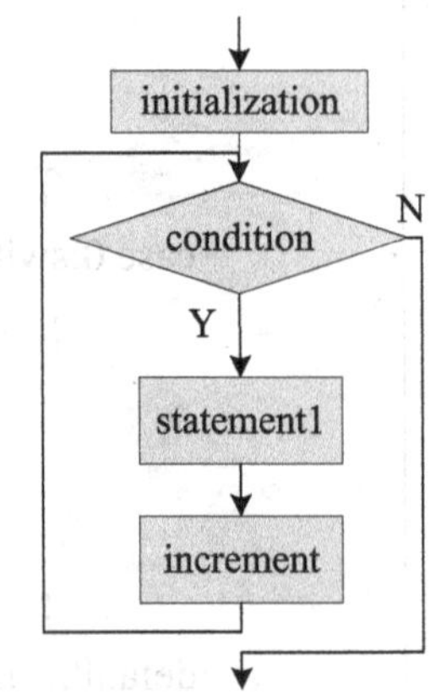

图4-6 for语句流程

【例题4-8】 计算1+2+3+…+100的和值，要求采用for语句。

```
1.   /*计算1到100的和值，for使用范例。源程序：LT4-8.C*/
2.   #include <stdio.h>
3.   #include <stdlib.h>
4.
5.   int main(void)
6.   {
7.      int i, sum = 0;
8.
9.      printf("\nWelcome.\n"
10.                 "Calculate the result of 1+2+…+100\n\n");
11.
12.     for(i = 1;i <= 100;i++)
13.          sum += i;
14.
15.     printf("1+2+…+100=%d\n", sum);
16.
17.     system("PAUSE");
18.     return 0;
19.  }  /*end main*/
```

```
Welcome.
Calculate the result of 1+2+…+100

1+2+…+100=5050
请按任意键继续…
```

程序 LT4-8.C 中采用整型变量 i 作为第 12 行 for 语句的循环变量，其初始值为 1，每次循环都增加一个单位，直到大于终止值 100 时结束循环。它相当于将

```
sum += i;
i++;
```

重复执行 100 次。

2. for 语句的使用要点

使用 for 语句，需要注意的三个要点是：

（1）initialization、condition 和 increment 可以是任何类别的表达式；例如：

```
for(x = 0, y = 0; x+y < 10; ++x)
{
    y = getchar();
    y = y- '0';
    ……
}
```

Initialization 部分是逗号表达式。

（2）condition 部分不是必需的，可以根本不存在；由于 condition 的作用是控制循环的结束，因此，此时循环必须有其他的控制语句终止循环的执行，例如 break 语句或 exit( )函数调用。例如，语句：

```
for(x = 100;  ;x-= 2)
    ……;
```

中缺少 condition，因此循环体应该包含 break 语句或 exit( )函数调用，这样才能正常终止循环的执行。

（3）其实，从语法上看，initialization、condition 和 increment，每个部分都可以缺少。例如：

```
for( ; ; )
    scanf("%f"",&x);
```

其中，initialization、condition 和 increment 都缺少，但是此时循环体只有一个 scanf( )语句。这是一个错误的用法，会出现无限循环（俗称“死循环”）。

而语句

```
for(x = 0; x != 123;)
    scanf("%f",&x);
```

中没有 increment 部分，因为 scanf( )语句本身就已经改变了循环的控制变量 x 的取值。

【例题 4-9】 利息计算程序：假设存有 1000 元活期存折，年利率 5%，存期 10 年；每年年底结算一次利息，利息计入下一年的本金。要求计算 10 年中每一年年底的本金。

计算公式如下：

$$amount=principal\times(1.0+rate)^{year}$$

- principal：最初存入的本金；
- rate：存款的年利率；
- year：储蓄的年份；
- amount：第 year 年底的存款总额。

```
1.   /*利息计算程序，for使用范例。源程序：LT4-9.C*/
2.   #include <stdio.h>
3.   #include <stdlib.h>
4.   #include <math.h>
5.   
6.   int main(void)
7.   {
8.       double amount;                /*存款总额*/
9.       double principal = 1000.0;    /*初始本金*/
10.      double rate = 0.05;           /*年利率*/
11.      int year;                     /*储蓄年份*/
12.  
13.      printf("\nWelcome.\n"
14.             "Calculate the compound interest\n\n");
```

```
15.     for(year = 1; year <= 10; year++)
16.     {
17.         amount = principal * pow( 1.0 + rate, year);
18.
19.         printf("%4d%21.2f\n",year,amount);
20.     }   /*end for*/
21.
22.     system("PAUSE");
23.     return 0;
24. }  /*end main*/
```

```
Welcome.
Calculate the compound interest

   1          1050.00
   2          1102.50
   3          1157.63
   4          1215.51
   5          1276.28
   6          1340.10
   7          1407.10
   8          1477.46
   9          1551.33
   10         1628.89
请按任意键继续…
```

程序 LT4-9.C 中第 15 行的 for 循环，通过循环变量 year 从 1、2 到 10 循环 10 次，每次循环计算存储第 year 年后的本金和利息的总和。

4.3.2 while 语句

1. while 语句的基本语法

while 语句是当型循环，其一般形式是：

initialization;
while(*condition*)
  statement;

其中，initialization（初始化）一般为赋值语句，其作用是为循环的控制变量赋初值；

condition（循环条件）通常是一个条件表达式，循环一直执行到 condition 为“假”值为止；

statement（循环体）是需要重复执行的语句，它只能是单条语句，可以写单个语句、块语句或空语句。

while 语句的执行流程如图 4-7 所示。

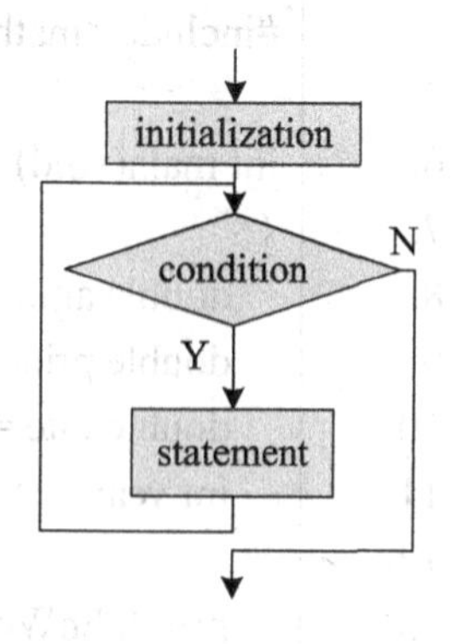

图 4-7 while 语句流程

【例题 4-10】 用 while 语句改写例题 4-8，计算 1+2+3+…+100 的和值。

```
1.  /*计算1、2到100的和值，while使用范例。源程序：LT4-10.C*/
2.  #include <stdio.h>
3.  #include <stdlib.h>
4.  
5.  int main(void)
6.  {
7.     int i,sum = 0;
8.  
9.     printf("\nWelcome.\n"
10.                "Calculate the result of 1+2+…+100\n\n");
11. 
12.    i = 1;
13.    while(i <= 100)
14.    {
15.          sum += i;
16.          i++;
17.    }
18. 
19.    printf("1+2+…+100=%d\n",sum);
20. 
21.    system("PAUSE");
22.    return 0;
23. }  /*end main*/
```

【例题 4-11】 用 while 语句改写例题 4-9 的利息计算程序。

```
1.  /*利息计算程序，while使用范例。源程序：LT4-11.C*/
2.  #include <stdio.h>
3.  #include <stdlib.h>
4.  #include <math.h>
5.  
6.  int main(void)
7.  {
8.     double amount;                    /*存款总额*/
9.     double principal = 1000.0;        /*初始本金*/
10.    double rate = 0.05;               /*年利率*/
11.    int year;                         /*储蓄年份*/
12. 
13.    printf("\nWelcome.\n"
14.                "Calculate the compound interest\n\n");
```

```
15.
16.     year = 1;
17.     while(year <= 10){
18.
19.          amount = principal * pow( 1.0 + rate, year);
20.
21.          printf("%4d%21.2f\n",year,amount);
22.
23.          year++;
24.     }
25.
26.     system("PAUSE");
27.     return 0;
28. }   /*end main*/
```

2. while 语句的使用要点

使用 while 语句，需要注意的要点是：statement 中应该包括 increment 部分，即修改循环控制变量的语句。例如，代码段：

```
x = 0, y = 0;
while( x + y < 10)
{
     y = getchar( );
     y = y- '0';        /*increment 语句*/
     ……
     ++x;               /*increment 语句*/
}
```

中必须包含更新 y 或者 x 数值的语句，否则，可能陷入无限循环。

4.3.3 do-while 语句

1. while 语句的基本语法

do-while 语句是直到型循环，其一般形式是：

initialization;
do {
  statement sequence;
}*while* (*condition*);

其中，initialization（初始化）一般为赋值语句，为循环的控制变量赋初值；

condition（循环条件）通常是一个条件表达式，循环一直执行到 condition 为“假”值为止；

statement sequence 是需要重复执行的语句序列。

do-while 语句的执行流程如图 4-8 所示。

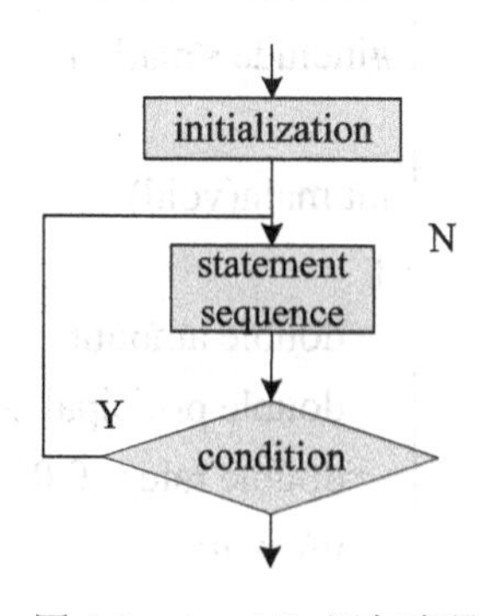

图 4-8 do-while 语句流程

【例题 4-12】 用 do-while 语句改写例题 4-8，计算 1+2+3+…+100 的和值。

```
1.  /*计算1、2到100的和值，do-while使用范例。源程序：LT4-12.C*/
2.  #include <stdio.h>
3.  #include <stdlib.h>
4.  
5.  int main(void)
6.  {
7.     int i,sum = 0;
8.  
9.     printf("\nWelcome.\n"
10.              "Calculate the result of 1+2+…+100\n\n");
11. 
12.    i = 1;
13.    do{
14.         sum += i;
15.         i++;
16.     }while(i <= 100);
17. 
18.    printf("1+2+…+100=%d\n",sum);
19. 
20.    system("PAUSE");
21.    return 0;
22. }   /*end main*/
```

【例题 4-13】 用 do-while 语句改写例题 4-9。

```
1.  /*利息计算程序，do-while使用范例。源程序：LT4-13.C*/ <stdio.h>
2.  #include <stdlib.h>
3.  #include <math.h>
4.  
5.  int main(void)
6.  {
7.     double amount;                    /*存款总额*/
8.     double principal = 1000.0;        /*初始本金*/
9.     double rate = 0.05;            /*年利率*/
10.    int year;                        /*储蓄年份*/
11. 
12.    printf("\nWelcome.\n"
13.              "Calculate the compound interest\n\n");
```

```
14.
15.     year = 1;
16.     do{
17.
18.         amount = principal * pow( 1.0 + rate,year);
19.
20.         printf("%4d%21.2f\n",year,amount);
21.
22.         year++;
23.     }while(year <= 10);
24.
25.     system("PAUSE");
26.     return 0;
27. }   /*end main*/
```

2. do-while 语句的使用要点

使用 do-while 语句，需要注意的要点是：

（1）do 和 while 之间的花括号本身是 do-while 语句的组成部分，因此循环体 statement sequence 可以是语句序列，不必再用块语句。

（2）statement sequence 中应包括 increment 部分，即修改循环控制变量的语句。

4.3.4 goto 语句构建循环结构

虽然 goto 语句数年前就已经失宠，但是利用 goto 语句一样可以构造循环结构，其一般形式是：

```
    initialization;
label:
    statement sequencet;
if ( condition ) goto label;
```

其中，label 为标号语句，表示 goto 语句的目标语句标号，即可在 goto 语句前面，也可在 goto 语句的后面。但是，标准 C 规定，goto 语句必须和 label 标号在同一个函数中，也就是 goto 语句不允许在函数之间跳转。

例如，可以用 goto 和标号 loop 构造从 1、2 到 100 的循环，实现例题 4-8 的功能：计算 1、2 到 100 的和值。相应语句段是：

```
    i = 1;
loop:
    sum += i;
    i++;
    if (i <= 100) goto loop;
```

4.4 循环结构中的 break 和 continue 语句

break 语句和 continue 语句可以用于循环语句中，控制从循环体相应的代码内部移动到这些代码的开始或结束位置。

4.4.1 break 语句

break 语句有两种用途：可以用在 switch 语句中，终止一个 case 分支的执行，强制跳转到 switch 语句的结尾处；也可以用在循环体中，跳过循环条件的检测，立刻强制终止循环。也就是说，循环中遇到 break 语句时，循环立刻结束，程序控制转到循环后的第一条语句。当然，一个 break 语句只跳出一层循环语句。

【例题 4-14】 计算半径从 1 到 10 的圆面积，当面积大于 100 时结束。

```
1.  /*计算半径从1到10的圆面积，当面积大于时结束循环。源程序：LT4-14.C*/
2.  #include <stdio.h>
3.  #define PI 3.1415
4.  
5.  int main()
6.  {
7.      int r;
8.      float area;
9.  
10.     printf("%s\t%s\n","radium","area");
11.     for( r = 1; r <= 10;r++)
12.     {
13.         area = PI * r * r;
14.
15.         if(area > 100)      break;
16.
17.         printf("%d\t%f\n",r,area);
18.
19.     }
20.
21.     system("PAUSE");
22.     return 0;
23. } /*end main*/
```

```
radium    area
1         3.141500
2         12.566000
3         28.273500
4         50.264000
5         78.537498
请按任意键继续…
```

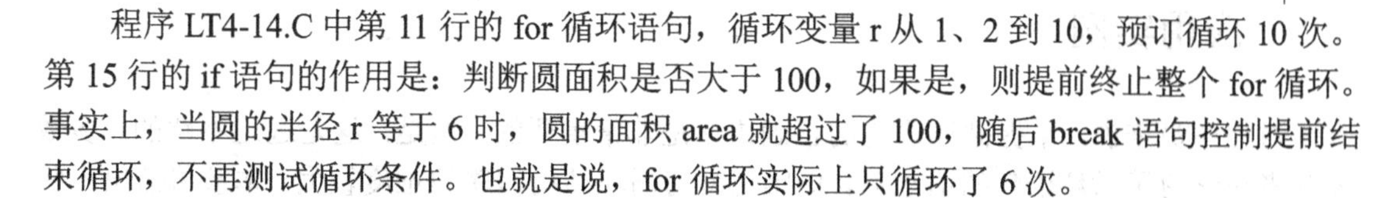

程序 LT4-14.C 中第 11 行的 for 循环语句，循环变量 r 从 1、2 到 10，预订循环 10 次。第 15 行的 if 语句的作用是：判断圆面积是否大于 100，如果是，则提前终止整个 for 循环。事实上，当圆的半径 r 等于 6 时，圆的面积 area 就超过了 100，随后 break 语句控制提前结束循环，不再测试循环条件。也就是说，for 循环实际上只循环了 6 次。

4.4.2 continue 语句

continue 语句用在循环体中，其作用是跳过本次循环剩余语句，强制开始下一次循环。对 for 循环而言，continue 和 increment 一起执行，然后控制跳转到从条件测试处重新开始；对 while 循环和 do-while 循环而言，continue 控制跳转到条件测试。

【例题 4-15】 输出 100~200 之间不能被 3 整除的数。

```
1.   /*输出100~200之间不能被3整除的数。源程序：LT4-15.C*/
2.   #include <stdio.h>
3.   #include <stdlib.h>
4.
5.   int main(void)
6.   {
7.       int n,count = 0;
8.
9.       for(n = 100;n <= 200;n++)
10.      {
11.          if (n % 3 == 0)         continue;
12.          printf("%5d",n);
13.          count++;
14.          if(count % 10 == 0)   printf("\n");
15.      }
16.
17.      printf("\n");
18.      system("PAUSE");
19.      return 0;
20.  } /*end main*/
```

```
100   101   103   104   106   107   109   110   112   113
115   116   118   119   121   122   124   125   127   128
130   131   133   134   136   137   139   140   142   143
145   146   148   149   151   152   154   155   157   158
160   161   163   164   166   167   169   170   172   173
175   176   178   179   181   182   184   185   187   188
190   191   193   194   196   197   199   200
请按任意键继续…
```

程序 LT4-15.C 中第 9 行的 for 循环，其循环变量 n 从 100、101 到 200 循环。第 11 行的 if 语句用来判断 n 是否是 3 的倍数，当 n 对 3 的余数等于 0 时，随后的 continue 控制跳过循环体余下语句（第 12 行到第 14 行），直接执行第 9 行中 for 循环 increment 部分（n++运算），然后强制跳转到循环条件（n<=200）检测。

当然，程序 LT4-15.C 中也可以不使用 continue 语句，这可以通过修改 if 语句的条件来实现。

4.5 应用实例

对程序员来说，掌握循环语句的正确语法是非常重要的。但是，这是远远不够的。多数初学者在学习了循环语句的语法后，仍感觉编写循环结构程序的难度较大。本节将给出一些常用的循环应用范例。

4.5.1 哨兵循环

哨兵循环程序不停地读数据、检查数据和处理数据，直到遇到程序员事先指定的表示"结束数据"的预定值时，循环终止。我们称这个值为"哨兵值"，它监视数据的结束。

【例题 4-16】 输入一行字符，分别统计其中字母、空格、数字及其他字符的个数。

例题 4-16 要求输入一行字符，因此设定回车键'\n'为哨兵值。程序草图如表 4-4 所示。

表 4-4 统计各类字符个数的程序草图

1. 定义 letter、digit、space 和 other，分别用于记录字母、数字、空格和其他字符的个数；
2. 从控制台输入一个字符存储到 c 中；
3. 判断 c 是否是回车键，如果不是，执行第 4 步和第 5 步；否则转步骤 6；
4. 分别判断 c 是否字母、数字、空格或其他字符，将相应计数变量加 1；
5. 从控制台输入下一个字符，转步骤 3；
6. 打印结果。

例题 4-16 源程序如下所示：

```
1.   /*输出一行字符，分类统计字符个数。源程序：LT4-16.C*/
2.   #include <stdio.h>
3.   #include <stdlib.h>
4.
5.   int main(void)
6.   {
7.       int letter = 0,space = 0,digit = 0,other = 0;
8.       char c;
9.
10.      printf("请输入一行字符，以回车键结束\n");
11.      while((c = getchar( )) != '\n')
12.          if(c >= 'a' && c <= 'z' || c >= 'A' && c <= 'Z')
13.              letter++;
14.          else    if(c == ' ')  space++;
15.                  else    if(c >= '0' && c <= '9')     digit++;
16.                          else    other++;
```

```
17.
18.        printf("letter=%d,space=%d,digit=%d,other=%d\n",letter,space,digit,other);
19.
20.        system("PAUSE");
21.        return 0;
22.    }  /*end main*/
```

```
请输入一行字符，以回车键结束
The C program 1234&*^%↙
letter=11,space=3,digit=4,other=4
请按任意键继续…
```

哨兵循环中待处理数据项的数量是根据用户的需求不断变化的，无法事先预知。包含哨兵循环的简单程序遵循以下的一般形式：

```
/*Comments that explain the purpose of the program*/
#include and #define commands
int main( )
{
    Declaration of input variable and other.
    Output statement that identifies the program.
    Use scanf ( ) to initialize the input variable.
    while(input!=sentinel value)
    {
        Process the input data.
        Prompt for and read another input.
    }
    Print program results and termination comment.
}
```

如果哨兵循环是输入循环，即循环处理输入值，当输入哨兵值时结束循环。在这样的程序中，必须清晰地提示用户"哨兵值"；否则，用户可能无法结束循环。

4.5.2　查询循环

查询循环在每次循环执行结束时，用户是否同时结束循环。读入用户输入后立刻测试用户的回答，若用户输入的代表表示结束循环，则控制终止循环；否则，继续执行循环。

【例题 4-17】　猜数游戏版本 4：要求每一局游戏中先随机产生取值范围在 0～100 之间的一个整数；每局游戏给游戏者三次猜的机会。每局游戏结束时提示游戏者是否开始新游戏，由游戏者自行决定是否结束游戏。

例题 4-17 源程序如下所示：

```
1.   /*猜数游戏，magic number #4，版本。源程序：LT4-17.C*/
2.   #include <stdio.h>
3.   #include <stdlib.h>
4.   #include <time.h>
5.
6.   int main(void)
7.   {
8.     int magic;          /*magic number*/
9.     int guess;          /*user's guess*/
10.    int guessnum,response = 1;
11.    time_t t;
12.
13.    printf("\nWelcome to the magic number game\n");
14.
15.    srand((unsigned int)time(&t));
16.
17.    do{
18.          magic=rand() % 101;        /*产生随机数*/
19.          guessnum = 1;
20.
21.          while(guessnum <= 3)     /*未猜满3次，继续猜*/
22.          {
23.                printf("\nGuess the magic number:");
24.                scanf("%d",&guess);
25.
26.                if(guess == magic){
27.                      printf("***Right***\n");
28.                      printf("%d is the magic number\n",magic);
29.                      break;
30.                }
31.                else if(guess > magic)
32.                            printf("Wrong,too high\n");
33.                      else
34.                            printf("Wrong,too low\n");
35.
36.                guessnum++;
37.          }
38.
39.          if(guessnum > 3)
40.                printf("Three times are wrong!\n");
41.
42.
43.          printf("\nEnter '0' to quit or other to start a new game or:");
44.          scanf("%d",&response);
45.    }while(response !=0);
46.
47.    printf("\nGame Over!\n");
48.
49.    system("PAUSE");
50.    return 0;
51.  }   /*end main*/
```

例题4-17中外层的do-while循环（第17行到第45行）每一局游戏的代码段，每一局的开始先调用rand( )函数产生一个新的随机数。内层的while循环（第21行到第31行）最多循环3次，表示每一局游戏者有3次机会，一旦猜中就执行第29行的break语句终止内层循环，或者猜了3次均未猜中也终止内层循环。这时，外层循环的剩余代码提示用户输入'0'退出游戏，键入其他键开始新游戏。

例题4-17中第15行调用的库函数srand((unsigned int)time(&t));，是与rand( )随机数函数配套使用的。C语言中rand( )函数采用的伪随机数算法必须基于一个“种子值”来产生随机数序列，如果这个“种子值”不变，则产生的随机数序列是不变的。为了使得例题4-17每次执行产生的随机数序列都不同，第15行调用了srand((unsigned int)time(&t));，实参time(&t)的作用是读取系统时间，并将系统时间转换为unsigned int类型后，设置为rand( )函数的“种子值”，由于系统时间随时都在变化，这样就可确保游戏中产生的数据的随机性。

查询循环通常遵循的一般形式是：

```
/*Comments that explain the purpose of the program*/
#include and #define commands
int main( )
{
    Declaration of input variable and other.
    Output statement that identifies the program.
    do{
          Process one data set or call a function to do so.
          Ask the user whether to continue(1) or quit(0).
                                  Read the response.
    }while(response !=0);
    Print program results and termination comment.
}
```

4.5.3　计数循环

很多循环都由一个计数器控制。这样的计数循环中，在循环的初始化部分通常设置一个循环变量，例如变量k。increment部分通常是循环变量的增量运算。而循环条件通常是测试循环变量是否达到或超过目标值，如下所示：

（1）使循环变量k初始值为I，目标值N；

（2）计数方式k = k + step，或者k = k – step；

（3）循环测试的形式为k < N、k <= N、k > N、k >= N。

【例题4-18】　打印出2~1000之间的所有完数。

首先我们先来明确什么是完数？完数指这样的数，该数的各个因子之和等于该数本身。如：6=1+2+3，28=1+2+4+7+14，所以6和28都是完数。

例题4-18的程序草图如表4-5所示。

表 4-5　　　　找出 2～1000 之间完数的程序草图

1. 定义 m、i、s；
2. m 赋值为 2；
3. 判断 m 是否大于 1000，如果不是，执行 4；否则转步骤 9；
4. s 赋值为 0，i 赋值为 1；
5. 判断 i 是否为 m 的因子，如果是，计算 s+i，结果存入 s；
6. 将 i 加 1，判断 i 是否小于等于 m/2，如果是，转步骤 5；
7. 判断 m 是否等于 s，如果是，输出 m；
8. 将 m 加 1，转步骤 3；
9. 程序结束。

例题 4-18 的源程序如下所示：

```
1.   /*找出完数。源程序：LT4-18.C*/
2.   #include <stdio.h>
3.   #include <stdlib.h>
4.
5.   int main(void)
6.   {
7.       int m, i, s;
8.
9.       printf("2~1000之间的完数是：\n");
10.      for(m = 2;m <= 1000; m++)
11.      {
12.          s = 0;
13.
14.          for(i = 1;i <= m/2; i++)
15.              if(m % i == 0)      s += i;
16.
17.          if(m == s)
18.              printf("%6d", m);
19.      }
20.
21.      printf("\n");
22.
23.      system("PAUSE");
24.      return 0;
25.  }  /*end main*/
```

```
2～1000之间的完数是：
     6    28    496
请按任意键继续…
```

程序 LT4-18.C 中第 10 行的 for 循环，其计数变量 m 从 2、3 到 1000 控制循环的执行，代表用来试探着检测是否是完数的数据。第 14 行的内层 for 循环，其计数变量 i 从 2、3 到 m/2 循环，代表着用来检测是否是 m 的因子的检测数据。

【例题 4-19】 编写一个显示九九乘法表的程序。

```
1.  /*显示九九乘法表。源程序：LT4-19.C*/
2.  #include <stdio.h>
3.  #include <stdlib.h>
4.
5.  int   main(void)
6.  {
7.      int i, j;
8.
9.      printf("\n欢迎使用显示九九乘法表程序\n\n");
10.
11.     for(i = 1;i <= 9;i++)
12.     {
13.         for(j = 1;j <= i; j++)
14.         printf("%1d*%1d=%-4d", i, j, i * j);
15.
16.         printf("\n");
17.      }   /*end for*/
18.
19.      system("PAUSE");
20.      return 0;
21. }    /*end main*/
```

九九乘法表一共有 9 行，第 11 行的循环变量 i 表示行号，从 1 到 9 计数循环。而第 i 行需要显示 i 个乘法式子，第 13 行的循环变量 j 表示第 i 行显示的第 j 个式子编号，从 1 到 i 计数循环。

【例题 4-20】 百鸡问题：一只公鸡值 5 元钱，一只母鸡值 3 元钱，三只小鸡值 1 元钱，现有 100 元钱，要买 100 元鸡，是否存在可行方案？要求三种鸡都有。

假设 100 元钱全部买公鸡，则公鸡只数最大为 20；同理，母鸡只数最大为 33；小鸡只数等于“100−公鸡个数−母鸡个数”。

程序中定义了变量

int x,y,z;

其中，x 表示公鸡的只数；y 表示母鸡的只数；z 表示小鸡的只数。因此

z = 100 –x – y ;

并且，z 应该是 3 的倍数，即表达式

z % 3

等于 0。

如果 100 元钱全部买公鸡，则 z 的最大值是 20，所以程序中第 11 行控制循环变量 x 从 0、1 到 20 控制循环。同理，内层的循环变量 y（第 13 行）从 0、1 到 33 控制循环。然后，

按照第一个条件“三种商品的总只数为 100”，来推算 z 的取值。

然后，按照第二个条件“z 是 3 的倍数”以及第三个条件“x、y 和 z 的总价值是 100 元钱”，来判断 x、y 和 z 的组合是否满足三个条件，如果满足三个条件，则可以得出结论“已经找到一个解”，所以执行第 17 行的 break 语句，此时跳出内层循环，跳转到第 20 行的位置。

最后，第 20 行的 if 语句需要判断是否真的找到了一个解，如果满足条件“y<34”，则表示内层循环是从 break 语句处强行结束的；这时只需检查 x、y 和 z 的取值都不等于 0 即可，如果是，则输出结果并强制终止整个循环。如果希望输出所有可能解，则可以删除第 24 行的 break 语句。

如果首先使用“x、y 和 z 的取值都不等于 0”这个条件，也可修改第 11 行和第 13 行的循环变量 x 和 y 的初值都从 1 开始。这时，第 20 行的 if 语句中可以删除对“x&&y&&z”。

例题 4-20 源程序如下所示：

```
1.    /*百鸡问题,求解一个解即可。源程序：LT4-20.C*/
2.    #include <stdio.h>
3.    #include <stdlib.h>
4.
5.    int   main(void)
6.    {
7.            int x,y,z;
8.
9.            printf("\n欢迎使用百鸡问题求解程序\n\n");
10.
11.           for(x = 0; x <= 20; ++x)
12.           {
13.                   for( y = 0 ; y < 34 ; y++)
14.                   {
15.                           z = 100-x-y;
16.                           if((z % 3 == 0) && (( 5 * x + 3 * y + z / 3) ==100))
17.                                   break;
18.                   }
19.
20.                   if(x && y && z && y < 34)
21.                   {
22.                           printf("cook=%d   hen==%d   chicken=%d\n", x, y, z);
23.                           printf("this is one solution.\n\n");
24.                           break;
25.                   }     /*end for y*/
26.           }     /*end for x*/
27.
28.           system("PAUSE");
29.           return 0;
30.   }  /*end main*/
```

```
欢迎使用百鸡问题求解程序

cook=4    hen=18    chicken=78
this is one solution.

请按任意键继续…
```

4.6 本章小结

本章讲解了C语言中结构化的流程控制语句（if、switch、for、while、do-while、goto、break、continue）及其用法，这是结构化程序设计语言中最基础的概念，也是编写程序的起点，请读者熟练掌握它们的用法。

4.6.1 主要知识点

本章应重点掌握知识点包括：

（1）C 语言中的真值和假值。C 语言以非零值为真值，零值为假值。而结果为真值或假值时，以整数 1 表示真值，整数 0 表示假值。

（2）条件语句 if。if 语句包括单分支和双分支两种基本形式，且可以嵌套使用。if 或 else 的后面的目标语句只能是单条件语句。

（3）switch 多重选择语句。switch 语句中的表达式必须是可枚举的，通常为字符型或整型。case 分支之后紧随常量表达式，与之关联的语句序列最后通常是 break 语句。

（4）循环语句。C 语言中包含 for、while 和 do-while 三种循环语句；并且可以用 goto 语句构造循环结构。

（5）break 和 continue 语句。循环语句中的 break 语句，其作用是强制终止循环的执行；而循环语句中的 continue 语句，其作用是提前结束本次循环，开始下一次循环。

（6）常用的循环结构应用实例。本章介绍了哨兵循环、查询循环和计数循环等三种循环应用。

4.6.2 难点和常见错误

结构化程序中流程控制最常见的错误类型如下所述。

1. 循环控制错误，尽量少用浮点数作为循环控制变量

大多数程序都包含循环结构，循环结构中正确控制循环的执行是其中的关键之处。通常循环结构的控制采用字符型变量或整型变量来进行。使用浮点型变量控制循环的执行常常会带来意想不到的错误结果。

例如，循环语句

```
float y;
for(y = 0.1 ; y != 1.0; y += 0.1)
   printf("%f\n", y);
```

中循环控制变量 y 是 float 类型，初值0.1，增量步长0.1，终止值为1.0。循环条件“y!=1.0”看上去没有错误。但是不要忘记，计算机无法表示无限位数的实数，计算机中的实数都是有限位数，唯一不同的是精度不同。程序中的实数都存在可表示误差，因此当上述循环了10次后，理论上 y 的值应该为1.0，但是由于浮点数的可表示误差问题，y 的值很可能不等于1.0，而是存在一个很少的误差值，这样上述循环语句就无法结束，变成一个无限循环。

请读者记住，尽量使用整型类别变量作为循环控制变量。如果必须使用浮点数控制循环，该怎么做？先来看一个例子。

【例题 4-21】 根据以下公式计算 π 的值：

$$\pi = 4 - \frac{4}{3} + \frac{4}{5} - \frac{4}{7} + \frac{4}{9} - \frac{4}{11} + \cdots$$

程序:LT4-21.C 的功能是：显示用几项相加可以等于 3.1415 为止：

```
1.   /*浮点型循环控制变量示例，错误版本。源程序：：LT4-21-1.C*/
2.   #include <stdio.h>
3.   #include <stdlib.h>
4.   #include <math.h>
5.
6.   int main(void)
7.   {
8.        double n=1,pi=4,sign=-1;
9.        int m=1;
10.
11.       do{
12.            n= sign*(fabs(n)+2);
13.            pi += 4/n;
14.            m++;
15.            sign *=-1;
16.       }while(pi != 3.1415);
17.
18.       printf("m = %.d\n", m);
19.
20.       system("PAUSE");
21.       return 0;
22.  }   /*end main*/
```

运行上述程序，你会发现出现黑屏的“死循环”状态。错误出现在第 16 行中的循环条件“pi != 3.1415”，由于浮点数的误差引起这个循环条件无法满足。正确的做法是 pi 和目标值 3.1415 之间的误差值控制在可接受的误差范围内，例如将该循环条件改为：

```
fabs(pi - 3.1415) >= 0.00001
```

其中，0.00001 是根据问题要求选定的可接受的误差标准。

2. 遗漏块语句标记

另一个常见的流程控制错误是应该写块语句的位置，错误的写成了语句序列。例如，计算 1、2 到 100 的和值的 while 循环：

```
i = 1;
while(i <= 100)
        sum += i;
        i++;
```

由于没有写块语句的花括号标记，循环体变成了“sum+=i;”这一条语句，这时循环结构中没有 increment 部分，循环无法结束，出现无限循环的错误。

习　题　4

1. 指出并更正以下程序段的错误（可能不止一个错误）。

a）
```
x = 1;
while(x <= 10);
        x++;
```
b）
```
for(y = .2; y != 1.0; y += .2)
        printf("%f\n", y);
```
c）
```
switch(n)
{
        case 1:     printf("The number is 1\n");
        case 2:     printf("The number is 2\n");
        default:    printf("The number is not 1 or 2\n");
                    break;
}
```
d）以下程序段输出 1 到 10（包含 10）的值：
```
n = 1;
while( n < 10)
         printf("%5d", n);
```
e）
```
for(x = 100, x >= 1, x++ )
        printf("%d\n", x);
```
2. 指出以下程序段中输出变量 x 的值。

a）
```
for(x = 2; x <= 13; x += 2)
        printf("%d",x);
```
b）
```
for(x = 5; x <= 22; x += 7)
        printf("%d\n",x);
```
c）
```
for(x = 3; x <= 15; x += 3)
        printf("%d\n",x);
```
d）
```
for(x = 1; x <= 5; x += 3)
        printf("%d\n",x);
```
e）
```
for(x = 12; x >= 2; x -= 3)
        printf("%d\n",x);
```
3. 有一分段函数：

$$y=\begin{cases} x & x<1 \\ 2x-1 & 1\leqslant x\leqslant 10 \\ 3x-11 & x\geqslant 10 \end{cases}$$

请编写一个程序，输入 x 值，输出 y 值。

4. 请编写一个程序，输入4个整数，要求按由小到大的次序输出。

5. 请编程计算二次方程 $ax^2+bx+c=0$ 的根。

6. 运输公司对用户计算运费。公司规定，路程越远，每公里运费越低。标准如下：

S＜250km　　没有折扣
250≤S＜500　　2%折扣
500≤S＜1000　　5%折扣
10000≤S＜2000　　8%折扣
2000≤S＜3000　　10%折扣
3000≤S　　15%折扣

设每公里每吨货物的基本运费为P，货物重为W，距离为S，折扣为d，分别用if结构和switch结构编写程序，计算总运费F，计算公式为：

$$F=P*W*S*(1-d)$$

7. 一个邮购店出售5种不同的商品，其零售价如表4-6所示。请编写一个程序，读入一系列的数对：

a）产品号；

b）每天的销售数量。

用switch语句实现对商品价格的确定，最后计算并输出上周出售商品的总价值。

表4-6　　商品单价表

产品号	单价（元）
1	2.98
2	4.50
3	9.98
4	4.49
5	6.87

8. 请编写一个程序，实现用 $\pi/4\approx1-1/3+1/5-1/7+1/9-\cdots$ 公式求 π 的近似值，直到最后一项的绝对值小于 10^{-6} 为止。

9. 请编写一个程序，找出若干个整数的最小值。假定第一个读入的整数表示要处理的整数个数。

10. 请编写一个程序，打印所有1到21的奇数的乘积。

11. 有一个数列：1/2，2/3，3/5，5/8，8/13，13/21，……请编写一个程序，计算数列的前100项之和。

12. 猴子吃桃子问题。猴子第一天摘下若干桃子，当即吃了一半又多吃了一个，第二天早上又将剩下的桃子吃掉一半又多吃了一个。以后每天早上都吃了前一天剩下的一半加一个。到第10天早上吃时，就只剩下一个桃子了。求第一天共摘多少桃子。

13. 请编写个程序，实现用二分法求方程 $2x^3-4x^2+3x-6=0$ 在（-10,10）之间的根。

14. 请编写一个程序打印所有的“水仙花数”。所谓“水仙花数”是指一个3位数，其各位数字立方和等于该数本身。例如，153是一个水仙花数，因为

$$153=1^3+5^3+3^3$$

15. 两个乒乓球队进行比赛,各队出三人，每人与对方队的一人进行一场比赛，甲队出 A、B、C 三人，乙队出 X、Y、Z 三人。请编程找出所有可能的对阵情况。抽签之后，有人向队员打听对阵情况，A 说他不和 X 比，C 说他不和 X、Z 比，编程找出三个对手名单。

第5章 函　数

绝大多数用于解决实际问题的程序规模要远远大于本书到目前为止介绍过的程序。必须使用某种工具，帮助编写可管理、易于调试的程序，以利于开发和维护大型的程序。这个最佳的工具就是程序模块化。通过将程序分解为一些小的程序模块，通过定义完善的接口连接这些程序模块成为一个完整的程序。每个程序模块完成复杂任务中的一个环节，所有模块各司其职，而又有序地组合在一起，这种构建程序的技术称为分治。

C 语言中程序模块就是函数，函数就是执行指定任务的一块代码的名称，它们提供了将代码模块化的方法。从而将一个大型的复杂程序简化为若干个小部分的组合。

本章介绍的主要内容包括：

- 程序模块化的基本概念。
- 创建有参函数或无参的 C 函数。
- 函数原型和函数的调用方法。
- 函数之间的数据通信，C 函数中实参与形参之间的值传递。
- 直接递归和间接递归，递归函数的定义和调用，递归和迭代的异同。
- 数据的模块化，标识符的作用域和存储类别。
- 编译预处理：宏，文件嵌入，条件编译等。

5.1 模块化的程序设计

5.1.1 从构造计算机说起

构建一个程序就像构造一台计算机。当今计算机通过连接电路板构成，每块电路板都是由一系列连接芯片组合而成的集成电路，它们都有自己的独立功能。图 5-1 所示是一台普通 PC 机的基本板卡示意：CPU 是计算中心；内存负责存储信息，即保存将参与运算的代码和数据；硬盘负责永久保存程序和数据；显卡用于控制显示器的工作；声卡负责音频信号的处理等。所有这些具有专门功能的板卡都需要通过主板实现相互的信息交换。这种将计算机的硬件构造“模块化”带来的最大好处就是极大地降低了建造或维修计算机的难度。

类似的分治技术已经被应用于程序设计中，高级语言通常都有一个主模块，类似于 C 语言中的 main( )函数。程序在顶层定义几个模块，每个模块单独开发（例如保存在单独的文件中）。在设计良好的程序中，每个模块的目的和任务都是明确的，且很容易实现。没有一个模块是极长的或者极复杂的，每个模块都在保证完整性和易于理解的基础上尽量简洁。这样，一个极其复杂的任务可以分解为若干个小任务，每个小任务都由一个独立的模块来完成；模块之间通过控制的方法来交互。这正是结构化程序设计的“自顶向下，逐步求精”的思想体现，也是专业程序员为什么能够开发出各种大型复杂软件的原因。

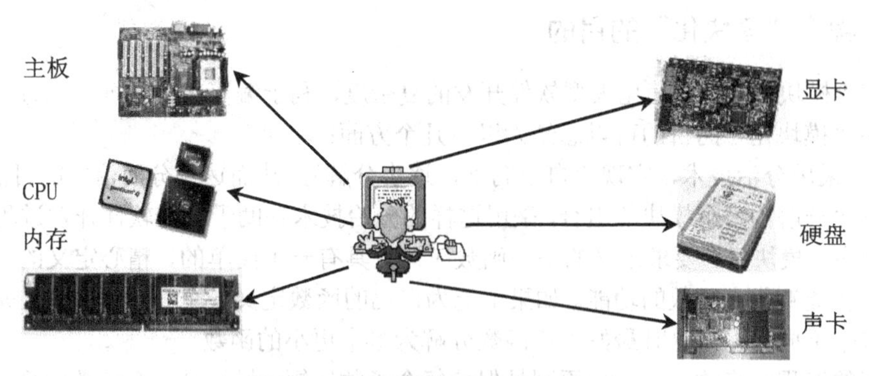

图 5-1 计算机构造的"模块化"

5.1.2 C语言中的程序模块

C 语言中的程序模块称为函数。编写 C 程序的过程就是将程序员新编写好的函数和 C 标准函数库中"事先封装好的"库函数组合在一起的过程。虽然从技术上说，C 标准库函数不是 C 编译系统的一部分，但是它们总是和 C 标准语言系统一起提供给用户使用。

程序员自行开发的、具有特定功能的函数被称为用户自定义函数。这类函数一般都有自己专用的数据对象和语句组，这些都是隐藏的，即函数是如何实现的、用到了哪些语句，其他函数并不知晓，就像每个人都有自己私有财产，他人无权使用、也无须知晓一样。

函数是通过函数调用语句被执行的。函数调用时指定被调用的函数名，并提供函数调用所需的信息（实参）；函数调用结束时一般需要将函数执行产生的结果返回给主调函数。这个过程类似于公司中的管理模式，如图 5-2 所示。一个老板就像主模块（即 main( )函数），要求每一个员工（被调函数）去执行一个指定任务并将任务结果返回给主调函数。例如 BOSS 函数想要在屏幕上显示详细的信息，可以调用它的员工 printf( )函数完成任务；接受任务后，printf( )函数在屏幕上显示信息，然后返回主调函数。但是调用它的 BOSS 函数并不知道员工是如何完成任务的。

图 5-2 描述了 BOSS 函数和若干个员工函数 Worker 函数之间的层次关系。这种描述函数之间关系的图称为函数调用图。最顶框代表主函数，其他代表被调用的用户自定义函数或者库函数。程序的层次开发过程中，常用函数调用图来表示划分的模块以及模块之间的关系；而用流程图描述每个模块的处理步骤和流程控制。

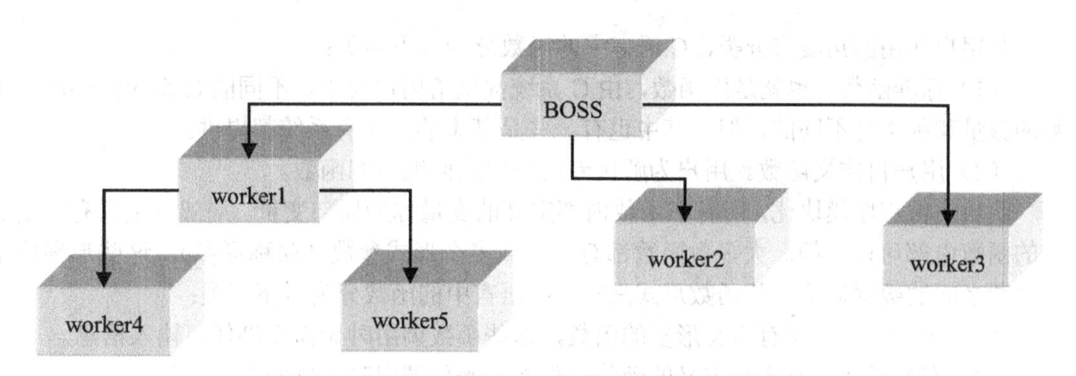

图 5-2 BOSS 函数/Worker 函数关系的层次结构图

5.1.3 程序“模块化”的目的

程序“模块化”可以简化大型软件开发的复杂度，利于编写出易于维护、易于调试的代码。程序“模块化”的目的可以总结为以下几个方面：

（1）采用分治技术，实现“自上向下，逐步分解”，从而达到分而治之的目的。

将程序分解为多个模块的组合，采用这样的分治技术有助于使得软件开发过程更加容易控制。程序“模块化”要求定义的每个函数应该只具有一个简单的、精心定义的功能。定义的函数名要能够代表函数的功能。如果不能为自己的函数定义一个简单的名称，就说明该函数具有多个不同功能，这时最好将该函数分解为多个更小的函数。

良好的编程风格的一个指导原则是保持每个函数较短，最好是一个函数的形参、变量定义和代码的长度不超过一屏。

（2）软件重用原则，设计的函数和代码应该有利于以后重复使用。

在软件的模块划分和功能设计时，不仅应当充分考虑用户当前的需求，应该为软件系统未来的需求变更留有余地。程序“模块化”有助于利用基于现成的函数采用搭积木的方式来开发新的程序，以达到软件重用的目的。

（3）避免重复代码出现。

尽量运用系统提供的库函数而不是编写新的代码，尽量将程序中重复出现的代码封装成单独的模块而不是重复编写相同代码，在需要使用重复代码的地方写上函数调用语句即可，这样可以避免程序员重复劳动，节省源程序占用的存储空间，使得源程序更简洁。

按照上述原则或目标进行模块化程序设计，可以使得程序设计具有以下特点：

（1）各模块相对独立、功能单一、结构清晰、接口简单；

（2）控制了程序设计的复杂性，提高元件的可靠性；

（3）避免程序开发的重复劳动，缩短开发周期；

（4）程序易于维护和实现功能扩充。

5.2 创建函数

函数是C语言的基本构件，是发生所有程序活动的场所。本节我们来学习如何编写一个自己的函数。

5.2.1 C语言中函数分类

从用户使用的角度来分类，C语言中的函数分为以下两类：

（1）标准函数。也就是库函数，由C系统提供给用户使用。不同的C系统提供的库函数的数量和种类是不同的，但是其中也有一些是基本的，所有系统都提供。

（2）用户自定义函数。用户为解决专门的问题而编写的函数。

函数使得程序模块化，所有在函数内部定义的变量称为局部变量。局部变量只有在定义它的函数内部可以访问。大多数函数都有一个或多个形式参数（简称形参），这些形参应用于函数之间的数据通信。从函数形式来看，C语言中的函数分为以下两类：

（1）无参函数。没有定义形参的函数，这些函数调用时无需提供任何输入信息。

（2）有参函数。有形参定义的函数，形参为函数调用时提供的所需信息。

5.2.2　函数定义的一般形式

函数定义的一般形式是：

```
return_value_type  function_name( parameter_list)
{
    body of function
}
```

其中，function_name 是函数名。return-value-type 是函数返回值的数据类型，它可以是数组外的任何数据类型。parameter_list 是该函数的形式参数列表。形式参数简称形参，如果 parameter_list 有多个形参的定义，则用逗号（,）间隔；函数参数在函数调用时用来接收由调用者传入的变元值；函数也可以没有形参，此时参数列表为空。如果 parameter_list 被说明为 void，则表示明确说明指定空参数表，即该函数没有形参。body of function 称为函数体，是函数的变量定义和语句序列。

与定义普通变量不同，函数形参定义中的每个形参都必须单独定义自己的数据类型。例如，函数首行

```
void f(int i , int j, double k)
```

中形参 i 和形参 j 都是 int 类型，j 前面的 int 不能省略。例如，函数首行

```
void f(int i ,   j, double k)
```

是错误的，形参 j 必须有自己的 int 类型定义。

5.2.3　定义无参函数

当函数定义中 parameter_list 为空或 void 时，表示定义的是无参函数。

例如，定义一个函数，在显示屏光标当前位置开始显示连续 10 个星号，然后将光标换行到下一行开始位置。函数定义形式是：

```
void printStar( )
{
        printf("**********\n");
}
```

由于函数 printStar 只需要在屏幕上显示固定信息，无需带入任何信息，也无需带出任何结果，因此函数的形参定义是空的，返回类型被定义为 void。

无参函数也可以定义为空函数，即函数形参和函数体都是空的。例如：

```
void dummy( )
{  }
```

调用空函数时，什么工作都没有做，没有任何实际作用。但是这是在程序编写过程中常用的函数类型之一，如果编程中某些函数因为种种原因还没有编写完成，在编程的初级阶段，可以只写出函数框架（即空函数），留待以后完善。

C 标准规定，函数返回类型空缺时，默认返回类型为 int 类型。但请读者记住，省略函数返回类型 int 的说明，这是一个不好的编程习惯。例如：

```
printStar( )
{
```

```
    printf("**********\n");
}
```

此时，系统默认函数返回类型 void，但是函数体内部却没有明确带出什么样的整数值。调用上述函数时，系统将会带出一个随机的整数值。

5.2.4 定义有参函数

当函数定义中 parameter_list 不为空时，表示定义的是有参函数。例如，定义一个函数 max，其功能是求解两个整数的最大值。该函数的定义形式是：

```
/*函数 max：求解两个整数最大值*/
int max(int x,int y)
{
    int z;
    z = x > y ? x: y;
    return(z);
}
```

调用函数 max 时，需要知晓两个整数值，执行结束时需要带出二者的最大值。因此，函数 max 定义了两个整型形参，而返回类型为 int 类型。

例如，定义一个函数 power，计算 x 的 n 次方，要求 x 是实数，n 为整数。定义是：

```
/*函数 power：计算 x 的 n 次方*/
double power(double x,int n)
{
    double p;
    if(n > 0)
        for(p = 1.0; n > 0; n--)
            p *= x;
    else
        p=1.0;
    return p;
}
```

C 语言中的函数是并列关系，因此不允许在函数内部再定义另一个函数。例如：

```
int   first_func(int a,int b)
{
    ……
        int second_func(int x,int y)
        {
         ……
        }
 ……
}
```

是错误的函数定义，second_func 的定义出现在 first_func 的函数体中。

5.2.5 理解函数的作用域规则

程序设计语言的作用域规则是一组规范，决定了某一段代码是否可以访问或感知其他代码或数据。C 语言中的函数描述了一个由函数定义的作用域：块作用域。

每个函数都是独立的代码块，这样，函数定义了块作用域。每个函数都有自己的块作用域。这意味着一个函数的代码专用于该函数，其他函数的代码都无法访问，例如不能利用 goto 语句在函数间跳转。这也就决定了一个函数内部定义的代码和数据无法与其他函数中的代码和数据交互，这是因为两个函数的块作用域不同。

函数内部定义的变量称为局部变量，专属于定义它的函数。函数调用时，局部变量获得内存，函数退出时被销毁。这样，函数的两次调用之间，局部变量不能保留其值。唯一例外的是通过变量的存储类别 static 来说明。函数的形参也在函数的块作用域中，因此形参同样在函数调用时生成，在函数退出时销毁。但形参和一般的局部变量不同的是，形参用来接收调用者传递来的输入信息，是专门为函数之间传递信息而设置的。

5.3 函数调用

在主调函数中调用一个函数时，函数名后面的圆括号内需要指定参数，这个参数是本次调用该函数需要传递给函数形参的输入信息，也就是需要处理的数据对象。这个参数可以是一个表达式，称为实在参数，简称实参。

5.3.1 函数调用的一般形式

函数调用的一般形式是：

function_name(argument_list)

其中，function_name 是被调用的函数名；argument_list 是实在参数列表。实在参数简称实参，它是在调用函数时需要传递给被调函数的输入数据。实参列表 argument_list 必须和函数定义时的形参列表一一对应，即参数个数相同，且对应的一对实参和形参的类型相同。如果实参和形参类型不一致，系统会进行强制类型转换，但却不能保证函数调用的正确性。

按照函数调用的使用划分，分为以下两种调用形式：

（1）函数语句形式。函数调用的后面添加分号（;），作为单独的语句被调用。这时，函数不需要返回结果。作为语句形式被调用的函数返回类型通常是 void 类型，例如：

```
printstar();
```

或者，即使函数有返回结果，但是不需要使用该返回值。例如：

```
printf("Hello,World!\n");
```

（2）函数表达式形式。函数调用出现在某个表达式中，成为表达式运算的一部分。作为表达式形式被调用的函数必须返回一个确定的值。例如：

```
m = max(a,b) * 2;
```

首先调用 max( )函数计算 a 和 b 的最大值，然后乘以 2 并将结果存储到变量 m 中。

函数表达式调用的一个特殊用法就是把函数调用作为另一个函数调用的实参。例如：

```
printf("%d", max( a, b ));
m = max(a, max( b , c ));
```

【例题 5-1】 输入调和级数的项数 n，编程分别计算调和级数前 1 项到前 n 项之和。计算结果用有理数表示，即分数形式。其中，调和级数如下：

$$H(n)=1+\frac{1}{2}+\frac{1}{3}+\cdots+\frac{1}{n}$$

按照程序“模块化”的原则，我们将此程序的函数划分和调用关系表示为如图 5-3 所示。

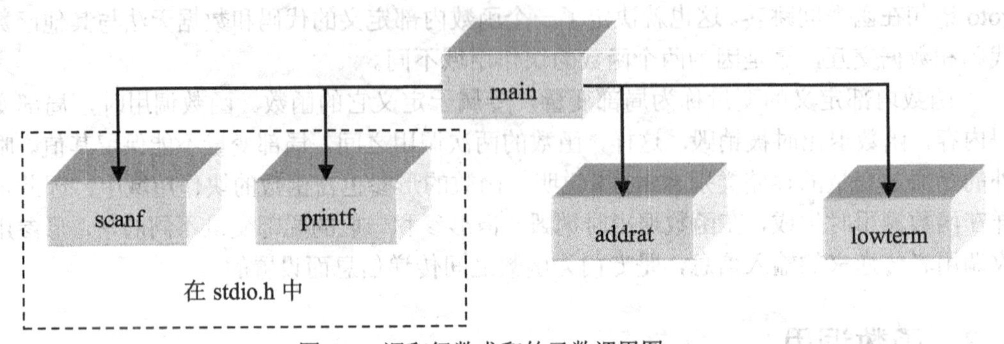

图 5-3 调和级数求和的函数调用图

例题 5-1 中需要调用两个库函数：scanf( )和 printf( )，并设计了两个用户自定义函数 addrat( )和 lowterm( )。

函数 addrat( )的功能是：计算 a / b + u / v，结果的分子存储在变量 u 中，分母存储在变量 v 中，其函数的返回值类型和形参列表设计如下：

void addrat(int a,int b);

其中，变量 u 和 v 定义在所有函数之外，这就是全局变量，由于它们不隶属于任何函数的块作用域，全局变量可以直接为程序中所有代码直接访问，全局变量也就是所有函数公用的变量。而 a 和 b 的值则通过形参传递到函数 addrat( )内部。计算结果包含分子和分母两个部分，直接存储在全局变量 u 和 v 中，函数无需再返回值。函数 addrat( )的计算公式比较简单，这里不再给出该函数的算法描述。

函数 lowterm( )的功能是：计算 u 和 v 的最大公约数，对 u/v 进行约分。函数 lowterm( )的返回类型和形参定义如下：

void lowterm();

函数 lowterm( )直接处理全局变量 u 和 v，约分后的结果存储在变量 u 和 v 中，因此函数不必再定义形参，也无需返回值。

函数 lowterm( )的算法描述如表 5-1 所示。

表 5-1 约分函数 lowterm( )的程序草图

1.	定义 numcopy、dencopy 和 remainder;
2.	numcopy = u;
3.	dencopy = v;
4.	remainder = numcopy % dencopy;
5.	numcopy = dencopy;
6.	dencopy = remander;
7.	重复 4~6，直到 dencopy 等于 0;
8.	numcopy 就是最大公约数;
9.	对 u 和 v 完成约分计算;
10.	函数返回。

主函数main( )的算法描述如表5-2所示。

表5-2　主函数main( )的程序草图

1.	定义n、nterm，分别表示项数以及第n项的分母值；
2.	输入调和级数的项数n的值;
3.	如果n小于等于0，显示提示信息“数据错误”，转11；否则执行4;
4.	u = 0; v = 1;
5.	nterm=1;
6.	调用函数addrat(1,nterm)，计算u/v+1/nterm的结果，结果分别存储在u和v中；
7.	调用lowterm()对u和v进行约分；
8.	显示前nterm项的和值；
9.	nterm++;
10.	如果nterm小于等于n，转6；否则，执行11；
11.	程序结束。

例题5-1的源程序如下所示：

```
1.  /*调和级数求和。源程序：LT5-1-1.C*/
2.  #include <stdio.h>
3.  #include <stdio.h>
4.
5.  long u,v;
6.
7.  /*函数addrat：计算a/b+u/v，结果存储在变量u、v中*/
8.  void addrat(int a, int b)
9.  {
10.     u = u * b + v * a;
11.     v *= b;
12. }   /*end addrat*/
13.
14. /*函数lowterm：计算u和v的最大公约数，对u/v进行约分。*/
15. void lowterm()
16. {
17.     int numcopy, dencopy;
18.     int remainder;
19.
20.     numcopy = u;
21.     dencopy = v;
22.
23.     while(dencopy != 0)
```

```
24.         {
25.             remainder = numcopy % dencopy;
26.             numcopy = dencopy;
27.             dencopy = remainder;
28.         }
29.
30.         if(numcopy != 0)
31.         {   u /= numcopy;
32.             v /= numcopy;
33.         }
34.
35.     }   /*end lowterm*/
36.
37.     /*主函数*/
38.     int main()
39.     {
40.         int n, nterm;   /*n：项数*/
41.
42.         printf("\n欢迎使用调和级数求和程序\n\n");
43.
44.         printf("请输入需要求和调和级数的项数：");
45.         scanf("%d",&n);
46.
47.         if(n <= 0)
48.                 printf("Bad data!");
49.         else
50.         {
51.             u = 0;
52.             v = 1;
53.             for(nterm = 1;nterm <= n; nterm++)
54.             {
55.                 addrat(1,nterm);
56.                 lowterm();
57.                 printf("%d个项数的和：%d/%d\n",nterm,u,v);
58.             }
59.         }
60.
61.         system("PAUSE");
62.         return 0;
63.     }   /*end main*/
```

欢迎使用调和级数求和程序

请输入需要求和调和级数的项数：3↙
1个项数的和：1/1
2个项数的和：3/2
3个项数的和：11/6
请按任意键继续…

C 语言规定函数是并列的，哪些函数写在前面或者后面可以是随意的。例如，例题 5-1 中将函数 addrat( )和 lowterm( )的定义写在了主函数 main( )的前面，main( )函数写在了程序的最后面。C 系统在处理源程序时就像人们看文章一样，是从上到下、从左到右进行的，没有特殊的声明，C 系统只能认识已经处理过的函数或数据。例题 5-1 中，main( )函数中调用函数 addrat( )和 lowterm( )时，C 系统已经能够识别这两个函数，所以能够正确调用。但是，为了方便阅读程序，大多数程序员常常会习惯先写 main( )函数，再写用户自定义函数。这时，在 main( )函数中调用用户自定义函数时，C 系统还不能识别被调函数。为了能够正确调用，必须对定义点出现在调用点后面的用户自定义函数预先声明。这种函数使用声明采用了函数原型的方式，作用是通知 C 系统相关函数的名称和外观（返回类型和形参类型）。

5.3.2　函数原型

为了正确书写 C 程序，所有函数在使用前都必须作出声明，就像所有变量一样都必须“先定义、后使用”。为此，通常使用函数原型的方法实现。函数原型能使编译系统提供更强的类型检查。当使用函数原型时，编译系统能在函数调用的实参和形参的类型之间找出错误并报告有问题的类型转换；还能捕捉实参个数和形参个数的不一致。

函数原型的一般形式是：

return_value_type　function_name(parameter_list);

其中，函数返回类型 return_value_type、函数名 function_name 和形参列表 parameter_list 中的形参类型是不可缺少的。只有形参名是可写可不写的，但是好的习惯是在函数原型中明确写出形参名，这样，在发生一个错误时，编译系统能够按形参名识别出任何类型的失配。

例如，如果修改例题 5-1 中三个函数的位置，先写 main( )函数定义，再写函数 addrat( )和 lowterm( )的定义。那么需要在 main( )函数内部或者在程序一开始、main( )函数前面写出函数 addrat( )和 lowterm( )的原型声明。如下所示：

```
void addrat(int a, int b);
void lowterm( );
```

函数原型的作用是告诉编译器一些关于被调函数的有用信息。

（1）函数的返回值类型；

（2）被调用时希望接收的参数类型、个数和顺序。

编译器根据这些信息去检查函数调用是否符合要求，判断是否存在编译错误或警告，可避免严重的运行错误和难以觉察的逻辑错误。

是否所有函数都需要使用函数原型进行声明？函数原型使用的时机遵循以下两条规则：

（1）被调函数定义的位置在主调函数之前，可以省去被调函数的原型说明，也就是不必说明可直接调用；

（2）被调函数定义的位置在主调函数之后，则必须在函数调用之前使用被调函数的原型说明。

【例题 5-2】 编写程序，计算 n^{n-1}，n 为整数。

```
1.  /*函数原型声明范例，编程计算n的n-1次方。源程序：LT5-2.C*/
2.  #include <stdio.h>
3.  #include <stdlib.h>
4.
5.  int Pow(int x,int y);
6.
7.  /*主函数*/
8.  int main( )
9.  {
10.         int n,m;
11.
12.         printf("\n本程序计算n的n-1次方\n\n");
13.
14.         printf("请输入n:");
15.         scanf("%d",&n);
16.
17.         m = Pow(n, n-1);
18.
19.         printf("%d的%d次方结果为:%d\n\n",n, n - 1, m);
20.
21.         system("PAUSE");
22.         return 0;
23. }       /*end main*/
24.
25. /*函数Pow：计算x的y次方*/
26. int Pow(int x, int y)
27. {
28.         int p;
29.
30.         for( p = 1 ; y > 0 ; --y)
31.                 p *= x;
32.
33.         return p;
34. }       /*end Pow*/
```

```
本程序计算n的n-1次方

请输入n: ↙
3的2次方是：9

请按任意键继续…
```

例题 1-1 中先定义 main( )函数，其后才定义自定义函数 Pow( )，程序中的第 5 行给出了函数 Pow( )的原型声明，这个声明写在了所有函数之外，main( )函数之前，这个声明是全局的，对整个文件有效。

5.4　函数之间的数据通信

每个函数都有自己专属的块作用域，这决定了一个函数不能直接访问其他函数的代码和数据。因此，每个函数都有自己的对外“窗口”，专门用来从调用它的函数（主函数或其他函数）处接受必须的输入信息，或者将计算结果返回给主调函数。这个“窗口”就是函数的形参和返回值，用于实现函数之间的数据通信。

5.4.1　模块间的数据通信方式

程序中的模块彼此都是独立的个体，相互传递的数据是调用时模块密切联系在一起的纽带。一般高级语言中，模块之间的数据通信方式分为三种，如图 5-4 所示。

1. 传入方式

传入方式指主调函数把输入数据传递给被调用函数，供其使用。传入方式是单向的，此时数据从主调函数流入到被调用函数内部。传入方式的实现过程是：首先被调用函数需要定义用来接收数据的内存空间，也就是形参变量；其次，一旦发生主调函数对被调用函数的调用，主调函数将实参的值赋值给相应的形参变量，也就是说被调用函数接受到的是实参的副本。即使被调用函数修改了形参的值，但是由于实参和形参拥有各自的内存空间，实参的值仍维持不变。传入方式的这种实现方法被称为实参和形参之间的按值传递。

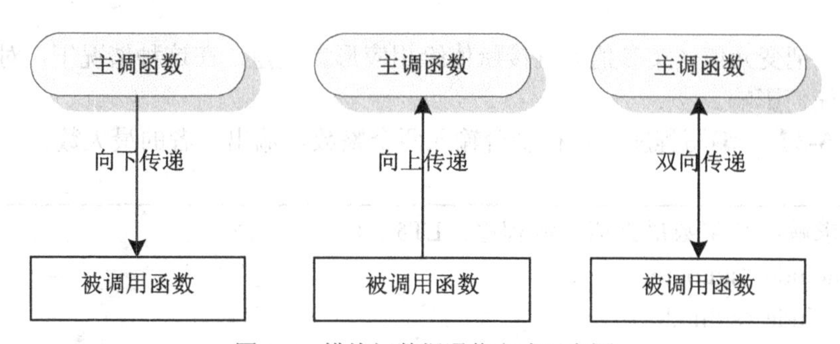

图 5-4　模块间数据通信方式示意图

简单地说，按值传递的传入方式具有如下特点：

（1）形参变量和实参变量各自有自己的内存空间；

（2）按值传递是单向传递，仅仅是把实参的值赋值给形参变量；

（3）在被调用函数内部，形参变量取值的改变不会引起实参变量取值的改变。

2. 传出方式

传出方式指被调用函数把计算结果传递回主调函数的通信方式。传出方式同样是单向的，只不过数据传递方向与传入方式正好相反。高级语言中，传出方式通常是由模块的返回语句实现的，例如 C 语言中的 return 语句。因此传出方式能够带出的数据个数是受限的，例如 C 语言规定一个函数的返回值只能是一个。这就好比 C 语言中的函数正常出口最多只有一个，如果希望带出多个结果，就必须另辟蹊径。

3. 双向传递

双向传递是双向的，即在调用函数时，主调函数把输入数据传递给被调用函数；在函数调用结束时把计算结果返回给主调函数。但是，双向传递不是简单地将传入方式和传出方式组合在一起，而是用同一个变元（同一个内存空间）同时实现传入和传出的功能。

高级语言实现模块间双向传递的方法有两种，全局变量和按引用传递。全局变量就是定义在所有模块之外的变量，它是所有模块共享的变量，任何模块可直接读写全局变量。但是，过多使用全局变量，不仅存在长时间占据内存空间的弱点，而且可能由于某个模块的误用导致程序结果错误，从而提高程序调试的难度。

按引用传递是将实在参数的标识传递给被调用函数中相应形参，该形参实际上并没有分配新的内存，而是给实参定义了一个临时的标识名，以便被调用函数可以通过这个标识名访问该实参变量（由于实参变量不属于被调用函数的块作用域，被调用函数无权通过变量名直接访问实参变量）。这样在被调用函数中通过形式参数操作的数据就是实际参数本身，修改了形式参数变量的值，必然会同步改变实际参数的值。

简单地说，按引用传递具有以下两个特点：

（1）形参变量和实参变量共用同一个内存空间；

（2）引用传递是双向的，对形参变量取值的改变就是对实参变量取值的改变。

5.4.2 C函数中形参和实参间的值传递

综上所述，计算机中的语言中模块之间数据通信的实现方法有两种：值传递和引用传递。但是C语言中实参和形参之间数据传递的唯一方式是值传递。也就是说，C语言中没有真正的引用传递。

值传递，把变元值（实参值）直接赋值给相应形参变量。在这种情况下，对形参的修改对实参没有任何影响。

【例题 5-3】 编写程序，从控制台输入两个整数，输出二者的最大数。

```
1.  /*求解两个整数最大值，源程序：LT5-3.C*/
2.  #include <stdio.h>
3.  #include <stdlib.h>
4.  
5.  int main()
6.  {
7.      int a, b, c;
8.      int max(int,int);           /*max函数声明*/
9.  
10.     printf("请输入两个整数（例如：3，5）：");
11.     scanf("%d,%d",&a,&b);
12. 
13.     c = max(a , b);             /*调用max函数*/
14. 
```

```
15.         printf("Max is %d\n",c);
16.
17.         system("PAUSE");
18.         return 0;
19.     }   /*end main*/
20.
21.     int max(int  x, int  y)     /*max函数定义*/
22.     {
23.         int z;
24.         z = x > y ? x : y;
25.         return(z);
26.     }   /*end max*/
```

```
请输入两个整数（例如：3, 5）：5, 9↙
Max is 9
请按任意键继续…
```

例题 5-3 中传入函数 max( )中实参 a 的值 5 拷贝到第一个形参 x 中，实参 b 的值 9 拷贝到第二个形参 y 中。函数 max( )的求解结果 9 通过 return 语句返回并拷贝到 main( )函数的变量 c 中。函数 max( )的调用过程如图 5-5 所示。

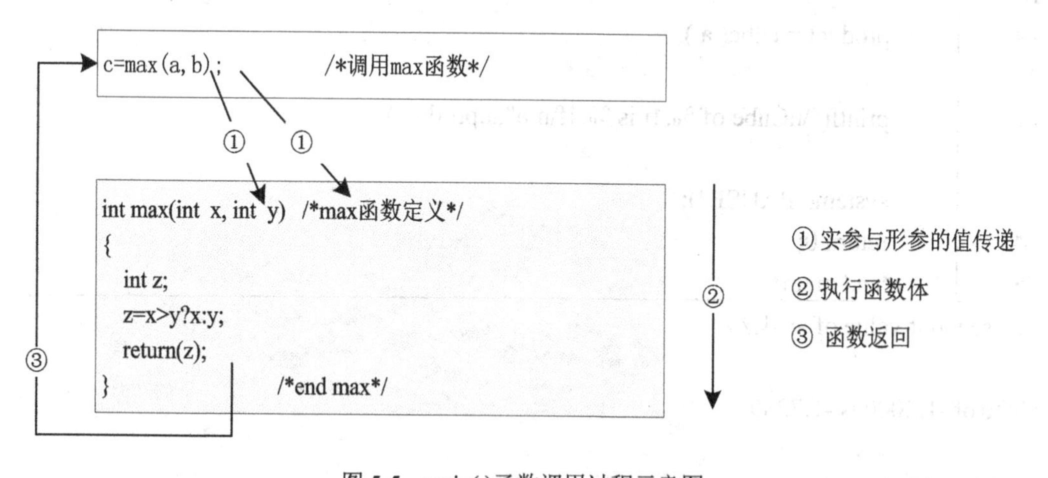

图 5-5　main( )函数调用过程示意图

切记，C 语言的函数实参和形参之间只有值传递一种方式，传入函数的是实参的拷贝（或称副本），函数内对形参的修改不影响对应实参的取值。C 语言的函数参数值传递的特点是：

（1）形参必须指定类型，实参必须有确定的值。

（2）形参与实参类型一致，个数相同，若形参与实参类型不一致，自动按形参类型转换。

（3）实参和形参各自有独立的内存空间。形参在函数被调用前不占内存，函数调用时为形参分配内存，调用结束，内存释放。

【例题 5-4】 编写程序，计算 a 的立方，a 的值从控制台输入。

```
1.  /*求解立方值。源程序：LT5-4.C*/
2.  #include <stdio.h>
3.  #include <stdlib.h>
4.  
5.  /*函数cube：请求x的立方*/
6.  float cube(float  x)
7.  {    x = x * x * x ;
8.       return ( x );
9.  }    /*end cube*/
10. 
11. /*主函数*/
12. int main()
13. {
14.      float  a, product;
15. 
16.      printf("Please input value of a:");
17.      scanf("%f",&a);
18. 
19.      product = cube( a );
20. 
21.      printf("\nCube of %.4f is %.4f\n\n",a,product);
22. 
23.      system("PAUSE");
24.      return 0;
25. }  /*end main*/
```

```
Please input value of a: -1.2↙

Cube of -1.2000 is -1.7280

请按任意键继续…
```

例题 5-4 中传入 cube( )的实参值-1.2 拷贝到形参 x 中，执行第 7 行的语句 x = x * x * x；时，只修改了形参 x 的值，而实参 a 的值没有任何变化。因此，变量 a 的值仍然是-1.2。

5.4.3 C 函数的返回值

函数终止执行返回调用者的途径有两个：第一个是在执行函数的最后语句之后，概念上是到达结束函数的右花括号（}）处；当然右花括号未编译到目标代码中。实际上，用这种默认方式终止执行的函数并不多。出于必须返回某个值或者简化程序并提高效率的考虑，多数函数使用 return 语句终止执行。return 语句用于函数中，可以达到以下两个目的：

（1）使函数立刻退出，程序的运行返回给调用者；

（2）可以向调用者传出一个返回值。

函数定义时有时没有明确意义上的返回类型，这时系统默认为 int 类型。但是使用默认方式是不好的编程习惯，此时应明确定义成 void 类型。例如：

```
/*不良编程习惯的演示范例*/
#include <stdio.h>
#include <stdlib.h>
printstar()
{    printf("**********");
}
int main()
{    int a;
     a = printstar();
     printf("%d",a);
     system("PAUSE");
     return 0;
}
```

函数 printstar( )没有明确返回类型，默认 int 类型。而 main( )函数采用表达式形式调用 printstar( )，并将返回值赋值给变量 a，你会发现每次运行上述程序结果都不相同，而且这个返回值没有任何意义。

除了 void 函数之外，所有函数都应该返回一个值，返回值由 return 语句说明，而返回值类型由函数定义时说明。如果函数中 return 返回值的类型和函数定义时说明的返回类型不一致，以定义时返回类型为准，将 return 后面的值强制类型转换后返回。

【例题 5-5】 编写程序，计算 a 的立方，a 的值从控制台输入。

1.	/*源程序：LT5-5.C*/
2.	#include <stdio.h>
3.	#include <stdlib.h>
4.	
5.	int max(float,float);
6.	
7.	int main()
8.	{
9.	float a,b;
10.	int c;
11.	
12.	printf("请输入两个数值（如3.2，5）：");
13.	scanf("%f,%f",&a,&b);
14.	

```
15.     c=max(a,b);
16.
17.     printf("Max is %d\n",c);
18.
19.     system("PAUSE");
20.     return 0;
21. }   /*end main*/
22.
23. int max(float x, float y)
24. {
25.     float z;
26.     z=x>y?x:y;
27.     return(z);
28. }   /*end max*/
```

```
请输入两个整数（例如：3, 5）：3.2, 5.8↙
Max is 5
请按任意键继续…
```

函数max( )定义的返回类型为int，而return语句后面的变量z是float类型。这时返回值是int类型，返回5而不是5.8。

函数中可以出现多个return语句，但执行第一个return时就终止函数执行。例如，函数prime判断一个整数是否为素数，返回值0表示为素数：

```
int prime(int p)
{   int i;
    if(p < 2)   return –1;
    for(i = 2 ; i < p ; i++)
        if(p % i == 0)   return –1;
    return 0;
}
```

如果形参x小于2执行第一个“return -1”返回；如果x大于等于2且是素数，执行第二个“return -1”；返回；否则，执行“return 0”；返回，表示x是素数。

见到以上内容，读者心中可能存在一点疑问：C语言中return语句可以使得函数返回但也只能返回一个值，而全局变量又容易误用而引发错误，那么C语言的函数如何实现带出多个返回值？

答案是：如果函数形参通过值传递接受到的是某个变元的地址，就可以通过间接访问的方式（而不是通过变元的变量名）访问变元，从而实现按引用传递。也就是说，虽然C语言中没有真正的按引用传递，但是却可以用指针类型形参来模拟实现按引用传递，这种方式也是C函数带出多个返回值的最佳方式。相关内容参见第6章。

5.5　函数的递归调用

递归是一种利用函数处理问题的基本技术。这种方法首先将问题划分为两个或多个部分，通过调用自身来解决原始问题的各个部分，这种自我调用一直持续下去，直到子问题的解决显而易见为止，然后在各部分解法的基础上建立整个问题的解法。

在这之前，为了帮助读者理解递归的工作过程，首先简要介绍一个称为运行栈的数据结构，以追踪函数的执行过程。

5.5.1　运行栈

当程序中的函数被调用时，程序运行的控制权就从主调函数转移到了被调用函数，并且把实际参数值也传递给了函数中的形式参数变量，当函数完成任务后返回结果带回给主调函数，控制权又返回给主调函数继续执行，在这样的过程中，被调用函数是如何知道自身要返回的位置？又是怎么接受实际参数呢？

要解答这些疑问，需要先来认识一种被称为堆栈(stack)的数据结构，堆栈是一种后进先出(last-in，first-out，简写为LIFO)的数据结构，它最重要的操作是将数据压入堆栈(pushing，简称入栈)和弹出堆栈(popping，简称出栈)，最后被压入的数据总是最先被弹出。

堆栈中数据的入栈和出栈操作很像对一摞盘子的取放，当把一个盘子放入这摞盘子时，通常是把它放在最顶上，这就相当于把一个盘子压入堆栈；相反地，当想取出一个盘子时，通常是从这摞盘子的最顶上取出，这就相当于把一个盘子弹出堆栈。入栈和出栈的位置只允许在最顶部的位置（该位置被称为栈顶），一次入栈或出栈只允许操作一个盘子。

堆栈的入栈和出栈如图5-6所示。

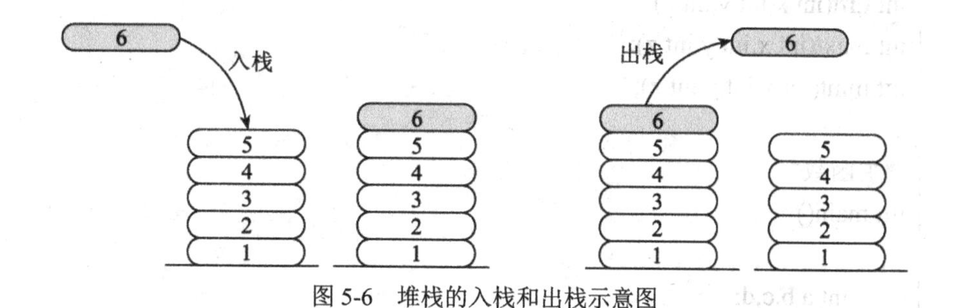

图5-6　堆栈的入栈和出栈示意图

在C语言中和多数现代编程语言一样，有一种称为运行栈（或称执行栈、函数调用栈Function call stack）的数据结构，它从程序执行就存在，在每个函数被调用期间为该函数保存一个栈帧（或称活动记录）。

函数的栈帧负责管理函数调用和返回的有关数据，它保存了函数的形参、返回地址和局部变量。调用函数到函数执行结束的整个过程时，栈帧的变化过程如下：

（1）在栈帧中为函数形参分配相应的内存空间。

（2）计算实参表达式的值，将结果值按顺序写入函数的栈中；如果实参和形参类型不一致，实参的值会转换为形参的类型。

（3）将控制权从主调函数转移到被调用函数，同时将主调函数的调用点下一条指令地址即返回地址写入栈中。

（4）从栈中按顺序读取实参值出栈，并赋值给相应形参。

（5）为函数的局部 auto 变量分配内存空间并初始化。

（6）控制权转移到函数的第一行，顺序执行函数体，直到遇到 return 语句或者函数的右花括号为止。

（7）如果遇到 return 语句，return 表达式的结果被转换为定义时指定类型，然后将返回值存储到调用者指定的地方。

（8）释放函数的局部 auto 变量内存空间。

（9）从函数栈帧中读取返回地址，并将控制权交还给调用者。

（10）调用者从指定位置读取返回值，同时是否由实参值占据的栈存储空间。

（11）继续执行主调函数余下的指令。

其中，步骤（1）～（5）为调用函数的初始准备过程，步骤（6）为函数体的执行过程，步骤（7）～（10）为终止函数执行并返回的过程。

下面我们来看一个函数嵌套调用的范例，以理解函数的调用过程。

【例题 5-6】 编写程序，计算三个整数中最大数和最小数的差值。

```
1.  /*源程序：LT5-6.C*/
2.  #include <stdio.h>
3.  #include <stdlib.h>
4.  
5.  int dift(int x,int y,int z);
6.  int maxt(int x,int y,int z);
7.  int mint(int x,int y,int z);
8.  
9.  /*主函数*/
10. int main()
11.   {
12.       int a,b,c,d;
13. 
14.       scanf("%d%d%d",&a,&b,&c);
15. 
16.       d=dift(a,b,c);
17. 
18.       printf("Max-Min=%d\n",d);
19. 
20.       system("PAUSE");
21.       return 0;
22.   }   /*end main*/
```

```
23.
24.  int dift(int x,int y,int z)
25.  {
26.      return maxt(x,y,z) - mint(x,y,z);
27.  }   /*end dift*/
28.
29.  int maxt(int x,int y,int z)
30.  {
31.      int r;
32.      r = x > y ? x : y;
33.      return(r > z ? r : z);
34.  }   /*end maxt*/
35.
36.  int mint(int x,int y,int z)
37.  {   int r;
38.      r = x < y ? x : y ;
39.      return(r < z ? r: z);
40.  }   /*end mint*/
```

```
1  5   8↙
Max-Min=7
请按任意键继续…
```

例题 5-6 是一个典型的函数嵌套调用范例，main( )函数调用了 dift( )函数，而 dift( )函数中现有效用了 maxt( )和 mint( )函数，程序 LT5-6.C 中函数调用过程如图 5-7 所示。

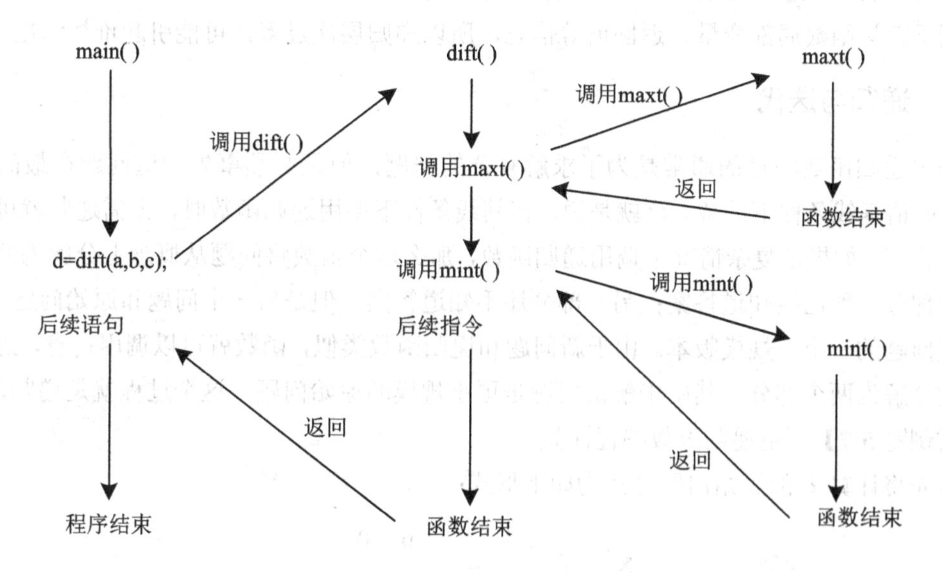

图 5-7　程序 LT5-6.C 的函数调用过程示意图

5.5.2 直接递归和间接递归

一个函数能直接调用自己或通过其他函数间接调用自己，这个过程被称为递归调用，实现递归调用的函数被称为递归函数(recursive function)。递归是一些算法实现的有效手段，算法设计中采用分治法处理问题时往往把递归作为解决问题的重要手段。

函数直接调用自己称为直接递归。例如：

```
int   f(int x)
{     int y,z;
        ……
       z = f(y);    /*直接调用 f( )函数自身*/
       …….
      return(2*z);
}
```

通过其他函数间接调用自己称为间接递归。例如：

```
int   f1(int x)
{     int y,z;
      ……
        z = f2(y);
       …….
      return(2*z);
}
```

```
int   f2(int t)
{     int a,c;
       ……
      c=f1(a);
      ……
      return(3+c);
}
```

左边的函数 f1( )中调用了 f2( )函数，而函数 f2( )中又调用了 f1( )。

C 编译系统对递归函数的自调用次数没有限制。而且每调用函数一次，在堆栈区分配空间，用于存放函数局部变量、返回值等信息，所以递归层次过多，可能引起堆栈溢出。

5.5.3 递归与迭代

调用递归函数的目的通常是为了求解复杂的问题，但是必须事先知道问题在最简单情况，即所谓基线条件下的解。这就是说，在基线条件下调用递归函数时，无需递归就可以直接得到答案。如果在复杂情况下调用递归函数，那么这个函数将问题从概念上分解为两个部分：一部分函数已经知道答案；另一部分还不知道答案，但是后一个问题和原始问题类似，是原始问题的一个小规模版本。由于新问题和递归函数类似，函数就可以调用自身，进一步将问题分解为两个部分，其中未解决问题是更小规模的原始问题。这个过程就是递归过程。

【例题 5-7】 用递归函数编程计算 x^n。

首先将计算 x^n 的原始问题分治为如下形式：

$$x^n = \begin{cases} 1 & n = 0 \\ x \times x^{n-1} & n > 0 \end{cases}$$

```
1.   /* 递归计算power(x, n)示例程序,源程序：LT5-7.C*/
2.   #include <stdio.h>
3.   #include <stdlib.h>
4.
5.   int power(int x, int n)
6.   {
7.       if ( n == 0 )                     /*判断递归结束的终止条件*/
8.       {
9.           return 1;
10.      }
11.      else
12.      {
13.          return (x * power(x, n-1));   /*进行递归调用             */
14.      }
15.  }
16.
17.  int main()
18.  {
19.      int pow = 5;
20.      int exp = 3;
21.
22.      printf("power(%d,%d) is : %d\n",pow,exp,power(pow,exp));
23.
24.      system("PAUSE");
25.      return 0;
26.  }
```

```
power(5, 3) is: 125
请按任意键继续…
```

其中，5^3递归地通过5×5^2求解；5^2又通过5×5^1求解；5^1通过5×5^0求解。一串连续的递归调用直到达到5^0才停止递归调用，并得到计算结果1。然后逐级返回得到最终的结果125。整个调用过程如图5-8所示。

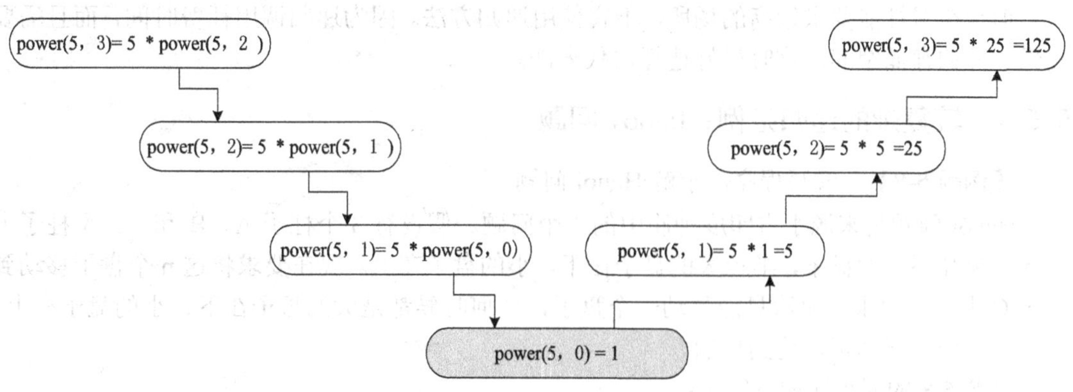

图5-8　程序LT5-7.C递归调用执行过程示意图

例题 5-7 也可以采用循环或者迭代的方法来解决。迭代是一种重复执行一个过程的方法。每个循环都包含循环控制和循环体。循环控制执行初始化并包含一个称为循环条件的表达式，在每次迭代过程之前或者之后进行测试。当这个条件为假时结束循环。循环不是由用户输入控制的，每次迭代步骤都必须将剩余的任务减少。也就是说，循环的每一步都必须执行一个有限的过程，并留下较少的步骤。循环的进度通常由循环变量自增或自减来控制，直到达到预定目标。例题 5-7 中 power( )函数的迭代版本是：

```
int power(int x, int n)
{
    int k, s = 1;
    for(k = 1; k <= n ; k++)
        s *= x;
    return ( s );
}
```

那么，面对一个具体的应用问题，我们应该选择递归方式还是迭代方式？

递归和迭代都分别以一种控制结构为基础：迭代是基于循环结构的，递归是基于选择结构的。递归和迭代都需要循环执行：迭代是显式地使用一个循环结构，而递归通过重复地函数调用实现循环。递归和迭代都需要进行终止测试：当循环条件为假时，迭代终止；而当达到基线条件时，递归终止。

递归和迭代都会出现无限循环：当循环条件永远不会为假时，迭代不会终止；而如果递归执行的新问题永远不会达到基线条件时，递归不会组织。二者都将出现无限循环。

与迭代相比，递归存在很多副作用。它需要不断执行函数的调用机制，因此递归产生很大的函数调用开销，每一次递归调用都需要创建函数的一个副本（实际上是形参、局部变量等在运行栈中的副本），这很耗费存储器。递归在处理器时间和存储器空间两个方面都会导致很大的开销。然而，迭代通常发生在一个函数内部，反复执行函数调用机制的开销和额外占用处理器的时间可以忽略不计。

说到这里，读者应该知道迭代的方法要好于递归的方法。从软件工程的观点来看，任何一个可以用递归求解的问题，都可以用迭代（非递归）方法来求解。但实际上，大多数情况下递归方法比迭代方法更受欢迎，原因是递归更自然地反映了问题的本质，这样设计出来的程序易于理解、易于排错，简单地说，就是迭代方法不够直观明了。

但是在对性能要求较高的场所，不宜使用递归方法。因为递归调用耗费时间，而且需要提供额外的存储空间，这时最好选择迭代方法。

5.5.4 较复杂的递归范例：Hanoi 问题

【例题 5-8】 编写程序，求解 Hanoi 问题。

Hanoi 问题是来源于古印度神庙中的一个问题。假设有 3 个柱子 A、B 和 C。A 柱子上有 n 个半径不一的盘子，半径大的盘子在下，小的盘子在上。现在要求将这 n 个盘子移动到柱子 C 上面，要求：每次只能移动一个盘子，任何时候都是大的盘子在下、小的盘子在上。

问：如何移动可以达到目的？

例题 5-8 的源程序如下所示：

```
1.   /*求解汉诺塔问题。源程序：LT5-8.C*/
2.   #include <stdio.h>
3.   #include <stdlib.h>
4.
5.   /*函数move：移动一个盘子*/
6.   void move(char  getone, char  putone)
7.   {
8.       printf("%c->%c\n",getone,putone);
9.   }   /*end move*/
10.
11.  /*函数hanoi：移动n个盘子*/
12.  void hanoi(int n,char one,char two,char three)
13.  {
14.      if(n==1)
15.              move(one,three);
16.      else
17.      {
18.              hanoi(n-1,one,three,two);
19.              move(one,three);
20.              hanoi(n-1,two,one,three);
21.      }
22.  }   /*end hanoi*/
23.
24.  /*主函数*/
25.  int main()
26.  {
27.      int m;
28.
29.      printf("Input the number of disks:");
30.      scanf("%d",&m);
31.
32.      printf("The steps to moving %3d disks:\n",m);
33.      hanoi(m,'A','B','C');
34.
35.      system("PAUSE");
36.      return 0;
37.  }    /*end main*/
```

```
Input the number of disks: 3↙
The steps to moving   3 disks:
A->C
A->B
C->B
A->C
B->A
B->C
A->C
请按任意键继续…
```

首先将 Hanoi 问题用 C 函数定义为：

void hanoi(int n,char one,char two,char three);

代表将 n 个盘子从编号为 one 的柱子上移动到柱子 three 上，允许借助柱子 two。其次，将这个问题按照递归方法进行分解，分解为如下步骤：

（1）将柱子 one 上面的 n-1 个盘子从 one 移动到 two，表示为：

hanoi(n-1,one,three,two);

（2）将最大的盘子从 one 移动到 three，表示为：

move(one,three);

（3）将 two 上面的 n-1 个盘子从 two 移动到 three，表示为：

hanoi(n-1,two,one,three);

最后，设定基线条件为：当 n 等于 1 时，直接将这 1 个盘子从 one 移动到 three，表示为：

move(one,three);

递归程序的最大优点是能够生成某些算法更清晰、更简洁的版本。例如，第 11 章第 4 节中的快速排序函数就很难用迭代方法实现。此外，某些问题（例如人工智能有关的问题）本质就是递归的，特别适合于递归求解。有人甚至认为，递归比迭代更便于思考。

5.6 数据的模块化

程序中的每个对象要么专属于某个特定的模块，要么明确定义为某些模块所公用。数据的模块化包含两个方面的内容：一个是对象的作用域，即数据对象可以被哪些代码段按名称访问。另一个是存储类别，它决定了数据对象的生命周期，即什么时候获得内存，什么时候释放内存。

5.6.1 什么是数据模块化

大型程序由成千上万的对象（函数、变量、常量和数据类型）组成，要求程序员记住所有对象的名称、功能和状态是非常困难的。这个现象被称为大型程序的“命名污染”。解决“命名污染”的办法就是模块化编程。按照“最小权限”和“信息隐藏”两个原则，严格规范模块的边界和相互的交互。

（1）每个模块都有自己独立的对象集合。

（2）严格控制模块之间的信息交互。

简而言之，“最小权限”就是指只有真正需要的代码段才允许访问数据对象。程序已经不再需要一个变量时，为什么还让该变量占据内存空间供程序访问呢？“信息隐藏”原则是实现“最小权限”原则的一个重要手段，一个模块应该向其他函数隐藏它的实现细节。

数据模块化规范了程序中成千上万的标识符的使用，这种规范体现在标识符的多种属性上。例如看到标识符命名的变量，就会联想到数据类型、所占存储空间的大小以及变量的取值等；而看到函数名，就会联想到返回值类型、形参类型等。事实上，一个标识符还有很多其他的属性，例如作用域、存储类别、存储周期、链接等。

1. 标识符的作用域和可视性

一个标识符的作用域是指程序中可以访问（可见到）该标识符所代表变量的区域。有些标识符可以在程序中的任何位置都可以访问，有些只能在程序的部分区域可以访问。一个标识符的作用域分为局部可视、全局可视和外部可视三种。局部可视指只能在一个模块内部访问该变量。全局可视指可由同一个文件或程序模块中的所有函数共享。外部可视指可由不同文件或者模块中的所有函数共享。

2. 标识符的存储类别

标识符的存储类别决定了它的存储周期（或称生存周期）和链接。一个标识符的存储周期指标识符所代表的变量存在于内存中的时间。有些变量存在时间很短，有些变量反复被创建、删除，有些变量在程序整个执行过程中一直驻留内存。

变量的存储周期包括自动存储器和静态存储器两类：自动存储期是局部变量的缺省存储类别。具有自动存储器的变量在每次进入该变量定义所在的程序块时被自动创建，在该程序块活动期间才存在于内存中，程序块运行结束后所分配的内存单元立即被回收释放，不能再使用，当再次进入该程序块时又重新自动创建。静态存储期的变量在程序开始运行时就被创建在内存之中，直到程序结束前它一直存在，但是它能否被访问要受到作用域的限制。静态存储器变量定义了，没有初始化，系统自动初始化为零值。而自动存储器变量系统不会自动初始化。

一个标识符的链接是针对具有多个源文件的程序而言，标识符的链接用于说明该标识符仅仅能被定义它的源文件所识别，还是能够被其他源文件所识别。一个标识符的链接包括外部链接、内部链接和无链接三类。具有外部链接的标识符表示它在构成程序的所有文件均可识别，而具有内部链接的变量仅在定义它的文件中可识别，无链接的变量仅在定义它的块中可识别。

5.6.2　标识符的作用域和可视性

定义变量的基本位置有三个：函数内、函数参数的定义和函数外。上述三种位置定义的变量分别称为局部变量、形式参数和全局变量。而一个标识符的作用域规定可以使用一个名字的区域。C 语言中标识符的作用域分为下述四种。

1. 文件域（全局域），全局变量

文件域从文件开头开始，到文件结尾结束。仅指在所有函数之外定义的标识符。在整个文件中，文件域标识符都是可见的。具有文件域的标识符包括全局变量、函数定义和在函数之外的函数原型声明，它们是全局可视的，并且具有静态存储器。例如，全局变量在程序中是可见的，可以为任何代码段使用。

【例题 5-9】　全局变量示例程序。

```
1.  /*文件域，全局变量示例。源程序：LT5-9.C*/
2.  #include <stdio.h>
3.  #include <stdlib.h>
4.
5.  int count;              /*全局变量count*/
6.  void func1(void);       /*文件域：函数原型声明*/
7.  void func2(void);
8.
```

```
9.   /*主函数*/
10.  int main(void)
11.  {
12.        count = 100;            /*访问全局变量*/
13.        func1();
14.
15.        printf("main:count is %d\n",count);      /*将输出100*/
16.
17.        system("PAUSE");
18.        return 0;
19.  }    /*end main*/
20.
21.  void func1(void)
22.  {
23.         int temp;
24.
25.         temp=count;           /*访问全局变量*/
26.         func2();
27.         printf("func1:count is %d\n",count);       /*将输出100*/
28.  }
29.
30.  void func2(void)
31.  {
32.         int count;          /*定义局部变量*/
33.
34.         for(count=1;count<10;count++)
35.                 putchar('.');
36.            printf("\nfunc2:count is %d\n",count);     /*访问局部变量：将输出10*/
37.  }
```

```
………
func2:count is 10
func1:count is 100
main:count is 100
请按任意键继续…
```

例题5-9中第5行定义了全局变量count，main( )函数将其初始化为100。然后调用func1( )函数，第25行将变量count赋值给变量temp，由于func1( )函数并没有定义名称为count的变量，因此这里访问的就是全局变量count。其次，func1( )函数中调用了函数func2( )，在函数func2( )内部又定义了一个名称为count的局部变量。C语言规定：在全局变量和局部变量同名时，在定义局部变量所在的代码段内，访问的是局部变量而不是全局变量，不影响全局同名全局变量，简而言之就是局部优先于全局。

因此，第34～36行访问的count变量是局部变量，第36行输出count的值应该是10而不是100。这个局部变量count在其所属函数func2( )调用结束后就不存在了，返回func1( )函数和main( )函数后，第27行和第15行访问的都是全局变量count，其值为100。

如果多个函数需要共用数据，使用全局变量是合适的。但是，程序中应该减少不必要的全局变量，因为全局变量在程序执行的整个过程中一直占据内存。此外，由于同名局部变量在所属函数内会隐藏同名全局变量，因而可能引发错误。因此，在局部变量可以满足要求时，尽量不要使用全局变量，否则会导致程序通用性变差。请记住，不要大量使用全局变量。

【例题5-10】　全局变量副作用示例程序。

```
1.   /*全局变量副作用示例。源程序：LT5-10.C*/
2.   #include <stdio.h>
3.   #include <stdlib.h>
4.
5.   int    i;
6.
7.   int main()
8.   {
9.       void    prt();
10.      for(i = 0; i < 5; i++)
11.              prt();
12.
13.      system("PAUSE");
14.      return 0;
15.  }      /*end main*/
16.
17.  void    prt()
18.  {
19.          for(i = 0; i < 5; i++)
20.                  printf("%c",'*');
21.          printf("\n");
22.  }      /*end prt*/
```

```
*****
请按任意键继续…
```

例题5-11中只在第5行定义了全局变量i。表面看上去，main( )函数中第10行的for循环应该循环5次，但是当i等于0时，第一次执行循环体，调用了函数prt( )。而函数prt( )内部也使用了全局变量i来控制for循环的执行。因此，在调用结束返回main( )中，执行i++是，i自增前的值不是1而是5，自增后取值变为6，循环条件为假，终止循环。所以程序中只显示了一行5个星号。

2. 块域（局部域），局部变量

块域又称局部域，从块语句的块头开始，到块语句的结尾结束。然而，块域被扩展到函数定义的函数参数。也就是说，函数参数包含在函数的块域中。具有块域的变量包括局部变量和函数的形参，它们是局部可视的，只能被定义它们的函数访问。

【例题 5-11】 块域、局部变量示例程序。

```
1.  /*块域，局部变量，自动变量示例。源程序：LT5-11.C*/
2.  #include <stdio.h>
3.  #include <stdlib.h>
4.
5.  /*主函数*/
6.  int main(void)
7.  {
8.        int x;
9.
10.       x = 10;
11.
12.    if(x==10)
13.       {
14.              int x, y;
15.
16.              x = y = 99;
17.              printf("if:Inner y, %d\tmain:Inner x: %d\n\n",y,x);
18.       }
19.
20.       printf("main:Outer x, %d\n",x);
21.
22.       system("PAUSE");
23.       return 0;
24. }      /*end main*/
```

```
if: Inner y,99      main: Inner x, 99
main: Outer x，10
请按任意键继续…
```

例题 5-11 中第 8 行处，main( )函数定义了局部变量 x；而第 14 行 if 语句后的块语句中又定义了局部变量 x，这个变量所属的 if 块域更小，因此将隐藏较大的 main( )块域中同名变量 x。第 17 行访问的是 if 块语句的变量 x，其值为 99。而第 20 行处访问的变量是 main( )函数块域的局部变量 x，其值为 10。这里内部的 x 和外部的 x 是两个独立、有区别的对象，

一旦内部的 if 块域结束，外部的 x 就变成可见的。

C89 规定，必须在任何“动作”之前，在块的开始处定义所有局部变量。此外，形参的作用域和局部变量是相同的。

3. 函数原型域

函数原型域是指函数原型中说明的标识符，仅在函数原型中可见。该域仅用于函数原型说明时的形参。

例如，函数原型声明：

```
void addrat(int a, int b);
```

圆括号中声明的形参名 a 和 b 只在这一行中有效，别处不能访问。注意，函数声明中的形参属于函数原型域，而函数定义时的形参属于函数的块域，二者不属于同一个可视化区域、不要求同名。

4. 函数域

函数域从函数的打开处开始，在函数的关闭处结束。函数域仅用于标记，标记常用于语句标号，即标记 goto 语句的目标，而且必须和 goto 语句在同一个函数内。例如：

```
int fac(int n)
{       int k = 1, f = 1;
  loop: f *= k;
        k++;
        if(k <= n)   goto loop;
        return f;
}
```

语句标号 loop 属于 fac 函数域，表示 goto 和 loop 必须同在 fac 函数中。其他函数中的 goto 语句不能跳转到 loop 位置。

5.6.3 变量的存储类别

C 语言支持四种存储类别：auto、register、extern 和 static。它们可以对应于两类存储周期，关键字 auto 和 register 声明的变量属于自动存储期，关键字 extern 和 static 用于声明对应于静态存储期的变量名和函数名。

1. auto 变量

只有变量具有自动存储期。关键字 auto 用于显式地声明具有自动存储期的变量，auto 变量又称为自动变量。例如：

```
auto int x, y;
```

由于局部变量在没有声明任何存储类别情况下，默认为自动变量，所以，上述定义中可以删除关键字 auto。

例题 5-11 中 main( )函数定义的 x、if 块域中定义的 x 和 y 都是自动变量。如果将第 20 行修改为：

```
printf("Inner y, %d \t main: Outer x, %d\n", y, x);
```

那么程序在编译时将会提示以下错误信息：

`y' undeclared (first use in this function)
这是因为，y 是在 if 块域中定义的自动变量，当 if 块域结束时，y 的存储周期就终止了。此时，y 变量不存在。

2. register 变量

关键字 register 声明的变量又称寄存器变量，它建议编译器将用 register 说明的自动变量驻留在 CPU 的一个寄存器中。register 只能定义局部变量和形参，这是因为寄存器变量必须是自动变量，因此，全局寄存器变量是非法的。例如，下面的范例说明如何利用寄存器变量控制循环，计算整数 x 的 n 次方：

```
int power(register int x, register int n)
{
    register int s = 1;
    for( ; n   ;   n--)
        s *= x;
    return ( s );
}
```

上例中，因为 n 和 s 在循环中反复使用，因此将它们定义为寄存器变量。虽然可以在程序中随意定义寄存器变量，但是能够得到访问优化的变量是有限的。

代码段中同时得到速度优化的寄存器的数目是有限的，这由运行环境和 C 编译程序的实现确定。最初，寄存器变量要求真正存放在寄存器中，这样寄存器变量的访问速度远快于内存中的普通变量。实际上，一旦超限，C 编译程序会自动把寄存器变量转成普通自动变量，程序员不必关心超限定义寄存器变量的处理。

目前寄存器变量已经被大大扩展了。例如最初寄存器变量只能是 int、char 或指针类型变量，现在标准 C 把它拓宽到适合于各种类型的变量。C89 和 C99 只泛泛地要求“尽量快速访问变量”。实践中，字符型和整型的寄存器变量仍然放在寄存器中，而其他类型的寄存器变量通常放在内存中，但会得到编译程序的优化处理。所以，虽然拓宽了寄存器变量的描述，但实践中 register 只对整型和字符型有实际作用。

大量定义寄存器变量是没有意义的，只定义最关键的少量的寄存器变量是十分重要的。

3. static 变量

关键字 static 可以说明局部变量和全局变量，二者含义完全不同。前者称为静态局部变量，后者称为静态全局变量。

（1）静态局部变量。静态局部变量是用 static 修饰的局部变量。静态局部变量具有静态存储期，即程序开始执行获取内存，程序执行结束释放内存。但是静态局部变量仍具有块域的可视性（局部可视）：只有定义它的块域内可以访问它。其他代码段虽然不能访问静态局部变量，但是该变量却始终占据同一组内存空间，也就是该变量虽然存在却不一定能访问。

简单地说，静态局部变量和全局变量一样具有全局存储周期，唯一不同的是全局变量具有全局可视性，而静态局部变量只有块域的局部可视性。

【例题 5-12】 静态局部变量示例程序。

```
1.  /*静态局部变量示例。源程序：LT5-12-1.C*/
2.  #include <stdio.h>
3.  #include <stdlib.h>
4.  
5.  int main()
6.  {
7.      void  increment(void);
8.      increment();
9.      increment();
10.     increment();
11.
12.     system("PAUSE");
13.     return 0;
14. }    /*end main*/
15.
16. void  increment(void)
17. {
18.     static int x=0;
19.     x++;
20.     printf("%d\n",x);
21. }
```

```
1
2
3
请按任意键继续…
```

例题 5-12 中函数 increment( )中定义了静态局部变量 x，因此程序 LT5-12-1.C 一开始执行，x 就获得了内存，并初始化为 0。第 8 行第一次调用函数 increment( )，x 自增，输出 1。然后返回 main( )函数，此时 x 并没有释放内存，仍然存在，只是主函数不能访问它。第 9 行第二次调用函数 increment( )，此时 x 已经存在，而且其值上次调用时已经修改为 1，这时直接访问 x 将其自增，输出结果 2。以此类推，例题 5-12 运行时输出 1、2 和 3。如果将第 18 行的 x 变量定义改为自动变量（删除 static），程序运行结果就变成输出 1、1 和 1。

从上例可以看出，静态局部变量具有可继承性。

（2）静态全局变量。全局变量本身就具有静态存储期，即全局寿命。用关键字 static 说明全局变量并不是设置静态存储器，而是将全局变量设置为内部链接，即只在本文件内部可以访问。

【例题 5-13】　数列产生器，静态全局变量示例程序。

```
1.   /*数列产生器，静态全局变量示例。源程序：LT5-13.C*/
2.   #include <stdio.h>
3.   #include <stdlib.h>
4.   
5.   static int series_num;
6.   void series_start(int seed);
7.   int series(void);
8.   
9.   int main(void)
10.  {
11.      int n;
12.  
13.      series_start(52);
14.  
15.      for(n=0;n<10;n++)
16.      {
17.          printf("%10d",series());
18.          if((n+1)%5==0)
19.              printf("\n");
20.      }
21.  
22.      system("PAUSE");
23.      return 0;
24.  }   /*end main*/
25.  
26.  int series(void)
27.  {
28.      series_num=series_num+23;
29.      return series_num;
30.  }
31.  
32.  void series_start(int seed)
33.  {
34.      series_num=seed;
35.  }
```

```
        75        98       121       144       167
       190       213       236       259       282
请按任意键继续…
```

例题 5-13 中以 52 为基准值，步长 23 产生 10 个数的数列。其中定义了全局变量 series_num，被声明为 static 类别，说明 series_num 只能在文件 LT5-13.C 中的代码访问。

静态全局变量常用于多个文件的源程序，用于限制其他文件中的子程序的访问。

4. extern

extern 的主要用途是说明需要使用在程序的其他地方用外部链接定义的对象。这里首先需要区别变量定义和变量声明，变量定义是创建一个变量，同时分配内存空间。而变量声明只是表述对象的名称和类型。一个对象可以有多个声明，但只能有一个定义。

extern 通常用于变量声明，而不是变量定义；只是声明下面的代码需要用到其他地方定义的变量。

【例题 5-14】 错误使用全局变量范例程序。

```
1.   /*全局变量，错误使用示例。源程序：LT5-14-1*/
2.   #include <stdio.h>
3.   #include <stdlib.h>
4.
5.   /*主函数*/
6.   int main(void)
7.   {
8.       printf("first is %d\tlast is %d\n\n",first,last);
9.
10.      system("PAUSE");
11.      return 0;
12.  }    /*end main*/
13.
14.  /*全局变量定义*/
15.  int first=10,last=20;
```

编译程序 LT15-14-1.C 时，将提示语法错误“未声明的标识符”，这是因为全局变量 first 和 second 定义在文件的最后一行，第 8 行中访问这两个变量时，系统不能识别这两个变量。

程序 LT15-14-1.C 的正确版本如下所示：

```
1.   /*extern变量，正确使用示例。源程序：LT5-14-2*/
2.   #include <stdio.h>
3.   #include <stdlib.h>
4.
5.   /*主函数*/
6.   int main(void)
7.   {
8.       extern int first,last;    /*使用全局变量的声明*/
9.
10.      printf("first is %d\tlast is %d\n\n",first,last);
11.
12.      system("PAUSE");
13.      return 0;
14.  }    /*end main*/
15.
16.  /*全局变量定义*/
17.  int first=10,last=20;
```

程序 LT5-14-2.C 中 first、last 变量的定义位置仍然在文件的最后一行，但是在第 8 行主函数内部对这两个全局变量采用 extern 进行了声明，所以，主函数就可以使用这两个变量。

请注意，用 extern 声明的变量必须是全局变量，这是因为只有全局变量才具有外部链接。

5.6.4 由多个源文件组成的程序的编译问题

在实际工作时，很可能会遇到一个包含多个源文件的计算机程序。用多个源文件实现计算机程序需要考虑很多问题：

（1）一个函数的定义必须完整地包含在一个文件中，它不能分散在两个或多个文件中。

（2）全局变量可以在一个文件中定义，在另一个文件中访问。这时全局变量定义时不能添加 static 标记，而且需要在访问该全局变量的文件中使用 extern 变量声明。例如：extern int first,last。

extern 声明的变量 first 和 second 要么在程序后面定义，要么在其他文件中定义。编译程序会通知链接程序 Linker，出现在本文件中的变量 first 和 second 的引用无法解析，链接程序将尝试寻找这两个变量。如果找不到，编译程序将发出错误信息。

（3）函数原型也可扩展到定义该函数的文件之外，这时不需要使用 extern 来说明函数原型。只需简单地将函数原型包含在需要调用它的文件中，然后将这些文件一起编译即可（例如使用文件嵌入命令#include）。函数原型会通知编译程序该函数要么在本文件后面定义，要么是在另一个文件中定义。寻找该文件的任务同样会交给链接程序 Linker。

（4）如果需要限定某个全局变量或者函数只能被本文件访问，就需要将存储类别说明符 static 使用在全局变量或函数定义的前面。

5.7 编译预处理

编译预处理命令是在程序被编译之前进行的，它们不是真正的语句，起着扩充程序设计环境的作用。从格式上看，C 编译预处理命令，以“#”开头，单独书写在一行上，语句尾不加分号。从类别来看，C 编译预处理命令包括：

- 宏：#define；
- 文件嵌入：#include；
- 条件编译：#if--#else--#endif 等；
- 其他编译预处理命令。

5.7.1 宏

#define 指令定义了一个标识符和一个串（即字符集），在源程序中发现该标识符时，都用该串替换之。这种标识符被称为宏名字，简称宏。#define 称为宏定义，而用相应的串替换宏的过程称为宏替换（或称宏展开）。C 语言中的宏定义有不带参数的宏和类函数宏两种形式。

1. 不带参数的宏

不带参数的宏定义的一般形式是：

#define 宏名字 【宏体】

其中，【】表示宏体是可有可无的。表示定义一个宏名字，替代源程序中的宏体。宏定义可以出现在程序中任意位置，但一般定义在函数外面。习惯上，常用大写字母和下画线来为宏命名，这种习惯可以帮助读者迅速识别宏替换发生的位置。

例如，用 YES 代表真值（1），以 NO 代表假值（0），可以采用两个宏定义命令：

```
#define     YES     1
#define     NO      0
```

之前描述的符号常量的定义实质上宏定义的特例。例如，用 PI 表示圆周率：

```
#define     PI      3.1415926
```

注意，宏定义不是 C 的语句，因此宏定义的结尾处不需要使用分号（;）。如果宏体中包含分号，则表示分号本身也是需要替换的内容之一。例如：

```
#define     OUT     printf("Hello,World");
```

则宏 OUT 表示“printf("Hello,World");”，分号本身也是宏体的内容。

宏定义时，需要注意圆括号的使用。例如，定义两个宏分别表示一个矩形的长和宽，其中，宽是 80，长比宽大 40 个单位。相关宏定义是：

```
#define     WIDTH     80
#define     LENGTH    WIDTH + 40
```

如果要计算矩形的面积，语句是：

```
area = LENGTH * WIDTH;
```

宏展开后，语句是：

```
area = 80 +40 * 80;
```

结果等于 3280，面积计算错误。这是因为宏定义中运算符加法（+）优先级别低于语句的运算符乘法（*），因此导致展开后的表达式计算顺序改变。如果希望得到正确的结果，就需要在宏体的两边增加圆括号。将宏定义修改为：

```
#define     WIDTH     80
#define     LENGTH    ( WIDTH + 40 )
```

另一个需要注意的问题是：源程序中只有与宏名字相同的标识符才被替换。例如，有宏定义：

```
#define     PI     3.14159
```

而语句：

```
printf("2*PI=%f\n", PI * 2 );
```

宏展开之后是：

```
printf("2*PI=%f\n", 3.14159 * 2);
```

双引号中的 PI 不是标识符，所以没有被替换。

2. 类函数宏

类函数宏定义的一般形式是：

#define 宏名字(参数表) 【宏体】

宏替换时，形参将用相应的实参带入宏体中。例如，定义一个类函数宏 S，计算两个参数的乘积：

```
#define     S(a, b)     a * b
```

则，语句：

```
area = S( 3 , 2 );
```

被展开后是：

```
area = 3 * 2;
```

其中，第一个形参 a 用实参 3 代入，形参 b 用实参 2 带入。

类函数宏定义时，同样需要注意圆括号的使用。例如，定义一个类函数宏，计算一个参数的平方：

```
#define   POWER( x )   ( ( x ) * ( x ) )
```

如果有：

```
x=4;    y=6;
```

那么，语句：

```
z = POWER( x + y );
```

被展开为：

```
z = ( ( x + y ) * ( x + y ) );
```

如果去掉宏体中的圆括号，将导致错误。

定义类函数宏时，需要注意宏名字和参数的左圆括号之前没有空格。例如：

```
#define    S    (r)    PI*r*r
```

这就相当于定义了不带参宏 S，代表字符串“(r)   PI*r*r”

3. 取消宏定义

已经定义的不带参数宏、或者类参数宏，都可以取消其定义。取消宏定义的一般形式是：

#undef 宏名

5.7.2 文件嵌入

#include 命令要求编译程序在预处理时读入一个源文件，用该文件内容替代#include 这行命令；编译程序对处理之后的源程序文件执行编译工作。#include 目录被称为文件嵌入（或称文件包含），它要求被嵌入的文件必须用一对双引号（" "）或一对尖括号（<>）包围。

文件包含的一般形式是：

#include "文件名"

或者

#include <文件名>

两种形式的区别在于搜索文件的方式。尖括号（< >）直接按标准目录搜索，这个标准目录由编译程序的用户定义。双引号（" "）按编译程序实现时的规定进行，一般是先搜索当前目录，如果没有发现该文件，再按标准目录重新搜索一次。如果按照上述规则没有找到文件，编译程序将提示无法打开文件的错误信息。

通常，程序员用尖括号包含标准的头文件，双引号包含与当前程序相关的文件。例如，我们自己编程序时，可以将常用的宏定义、数据类型定义等事先写在一个自定义的头文件中，使用时直接用#include 包含该文件即可。

【例题 5-15】 文件包含范例程序。

首先自行编写头文件 powers.h，其中定义了 3 个常用的类函数宏。

```
1.  /*文件嵌入示例头文件。头文件：powers.h*/
2.  #define   sqr(x)      (( x ) * ( x ))
3.  #define   cube(x)     (( x ) * ( x ) * ( x ))
4.  #define   quad(x)     (( x ) * ( x ) * ( x ) * ( x ))
```

然后，使用该头文件编写程序，分别输出 1~10 的平方、立方以及四次方：

```
1.  /*文件嵌入示例。源程序：LT5-15.C*/
2.  #include <stdio.h>
3.  #include <stdlib.h>
4.  #include "d:\\c语言及程序设计基础\\chapter 5\\例题源程序\\powers.h"
5.  #define   MAX_POWER 10
6.  
7.  int main()
8.  {
9.      int n;
10. 
11.     printf("number\t exp2\t exp3\t exp4\n");
12.     printf("----\t----\t-----\t------\n");
13. 
14.     for(n=1;n<=MAX_POWER;n++)
15.         printf("%2d\t %3d\t %4d\t %5d\n",n,sqr(n),cube(n),quad(n));
16. 
17.     system("PAUSE");
18.     return   0;
19. }
```

5.7.3 条件编译

C 语言提供的条件编译命令，可以根据外部条件决定只是编译程序中的某些部分，这样使得同一源程序在不同编译条件下可以编译不同的代码段，从而有利于程序的调试和移植。条件编译包括#ifdef……#else……#endif、#ifndef……#else……#endif 和#if……#else……#endif 三种。

1. #ifdef……#else……#endif

#ifdef……#else……#endif 的一般形式是：

```
#ifdef  标识符
        程序段 1
#else
        程序段 2
#endif
```

如果标识符已经被#define 定义过，编译程序将编译程序段 1；否则，将编译程序段 2。

【例题 5-16】 条件编译范例程序。计算 sin(x)=x-x3/3!+ x5/5!- x7/7!+…

```
1.  /*计算sin(x)。源程序：LT5-16.C*/
2.  #include <stdlib.h>
3.  #include <math.h>
4.  #define DEBUG
5.  
6.  int main(void)
7.  {
8.      double s,t,x;
9.      int n;
10. 
11.     printf("please input s:");
12.     scanf("%lf",&x);
13. 
14.     t = x;
15.     n = 1;
16.     s = x;
17. 
18.     do {
19.         n = n + 2;
20.         t = t * ( -x * x ) / ((float) ( n ) – 1 ) / (float) ( n );
21.         s=s+t;
22. 
23.         #ifdef DEBUG
24.             printf("这是测试数据：n=%d,t=%f,s=%f\n", n, t, s);
25.         #endif
26.     }while(fabs( t ) >= 1e-6);
27. 
28.     printf("sin(%f)=%f\n", x, s);
29. 
30.     system("PAUSE");
31.     return  0;
32. }
```

程序调试是一种极为繁琐的任务，反复使用单步或者断点方式调试程序，工作量仍然较大。合理使用条件编译，将有助于降低程序编译的难度。例题 5-16 中第 23 行和 25 行条件编译命令包含的第 24 行，就是一条调试用的测试语句。如果程序没有错误，需要生成可执行文件的正式版本，只需要去掉第 4 行，删除代表程序测试标记的宏定义 DEBUG。

和 if 语句类似，条件编译#ifdef……#else……#endif 也有双分支和单分子两种用法。例题 5-16 中采用的就是单分支形式。

2. #ifdef……#else……#endif

#ifndef……#else……#endif 的一般形式是：

```
#ifndef  标识符
        程序段 1
#else
        程序段 2
#endif
```

如果标识符之前没有被#define 定义过，编译程序将编译程序段 1；否则，将编译程序段 2。

3. #if……#else……#endif

#ifdef……#else……#endif 的一般形式是：

```
#if  常量表达式
    程序段 1
#else
    程序段 2
#endif
```

如果常量表达式为真值，编译程序将编译程序段 1；否则，将编译程序段 2。

【例题 5-17】 条件编译范例程序。计算圆面积或者正方形面积。

```
1.    /*条件编译示例。源程序：LT5-17.C*/
2.    #include <stdio.h>
3.    #include <stdlib.h>
4.    #define R 1
5.
6.    int main(void)
7.    {
8.        float c, r, s;
9.
10.       printf ("input a number:   ");
11.       scanf("%f",&c);
12.
13.       #if R
14.           r = 3.14159 * c * c;
15.           printf("area of round is: %f\n", r);
16.       #else
17.           s = c * c;
18.           printf("area of square is: %f\n", s);
19.      #endif
20.
21.       system("PAUSE");
22.       return   0;
23.   }
```

例题 5-17 中第 13 行到第 19 行中使用了条件编译命令，如果 R 为真值，编译程序编译第 14 和 15 行的代码段，计算半径为 c 的圆面积。如果 R 为假值，编译程序编译第 17 和 18 行的代码段，计算宽度为 c 的正方形面积。由于例题 5-17 中第 4 行定义了宏 R 表示 1，表明例题 5-17 目前计算的是圆面积。如果修改第 4 行，定义宏 R 表示 0，就可以计算正方形面积。

5.7.4 其他编译预处理命令

下面介绍两个常用的其他编译预处理命令。

1. 行控制

行控制的一般形式是：

#line 常数 "文件名"

该命令的作用是通知编译程序，源程序中下一行的行号修改为命令行中的常数，当前正在处理的文件名称改为命令行中指定的文件名。命令行中的文件名可以省略，这时文件名称保持不变。例如：

#line 30 "READ"

则下一行的行号指定为 30，正在处理的文件改名为 READ。

2. 诊断控制

终端控制的一般形式是：

#error 字符序列

此命令的作用是产生诊断信息，其中包含指定的字符序列。

5.8 本章小结

5.8.1 主要知识点

本章讲解的是 C 语言中程序模块化的基本概念：函数。本章应重点掌握的知识点包括：

（1）程序模块化的基本思想。程序模块化是分治技术在程序设计中的应用，它可以使得程序结构清晰，编程难度降低，以达到分而治之、软件重用和避免重复代码的目的。

（2）函数的定义、调用和原型声明。创建无参函数和有参函数的方法。C 语言中函数的调用方法：void 函数采用语句形式调用，而其他类别的函数通常采用表达式调用，也可采用语句形式调用。

（3）模块间的数据通信。高级语言中模块之间包括传入方式、传出方式和双向传递三种通信方式。传入方式通常是通过参数之间的值传递实现的；传出方式通过返回语句实现；双向传递通过按引用传递实现。

（4）C 语言中参数间的数据传递方式。C 语言中形参和实参之间只有一种传递方式：值传递。这种方式是单向的，相当于将实参的值赋值给相应形参。C 语言没有真正地按引用传递，而是通过地址类型的形参模拟实现按引用传递。

（5）函数递归调用。函数的直接递归和间接递归。

（6）数据模块化。C 语言中的标识符包括作用域和可视化以及变量的存储类别等两个方面。

① C 语言标识符的作用域和可视化分为文件域、块域、函数原型域和函数域四种。全

局变量具有文件域、全局可视性。局部变量或形参具有块域、局部可视性。函数原型中的参数名只在该函数原型中可视，这被称为函数原型域。函数域用于标识语句标号仅仅在定义它的函数内有效。

② 变量的存储类别包括 auto、register、extern 和 static 四种。局部变量和 register 变量默认为 auto 变量，具有自动存储期、局部寿命。全局变量和静态局部变量具有静态存储期、全局寿命。

（7）编译预处理。宏和类函数宏的定义和替换，文件嵌入的使用，三种条件编译命令的使用。

5.8.2 难点和常见错误

定义和使用函数过程中最常见的错误类型如下。

1. 函数原型遗漏

在现今的编程环境下，不能成功地使用完整的函数原型将带来判断上的严重失误。

【例题 5-18】 计算两个浮点数的乘积。先来看一个错误的版本如下：

```
1.  /*计算两个浮点数之积，错误版本。源程序：LT5-18-1.C*/
2.  #include <stdio.h>
3.  #include <stdlib.h>
4.  
5.  int main(void)
6.  {
7.      float x, y;
8.  
9.      printf ("input two numbers:    ");
10.     scanf("%f%f",&x, &y);
11. 
12.     printf("%f", mul(x, y));
13. 
14.     system("PAUSE");
15.     return  0;
16. }
17. 
18. float mul(float x, float y)
19. {
20.     return x * y;
21. }
```

程序 LT5-18-1.C 中函数 mul( )定义在主函数之后，且在调用前没有函数原型声明，因此系统默认其参数和返回类型是整型。假设 int 是 2 个字节，float 是 4 个字节，这就意味着浮点数中 4 个字节中只有 2 个字节被 printf( )使用，因而导致程序错误。该程序的正确版本是：

```
1.  /*计算两个浮点数之积，正确版本。源程序：LT5-18-2.C*/
2.  #include <stdio.h>
3.  #include <stdlib.h>
4.
5.  double mul(double x, double y);
6.
7.  int main(void)
8.  {
9.      float x, y;
10.
11.     printf ("input two numbers:    ");
12.     scanf("%f%f",&x, &y);
13.
14.     printf("%f", mul(x, y));
15.
16.     system("PAUSE");
17.     return   0;
18. }
19.
20. double mul(double x, double y)
21. {
22.     return x * y;
23. }
```

程序 LT5-18-2.C 不仅给出了函数 mul( )的原型声明，而且将两个形参以及返回值类型修改为 double 类型。这是为了确保浮点数乘积的精度，需要提高中间运算的精度要求。

2. 栈溢出

运行栈是 C 编译程序用来存放局部变量、形参和函数调用的返回地址。然而，栈的空间是有限的，一旦耗尽就会引起栈溢出。发生栈溢出时，程序可能完全瘫痪，也可能以怪异的方式运行。糟糕的是，栈溢出时没有任何警告，难以判断到底是哪里出了错误。最可能引起栈溢出的原因是：失控的递归函数。如果在调试递归函数时，发生令人费解的错误，请检查递归函数的终止条件。此外，有些编译程序可以为栈增加内存，用户可根据需要调整。

习　题　5

1. 请找出并更正以下程序片段中的错误。

a）double cube(float);

```
……
cube(float number)
```

```
  {     return number * number * number;
  }
```

b）int randNumber = srand();

c）double square(double number)

```
  {     double number;
        return number * number;
  }
```

d）int sum(int x, int y)

```
  {     int result;
        result = x + y;
  }
```

e）void f(float a);

```
  {     float a;
        printf("%f",a);
  }
```

f）void product(void)

```
  {   int a, b, c, result;
      printf("Enter three integers: ");
      scanf("%d%d%d", &a, &b, &c);
      result = a * b * c;
      printf("Result is %d", result);
      return result;
  }
```

g）register auto int n = 8;

2. 请解释以下概念的区别。

a）实参和形参

b）函数原型和函数首行

c）函数声明、函数调用和函数定义

d）函数和类函数宏

3. 如果遗漏#include 命令，编译程序会如何？程序能否编译，能否正常工作？

4. 根据下面的函数原型和函数说明，判断所列出的函数调用是否正确。如果有错误，请指出并修改。

```
double rand_dub(void);
int half(double);
int series(int, int, double);
int j, k;
float f, g;
double x, y;
```

a）half(5);

b）rand_dub(y);

c）x = rand_dub();

d）j = half();

e）f = half(x);

f）j = series(x,5);

g）printf("%g　%g\n", x, half(x));

5. 请编写一个判断素数的函数，在主函数中输入一个整数，输出是否是素数的信息。

6. 请编程求方程 $ax^2+bx+c=0$ 的根，从主函数输入 a、b、c 的值，并用三个函数分别求当 b^2-4ac 大于 0、等于 0 和小于 0 时的根，并输出结果。

7. 请编写一个函数，已知一个圆筒的半径、外径和高，计算该圆筒的体积。

8. 请编写一个函数，它的功能是：接收一个整数，返回这个整数各个数位倒过来所对应的数。例如：输入整数 7631，函数将返回 1367。

9. （模拟投掷硬币）请编写一个程序模拟投硬币。每次投币，程序将打印"正面"或者 "反面"。程序模拟投币 100 次，分别统计各面出现的次数。说明：程序中将调用一个独立函数 flip，该函数无需实参，返回 1 表示正面，返回 0 表示反面。

10. （统计秒数）请编写一个函数，接收三个整数实参作为时间（时、分、秒），返回自从上次时钟"整点 12 时"以后所经过的秒数。并用此函数编写一个程序，计算两个时间以秒为单位的时间间隔，这两个时间要求处理时钟 12 小时的周期内。

11. 分别编写一条预处理命令来实现下列功能。

a）定义值为 0.628 的符号常量 FIB；

b）定义一个宏 MIX 计算三个数值的最小值；

c）定义宏 CUBE_VOLUME，用来计算一个立方体的体积；

d）包含头文件 common.h，头文件从欲编译文件所在的目录开始查找；

e）如果宏 TRUE 已经定义，使定义失效，并重新定义为 1；

f）如果宏 TRUE 不等于 0，定义宏 FALSE 为 0，否则定义 FALSE 为 1。

12. （Fibonacci 数列）请编写一个计算 Fibonacci 数列的程序。数列定义如下：fib[0]=1,fib[1]=1；fib[n]=fib[n−1]+fib[n−2]。要求：编写一个递归函数求解 Fibonacci 数列的第 n 项，在主函数中调用此函数。

13. （**递归的可视化**）请修改习题 12 你所编写的递归函数，使其能够显示打印出每次函数递归调用的形参的值。每一级调用的输出都带有一级缩进的一行上。就你所能使得程序的输出清晰、有趣并有含义。你的目标是实现一个能够帮助人们更好地理解递归的输出格式。

14. （**数制转换**）请分别用递归技术和迭代技术，将一个十进制正整数，以七进制形式打印在屏幕上。编写 main( )函数，输入十进制正整数，然后调用上述函数。

第6章 程序设计方法概述

在编写程序通过计算机来求解一个问题之前，透彻地理解问题以及仔细地设计解决问题的办法是至关重要的，甚至是决定性的。现在的软件开发，无论是开发任务、程序设计语言，还是软件的规模和开发技术与手段都有了质的飞跃，软件开发变成了涵盖程序设计、文档编制、多种先进开发技术与手段，以及现代软件管理技术的软件工程。

本章将帮助读者初步了解算法和程序设计方法的基本概念，并重点描述结构化程序设计的基本方法。本章主要内容包括：

- 算法的概念和特点。
- 算法的自然语言藐视和图形化描述工具。
- 程序设计方法的演变。
- 结构化程序设计的基本方法。

6.1 算法的概念和特点

算法就是解决问题的结构良好的方法。这个方法必须定义完善、明确和有效。也就是说，必须能够以机械的方式运行。算法必须可以中断，不能永久运行下去①。一旦符合这些条件，算法就可以使用语言、图形或者其他形式来描述。例如，之前章节中采用的程序草图就是用自然语言描述的。

数千年来，数学家和科学家发明了各种算法来解决重要问题。现代算法用来解决工程、数学和科学问题，例如积分函数、弹道计算等。而程序设计的实质就是构造求解问题的算法，将其转换为计算机语言的形式；这个过程一般要经过设计、确认、分析、编码、测试、调试、评价等多个阶段。那么，是否数学、工程等其他领域的算法都可以直接运用到计算机中？

从计算机科学角度来看，算法是指在有限步骤内求解某一问题所使用的一组定义明确的规则。通俗点说，就是计算机求解问题的精确、有效的方法。它规定了解决某一类具体问题的一系列运算，是对问题求解方案的准确、完整的描述。算法应该具有如下基本特征：

（1）有穷性。一个算法必须保证执行有限步骤之后结束。

（2）确切性。算法的每一步骤必须有确切的定义。

（3）输入。一个算法有 0 个或多个输入，以描述处理对象的初始情况。

（4）输出。一个算法有一个或多个输出，以描述对输入数据加工后的结果，没有输出的算法是毫无意义的。

（5）可行性。算法原则上能够精确地运行，而且进行有限次运算后即可完成。

---

①多数程序都是基于算法实现的。但是有些程序被设计为永久运行，这些程序通常称为系统程序，它们的目标是帮助操作计算机。

计算机科学的主要研究领域集中在创建、分析和改善算法上。计算机科学家已经设计出新的算法可以计算数学函数，实现数据的组织、排序和查询。之所以当今的软件功能越来越强大，主要原因就是新发明的解决问题的算法越来越高明，速度越来越快。对于一个熟练的程序员或者软件工程师来说，不断学习并掌握新的算法是提高编程能力的关键。

6.2 算法的描述

人类借助自然语言思维，算法往往只描述了人思维时数据处理的过程，思维涉及的数据及操作以“某种方式”存储于大脑，人无需考虑数据存于大脑何处。与此不同，计算机使用计算机语言“思维”，控制计算机解题过程的算法必须以计算机能够“读得懂”的形式表述，即以计算机语言描述的算法。而且现有的计算机远没有人脑先进和智能，除了基本操作由计算机系统提供外，即便是一些简单操作也需专门定义和实现。那些“书写”在人脑中，常常被信手拈来使用的数据和操作，在使用计算机解决时也会变得很复杂。

程序设计阶段的任务正是将人思维中描述的算法，用图文并茂的方式书写在设计文档中，便于程序员理解并实现。软件开发过程中常用的描述算法的工具包括：

（1）自然语言；

（2）图形工具：程序流程图、NS 盒图和 PAD 图；

（3）伪代码。

6.2.1 自然语言描述算法

自然语言描述算法就是使用人们日常使用的语言，例如汉语、英语或其他语言。这种方法的优点是通俗易懂，但是由于自然语言的含义往往不太严格，要根据上下文才能判断其正确含义。用自然语言表示的算法存在以下弱点：

（1）容易出现“歧义性”，导致算法实现的不确定性；

（2）描述冗长，表达不简洁；

（3）自然语言适合于描述顺序结构的处理，而表述分支与循环结构时不方便；

（4）自然语言与计算机程序设计语言的对应性较弱，不易将算法直接转换为程序。

因此，除了很简单的问题以外，一般不用自然语言描述算法。

【例题 6-1】 判断一个整数 m 是否为素数，请用自然语言描述本程序的算法。

例题 6-1 的问题说明如表 6-1 所示。

表 6-1 **素数判断程序问题说明**

目标：判断一个整数是否是素数。
输入：用户将交互式输入整数 m。
公式：如果 m 不能被 i 整除（i 为 2 到 m-1 的所有整数），则 m 是素数。
计算需求：m 取值在 10000 以内。

例题 6-1 的算法用自然语言描述如表 6-2 所示。

表 6-2　　素数判断程序的算法描述

1. 定义变量 m 和 i
2. 打印程序标题
3. 提示用户输入一个整数，并输入 m
4. 判断 m 能否被 i 整除，如果能够整除，跳转到第 8 步；否则继续执行第 5 步；
5. 给 i 的值增加 1
6. 如果 i 的值小于 m，跳转到第 4 步；否则，继续执行第 7 步
7. 打印信息“m 是素数”，跳转到第 9 步
8. 打印信息“m 不是素数”
9. 算法结束

6.2.2　图形工具描述算法

1. 程序流程图

程序流程图又称程序框图，是一种比较直观的图形化的算法描述工具。它使用标准的图形符号表示不同的处理操作，用流程线指示算法执行的控制流向，描述了算法处理的逻辑过程。表 6-3 列出了流程图中常用的基本符号。

表 6-3　　程序流程图图形符号表

符号	符号名称	功 能 说 明
	起止框	用来指示算法的开始和结束位置
	处理框	表示算法中各种处理操作的一段程序(一句或多句)
	判断框	条件判断操作，根据给定的判断条件是否成立，决定后续操作的流向，具有一个入口，两个出口
	循环控制框	循环控制条件测试操作，根据给定的判断条件是否成立，决定循环操作的流向
	输入输出框	输入数据或输出结果的操作
	流程线	指示处理步骤的顺序
	连接点	当流程图较大，需要分多页绘制时，连接点用于标识与其他流程图之间连接的出入口位置

用程序流程图对程序基本结构进行描述的形式如图 6-1 所示。

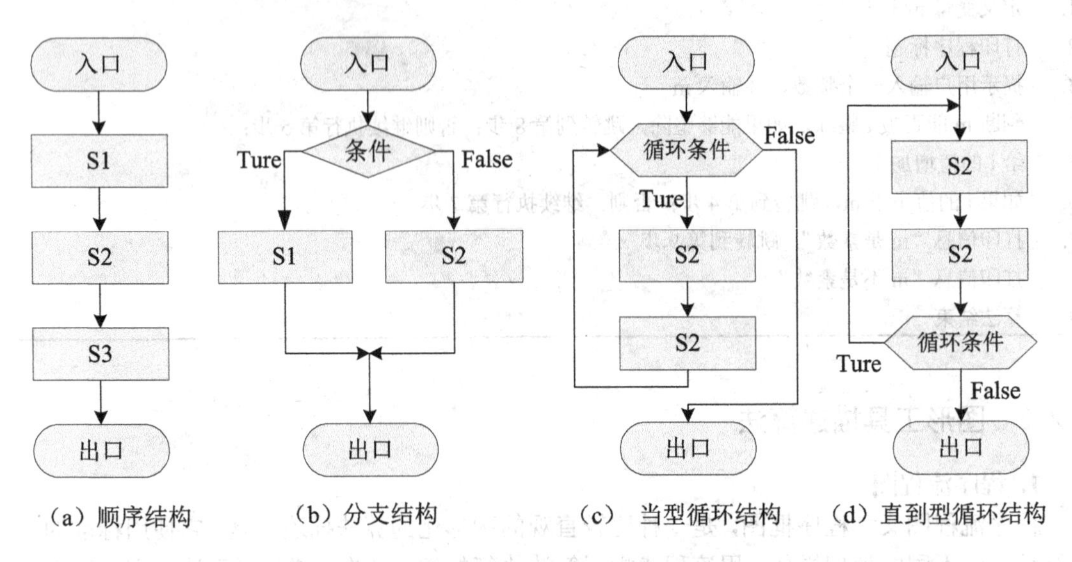

图 6-1 程序流程图描述基本结构

【例题 6-2】 请用程序流程图描述例题 6-1 的程序算法。

例题 1-4 的程序流程图如图 6-2 所示。

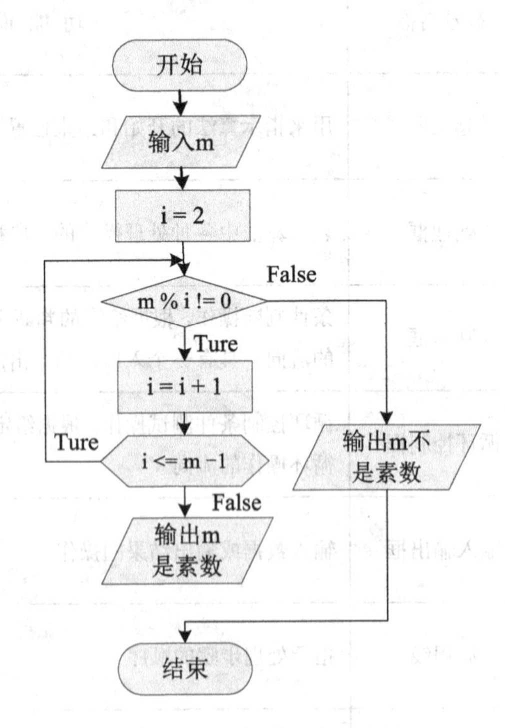

图 6-2 例题 6-1 的程序流程图

程序流程图的优点是能够简单直观地表示出算法的运行控制流程，便于初学者掌握使

用，因此得到了广泛的使用。但是它也存在以下一些不足之处：

（1）程序流程图容易使程序员过早地关注局部的控制流程细节，从而忽视程序全局结构的分析。

（2）程序流程图中流程线的方向本身不受限制，可随意转移控制流向，造成非结构化的程序流程；

（3）程序流程图对数据结构的表示不充分，不适合描述较复杂的数据结构的处理状态。

2. NS 盒图

NS 盒图是 1973 年由美国的 I. Nassi 和 B. Shneiderman 共同提出的一种结构化图形工具。NS 盒图中一个算法就是一个大框，其中包含了表示基本结构的框，取消了控制流线和箭头。NS 盒图的每一种基本结构都是一个矩形框。整个算法可以像堆积木一样堆成。NS 盒图中的上下边分别表示结构的入口和出口，从而保证只有一个入口和一个出口，还避免了因随意使用控制流线造成的非结构化问题，所以它描述的算法必定是结构化的形式。

NS 盒图描述的基本程序结构如图 6-3 所示。

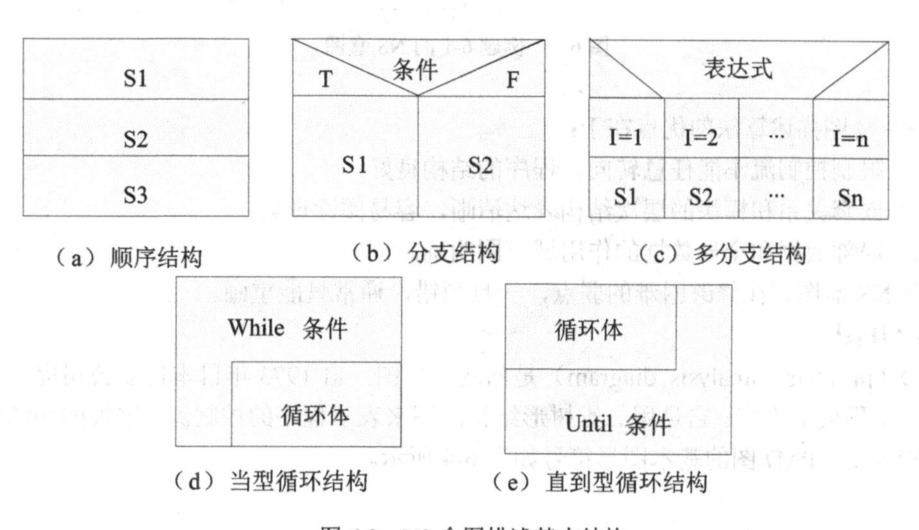

（a）顺序结构　（b）分支结构　（c）多分支结构

（d）当型循环结构　（e）直到型循环结构

图 6-3　NS 盒图描述基本结构

使用 NS 盒图设计算法时，首先由最外层的结构入手，逐步向内层扩展细化。当内层空间太小不便继续扩展时，可以通过放置子图标记，然后另外画一个子图继续扩展。图 6-4 中椭圆标记 A 就是一个子图标记，其中的图（b）是 A 展开的子图。

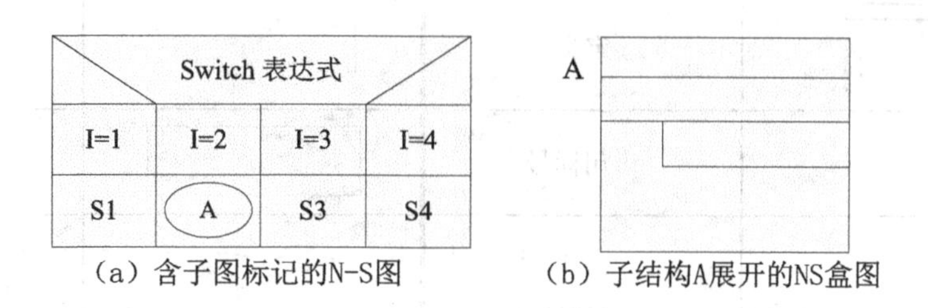

（a）含子图标记的N-S图　（b）子结构A展开的NS盒图

图 6-4　带子图标记的 NS 盒图

【例题 6-3】 请用 NS 盒图描述例题 6-1 的程序算法。

例题 6-1 的 NS 盒图如图 6-5 所示。

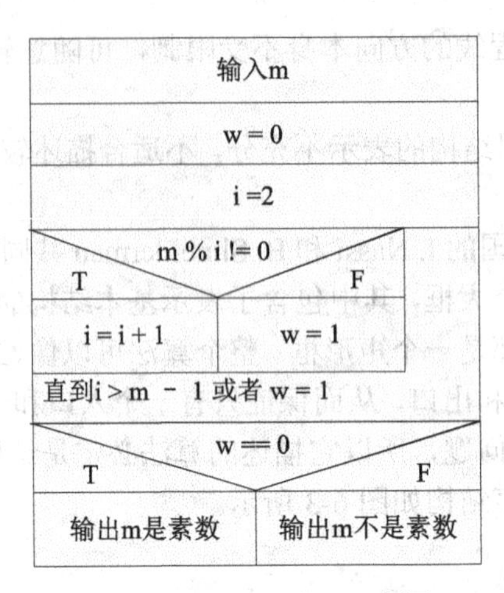

图 6-5 例题 6-1 的 NS 盒图

用 NS 盒图描述算法的优点在于：

（1）限制控制流不能任意转向，程序的结构良好；

（2）嵌套关系和模块的层次结构表达清晰，容易阅读理解；

（3）局部数据和全局数据的作用域范围明确。

但是 NS 盒图存在修改困难的弱点，一旦画错，通常只能重画。

3. PAD 图

PAD（problem analysis diagram）是问题分析图，自 1973 年日本日立公司提出以来已经得到一定程度的推广。它是用二维树形结构的图来表示程序的控制流。这种图翻译成程序代码比较容易。PAD 图的基本图形符号如表 6-4 所示。

表 6-4 **PAD 图图形符号表**

符号	符号名称	符号	符号名称
	输入输出		重复
	定义		选择
	语句标号		处理
	子算法		

PAD 图描述的基本程序结构如图 6-6 所示。

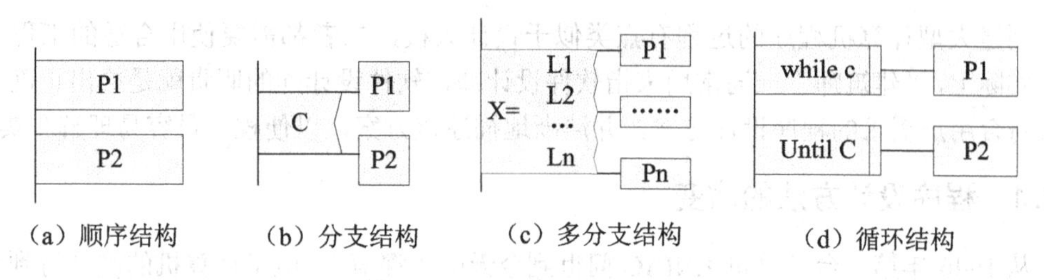

图 6-6　PAD 图描述基本结构

6.2.3　伪代码描述算法

使用这些图形工具描述出的算法直观、易值、逻辑关系清晰。但画起来比较费事，修改起来困难。算法设计往往要经过反复修改，因此使用这些图形工具就有些美中不足了。

伪代码（pseudo code）是用介于自然语言与计算机语言之间的文字和符号来描述算法。伪代码也被称为过程设计语言（PDL）。它无固定的、严格的语法规则，如同一篇文章，自上而下地写下来。可以用自然语言，也可以用程序设计语言或使用自然语言与程序设计语言的混合体。伪代码书写方便，格式紧凑，也比较好懂，便于向计算机语言过渡。

【例题 6-4】　请用伪代码描述例题 6-1 的程序算法。

例题 6-4 的伪代码如下所示

```
1.      main( )
2.      {       输入m的值;
3.                i=2;
4.                while(i<m)
5.                {       if(m能被i整除)      break;
6.                        else
7.                                i=i+1;
8.                }
9.                if(i等于m)
10.                       输出m是素数;
11.               else
12.                       输出m不是素数;
13.     }
```

无论使用自然语言、图形化工具，还是伪代码描述算法，一个总体原则是简单易懂，无论编程者使用何种语言，都应该可以很容易地将描述的算法转换为符合具体语言规范的源程序。因此，算法描述中应尽量少出现某一种语言特有的语言细节。

当然，也可采用计算机语言直接描述算法，但是这种方式不利于描述大型程序，因为这种方法需要同时兼顾算法和语言细节，这是得不偿失的。一旦思路出现错误，修改难度极大。

6.3 程序设计方法基础

创建大型计算机程序的过程有点类似于设计大楼，二者都需要使用合适的工程设计方法。实际上，“建筑师”一词常用来指软件设计师，软件设计师的职责就是给出正确、合理的且符合用户需求的程序设计方案，并清晰地描述该方案，以便程序员容易理解和实现。

6.3.1 程序设计方法的演变

从1946年第一台计算机ENIAC问世到今天的“深蓝”，电子计算机的硬件得到突飞猛进的发展，程序设计的方法也随之不断地进步。发展至今，程序设计方法经历了以下三个阶段：

（1）结构化程序设计时代：20世纪70年代以前，程序设计方法主要采用流程图，结构化设计（structure programming，SP）日趋成熟，20世纪80年代SP是主要的程序设计方法。

（2）面向对象程序设计时代：然而，随着信息系统的加速发展，应用程序日趋复杂化和大型化。传统的软件开发技术难以满足发展的新要求。20世纪80年代后，面向对象程序设计（object orient programming，OOP）技术日趋成熟并逐渐地为计算机界所理解和接受。面向对象的程序设计方法和技术是目前软件研究和应用开发中最活跃的一个领域。

（3）后面向对象程序设计时代：面向对象程序设计方法存在两个局限性：一个是它对软件职责的划分是“垂直”的。在一个标准的对象继承体系中，对象的行为是在编译期间被决定的。另一问题是接口问题。在传统的面向对象环境下，对象开发者没有任何办法确保使用者按照自己的要求来使用接口。针对这些缺点，人们在面向对象的基础上发展了更多的新技术，借以弥补面向对象技术的缺陷，这就是即将到来的后面向对象时代。

6.3.2 结构化程序设计

早期的计算机存储器容量非常小，当时设计程序时首先考虑的问题是如何减少存储器开销，硬件的限制不容许人们考虑如何组织数据与逻辑。程序本身短小、逻辑简单，也无需人们考虑程序设计方法问题。与其说这个时期的程序设计是一项工作，倒不如说它是程序员的个人技艺。但是，随着大容量存储器的出现及计算机技术的广泛应用，程序编写越来越困难，程序的大小以算术基数递增，而程序的逻辑控制难度则以几何基数递增，人们不得不考虑程序设计的方法。

1968年11月，Edsger Dijkstra在*Communications of the ACM*上发表的《*Go to Statement Considered Harmful*》论文，正式提出结构化程序设计的思想，这是最早提出的程序设计方法。至1975年起，许多学者研究了“把非结构化程序转化为结构化程序的方法”、“非结构的种类及其转化”、“结构化与非结构化的概念”、“流程图的分解理论”等问题。结构化程序设计逐步形成既有理论指导且又有切实可行方法的一门独立学科。

SP方法的核心是模块化，它主张使用顺序、选择、循环三种基本结构来嵌套联结成具有复杂层次的“结构化程序”，并严格控制GOTO语句的使用。用这样的方法编出的程序在结构上具有以下效果：

（1）以控制结构为单位，只有一个入口，一个出口。

（2）能够以控制结构为单位，从上到下按顺序地阅读程序文本。

（3）由于程序的静态描述与执行时的控制流程容易对应，所以能够方便正确地理解程序的动作。

结构化程序设计的要点是："自顶而下，逐步求精"的设计思想，"独立功能，单出、入口"的模块仅用3种（顺序、分支、循环）基本控制结构的编码原则。"自顶而下"的出发点是指从问题的总体目标开始，先专心构造高层的结构，然后再一层一层地分解和细化。这使设计者能把握主题，避免一开始就陷入复杂的细节中，使复杂的设计过程变得简单明了，其结果也容易做到正确可靠。"独立功能，单出、入口"的模块结构减少了模块的相互联系，使模块可作为插件或积木使用，降低程序的复杂性，提高可靠性。程序编写时，所有模块的功能通过相应的子程序（函数或过程）实现。程序的主体是子程序层次库，它与功能模块的抽象层次相对应，编码原则使得程序流程简洁、清晰，增强可读性。

在结构化程序设计方法中，划分模块不能随心所欲，不是把整个程序简单地分解成一个个程序段，而必须按照一定的方法进行。模块的根本特征是"相对独立，功能单一"。换而言之，一个好的模块必须具有高度的独立性和相对较强的功能。模块的好坏，通常用"耦合度"和"内聚度"两个指标从不同侧面而加以度量。所谓耦合度，是指模块之间相互依赖性大小的度量，耦合度越小，模块的相对独立性越大。所谓内聚度，是指模块内各成分之间相互依赖性大小的度量，内聚度越大，模块各成分之间联系越紧密，其功能越强。因此在模块划分应当做到"耦合度尽量小，内聚度尽量大"。

6.3.3　面向对象程序设计

面向对象程序设计方法源于20世纪70年代中后期，在20世纪80年代逐步代替了结构化程序设计方法，成为最重要的方法之一。至今，面向对象的方法被广泛应用于各个领域。原因在于，从20世纪90年代开始，由于计算机硬件的飞速发展，对软件系统在规模和性能方面的要求不断提高。传统的软件工具、软件技术和抽象层次越来越难以适应大规模复杂软件系统的开发特点。

与结构化设计思想完全不同，面向对象的方法学认为世界由各种对象组成，任何事物都是对象，是某个对象类的实例。面向对象的基石是对象和类。对象是数据及对这些数据施加的操作结合在一起所构成的独立实体的总称；类是一组具有相同数据结构和相同操作的对象的描述。例如："一般的计算机"就是类，而"张三的计算机"是上述类的一个具体的对象。

面向对象的基本机制是方法和消息，方法是对象所能执行的操作，它是类中所定义的函数，描述对象执行某个操作的算法，每一个对象类中都定义了一组方法；消息是要求某个对象执行类中某个操作的规格说明。

面向对象具有三个重要特性：封装性、继承性和多态性。

（1）封装性是指对象是由数据和处理该数据的方法构成的整体，外界只能看到其外部特性（消息模式、处理能力等），其内特性（私有数据、处理方法等）对外不可见。对象的封装性使得信息具有隐蔽性，它减少了程序成分间的相互依赖，降低程序的复杂性，提高程序的可靠性。

（2）继承性（inheritance）反映的是类与类之间的不同抽象级别，根据继承与被继承的关系，可划分为父类和子类。"继承"是指子类从父类处获得所有的属性和方法，并且可以对这些获得的属性和方法加以改造，使之具有自己的特点。例如“武汉大学计算机学院2009级新生”这个类是“武汉大学2009级新生”的子类。继承性使得相似的对象可以共享程序代码和数据，继承性是程序可重用性的关键。

（3）多态性是指一个方法根据传递给它的参数的不同，可以调用不同的方法体，实现不同的操作。将多态性映射到现实世界中，则表现为同一个事物随着环境的不同，可以有不同的表现形态，以及不同的和其他事物的通信方式。多态性使得在一个类等级中允许使用相同函数的多个版本，程序员可以开发可重用的类和方法而不必担心名字的冲突问题。

面向对象程序设计方法是以“对象”为中心进行分析和设计，使这些对象形成了解决目标问题的基本构件，即解决从“用什么做”到“要做什么”。其解决过程从总体上说是采用自底向上方法：先将问题空间划分为一系列对象的集合，再将对象集合进行分类抽象，一些具有相同属性行为的对象被抽象为一个类，类还可抽象分为子类、超类（超类是子类的抽象）。其间采用继承来建立这些类之间的联系，形成结构层次。同时对于每个具体类的内部结构，又可采用自顶向下逐步细化的方法由粗到细精化之。

与传统的结构化程序设计相比，面向对象程序设计方法具有许多优点。如采用“对象”为中心的设计方式更能体现人类认识事物的思维方式和解决问题的工作方式。它能尽量逼真地模拟客观世界及其事物；用对象和类来实现模块化，类继承实现抽象对象，以及任一对象的内部状态和功能的实现的细节对外都是不可见的，因此能很好地实现信息隐藏。面向对象方法使得软件具有良好的体系结构、便于软件构件化、软件复用和良好的扩展性和维护性，抽象程度高，因而具有较高的生产效率。面向对象程序设计语言以JAVA、C++等为典型代表。

6.3.4 后面向对象程序设计

经过多年的实践摸索，人们也发现面向对象方法有其不足。例如许多软件系统不完全都能按系统的功能来划分构件，仍然有许多重要的需求和设计决策，比如日志等，它们具有一种“贯穿特性”，无论是采用面向对象语言还是过程型语言，都难以用清晰的、模块化的代码实现。最后的结果经常是：实现这些设计决策的代码分布贯穿于整个系统的基本功能代码中，形成了常见的“代码散布”和“代码交织”现象。代码交织现象增加了功能构件之间的依赖性，分散了构件原来假定要做的事情，使得一些功能构件难以复用，源代码难以开发、理解和发展。

因此，人们发展了更多的新技术，借以弥补面向对象技术的缺陷，使得面向对象技术能够更好地解决软件开发中的问题。这些建立在面向对象的基础上、并对面向对象做出扩展的新技术被广泛应用的时期，我们把它称为“后面向对象时代”。

面向方面程序设计（Aspect-Oriented programming，AOP）方法，这一概念最早由施乐（Xerox）公司加州硅谷Palo Alto研究中心（PARC）的首席科学家Gregor Kicgales等人首次在1997年的欧洲面向对象编程大会（ECOOP 97）上提出。面向方面程序设计是“后面向对象时代”的典型代表。

方面Aspect，是面向方面程序设计的核心，是一种程序设计单元，它可以将那些在传统程序设计方法学中难以清晰地封装并模块化实现的功能，封装实现为独立的模块。方面是面向方面程序设计将贯穿特性局部化和模块化的实现机制。方面的实现和传统方法中模块的实现不同。方面Aspect之间是一种松耦合的关系，各Aspect的开发彼此独立。主代码的开发者甚至可能没有意识到 Aspect 的存在，只是在最后系统组装时刻，才将各 Aspect 代码和主代码编排融合在一起。因此，主代码和 Aspect 之间可以是一种不同于传统“显式调用”关系的“隐式调用”。隐式调用的巨大优点，就是程序员不必对方面 Aspect 的实现机制熟悉，也能进行正确的调用。

6.4　结构化程序设计方法

毫无疑问，每个程序员都希望用一种固定的方法简化大型程序的开发。编写程序的三种基本方法是：自顶向下、自底向上和随意发挥。自顶向下方法要求从最高层开始，逐层降到低级子程序。自底向上方法正好相反，从最低级子程序开始，逐步形成复杂结构，结束于顶层子程序。随意发挥没有预定规则。

作为结构化语言，C 语言最适合于自顶向下方法，这种方法可以产生清晰、可读、易于维护的代码，有利于程序员在实现低级函数前理解程序总体结构，减少起点失误引起的浪费。

6.4.1　构造程序草图

与编写提纲类似，自顶向下的方法由最一般的描述开始，逐步达到细节。我们从一个例子来说明如何构造程序草图

【例题 6-5】　请编写一个通信录程序。

首先列出程序动作清单，其中每项是一个功能单元，每个功能单元完成一个任务：

1. 输入一个新地址；
2. 删除一个通信录记录；
3. 打印通信录；
4. 存储通信录到外存；
5. 从外存装入通信录；
6. 退出程序。

定义了程序动作之后，首先从 main( )函数开始，草拟每个功能单元的功能。例题 6-5 中主函数的主循环草图用伪代码描述如下所示：

```
1.    main loop
2.    {
3.        do{
4.            display menu
5.            get user selection
6.            process the selection
7.        }while the selection does not equal quit
8.    }
```

其次，应该给每个功能单元以相似的定义，例如定义 save( )函数把通信录写到磁盘文件中，实现上述定义中动作 4 的功能。save( )函数的功能定义如下所示：

```
1.    save to disk
2.    {
3.        open disk file
4.        while data left to write{
5.                write data to disk
6.        }
7.        close disk file
8.    }
```

定义过程中，如果产生新的功能单元，也必须定义该功能单元，直到不产生新单元时，定义过程停止。例如，save( )函数定义了打开磁盘文件、把数据写入磁盘文件以及关闭磁盘文件等功能单元。

注意，在定义程序草图时，不涉及数据结构或变量。这样做有利于我们只关心程序干什么工作，不关心程序怎样完成这些工作。这种定义过程将帮助我们确定实际的数据结构。

6.4.2 选择数据结构

确定程序总体结构之后，必须确定数据结构。这是十分重要的，因为数据结构将有助于确定程序的设计限制。

一条通信录记录需要处理以下信息集合：姓名、住址、电话和邮政编码等。如何存储和处理这些结构呢？固定通信录长度是一种选择，这时可以选择结构数组。但是这种方法存在一个缺陷：数据的大小是固定的，人为地限制了通信录的长度。数组长度定义过长将造成内存空间的浪费，如果数组长度定义过短，则容易造成可以存储的通信录记录条数过少。

如果希望程序可以根据需要动态调整通信录的存储结构长度，这时就必须考虑动态数据结构。几种可能的动态数据结构是：链表、双向链表、二叉树或散列方法。每种方法都有优点和缺点。假设例题 6-5 仅要求通信录存储的记录条数没有上限限制，对查询等操作没有特殊性能要求，因此选择链表。定义例题 6-5 中保存通信录中姓名和地址的结构，如下所示：

```
struct address{
    char name[20];                          /*姓名*/
    char address[40];                       /*地址*/
    long zip;                               /*邮政编码*/
    char phone[15];                         /*电话号码*/
    struct address *next;                   /*下一个节点地址*/
}*head;
```

指针变量 head 为链表的头指针。一旦确定数据结构，就需要对程序草图中描述的功能单元进行详细设计，主要包括模块划分和算法设计。

6.4.3 功能模块设计

数据结构确定后，就需要对程序草图中的各个功能单元进行模块设计。重点在于细化模块功能，明确模块接口（模块的数据输入和输出）。

对于 C 语言而言，常用函数调用图表说明程序中划分了哪些功能单元，用函数原型说明每个函数的输入和输出数据的方法。

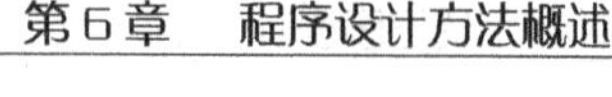

例如，例题 6-5 的函数调用图如图 6-7 所示。

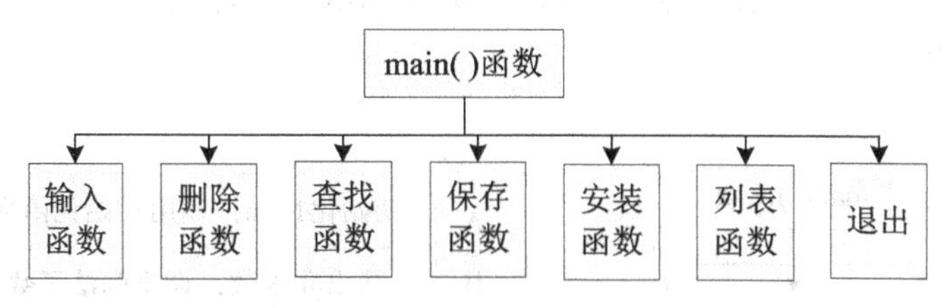

图 6-7　通信录程序的函数调用图

相关函数原型和参数说明如下：

```
struct address * insert(struct node *head);        /*输入函数，插入新记录*/
struct address * delete(struct address *head);     /*删除函数*/
void search(struct address *head);                 /*查找函数*/
void save(struct address *head);                   /*保存函数*/
struct node *load( );                              /*安装函数*/
void show(struct node *head);                      /*列表函数*/
```

其中，形参 head 表示链表头指针。退出功能单元比较简单，用 exit( )函数调用即可实现，这里没有列出。

对于上述函数的参数类型和通信方式的设计方法和工作原理，将在后续相关章节陆续展开，例题 6-5 的源程序参见第 10 章 10.5.3 节中的例题 10-5。其中相关的指针、结构类型和文件等知识点的详细介绍读者可参见第 8 章和第 9 章中的相关内容。

6.4.4　模块详细设计

确定了程序的功能模块划分，以及每个功能模块的函数原型、参数类型和通信方法之后，需要确定各个功能模块的算法，主要是给出每个函数的算法描述。例如，用程序流程图或者 NS 盒图的方式描述各个函数算法。

由于例题 6-5 采用的链表涉及到指针、结构类型、文件等后续章节的内容，通信录程序的函数算法描述将在第 10 章 10.5.3 节中的例题 10-5 给出。这里给出另一个简单的范例程序来说明设计方法。

【例题 6-6】　输入正整数 n 的值，用筛法将 1 到 n 之间的素数打印出来。

所谓筛法即古希腊著名数学家埃拉托色尼所采用的一种方法，即在一张纸上写上 1 到 n 全部整数，然后逐个判断它们是否是素数。找出一个非素数，就把它挖掉。最后剩下的就是素数。

具体做法如下：

- 先将 1 挖掉（因为 1 不是素数）。
- 用 2 去除它后面的各个数，把能被 2 整除的数挖掉，即把 2 的倍数挖掉。
- 用 3 去除它后面的数，把 3 的倍数挖掉。
- 依次用 4、5、…各数作为除数去除这些数以后的各数。这个过程一直进行到最后一个没被挖掉的数的所有倍数都挖掉为止。例如要找 1 至 50 之间的素数，要一直进行到除数为 47 为止（事实上，已经证明，如果需要找 1～n 范围内的素数，只需要进行到除数为 sqrt(n)

（取整数）即可）。

筛法求素数程序需要执行初始化数据、筛除非素数和打印结果三个动作，其函数调用图表和主函数程序草图如图 6-8 所示。

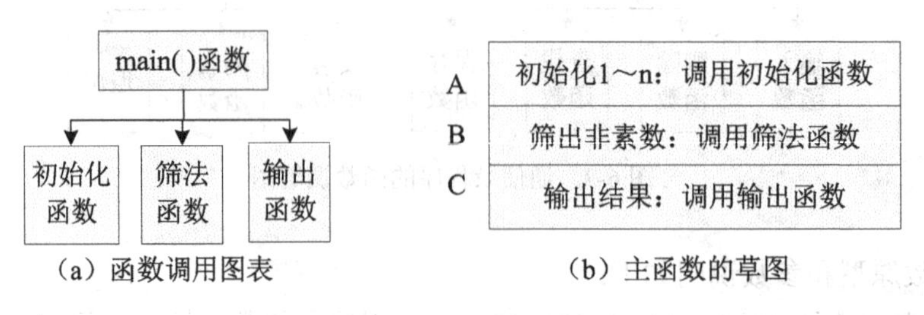

（a）函数调用图表　　（b）主函数的草图

图 6-8　筛法求素数程序函数调用图表和主函数程序草图

例题 6-6 中选择数组来存储 1～n 的数值，其定义是：

```
#define SIZE 1000      /*SIZE：程序可以处理的 n 上限值*/
int array[SIZE];
```

数组中每个元素 array[i]取值为 0 表示该数据 i+1 没有被筛掉，或者该数据没有执行筛除操作。array[i]取值为 1，表示数据 i+1 已经进行过筛除操作，而且已经作为非素数被筛除掉了。因此，如果完成筛除操作之后，array[i]取值仍然为 0，就表示 i+1 是素数。

函数原型如下所示：

```
void initialArray( int array[ ] );     /*初始化函数：输入数据个数，初始化 1～n*/
void prime( int array[ ] );            /*筛法函数：筛出非素数*/
void printArray( int array[ ] );       /*输出函数：打印 1～n 之间的素数*/
```

其中，初始化函数 initialArray( )首先输入正整数 n 的值，然后初始化数组 array 的每个元素值为 0，表示 1～n 所有数据都没有执行筛除操作，其算法描述如图 6-9 中图(a)所示。

函数 printArray( ) 将数组 array 中所有取值为 0 的元素对应的数据打印在屏幕上，其算法描述如图 6-9 中图(b)所示。

函数 prime( )执行筛法筛除非素数的关键操作，其算法描述如图 6-10 所示。

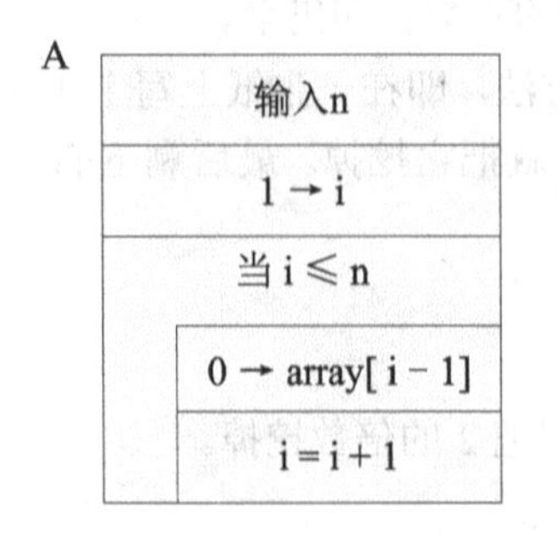

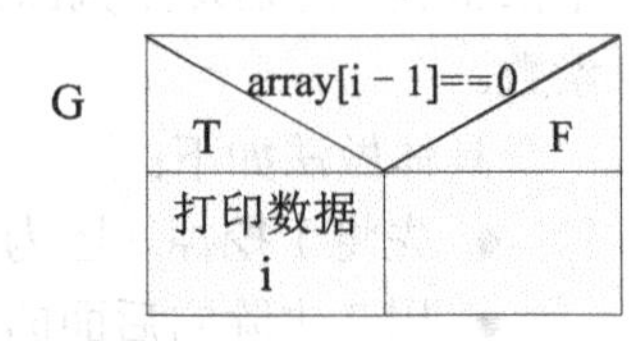

（a）initialArray( )函数NS盒图　　（b）printArray( )函数NS盒图

图 6-9　筛法求素数程序的 NS 盒图之一

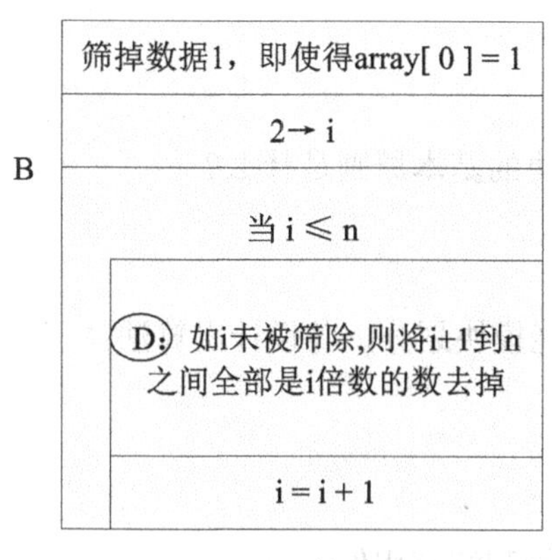

（a）prime( )函数NS盒图之1

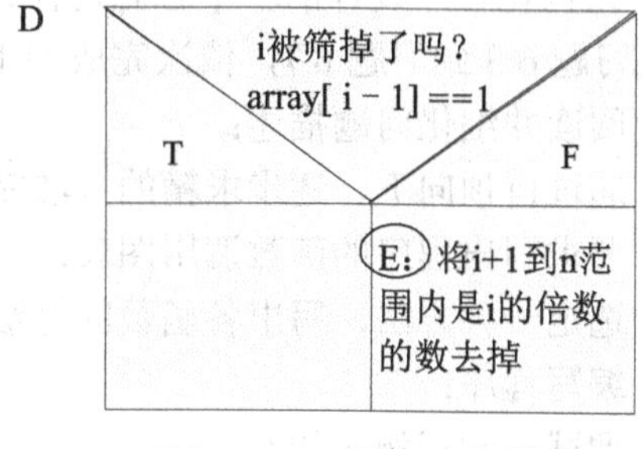

（b）prime( )函数NS盒图之2

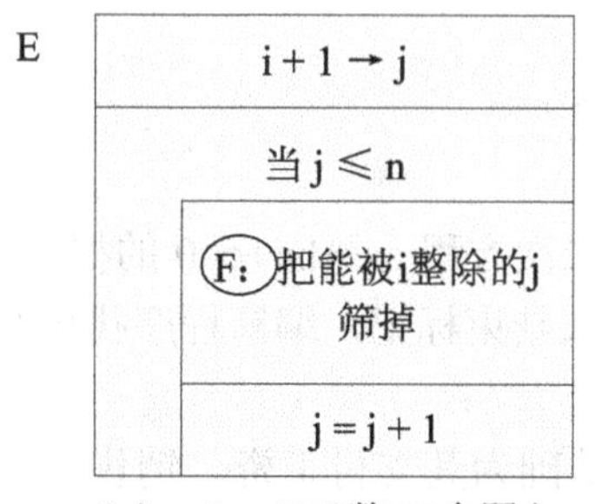

（c）prime( )函数NS盒图之3

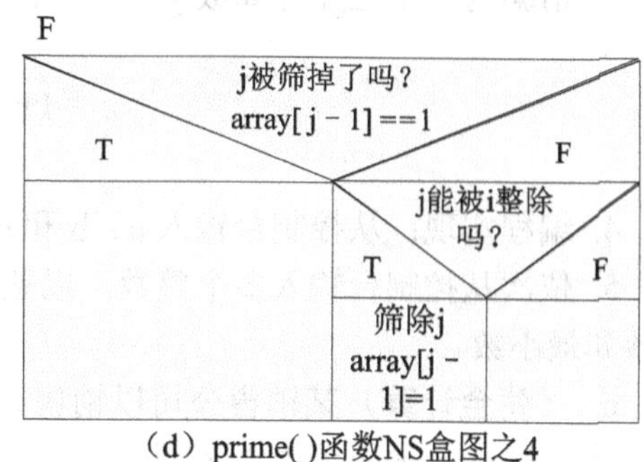

（d）prime( )函数NS盒图之4

图 6-10　筛法求素数程序的 NS 盒图之二

上述结构化程序设计，是在相当于第 1 章 1.4 节中描述的设计方案阶段完成的，这个阶段完成之后，C 语言程序员就可以使用集成开发环境编写代码，调试并测试你编写的源程序。程序测试以及软件测试的方法，读者可参见本教材的上机指导一书中的相关内容。

6.5　本章小结

本章首先简略描述了计算机中算法的基本概念和特点，以及算法描述的自然语言、图形化工具和伪代码方法。其次，介绍了程序设计方法的演变史，以及三种程序设计方法的区别。最后，本章以样例程序说明了结构化程序设计的步骤和方法。

软件开发最困难的阶段是“设计”，而不是“编码”，前者是方向性问题，后者是实现的技术问题。请读者记住：程序本身就像是一座冰山，建立在大量看不见的劳动之上，但是没有这些劳动它就绝不可能浮出水面。如果程序的结构不完善，那么程序的调试工作将会是一场噩梦。当然，这并不是说语言工具和语言细节完全不重要，注意对细节的把握，会使得你的程序尽善尽美。

习　题　6

1. 解释以下概念之间的区别。

a）伪代码和源代码

b）算法和程序

c）耦合度和内聚度

2. 结构化程序设计的基本思想是什么？划分模块的基本原则是什么？

从习题 6.3 到习题 6.7，依次完成如下步骤：

- 阅读并细化问题描述；
- 通过自顶向下、逐步求精的方法完程序的功能模块划分，并设计出算法；
- 要求写出程序的函数调用图表；
- 选定一种方法，写出各函数的算法描述；
- 编写程序；
- 调试、测试相应的 C 程序，写出程序测试计划和测试用例。

3. 请编写一个程序计算数学常量 e 的值。计算公式如下：

$$e = 1 + \frac{1}{1!} + \frac{1}{2!} + \frac{1}{3!} + \cdots\cdots$$

4. 编程实现：从控制台输入 a、b 和 c 的值，求解二次方程 $ax^2+bx+c=0$ 的根。

5. 依次从控制台输入多个整数，以整数-1 作为输入结束标记，编写程序找出其中的最大数和最小数。

6. **（薪金计算）**某销售公司以销售人员的佣金为基础为其支付工资。销售人员每周工资底薪 200 元，加上该周销售额的 9%。例如，某销售人员本周卖出 5000 元的商品，提成 9%，加上底薪 200 元，本周工资共计 650 元。请编写一个程序：读入每位销售人员最近一周的销售总额，计算并显示该销售人员本周的工资。每次处理一位销售人员，以输入销售总额值为-1 表示程序结束。

7. **（贷款单利计算）**贷款的单利计算公式如下：

利息=本金×利率×天数/365

该公式中的利率为年利率，因此需要除以 365。编写程序：使用上述公式，读入本金、年利率和借贷天数，计算并显示每笔借贷的利息。输入借贷金额为-1 时，程序结束。

第7章 数 组

到目前为止，读者学习过的数据类型都是简单数据类型，这些类型的变量用来表示一个单独的数据项。例如，要描述某个人的年龄，可以定义一个短整型变量 age。但是计算机语言的真正优势体现在定义复杂的数据结构，这些数据结构能够模拟真实世界中对象的复杂特性。例如要模拟元素周期表，不能真的定义 110 个变量名来表示 110 个元素，而是应该定义一个“聚合类型”的对象，该对象是一个由 110 个元素组成的集合。其中有多个元素或者成员组成的数据类型被称为“复合类型”、“构造类型”或者“聚合类型”。

从本章开始，我们将讨论程序设计的另一个重要主题：数据结构。本章开始将介绍的第一个数据结构就是数组，数组是若干个相同数据类型的相关数据的聚合体。例如，某个班级有 30 名学生，要定义保存该班级所有学生年龄的数据结构，可以定义一个由 30 个短整型元素组成的一维数组 cage。第 9 章中，将介绍另一种数据结构——结构类型，结构类型是若干个相关数据的聚合体，这些数据不必是相同的数据类型。数组和结构类型都是“静态的”数据结构，因为它们所占据的内存空间的大小在程序执行过程中保持不变。第 8 章中，将介绍可用来构造在程序运行过程中大小可变的各种“动态”数据结构的数据类型——指针。

C 语言中数组和指针的关系特别密切，讨论其中一个常涉及另外一个。本章着重介绍数组的基本概念，第 8 章着重于指针以及数组和指针的关系。本章介绍的主要内容包括：

- 数组的基本概念。
- 一维数组的定义，初始化和引用方法。
- 字符数组的定义，初始化，输入输出以及常用字符串处理库函数。
- 二维数组的定义，初始化和引用方法。
- 多维数组的定义，进一步解读多维数组、字符串数组。

7.1 什么是数组

很多应用程序中，常常需要处理一组相关数组，这些数据在被读入后，可能需要多次处理，这时就必须在使用数据的程序区间保存所有数据。

考虑这样一个问题，某个班级共 30 个学生，考了“高级语言程序设计”这门课程。如果只计算课程的平均成绩，则不需要用数组保存成绩数据，只要用一个求和循环即可。但是如果判定成绩等级，这时就需要用考试成绩来计算平均成绩，然后用考试成绩来判定等级。在这两次处理过程中，就需要用数组来保存成绩数据。

如果用单个的变量来解决上述问题，需要定义 30 个变量，代码将非常冗长，造成程序可读性和维护性极差。可以用数组解决该问题，例如把 30 个考试成绩保存在名称为 score 的数组中，每个元素包含一名学生的考试成绩。

数组是若干个同类型变量的聚合，允许通过统一的名字引用其中的变量。这个统一的名称被称为数组名，它是这些同类变量聚合的统一标识。数组中的每个变量被称为数组单元，保存在数据单元中的数据值就是数组元素。所有数组单元必须具有统一的数据类型，这个类型被称为数组的“基类型”。

从逻辑结构来看，数组可以看作是一组同类型数据（数组元素）的有序集合。从物理结构来看，数组是一段连续被等分的内存空间，每个被划分的内存空间就是数组单元。

1. 数组的维和下标

数组对象整体有一个名称，用这个名称表示整个数组，用数组名以及紧跟其后括在方括号内的整数来表示数组单元，这个整数就是“下标”。简单地说，下标是数组单元的位置号，或称索引。许多高级语言中数组的下标从 1 开始，但是 C 语言中数组下标是从 0 开始的，因为这样系统效率会高一些。

引用数组单元需要的下标数目，被称为数组的维。包含 1 个下标的数组是一维数组，而需要 2 个或更多下标的数组就是多维数组。

例如，某个课头包括三个班级，每个班有 30 个学生。如果只需要处理其中某一个班级 30 名学生的考试成绩，可以定义数组

```
int cscore[30];
```

其中，下标个数只有 1 个，这就是一维数组。cscore 是数组名，30 是下标的长度，即数组单元的个数。但是如果需要处理该课头中所有 3 个班级的考试成绩，就需要定义数组

```
int score[3][30];
```

其中，第一维下标表示班级序号，其长度 3 表示共有 3 个班级。第二维下标表示学生序号，其长度 30 表示每个班级有 30 名学生。这就是二维数组。

2. 数组尺寸

数组尺寸包含两个方面的含义：数组长度和整个数组占据的字节数。数组长度是数组单元的个数。对数组名使用 sizeof，得到的是字节数，也就是数组占据的内存空间大小，它等于数组长度和基类型元素尺寸的乘积。

当然，程序员在定义数组时，必须知道数组长度，但他们不一定知道数组占据的字节数，因为这取决于基类型的尺寸，而基类型的尺寸可能随不同的机器变化，例如 int 类型等。

7.2 一维数组

仅用一个下标编号即可确定数组元素的数组就是一维数组，本节将介绍一维数组的定义、初始化和引用方法。

7.2.1 定义一维数组

一维数组定义的一般形式是：

type array_name[*size*];

其中，type 是数组的基类型，也就是数组元素的数据类型；array_name 是数组名，数组的整体标识。在 C 语言中，数组名代表数组存储空间的起始地址，它是地址常量。size 是数组长度，C89 规定必须是常量表达式。

C 语言中数组下标从 0 开始，所以合法的数组下标是从 0～size－1。

例如，

int score[30];

定义了一个一维数组 score，包含 30 个 int 类型的数组单元。这 30 个数组单元可分别表示为 score[0]，score[1]，…，score[29]。

7.2.2　一维数组初始化

一维数组初始化的基本用法是：

type array_name[*size*] = { *value_list* } ;

其中，花括号括起来的就是初始值列表，多个初始值之间用逗号（,）分隔。初始值的个数应当小于等于数组长度。如果初始值的个数大于数组长度，则编译程序认定为错误。

图 7-1 定义并初始化了短整型数组 tempa，它包含 6 个数组单元，初始值列表中给出了全部 6 个数组单元的初始值。图中的方框是数组 tempa 的存储结构示意图。

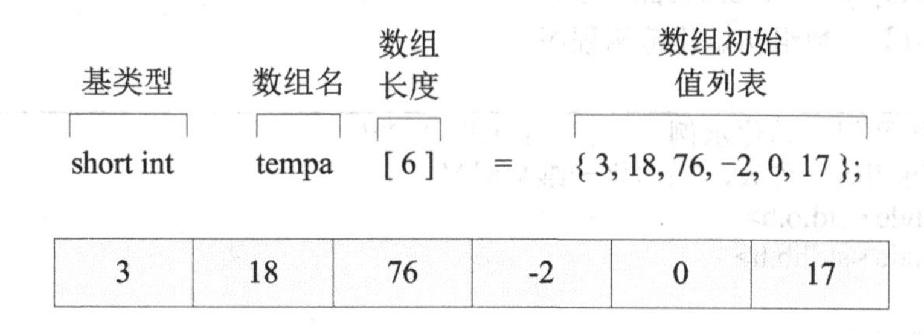

图 7-1　短整型数组初始化的典型例子

在初始化数组的过程中还可能出现以下几种特殊的情况。

（1）未初始化的数组。

数组定义时可以没有初始化部分，未初始化的数组和变量一样，受存储类别的限制，全局数组或者静态数组未初始化，其初始值自动设置为 0；自动数组未初始化，其初始值是未知的。

例如

short int　age[6];

虽然定义了短整型数组 age，但是却没有给出初始值。如果 age 在函数内部定义，是自动数组，则初始值未知，如果在 short 前增加 static 前缀，则 age 被声明为静态数组，则初始值自动设置为全 0。

（2）有初始值部分，缺少数组长度。

如果给出数组初始值部分，但缺少数组长度。这时，C 编译程序会自动计算初始值的个数，并设置数组长度等于这个数值。然后分配相应的数组单元空间，将初始值列表中的数据顺序存储到数组单元中。

例如

short int　pressure[ ]={ 3, 18, 76, −2, 0, 17 };

C 编译程序默认数组 pressure 的长度为 6。

（3）初始值的个数少于数组长度。

数组初始化时，初始值的个数少于数组长度不是错误。在这种情况下，用初始值列表中的数据初始化数组的前几项数组单元，其余的自动初始化为 0。

例如

short int　inventory[6]={ 1 };

只给出 1 个初始值，该数据 1 被初始化给数组单元 inventory[0]，其余单元 inventory[1]、…、inventory[5]被初始化为 0。

（4）如果初始值部分是空的花括号，则初始化所有数组单元为零。

由于定义自动数组时如果没有初始化部分，是不能自动地初始化为 0。为了达到这个目的，可以使用空的花括号来初始化。

例如

short int　instock[6]={　};

将初始化 instock[0]、…、instock[5]为 0。

【例题 7-1】　数组初始化范例程序。

```
1.   /*一维数组初始化示例。源程序：LT7-1.C*/
2.   /*通过初始化列表，初始化一维数组*/
3.   #include <stdio.h>
4.   #include <stdlib.h>
5.
6.   /*主函数*/
7.   int main()
8.   {
9.       int n[ 10 ]={ 32,27,64,18,96,14,90,70,60,37 };
10.      int i;    /*计数器变量*/
11.
12.      printf("%s%13s\n","Element","Value");
13.
14.      /*输出一维数组各元素值*/
15.      for( i=0; i<10; i++)
16.          printf("%4d%15d\n", i, n[ i ] );
17.
18.      system("PAUSE");
19.      return 0;
20.  }   /*end main*/
```

```
Element      Value
   0            32
   1            27
   2            64
   3            18
   4            96
   5            14
   6            90
   7            70
   8            60
   9            37
请按任意键继续…
```

程序 LT7-1.C 中第 9 行对一维数组 n 进行了初始化，第 15 行通过 for 循环语句顺序访问数组 n 的每个元素。

7.2.3 访问一维数组

1. 访问一维数组的基本方法

对于一维数组来说，除了字符数组之外，不能整体访问数组（一次性读写一维数组所有单元），只能访问具体的某个数组元素。访问数组元素的一般形式是：

array_name[下标表达式]

其中，array_name 是数组名，下标表达式是整型表达式，表示被访问单元的下标，它的取值应该在 0～数组长度-1 之间。

例如，需要定义数组保存所有家庭成员的年龄，假设该家庭共有 N 个家庭成员。定义数组保存家庭成员的年龄时，按照父亲、母亲、孩子的顺序保存，孩子的年龄按从大到小的次序保存。所以，定义数组如下：

```
#define   N   6
int   age[ N ] = { 64, 60, 34, 32, 29, 20};
```

假设定义表示母亲年龄的下标变量 pos_mother 如下所示：

```
int   pos_mother = 1;
```

如果需要从数组中取出父亲、幼子和长子的年龄，可以执行下列语句。

```
int   age_father, age_oldest, age_youngest;       /*父亲年龄、长子年龄、幼子年龄*/
age_father = age[ 0 ];                             /*读取父亲年龄*/
age_youngest = age[ N - 1];                        /*读取幼子年龄*/
age_oldest = age[pos_mother + 1];                  /*读取长子年龄*/
```

从上面的例子可以看出，访问数组元素的关键就是正确计算下标。

2. 一维数组的输入输出

除了字符数组之外，普通一维数组只能逐个输入输出数组单元，不能整体输入输出数组所有数据。

【例题 7-2】 数组输入输出程序，计算长方体的体积。

例题 7-2 的问题描述如表 7-1 所示。

表 7-1 **长方体体积计算程序的问题说明**

目标：计算长方体的体积
输入：用户将交互式输入长方体的长、宽和高，单位：厘米
公式：长方体的体积 = 长 × 宽 × 高 / 10^6
计算需求：长方体的体积，单位：立方米；至少保留到小数点后两位数字。

例题 7-2 的源程序如下所示：

```
1.   /*一维数组输入输出示例。源程序：LT7-2.C*/
2.   /*计算长方体的体积*/
3.   #include <stdio.h>
4.   #include <stdlib.h>
5.   #define N 3
6.
7.   int main()
8.   {
9.         float dimension[ N ];
10.        float volume;
11.        int k;
12.
13.        printf("\n数组输入示例：计算长方体的体积\n\n");
14.
15.        printf("请输入长方体的长、宽、高（单位：厘米）;\n");
16.        for( k = 0; k < N; k++) {
17.              printf(">");
18.              scanf("%g",&dimension[k] );
19.        }   /*end for*/
20.
21.        volume=dimension[0] * dimension[1] *dimension[2] /1e6;
22.
23.        printf("\n");
24.        for( k=0; k<N; k++)
25.              printf("dimension[ %d ]: %g  厘米\n",k, dimension[k] );
26.
27.        printf("长方体的体积：%.2f  立方米\n\n", volume );
28.
29.        system("PAUSE");
30.        return 0;
31.  }     /*end main*/
```

```
数组输入示例：计算长方体的体积

请输入长方体的长、宽、高（单位：厘米）:
>100
>200
>300

dimension[ 0 ]: 100  厘米
dimension[ 1 ]: 200  厘米
dimension[ 2 ]: 300  厘米
长方体的体积：  6.00  立方米

请按任意键继续…
```

通过程序 LT7-2.C 中第 16 行和第 24 行的两个 for 循环可以看出，输入输出一维数组的所有元素值通常是通过循环语句顺序访问来实现的。

3. 下标越界错误，越界使用存储空间

一个需要特别注意的问题是：C 完全没有下标的合法性检查。也就是说，当访问数组单元出现下标越界时，C 编译程序没有任何错误提示，程序将继续执行，并访问不属于数组的存储空间，而这个存储空间可能属于其他变量或者是根本不存在的存储器空间。

例如，定义数组

```
int score[30];
```

而以下语句

```
score[30] = 88;
```

把数据 88 赋给下标为 30 的数组单元，这个单元已经超过 0～29 的合法范围之外。

下标越界错误，常常由于系统没有错误提示，而被程序员忽略。但是这种错误的后果是无法预计的，程序运行看起来正确，但是也可能引起程序崩溃或硬件错误（例如内存故障、总线错误或者分段错误）。

下面是一个常见的下标越界的错误例子。

【例题 7-3】 计算 3 维向量的模。

例题 7-3 的问题描述如表 7-2 所示。

表 7-2　**3 维向量模的计算程序的问题说明**

目标：计算 3 维向量的模
输入：用户将交互式输入 3 维向量的数值
公式：向量的模 $=\sqrt{成员1^2+成员2^2+成员3^2}$
计算需求：向量的模。

下面是例题 7-3 源程序的一个错误版本，其中出现了一处下标越界错误。

```
1.    /*越界访问数组示例。源程序：LT7-3.C*/
2.    /*计算维向量的模，错误版本*/
3.    #include <stdio.h>
4.    #include <stdlib.h>
5.    #include <math.h>
6.
7.    int main()
8.    {
9.        int k;
10.       float v[3];            /*向量v*/
11.       float sum;
12.       float magnitude;       /*向量v的模*/
13.
14.       printf("\n示例程序：越界访问一维数组！ \n");
```

```
15.
16.     printf("\n请输入维向量的数据值：\n" );
17.     for( sum = 0.0, k = 0; k <= 3; k++) {        /*错误行*/
18.         printf("\tv[%i]: ", k );
19.         scanf("%g", &v[k] );
20.         sum += v[k] * v[k] ;
21.     }   /*end for*/
22.
23.     magnitude = sqrt( sum );
24.
25.     printf("\n向量（%g , %g , %g ）的模: %g\n", v[0], v[1], v[2], magnitude );
26.
27.     system("PAUSE");
28.     return 0;
29. }   /*end main*/
```

```
示例程序：越界访问一维数组！

请输入3维向量的数据值：
        v[ 0 ]: 0.0
        v[ 1 ]: 1.0
        v[ 2 ]: 2.0
        v[ 3 ]: 3.0

向量（ 0，  1，  2 ）的模：  3.74166
请按任意键继续…
```

程序 LT7-3.C 中的错误出现在第 17 行，for 循环的条件应该是“k<3”，而不是“k<=3”。但是第 17 行中循环变量从 0 到 3，共循环了 4 次。一维数组 v 只有 3 个数组元素，下标的合法范围应该是从 0～2，所以出现下标越界错误，程序中访问了原本不属于 v 数组的内存空间，即下标为 3 的数组单元。

读者运行此程序时，编译系统没有任何错误提示信息，多数情况下可以运行该程序；但是由于多循环了一次，所以实际上需要用户多输入 1 个数据值。但是运行此程序，也可能引起程序崩溃。程序 LT7-3.C 的正确版本是：将第 17 行中的循环条件“k<=3”修改为“k<3”。

防止出现下标越界错误的最好做法是：开发程序时预防这种错误，即程序员必须要保证下标合法！

7.2.4 一维数组范例

1. 平行数组

例题 7-4 中使用了一组长度相同的平行数组，以实现学生信息表（学生 ID 号、两次测试成绩、平均成绩），其中每个数组代表表中的一列，每个数组的下标表示表中的一行。在例题 7-4 中，定义了以下的数组来实现学生信息表：

```
long id[MAX];                          /*学生 ID 号*/
short midterm[MAX],final[MAX];         /*期中成绩，期末成绩*/
float average[MAX];                    /*加权平均成绩*/
```

其中，数组 id 表示第 1 列的学生 ID 号；midterm、final 和 average 分别表示其余各列的两次测试成绩以及平均成绩。

使用平行数组表示一张表时，应使用同一个变量作为所有平行数组的下标。例题 7-4 中运用了这个原则，采用变量 k 担任这个作用。首先将输入的 3 个信息保存到代表学生 ID 号、两次测试成绩的 3 个数组的指定单元中，然后计算平均成绩，保存到第 4 个数组的指定单元中。输入循环之后，扫描第 4 个数组（平均成绩数组）继续计算其他值。

【例题 7-4】 编写程序，输入某个班级所有学生的 ID 号和两次测试成绩，计算并输出某个班级每个学生的平均成绩以及和全班平均成绩之差值。

例题 7-4 的问题描述如表 7-3 所示。

表 7-3 计算学生总成绩程序的问题说明

目标：给定一个班级的学生的 ID 号和两次测试成绩（期中考试和期末考试），计算每个学生的总成绩（加权平均分）；同时计算全班的平均成绩，以及每个学生的平均分和总平均分之差。
输入：交互式输入每个学生的下列数据：ID 号（长整型），测试成绩（整型）。
限制条件：全班学生人数不超过 16 人。
输出要求：回显所有输入，输出每个学生的平均分及与全班总均分之差。
公式：加权平均成绩=0.45×期中成绩+0.55×期末成绩。

例题 7-4 的源程序如下所示：

```
1.   /*计算加权平均成绩。源程序：LT7-4.C*/
2.   #include <stdio.h>
3.   #include <stdlib.h>
4.   #define MAX 16
5.
6.   int main()
7.   {
8.       int k,n;
9.       long id[MAX];                       /*学生ID号*/
10.      short midterm[MAX],final[MAX];      /*期中成绩，期末成绩*/
11.      float average[MAX];                 /*加权平均成绩*/
12.      float avg_average;                  /*全班的平均成绩*/
13.      float diff;
14.
15.      printf("\n计算加权平均成绩！\n");
16.      printf("加权平均成绩=0.45*期中成绩+0.55*期末成绩\n\n");
```

```
17.
18.     /*输入班级人数*/
19.     printf("请输入班级学生人数：" );
20.     scan f("%i",&n);
21.     if(n> MAX || n < 1 )
22.         printf("班级学生人数必须在到&i之间！ \n\n", MAX);
23.
24.     /*输入学生的ID号和测试成绩，计算加权平均成绩*/
25.     printf("请输入班级每个学生的ID号、两次测试成绩：\n" );
26.     for(k = 0; k < n; k++) {
27.         printf("\t> " );
28.         scanf("%li%i%i", &id[k], &midterm[k], &final[k] );
29.         average[k] = .45 * midterm[k] + .55 * final[k] ;
30.     }   /*end for*/
31.
32.     /*计算全班平均成绩*/
33.     for(avg_average = 0.0, k = 0; k < n; k++)
34.         avg_average += average[k];
35.     avg_average /= n ;
36.     printf("\n全班的总平均成绩: %.2f\n", avg_average );
37.
38.     /*输出学生的成绩*/
39.     puts("\n   ID num     mid     final     average        +/-\n");
40.     puts("------------------------------------------------\n");
41.     for( k = 0; k < n; k++) {
42.         diff = average[k] - avg_average ;
43.         printf("%li%8i%8i%12.1f%10.1f\n", id[k], midterm[k], final[k],
44.                                      average[k], diff );
45.     }   /*end for*/
46.     puts("------------------------------------------------\n");
47.
48.     system("PAUSE");
49.     return 0;
50. }   /*end main*/
```

2. 数组排序

排序是把一系列数据按照升序或降序排列的过程。正因为如此，排序是最令人兴奋的智力算法的一种。至今，排序算法已经被研究得非常透彻。当数据需要排序时，许多程序员会直接使用 C 标准库函数 qsort( )。然而，不同的排序方法具有不同的特性，任何排序方法都不是万能的。所以为程序员的工具箱增加各种各样的排序方法是非常有用的。

C 标准库函数 qsort( )采用的是快速排序算法，在一般情况下是特别有效的，但在某些特殊场合下并不一定是最佳的排序，例如 qsort( )只适用于对数组排序，它不能对链表这样的数据进行排序。

排序算法分为两大类：随机存取目标排序法，例如对数组或随机存取磁盘文件进行排序；以及顺序目标排序法，如对磁盘、磁带或链接表的排序。对数组的三种通用排序方法是：交换排序、选择排序和插入排序。交换排序就是通过不断交换数组中的数据位置，直到数组排好序为止。选择排序就是先挑选出最小的数据，在从剩余数据值中挑选最小的数据，然后放在第一个数据的后面；重复上述过程，直到数组排序好了。执行插入排序时，先从数组中取出一个数据，再从剩余数据值中取出第二个数据，将其按排序次序放在第一个数据前后的适当位置；如此继续，直到所有数据都放置在正确位置。

例题 7-5 给出的冒泡排序算法，是一种交换排序，也是最著名（也最声名狼藉）的排序方法。冒泡排序因其名称形象且操作简单而出名，但是它确实是目前最差的排序算法之一。

【例题 7-5】 编写程序实现：用冒泡排序法将 10 个整数按照从小到大的顺序排序。

首先定义数组 a：

int a[10];

它是由 10 个整数作为元素构成的集合。图 7-2 和图 7-3 描述了对数组 a 进行冒泡排序的基本过程。

冒泡排序法排序的基本思路是：

- 第 1 趟冒泡排序：比较第 1 个数与第 2 个数，若为逆序（即 a[0] > a[1]），则交换第 1、2 个数据；然后比较第 2 个数与第 3 个数；依此类推，直至第 n−1 个数和第 n 个数比较为止。第 1 趟冒泡排序结束时，结果最大的数被放置在最后一个数组单元的位置上。
- 第 2 趟冒泡排序：在第 1 个数到第 n−1 个数的范围内，重复第 1 趟排序的类似过程，直到第 2 个最大数据放置在倒数第 2 个位置上为止。
- 第 3 趟冒泡排序：在第 1 个数到第 n−2 个数的范围内，重复第 1 趟排序的类似过程，直到第 3 个最大数据放置在倒数第 3 个位置上为止。
- ……
- 第 n−1 趟冒泡排序：在第 1 个数到第 2 个数的范围内，重复第 1 趟排序的类似过程，直到第 n−1 个最大数据放置在倒数第 n−1 个位置上为止。
- 依此类推，直到第 n−1 趟冒泡排序结束，这时最小的数据就在第 1 个位置上。此时，整个排序算法终止。

对一个由 10 个整数组成的一维数组执行冒泡排序算法时，图 7-2 就是第 1 趟排序过程的示意图，可以看出在这个排序过程中，最大的数据不断地“沉到水底”，这就像水箱中的气泡不断寻找自身的位置。

对 10 个数据执行冒泡排序，总共需要执行 9 趟排序过程，图 7-3 就是这 9 趟排序过程的示意图。

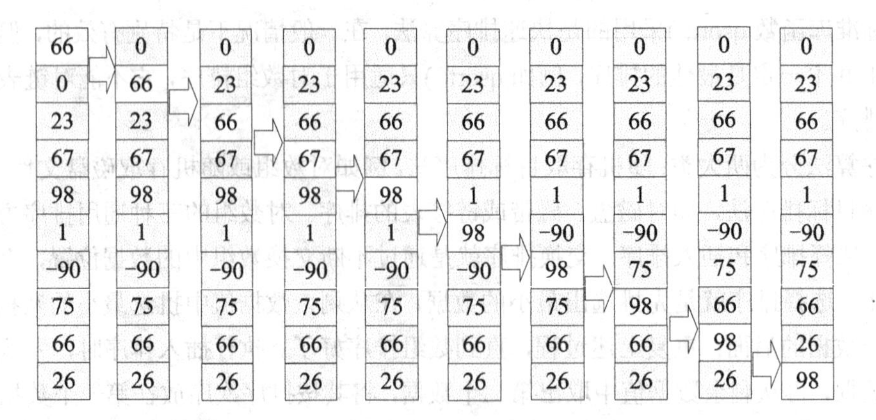

图 7-2　冒泡排序之第一趟排序过程：最大数据"沉底"

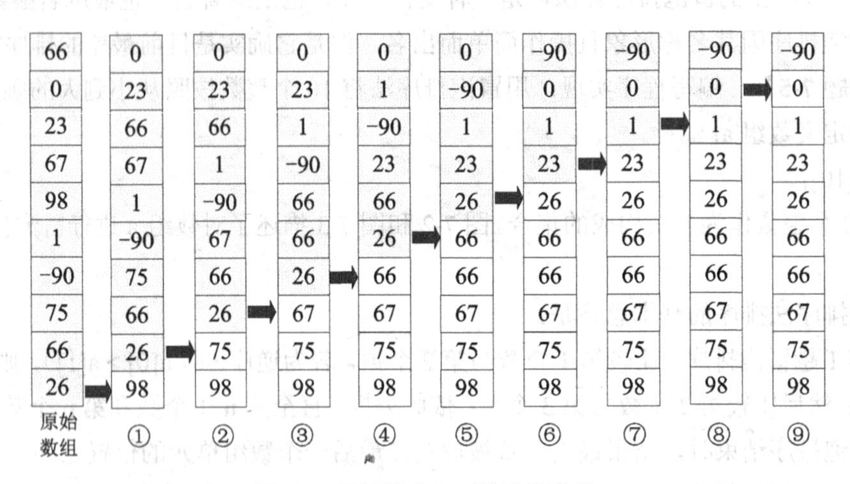

图 7-3　冒泡排序之 9 趟排序过程

例题 7-5 源程序如下所示：

```
1.   /*冒泡排序法。源程序：LT7-5.C*/
2.   #include <stdio.h>
3.   #include <stdlib.h>
4.   #define MAX 10
5.
6.   int main()
7.   {
8.       int a[MAX];
9.       int i, j, t;
10.
11.      printf("\n冒泡排序法示例\n\n");
12.
```

```
13.         printf("Input 10 numbers:\n");
14.         for( i = 0; i < MAX; i++) {
15.             printf("\t%i> ", i + 1);
16.             scanf("%d", &a[i]);
17.         }
18.
19.         printf("\n");
20.         for( j = 0; j < MAX - 1; j++)
21.           for( i = 0 ; i < MAX - 1 - j ; i++)
22.             if( a[ i ] > a[ i + 1 ]) {
23.                 t = a[ i ];
24.                 a[ i ] = a[ i + 1 ];
25.                 a[ i + 1 ] = t;
26.             }
27.
28.         printf("The sorted numbers:\n");
29.         for( i = 0 ; i < MAX ; i++)
30.             printf("%d ", a[ i ]);
31.
32.         system("PAUSE");
33.         return 0;
34.     }   /*end main*/
```

从图 7-3 中可以看出，实际上在第 6 趟排序之后，数组中再也没有进行任何交换操作，也就是说，第 6 趟以后的排序是多余的，此算法还有改进的空间。只要某一趟排序过程中，交换次数为 0，就说明数组已经排好序了。请读者自行思考，改进上面给出的冒泡排序算法；当然，也可参阅其他资料，编写其他的排序算法程序。

3. 数组形参和实参

数组的另一个常见用途是作为函数的形参，这时在函数的形参定义中数组长度是可以省略的，当然也可以写任何整数作为形参数组的长度，这是因为 C 语言对形参数组的处理不同于其他类型的形参，而是将其直接转换为指针类型。相应实参只需写出数组名即可，形参数组和实参数组在被调用函数和主调函数之间起着双向传递的作用，即被调用函数内部对形参数组的数组单元数值的改变，就是对实参数组的数组单元的数值改变。实际上，形参数组和实参数组共享的是“同一段内存”，数组名作为形参实现双向传递的工作原理将在第 8 章第 8.5.3 节中详细介绍。

【例题 7-6】 编写一个测量统计程序，计算 N 个实验数据的算术平均值、方差和标准差。

例题 7-6 的问题描述如表 7-4 所示。

表 7-4　　测量统计程序的问题说明

问题定义：计算N个实验数据的算术平均值、方差和标准差；
输入：用户指定数据个数N，输入N个数据：数据为实数；
限制：可处理不超过50个数据；
输出要求：N个数据的平均值、方差和标准差，要求两位精度；
公式：平均值$=\frac{\sum_{k=1}^{N}X_k}{N}$　　方差$=\frac{\sum_{k=1}^{N}(x_k-平均)^2}{N-1}$　其中，$N<20$
标准偏差$=\sqrt{方差}$　　方差$=\frac{\sum_{k=1}^{N}(x_k-平均)^2}{N}$　其中，$N\geqslant 20$

程序中需要输入并保存N个实验数据，以及平均值、方差和标准差等数值。所以，定义相关数组和变量如下：

```
double x[N];          /*实验数据*/
double mean;          /*平均值*/
double var;           /*方差*/
double stdev;         /*标准差*/
```

测量统计程序需要划分以下功能模块：输入实验数据的输入函数、计算平均值的平均值函数、计算方差的方差函数，以及标准的输入输出库函数。图7-4是测量统计程序的函数调用图表。

程序中需要定义的用户自定义函数的原型是：

```
void get_data( double x[ ], int n );                    /*输入实验数据*/
double average( double x[ ], int n );                   /*计算平均值*/
double variance( double x[ ], int n, double mean );     /*计算标准差*/
```

需要特别说明的是，输入实验数据函数get_data( )没有返回值，其输入的N个实验数据是通过形参数组x对应的实参数组带出的，这里利用的就是C语言中形参数组在函数间起着双向传递的原理。平均值函数average( )和标准差函数variance( )的结果是通过return语句返回的，它们的形参数组x这里只需要传入N个实验数据即可，不需要传出任何计算结果。

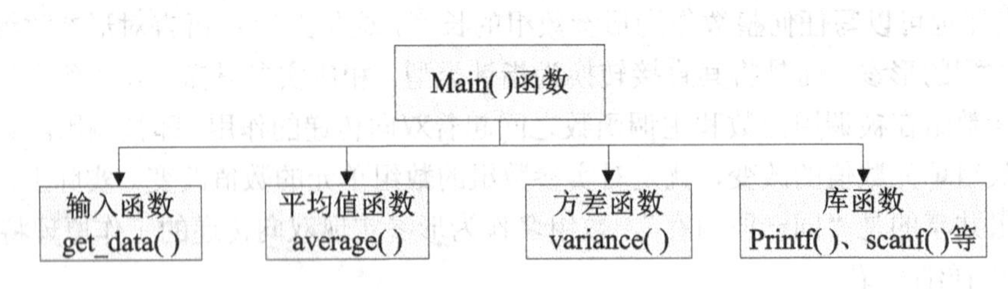

图 7-4　测量统计程序的函数调用图表

例题7-6的源程序如下所示：

```
1.  /*计算平均值、方差和标准差。源程序：LT7-6.C*/
2.  #include <stdio.h>
3.  #include <stdlib.h>
4.  #include <math.h>
5.
6.  #define N 50        /*实验数据的最大个数*/
7.
8.  void get_data( double x[ ], int n );
9.  double average( double x[ ], int n );
10. double variance( double x[ ], int n, double mean );
11.
12. int main()
13. {
14.     double x[N];        /*实验数据*/
15.     int num;
16.     double mean;        /*平均值*/
17.     double var;         /*方差*/
18.     double stdev;       /*标准差*/
19.
20.     printf("\n计算平均值、方差和标准差!\n\n");
21.
22.     printf("请输入实验数据的个数（取值在2到%i之间）\n", N);
23.     for( ; ;) {
24.         scanf("%i", &num);
25.         if( num > 1 && num <= N)   break;
26.         printf("Error: %i超过数据合法范围，请重新输入\n",num);
27.     }
28.
29.     get_data(x,num);
30.     mean = average(x,num);
31.     var = variance(x,num,mean);
32.     stdev = sqrt(var);
33.
34.     printf("\n实验数据的平均值为：%.2f\n",mean);
35.     printf("实验数据的方差为：%.2f\n",var);
36.     printf("实验数据的标准差为：%.2f\n",stdev);
37.
38.     system("PAUSE");
39.     return 0;
40. }   /*end main*/
41.
42. /*从控制台输入实验数据*/
```

```
43.  void get_data( double x[ ], int n )
44.  {
45.          int k;
46.  
47.          puts("请输入实验数据：\n");
48.          for( k = 0; k < n ; k++) {
49.                  printf("x[%i]=",k);
50.                  scanf("%lg", &x[k]);
51.          }       /*end for*/
52.  }       /*end get_data*/
53.  
54.  /*计算平均值*/
55.  double average( double x[ ], int n )
56.  {
57.          double sum;
58.          int k;
59.  
60.          for(sum=0, k=0; k < n ; k++) {
61.                  printf("\nx[%i]=%.2f", k, x[k] );
62.                  sum += x[k];
63.          }       /*end for*/
64.  
65.          return sum/n;
66.  }   /*end average*/
67.  
68.  /*计算方差*/
69.  double variance( double x[ ], int n, double mean )
70.  {
71.          double divisor, sum;
72.          int k;
73.  
74.          for( sum=k=0; k <n ; k++)
75.                  sum += pow( x[k] -mean, 2);
76.  
77.          if(n <20 )
78.                  divisor = n-1;
79.          else
80.                  divisor = n;
81.  
82.          return sum / divisor;
83.  }       /*end variance*/
```

【例题 7-7】 编程实现例题 6-6 中的筛法求素数。

例题 7-7 中定义数组

short int sieve[SIZE];

表示筛除前的原始数据和筛除后的数据。初始状态时，sieve[i]（i=0，1，2，…，n−1）取值为 0，表示数据 i+1 未经过筛除操作。执行筛除操作后，sieve[i]取值为 1 表示 i+1 不是素数，已经被筛除；取值为 0，表示 i+1 是素数。

例题 7-7 定义了 3 个用户自定义函数的原型：

```
void initialArray( short int sieve[ ], int s );        /*初始化函数*/
void prime( short int sieve[ ], int s );               /*筛法函数*/
void printArray( short int sieve[ ], int s );          /*输出函数*/
```

其中，初始化函数 initialArray( )、筛法函数 prime( )中都包含一个数组形参 sieve，它起着传入和传出数组元素数值的双向传递作用。而输出函数 printArray( )只需要担任传入数组元素数组的作用即可。

例题 7-7 源程序如下所示：

```
1.   /*筛法求素数。源程序：LT7-7.C*/
2.   #include <stdio.h>
3.   #include <stdlib.h>
4.
5.   #define SIZE 1000       /*数据范围的最大值*/
6.   #define PWIDTH 10       /*每行显示的数据个数*/
7.
8.   void initialArray( short int sieve[ ], int s );        /*初始化函数*/
9.   void prime( short int sieve[ ], int s );               /*筛法函数*/
10.  void printArray( short int sieve[ ], int s );          /*输出函数*/
11.
12.  int main()
13.  {
14.       short int sieve[SIZE];
15.
16.       initialArray(sieve, SIZE);
17.
18.       printf("\n筛法求素数\n\n");
19.       printf("1到之间的素数包括：\n");
20.
21.       prime(sieve, SIZE);
22.
23.       printf("\n\n");
24.
25.       printArray(sieve, SIZE);
26.
27.       printf("\n\n");
```

```
28.
29.     system("PAUSE");
30.     return 0;
31. }   /*end main*/
32.
33. /*函数initialArray: 初始化数组，表示未被筛查*/
34. void initialArray( short int sieve[ ] ,int s)
35. {
36.     int k;
37.     for( k = 0; k < s ; k++)
38.         sieve[k] = 0;
39. }  /*end initialArray*/
40.
41. /*函数prime：筛除非素数*/
42. void prime( short int sieve[ ], int s )
43. {
44.     int i, n;
45.
46.     sieve[0] = 1;       /*筛掉整数1*/
47.
48.     for( n = 2; n <= s; n++)
49.         if(sieve[n - 1] == 0)          /*如果n未被筛掉*/
50.                 for(i = 2 * n; i <= s; i += n)
51.                         sieve[i - 1] = 1;
52. }   /*end prime*/
53.
54. /*函数printArray：输出素数*/
55. void printArray( short int sieve[ ], int s )
56. {
57.     int n, printcol = 0;
58.
59.     for( n = 1; n <= s; n++)
60.         if(sieve[ n - 1 ] == 0)        /*如果n未被筛掉*/
61.         {
62.                 printf("%5d",n);
63.
64.                 if(++printcol >= PWIDTH)
65.                 {
66.                         putchar('\n');
67.                         printcol = 0;
68.                 }
69.         }
70. }   /*end prime*/
```

7.3 字符数组（串）

字符数组是C语言实现字符串的方法之一，也是最常用的一维数组。

7.3.1 什么是字符串

在实际应用中，比数值数据更常见的是文字。它通常是由一系列字符组成的串，简称字符串，例如，一个人的姓名，单位名称以及课程名称，等等。字符串具有自身独特的特性，它必须整体出现才具有真实的含义，例如本书作者名“谭成予”，把其中每个字符单独来看，都不代表作者本人。

从字面来看，字符串是一系列字符的有序集合；由于其整体特性，因此必须有整体操作的模式支持，即只有当作整体来看待才有意义。许多高级语言都有专门的字符串数据类型。

C语言中的字符串是一个以空字符（'\0'）作为结束符的字符数组。字符串的值就是字符串中第一个字符的地址，也就是说字符数组名（即数组起始地址）是字符串的整体表示。在处理字符串时，只需给出字符数组名，C语言系统即可自动从这个地址开始，逐个字符处理直到遇到字符串结束标记（'\0'）为止，所以C语言中字符串的数组长度应该是字符串的长度加1。这样C语言可以很方便实现变长的字符串。

C语言中实现字符串有两种方法：字符数组和字符指针。本节将介绍前者，采用字符指针实现字符串的方法将在第8章中详细描述。

7.3.2 定义字符数组

字符数组定义的一般形式是：

char string_name[size] ;

其中，char是字符数组的基类型。string_name是字符数组名，代表字符串起始地址，是字符串的整体标识。size是字符数组最大长度，该长度包含结束标记（'\0'）在内。

例如，假设一个学生的姓名不超过4个汉字，定义一个可表示姓名的字符数组，其长度必须是9，应该书写为：

```
char name[9];
```

其中，数组长度定义为9，为结束标记预留了一个位置。name是姓名的整体标记，而name[i]是表示姓名的字符数组中下标为i的单个字符。

7.3.3 字符数组初始化

字符数组初始化的基本用法是采用字符串常量，其一般形式是：

char string_name[size] = string_contsant;

其中，string_constant是字符串常量，它的长度不能超过size；否则将犯数组下标越界错误。

图7-5定义了字符数组president，数组长度18。初始值为"Abraham Lincoln"，包含结束

标记'\0'在内占据了16个字节。

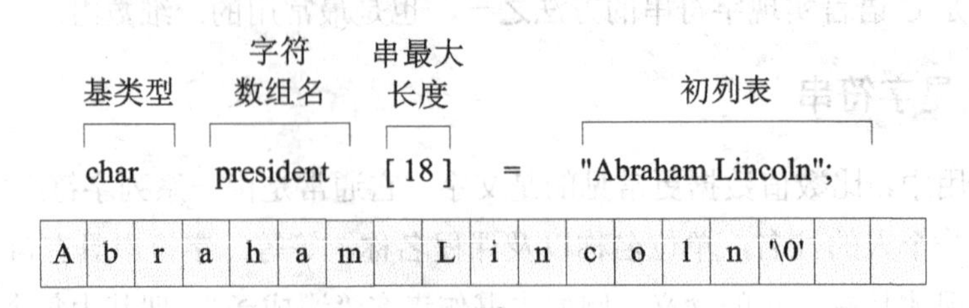

图 7-5 字符数组初始化的典型例子

在初始化字符数组的过程中还常常可能出现以下几种特殊的情况。

（1）有初始值部分，缺少字符串长度

数组初始化时，如果给出了初始值部分，但缺少数组长度。按照C系统的规则，会统计初始值的个数作为数组长度，字符数组也遵循这个原则。

例如，定义并初始化字符数组 ch

char ch[ ] = "Hello";

C编译程序默认字符数组 ch 的长度为6（包含字符串结束标记在内）。

（2）逐个字符初始化

也可采用与普通一维数组初始化类似的方法，逐个元素列出初始值，对字符数组初始化。例如，定义并初始化字符数组 child

char child[5] = { 'B', 'o', 'y' };

由于初始值的个数少于字符数组长度5，所以'B'、'o'、'y'分别被保存到 child 下标为0、1、2的单元中，其余单元被系统设置为0。

另一种情况需要特别关注：当逐个字符给字符数组初始化且初始值个数等于数组长度时，由于没有预留'\0'的位置，所以字符数组中没有字符串结束标记，这将为以后对该字符串的整体操作留下错误的隐患。

例如，定义字符数组

char hi[5] = {'H', 'e', 'l', 'l', 'o' };

其中，数组长度5太短，不足以存放结束标记'\0'。

7.3.4 字符数组的输入输出

字符数组既可以与一般数组一样单字符的逐个输入输出，也可以采用专门字符串输入输出函数整体输入输出。

1. 单个字符输入输出

单个字符输入输出时，通常采用格式符%c，调用 scanf( )、printf( )函数逐个地输入输出字符数组中每个数组单元的数值。

【例题 7-8】 字符数组输入输出范例程序之一：单字符输入输出。

```
1.  /*字符数组输入：单个字符输入示例。源程序：LT7-8.C*/
2.  #include <stdio.h>
3.  #include <stdlib.h>
4.  
5.  int main()
6.  {
7.      char    str[5];
8.      int i;
9.  
10.     printf("\n字符数组输入输出范例！ \n\n");
11. 
12.     printf("请输入字符串，长度小于等于5：\n");
13.     for(i = 0; i < 5 ; i++)
14.         scanf("%c", &str[ i ]);
15.     printf("您输入的字符串是：");
16.     for(i = 0; i < 5 ; i++)
17.         printf("%c", str[ i ]);
18.     printf("\n\n");
19. 
20.     system("PAUSE");
21.     return 0;
22. }   /*end main*/
```

源程序 LT7-8.C 中第 13 行和第 16 行通过 for 循环语句，逐个输入输出字符串 str 中的每个字符元素。

2. 字符串整体输入输出

（1）调用 scanf、printf 函数整体输入输出串

整体输入输出字符串的常见方法之一是：调用标准 C 库函数 scanf( )和 printf( )，采用格式符%s 输入输出。例如

```
char str[11];
scanf("%s", str);
printf("您输入的字符串是：%s\n", str);
```

由于字符数组的整体标识是数组名 str，它表示串的起始地址，所以在用 scanf( )输入字符数组 str 时，只需写出 str 即可，不必再写取地址运算符&。当然，也可以将输入语句书写为：

```
scanf("%s", &str[ 0 ]);
```

【例题 7-9】 字符数组输入输出范例程序之二：整体输入输出。

```
1.   /*字符数组输入：整体输入示例。源程序：LT7-9.C*/
2.   #include <stdio.h>
3.   #include <stdlib.h>
4.
5.   int main()
6.   {
7.       char  str[6];
8.
9.       printf("\n字符数组输入输出范例！\n\n");
10.
11.      printf("请输入字符串，长度必须小于5：\n");
12.      scanf("%s", str);
13.
14.      printf("您输入的字符串是：");
15.      printf("%s", str);
16.
17.      printf("\n\n");
18.
19.      system("PAUSE");
20.      return 0;
21.  }   /*end main*/
```

程序 LT7-9.C 中第 12 行调用库函数 scanf( )整体输入字符串 str 的内容。请注意数组名 str 本身就代表串的起始地址，因此，第 12 行中的输入地址只需写 str 即可。第 15 行调用 printf( )整体输出字符串 str 的内容。

调用 scanf( )输入字符数组时，需要注意两个问题。其一是最大可以键入的串长度必须小于等于数组长度减去 1。另一个问题是，scanf( )读入字符串时遇到空格字符或者回车键终止输入，也就是说，scanf( )不能输入包含空格字符在内的字符串。例如执行程序 LT7-9.C 时，如果输入：

wo rd↙

实际被读入并保存在字符数组中的内容是"wo"，而不是"wo rd"。

（2）采用域宽控制的 scanf，更安全地输入串

调用 scanf( )输入字符数组存在数组溢出的危险，当用户输入的串长度超过字符数组长度时将导致越界使用存储单元。例如：执行程序 LT7-9.C 时，用户在键盘上输入

program↙

将出现数组溢出错误，因为使用了超过定义的 6 个字节的内存空间。

解决办法是：调用 scanf( )函数时，使用域宽控制格式符%ns；其中 n 是域宽限制，表示

读入 n 个字符之后自动停止。

例如

```
char str[6];
scanf("%5s", str );
```

这时如果输入

wo rdoffice↙

字符数组 str 的内容是"wo rd"，这样可避免越界使用内存的错误。

（3）调用 gets 库函数输入串

C 语言中还有两个专门用来输入输出字符串的标准库函数：gets( )和 puts( )。

gets( )函数的一般形式是：

gets(string_name);

其中，string_name 是需要输入的字符数组名。gets( )函数的作用是读入一整行字符到指定的字符数组中，读入时遇到换行符'\n'为止，但是换行符'\n'不会作为有效字符而是转换为字符串结束标志,存储在字符数组 string_name 中。

但要注意，用于接受字符串的字符数组定义时的数组长度应足够长，以便保存整个字符串和字符串结束标志。否则，函数将把超过字符数组定义的长度之外的字符顺序保存在数组范围之外的内存单元中，从而可能覆盖其他变量的内容，造成程序出错。例如，可以将程序 LT7-9.C 的第 12 行改为：

```
gets(str);
```

就可以读入一行包含空格字符在内的串并保存到 str 中。

表 7-5 列出了 gets( )和 scanf( )函数之间的区别。

表 7-5　gets( )和 scanf( )的区别

基本区别	scanf	gets
读入字符方式	%ns：读入第一个字符或者读完 n 个字符停止读操作 %n[^\n]：与 gets 类似	读入一行字符 不能限制读入的字符个数
空格字符处理方式	跳过前置空格	读入包含空格在内的字符

（4）调用 puts 库函数输出串

puts( )函数的一般形式是：

puts(string_name);

其中，string_name 是需要输出的字符数组名。puts()函数的作用是将字符数组的所有字符输出到终端上，输出时将字符串结束标志'\0'转换成换行符'\n'。如果字符串已包含换行符，打印结果会在文本后面输出一个空白行。例如，可以将程序 LT7-9.C 的第 15 行改为：

```
puts(str);
```

7.3.5　常用字符串处理库函数（string 库）

在 C 语言的 string.h 库中提供了许多处理字符串的库函数，这里介绍常用的几个字符串处理函数。

1. strcpy(字符数组 1，字符串 2)

字符串复制函数 strcpy( )作用是将字符串 2 复制到字符数组 1 中去。其一般形式是：

strcpy(字符数组 1,字符串 2);

它把字符串 2 拷贝到字符数组 1 中。函数的返回值是字符数组 1 的首地址，即复制后的字符串的值。当然，字符数组 1 必须足够大，以便足够存储复制后的结果。

例如，有字符数组定义

char s1[8], s2[8] = "hello!";

那么，语句

strcpy(s1, s2);

把 s2 的内容"hello! "复制到字符数组 s1 中。strcpy( )函数实际上是字符数组的赋值操作，这是因为如果对字符数组执行以下的赋值操作是非法的：

s1 = s2;

因为字符数组名 s1、s2 代表数组存储的起始地址，可看作是地址常量，给常量赋值当然是不合法的。要给字符数组赋值，要么使用 strcpy()函数，要么使用赋值语句单个字符的字符数组的每个元素。例如

s1[0] = 'h'; s1[1] = 'e'; s1[2] = 'l'; s1[3] = 'l'; s1[4] = 'o'; s1[5] = '!'; s1[6] = '\0';

显然，使用前者更方便。

字符串复制的另一种用法是：

strncpy(字符数组 1，字符串 2，*n*);

将字符串 2 的前 n 个字符复制到字符数组 1 中。

2. strcat(字符数组 1，字符数组 2)

字符串连接函数 strcat( )的一般形式是：

strcat(字符数组 1,字符数组 2);

其作用是把字符数组 2 连到字符数组 1 后面。函数返回值是字符数组 1 的首地址。和 strcpy()函数一样，字符数组 1 的数组长度应足够大，保证可存储连接以后的所有字符。

例如，定义字符数组

char str1[30] = "The C program ", str2[ ] = "language" ;

那么，语句

strcat(str1, str2);

将把 str2 的内容连接到 str1 的后面，字符数组 str1 的内容为"The C program language"。

【例题 7-10】 strcpy 与 strcat 范例程序。

1.	/*strcat和strcpy函数示例。源程序：LT7-10.C*/
2.	#include <stdio.h>
3.	#include <stdlib.h>
4.	
5.	int main()
6.	{
7.	char destination[25];
8.	char blank[] = " ", c[]= "C++", turbo[] = "Turbo";
9.	

```
10.        strcpy(destination, turbo);
11.        strcat(destination, blank);
12.        strcat(destination, c);
13.
14.        printf("%s\n", destination);
15.
16.        system("PAUSE");
17.        return 0;
18.    }   /*end main*/
```

```
Turbo C++
请按任意键继续…
```

程序 LT7-10.C 中第 10 行的作用是把 turbo 的内容复制到 destination。第 11 行和第 12 行分别把 blank 和 c 的内容连接到它的后面，所以第 14 行输出字符数组 turbo 的内容是"Turbo C++"。

3. strlen(字符数组)

strlen( )的一般形式是：

strlen(字符数组名)

函数的返回值是字符数组的有效长度，不包括字符串结束标志'\0'在内。

例如

```
char   str[ ] = "china";
printf("%d", strlen(str));
```

输出结果为 5。

4. strcmp(字符数组 1，字符数组 2)

strcmp( )的一般形式是：

strcmp(字符串 1，字符串 2)

其作用是比较字符串 1 和字符串 2 的大小。字符串比较的规则是：对两个字符串逐个字符比较编码大小，直至遇到不同的字符或者遇到'\0'为止。如果全部字符都相同，这两个字符数组相等。如果出现不相同的字符，则以第一对不相同的字符值之间的比较结果作为判断两个字符数组大小的标准。所以，strcmp( )的返回值是：

（1）如果“字符数组 1=字符数组 2”，函数值为 0。

（2）如果“字符数组 1>字符数组 2”，函数值为正整数。

（3）如果“字符数组 1<字符数组 2”，函数值为负整数。

例如

```
if ( strcmp(str1,str2) == 0)    printf("yes");
```

注意，不要写成：

```
if (str1==str2)  printf("yes");
```

这个语句是合法的且可以运行，但是它比较的是字符数组 str1 和字符数组 str2 的数组名的大小，即两个数组是否从同一个起始地址开始存储，而不是字符数组的内容，不能表示两个字符串的大小。

【例题 7-11】 strcmp 与 strlen 范例程序。

```
1.   /*strcmp和strlen函数示例。源程序：LT7-11.C*/
2.   #include <stdio.h>
3.   #include <stdlib.h>
4.
5.   int main()
6.   {
7.         char str1[] = "Hello!", str2[] ="How are you?",str[20];
8.         int len1,len2,len3;
9.
10.        len1 = strlen(str1);
11.        len2 = strlen(str2);
12.
13.        if(strcmp(str1, str2) > 0){
14.              strcpy(str,str1);
15.              strcat(str,str2);
16.        }
17.        else   if (strcmp(str1, str2) < 0) {
18.                    strcpy(str,str2);
19.                    strcat(str,str1);
20.              }
21.              else
22.                    strcpy(str,str1);
23.
24.        len3 = strlen(str);
25.        puts(str);
26.        printf("Len1=%d,Len2=%d,Len3=%d\n", len1, len2, len3);
27.
28.        system("PAUSE");
29.        return 0;
30.  }     /*end main*/
```

```
How are you?Hello!
Len1=6, Len2=12, Len3=18
请按任意键继续…
```

程序 LT7-11.C 中比较了 str1 和 str2 的大小，第 17 行 if 语句中的关系表达式判断 str1 是否小于 str2，实际上该条件真的成立，因此执行第 18、19 行的语句段，先把 str2 复制到 str 中，再把 str1 连接到 str 的后面。所以 str 的内容是"How are you?Hello! "，长度为 18。

这里只是介绍了几个常用的字符串标准库函数，实际上 string 库中还包含一些标准库函数，例如，strlwr(字符串)可以将字符串中的大写字母转小写字母，而 strupr(字符串)将字符串中的小写字母转大写字母。

7.3.6　字符数组范例：统计单词个数

【例题 7-12】　编写一个程序，输入一行字符，统计其中单词的数目。

根据题意，首先需要明确什么是单词。这个程序中简化了英文中对单词的定义，连续的一段不含空格类字符的字符串就是单词，并且将连续的若干个空格作为出现一次空格。

那么，单词的个数可以由空格出现的次数（连续的若干个空格看作一次空格，一行开头的空格不统计）来决定。如果当前字符是非空格类字符，而它的前一个字符是空格，则可看作是“新单词”开始，累计单词个数的变量加 1；如果当前字符是非空格类字符，而前一个字符也是非空格类字符，则可看做是“旧单词”的继续，累计单词个数的变量取值保持不变。

例题 7-12 可以定义字符数组 string，先把输入的一行字符保存到 string 中，再统计单词个数。图 7-6 是例题 7-12（字符数组版本）的 NS 盒图。

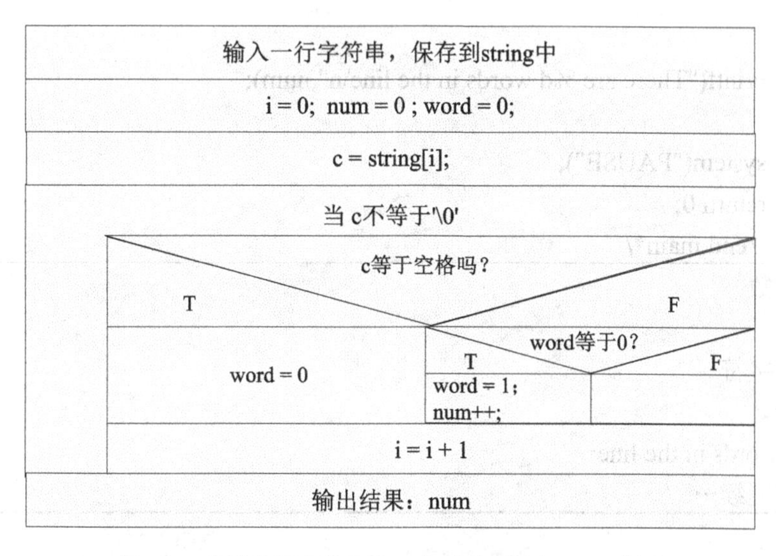

图 7-6　统计单词个数程序（字符数组版本）NS 盒图

例题 7-12 的字符数组版本源程序如下所示：

```
1.   /*输入一行字符，统计单词个数。*/
2.   /*数组版本。源程序：LT7-12-1.C*/
3.   #include <stdio.h>
4.   #include <stdlib.h>
5.
6.   int main()
7.   {
8.       char string[81];
9.       int i, num = 0, word = 0;
```

```
10.     char c;
11.
12.     printf("\n统计单词个数\n\n");
13.
14.     printf("请输入一行字符\n");
15.     gets(string);
16.
17.     for( i = 0;( c = string[ i ]) != '\0'; i++)
18.         if( c == ' ')   word = 0;
19.         else if( word == 0) {
20.                 word = 1;
21.                 num++;
22.             }
23.
24.
25.     printf("There are %d words in the line\n",num);
26.
27.     system("PAUSE");
28.     return 0;
29. }   /*end main*/
```

```
统计单词个数

请输入一行字符
This is a test↙
There are 4 words in the line
请按任意键继续…
```

正如同本章开始所述，如果数据只需要输入一次，不需要再次处理，可以不用数组作为数据结构。例题 7-12 也可以用字符变量，而不是字符数组来实现。表 7-6 是程序的非数组版本的算法描述。

表 7-6　　统计单词个数程序的算法描述

1.	定义变量 num、word、c，分别表示单词个数、当前字符是否为新单词、当前字符；初始值均为 0；
2.	读取当前字符，存储到变量 c 中；
3.	判断当前字符是否为空格字符，如果是，则置变量 word 取值为 0，表示出现空格字符。然后，跳转到第 6 步；
4.	如果当前字符不是空格字符，而 word 等于 0，则执行第 5 步；否则执行第 6 步；
5.	word 置 1；
6.	读取下一个字符，存储到 c 中；
7.	c 不等于'\n'，跳转到第 3 步；
8.	输出结果。

例题 7-12（简单类型变量版本）源程序如下所示：

```
1.   /*输入一行字符，统计单词个数。*/
2.   /*简单类型变量版本。源程序：LT7-12-2.C*/
3.   #include <stdio.h>
4.   #include <stdlib.h>
5.
6.   #define IN 1          /*inside a word*/
7.   #define OUT 0         /*outside a word*/
8.
9.   int  main()
10.  {
11.          int nw,state;
12.          char c;
13.
14.          printf("\n统计单词个数\n\n");
15.
16.          printf("请输入一行字符\n");
17.
18.          nw = 0;
19.          state = OUT;
20.
21.          while( ( c = getchar() ) != EOF)
22.              if( c == ' ' || c == '\n' || c == '\t')
23.                  state = OUT;
24.              else      if( state == OUT ){
25.                            nw++;
26.                            state = IN;
27.                        }
28.
29.        printf("There are %d words.\n",nw);
30.
31.        system("PAUSE");
32.        return 0;
33.  }  /*end main*/
```

```
统计单词个数

请输入一行字符
This is a test↙
^Z
There are 4 words in the line
请按任意键继续…
```

程序 LT7-12-2.C 对数据输入方式略作修改，不是以换行符作为输入结束标记，而是以EOF（stdio 库中定义的宏，通常代表-1）作为输入结束标记。用户输入时，以 ctrl_Z 组合键表示 EOF。由于文本文件的结束标记通常是 EOF，因此，程序 LT7-12-2.C 也可以在命令行方式下运行，通过输入重定向命令用于统计文件中单词个数。例如，在命令行方式下执行此程序的可执行文件 LT7-12-2.exe，用于统计 LT7-12-2.C 中单词个数，可以用命令

LT7-12-2 < LT7-12-2.C↙

这时，程序中的 getchar( )等控制台输入函数将重定向到从文件 LT7-12-2.C，而不是从键盘输入数据。

7.4 二维数组

二维数组常应用于物理、工程和数学领域，保存数值数据或者描述二维的物理对象，例如数学中的矩阵，天气预报中多个气象站点的数据，多组科学实验数据，工资表格或者人事表格，等等。

例如，3 名学生考了 4 名课程，可以采用之前讲述过的 4 个平行数组来分别保存 4 门课程的成绩，而下标代表学生的编号。但这种方式仍然需要定义较多的一维数组对象，更方便的做法是使用二维数组。

7.4.1 定义二维数组

C 语言支持多维数组，但最常用的是二维数组。二维数组定义的一般形式是

type array_name[*size*1][*size*2];

其中，type 是二维数组的基类型；array_name 是数组名；size1 是第一维的长度；size2 是第二维的长度。

例如，定义二维数组表示 3 名学生 4 门课程的成绩，可以书写为

int score[3][4];

其中第一维下标是行指示，第二维下标是列指示。因此，score 的行号从 0～2，列号从 0～3，共 12 个数组元素。

二维数组占据的内存空间大小可以用如下公式计算：

二维数组占用的字节数=第一维大小×第二维大小×sizeof(基类型)

7.4.2 二维数组初始化

1. 按行初始化

二维数组初始化的基本用法之一是：按行赋初值。图 7-7 定义了 3×4 的二维数组 score，并按行对其进行了初始化。

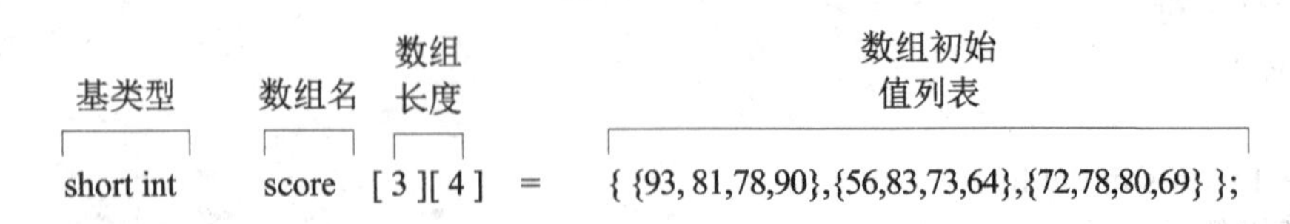

图 7-7 二维数组按行初始化的典型例子

在按行给二维数组初始化时，也可以只给出部分初值。例如

int a[2][3]={ { 1 , 2 } , { 4 } };

定义了 2×3 的二维数组 a，初始值部分只给出了 3 个初值。数据 1 给保存到单元 a[0][0]中，数据 2 保存到 a[0][1]中；而数据 4 保存到 a[1][0]中。按照一维数组初始化相关规则，我们知道其余没有给出初始值的单元被系统设置为 0。

在给二维数组初始化时，只有第一维下标可以省略。例如

int a[ ][3] = {{ 1 },{ 4 , 5 }};

是正确的，这样 C 语言编译器可以自动根据初始值中行数推算第一维长度。而

int a[2][　] = {{ 1 },{ 4 , 5 }};

是错误的。这样 C 语言编译器无法推算第二维长度。

2. 顺序初始化

二维数组初始化的另一个基本用法是：顺序赋初值。图 7-8 定义了 3×4 的二维数组 score，并按顺序赋初值的方式对其进行了初始化。

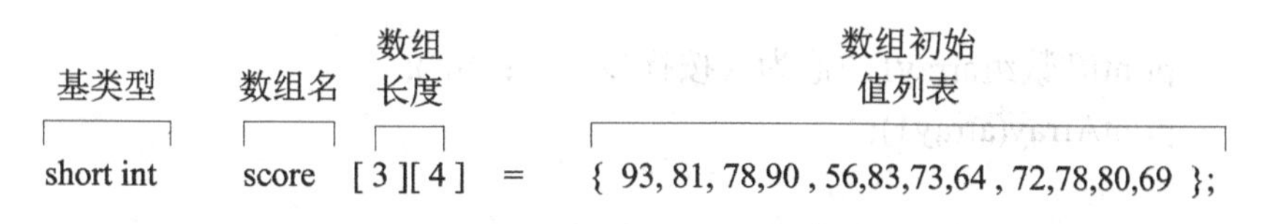

图 7-8　二维数组顺序初始化的典型例子

在按顺序赋初值方式给二维数组初始化时，同样可以只给出部分初值。例如

int a[2][3] = { 1 , 2　 , 4 };

这时，数据 1 给保存到单元 a[0][0]中，数据 2 保存到 a[0][1]中；而数据 4 保存到 a[0][2]中。其余没有给出初始值的单元被系统设置为 0。

在按顺序赋初值方式给二维数组初始化时，第一维下标可以省略。例如

int a[ ][3] = { 1 , 2, 3 , 4 , 5 };

是正确的。而

int a[2][　] = { 1, 2 , 3 , 4 , 5 };

是错误的。

【例题 7-13】　二维数组初始化的示例程序。

程序 7-13.C 中定义了 3 个 2×3 的二维数组，它们分别以按行给全部初值、顺序赋全部初值以及按行赋部分初值的方式对它们进行初始化。其定义是：

int array1[2][3]={{1,2,3},{4,5,6}};

int array2[2][3]={ 1,2,3 , 4,5,6 };

int array3[ ][3]={{1,2},{ 4 }};

程序 7-13.C 中定义函数 printArray( )用于输入 2×3 的二维数组的元素值，其原型是：

void printArray(int a[ ][3]);

例题 7-13.C 的源程序如下所示：

```
1.   /*二维数组初始化示例。源程序：LT7-13.C*/
2.   #include <stdio.h>
3.   #include <stdlib.h>
4.
5.   void printArray(int a[ ][3]);          /*函数原型声明*/
6.
7.   int   main()
8.   {
9.        /*初始化数组array1、array2、array3*/
10.       int array1[2][3]={{1,2,3},{4,5,6}};
11.       int array2[2][3]={ 1,2,3 , 4,5,6 };
12.       int array3[ ][3]={{1,2},{ 4 }};
13.
14.       printf("\n二维数组初始化示例\n\n");
15.
16.       printf("数组array1的值为（按行显示）：\n");
17.       printArray(array1);
18.
19.       printf("数组array2的值为（按行显示）：\n");
20.       printArray(array2);
21.
22.       printf("数组array3的值为（按行显示）：\n");
23.       printArray(array3);
24.
25.       printf("\n");    /*换行*/
26.
27.       system("PAUSE");
28.       return 0;
29.  }    /*end main*/
30.
31.  /*printArray函数：显示行列的二维数组*/
32.  void printArray(int a[ ][3])
33.  {
34.       int i;    /*行计数变量*/
35.       int j;    /*列计数变量*/
36.
37.       /*按行号循环*/
38.       for( i = 0 ; i <= 1 ; i++ )
39.       {
40.            /*输出第i行各列的数组元素的值*/
```

```
41.         for( j = 0 ; j <= 2 ; j++ )
42.              printf("%6d",a [i][j]);
43. 
44.         printf("\n");     /*换行*/
45.     }
46. }    /*end printArray*/
```

```
二维数组示例程序

数组array1的值为（按行显示）：
     1     2     3
     4     5     6

数组array2的值为（按行显示）：
     1     2     3
     4     5     6

数组array3的值为（按行显示）：
     1     2     0
     4     0     0

请按任意键继续…
```

7.4.3 访问二维数组：矩阵

通常访问的是二维数组的数组元素，其一般形式是

array_name[下标 1][下标 2]

其中，下标 1 和下标 2 都从 0 开始。同样程序员需要注意，二个下标都必须在合法的范围之内；否则，系统不仅没有任何错误提示，而且程序可能出现访问非法内存的严重错误。

【例题 7-14】 编写一个程序，将一个 2×3 的矩阵行列互换，计算并输出其转置矩阵。

```
1.  /*二维数组行列互换程序示例。源程序：LT7-14.C*/
2.  #include <stdio.h>
3.  #include <stdlib.h>
4.  
5.  int main()
6.  {
7.      int a[2][3]={{1,2,3}, {4,5,6}};
8.      int b[3][2], i, j ;
9.  
```

```
10.         printf("array a:\n");
11.         for( i = 0; i <= 1 ; i++){
12.             for( j = 0 ; j <= 2 ; j++){
13.                     printf("%5d",a[ i ][ j ]);
14.                     b[ j ][ i ] = a[ i ][ j];
15.             }
16.         printf("\n");
17.         }
18.
19.         printf("array b:\n");
20.         for( i = 0 ; i <= 2 ; i++){
21.             for( j = 0 ; j <= 1 ; j++)
22.                     printf("%5d",b[ i ][ j] );
23.             printf("\n");
24.         }
25.
26.         system("PAUSE");
27.         return 0;
28.     }   /*end main*/
```

7.5 多维数组

C语言允许维数多于二维的数组，多维数组的维数仅受编译程序的限制。

7.5.1 定义多维数组

定义多维数组的一般形式是

type array_name[*size*1][*size*2][*size*3]…[*size*N];

其中，type 是多维数组的基类型；array_name 是多维数组名，代表数组内存的起始地址；size1、…、sizeN 是第 1 维、…、第 N 维的大小，它们限制了第 1 维、…、第 N 维下标的合法范围。

例如

short int   m[3][4][6][5];

定义了 4 维数组 m，m 的尺寸为 3×4×6×5×sizeof(short int)字节。

多维数组可以采用与二维数组类似的方式初始化，这里不再详细介绍。

7.5.2 进一步解读二维数组

为了帮助读者了解多维数组，下面以二维数组为例来进一步解读。

例如，定义二维数组

short int score[2][3];

从逻辑结构上来看，二维数组是行-列结构，其典型的代表就是数学中的矩阵，以及我们熟悉的二维表格。图 7-9（a）是二维数组 score 的逻辑结构。

对高级语言而言，二维数组的存储结构包括按行序优先、按列序优先等多种存储结构。C 语言把二维数组看做是一维数组的一维数组，例如 score 可以看做是由 score[0]、score[1]和 score[2]等三个单元组成的一维数组，而这 3 个单元是由 4 个 int 类型单元组成的一维数组。所以，C 语言中的二维数组采用行序优先的顺序存储结构。图 7-9（b）所示是二维数组 score 的物理结构。

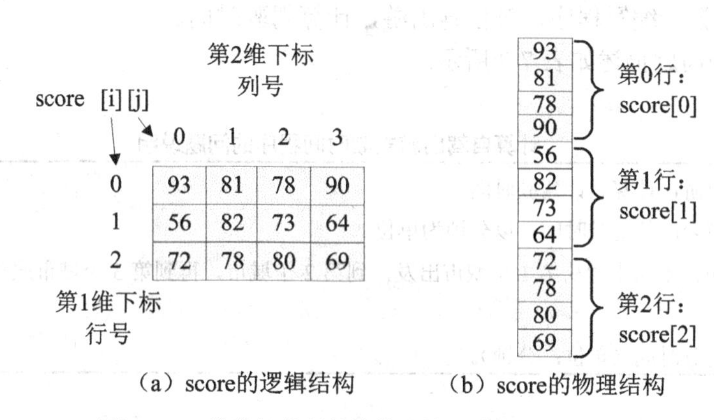

（a）score的逻辑结构　　（b）score的物理结构

图 7-9　二维数组的逻辑结构和物理结构的典型例子

依此类推，多维数组是一维数组的多重扩展。简单地说，C 语言本质上只有一维数组，其数组单元可以是任何合法的 C 语言数据类型。多维数组是一维数组的特例。学好多维数组的关键在于掌握一维数组的基本概念，并举一反三。

7.5.3 字符串数组

1. 定义字符串数组

字符串数组就是二维的字符数组，通常用来保存名称列表或者消息列表。字符数组定义的一般形式是

char string_array[size1][size2];

其中，string_array 是字符串数组名；size1 是第 1 维大小，也就是说字符串数组 string_array 中最多保存 size1 个字符串；size2 是字符串的最大长度，也就是说每个字符串的最大长度必须小于 size2。string_array[i]（i=0,1,…,size−1）表示字符串数组 string_array 中第 i 个字符串（第 i 个字符数组）。

例如，定义字符串数组 book，可以书写为

char book[5][20];

二维数组 book 可以看做是 5 个数组单元组成的一维数组，其数组元素 book[i]（i=0,1,…,4）均是最大长度为 20 的一维字符数组。因此，book 可以用来存储五本书籍的名称，每本书名的长度小于等于 19 字节。

2. 字符串数组的初始化

字符串数组通常采用按行初始化的方式。例如

```
char   word [ 3 ][ 20 ]={"one", "two" , "three" };
```

7.5.4 多维数组范例

由于二维数组是最常用的多维数组，本节仍以二维数组为例，说明如何使用多维数组。

1. 二维数组作为矩阵

矩阵是一种典型的二维数组；代表同类数据的二维集合。矩阵中行和列地位相同：每一行没有独立的含义。所以，处理矩阵的程序通常没有单独处理行或列的函数；通常处理的对象是单独的数组元素、一组相邻的元素或者整个矩阵。

【例题 7-15】 编写程序，对自驾出游，计算驾驶时间。

例题 7-15 的问题描述如表 7-7 所示。

表 7-7 **计算自驾出游驾驶时间程序的问题说明**

问题定义： 自驾出游，计算累计驾驶时间。

输入： 每两个城市之间的驾驶时间；以分钟为单位。

限制： 共 5 个城市；本次出游从第 1 个城市出发，到第 2 个城市，再到第 3 个城市旅行，最后返回第 1 个城市。

输出要求： 累计驾驶时间（单位：分钟）。

例题 7-15 中关键的数据结构是旅行时间表，假设本程序涉及“武汉”、“岳阳”、“长沙”、“南昌”和“九江”等 5 个城市。需要输入程序中旅行时间表数据如表 7-8 所示。

表 7-8 **自驾出游旅行时间表**

	武汉	岳阳	长沙	南昌	九江
武汉	0	194	330	264	182
岳阳	194	0	145	265	475
长沙	330	145	0	210	473
南昌	264	265	210	0	90
九江	182	475	473	90	0

程序中定义二维数组 timetable 表示旅行时间表。其定义是

```
int   timeTable[NTOWNS][NTOWNS];
```

我们对例题 7-15 进行模块划分，定义两个用户定义函数，其中一个函数的原型是：

```
void inputTimeTable(int time[ ][NTOWNS], char towns[ ][10], int ntown);
```

其功能是从控制台输入原始的自驾出游旅行时间表。函数的结果（即旅行时间表）通过由形参数组 time 对应的实参数组带出。另一个函数原型是：

```
int   selectCity(char towns[ ][10], int ntown);
```

其功能是显示 5 个城市名称，提示并读取用户的选择。函数的返回值是用户选择的城市编号。

例题 7-15 的源程序如下所示：

```
1.   /*自驾出游，计算累计驾驶时间。源程序：LT7-15.C*/
2.   #include <stdio.h>
3.   #include <stdlib.h>
4.   #define NTOWNS 5        /*城市个数*/
5.
6.   void inputTimeTable(int time[ ][NTOWNS], char towns[ ][10], int ntown);
7.   int selectCity(char towns[ ][10], int ntown);
8.
9.   int   main()
10.  {
11.       /*城市名称*/
12.       char towns[NTOWNS][10]={"武汉" , "岳阳" , "长沙" , "南昌" , "九江"};
13.       /*旅行时间表*/
14.       int timeTable[NTOWNS][NTOWNS];
15.       int row,col;
16.       int city1,city2,city3; /*本次旅行的三个城市编号*/
17.       int time;    /*累计出游时间*/
18.
19.       printf("\n自驾出游，计算累计驾驶时间。\n\n");
20.
21.       printf("输入旅行时间表：\n");
22.       inputTimeTable(timeTable, towns, NTOWNS );
23.
24.       /*选择出游的三个城市*/
25.       city1 = selectCity( towns, NTOWNS);
26.       city2 = selectCity( towns, NTOWNS);
27.       city3 = selectCity( towns, NTOWNS);
28.
29.       /*计算累计出游时间*/
30.       time=timeTable[city1][city2]+timeTable[city2][city3]+timeTable[city3][city1];
31.
32.       /*输出累计出游时间*/
33.       printf("\n从%s、%s到%s之间的旅行时间共计：%d\n", towns[city1],
34.                              towns[city2],towns[city3],time);
35.
36.       system("PAUSE");
37.       return 0;
38.  }    /*end main*/
```

计算机科学与技术专业规划教材

```
39.
40.  /*inputTimeTable函数：输入旅行时间表*/
41.  void inputTimeTable(int time[ ][NTOWNS], char towns[ ][10], int ntown)
42.  {
43.          int row,col;
44.
45.          for( row = 0 ; row < ntown ; row++) {
46.                  time[row][row] = 0 ;
47.                  for( col =row+1; col < ntown ; col++)    {
48.                   printf("请输入%s到%s的旅行时间：",towns[row], towns[col]);
49.                          scanf("%d", &time[row][col]);
50.                          time[col][row]=time[row][col];
51.                  }
52.          }
53.
54.          printf("\n");
55.  } /*end inputTimeTable*/
56.
57.  /*selectCity函数：选择一个旅行的城市*/
58.  int selectCity(char towns[ ][10], int ntown)
59.  {
60.          int select, row;
61.
62.          for( row = 0; row < ntown ; row++ )
63.                  printf("%d:%s\t", row, towns[row]);
64.          printf("\n");
65.
66.          do{
67.                  printf("请在城市0～4中，选择出游的一个城市编号：");
68.                  scanf("%d",&select);
69.                  if( select < 0 || select >= ntown )
70.                          printf("Error:城市编号必须在0～%d范围内\n",ntown-1);
71.          }while( select < 0 || select >= ntown    );
72.
73.          printf("\n你选择的出游城市是：%s\n\n", towns[select]);
74.
75.          return select;
76.  }   /*end selectCity*/
```

2. 二维数组作为数组的数组

二维数组的另一个常见用法是当做数组的数组。数组的数组可以视为数据行的集合；其中，每一行都有独立的含义；每一行中的数据元素都相互联系，但与其他行无关。处理“数组的数组”的程序通常都有处理单独行的函数。

【例题 7-16】 编写程序，创建气象站的风速表，计算风速并打印报告。

例题 7-16 的问题描述如表 7-9 所示。

表 7-9　**计算风速程序的问题说明**

问题定义：接收来自 5 个不同气象站点 的风速数据，打印出汇总数据和已经报告的风速表。
输入：每个风速数据包括 3 个不同方向的速度（x, y, z）。
限制：共 5 个气象站点；每个站点不一定每次都报告气象数据。
输出要求：汇总风速数据；精度要求：小数点后两位。
公式：总风速=$\sqrt{x^2+y^2+z^2}$ 。

例题 7-16 需要定义的重要数据结构包括：

```
double wind[N][3];
```

表示风速数据表；其元素 wind[i]表示第 i+1 个气象站点的报告风速数据。

```
short int mask[N];
```

是气象站点是否报告风速数据的标志；其元素 mask[i]等于 1 表示第 i+1 个站点已经报告了风速数据，等于 0 表示没有报告风速数据。

```
char names[N+1][10];
```

表示气象站点名称。

```
double windspeed;
```

表示总风速。

程序中需要创建的用户自定义函数包括

```
int selectCity(char names[ ][10]);
```

其功能是读取用户选择的需要报告数据的气象站点编号。

```
double sqr(double x);
```

其功能是计算 x 的平方根。

```
double speed(double v[3]);
```

其功能是计算总风速。

```
void printTable(char names[N+1][10], short mask[ ], double w[3]);
```

其功能是打印风速表。

例题 7-16 的源程序如下所示：

```
1.  /*创建气象站的风速表，计算风速并打印报告。源程序：LT7-16.C*/
2.  #include <stdio.h>
3.  #include <stdlib.h>
4.  #define N 5         /*气象站点个数*/
5.  #define TRUE 1
6.  #define FALSE 0
7.  
8.  double speed(double v[3]);
9.  void printTable(char names[N+1][10], short mask[ ], double w[ ][3]);
10. int selectCity(char names[ ][10]);
11. 
12. /*主函数*/
13. int   main()
14. {
15.       int city;                              /*城市编号*/
16.       double windspeed;                      /*总风速*/
17.       double wind[N][3];                     /*风速数据*/
18.       short mask[N] ={ FALSE };       /*  初始化所有站点标志为FALSE*/
19.       /*气象站点名称*/
20.   char names[N+1][10]={"武汉" , "岳阳" , "长沙" , "南昌" , "九江" , "退出"};
21. 
22.       printf("\n风速计算程序。\n\n");
23. 
24.       for( ; ; ) {
25.             city = selectCity( names );
26.             if(city == N ) break;   /*用户选择退出*/
27. 
28.             printf("输入%s站点的气象数据：", names[city]);
29.             scanf("%lg%lg%lg", &wind[city][0] , &wind[city][1] , &wind[city][2] );
30.             mask[city] = TRUE ;
31. 
32.             windspeed = speed(wind[city]);     /*计算总风速*/
33. 
34.             printf("\n风速为：%lg.\n", windspeed );
35.       }
36. 
37.       printTable(names , mask , wind );   /*打印风速表*/
38. 
39.       system("PAUSE");
40.       return 0;
```

```
41.  }    /*end main*/
42.
43.  /*selectCity函数：选择一个气象站点*/
44.  int selectCity(char names[ ][10])
45.  {
46.          int select, row;
47.
48.          for( row = 0; row <= N; row++ )
49.                  printf("%d:%s\t", row, names[row]);
50.          printf("\n");
51.
52.          do{
53.                  printf("请在0～5中选择：");
54.                  scanf("%d",&select);
55.                  if( select < 0 || select > N )
56.                          printf("Error:必须在0～%d范围内\n", N );
57.          }while( select < 0 || select > N   );
58.
59.          printf("你的选择是：%s\n\n", names[select]);
60.
61.          return select;
62.  }  /*end selectCity*/
63.
64.  /*speed函数：计算风速*/
65.  double speed(double v[ ])
66.  {
67.           double sqr( double x);
68.
69.           return (sqrt(sqr(v[0])+ sqr(v[1]) + sqr(v[2])));
70.  } /*end speed*/
71.
72.  /*sqr函数：计算平方值*/
73.  double sqr( double x)
74.  {
75.           return ( x * x );
76.  } /*end sqr*/
77.
78.  /*printTable函数：打印风速表*/
79.  void printTable(char names[ ][10], short mask[ ], double w[ ][3])
80.  {
```

```
81.         int k;
82.
83.         puts("\n报告风速的站点：");
84.         for( k = 0 ; k < N ; k++) {
85.                 if(mask[k]) {
86.         printf("%-8s ( %7.2f%7.2f%7.2f )", names[k], w[k][0],w[k][1],w[k][2]);
87.                         printf("风速：%7.2f\n", speed(w[k]));
88.                 }
89.         }
90.     }/*end printTable*/
```

7.6 本章小结

7.6.1 主要知识点

本章介绍数组及其应用，应重点掌握的知识点如下所述。

1. 数组的基本概念

数组是一组在连续存储空间中顺序保存的变量，其中的每个变量被称为数组单元，其中的数据值称为数组元素。

C 语言中数组的下标从 0 开始，下标 0 的元素保存在最低地址处。数组是用于保存大量同类型数据的常用数据结构。

2. 一维数组

（1）定义一维数组。定义数组时，必须指定数组元素的数据类型，以及数组中元素的个数，这样计算机才能为数组预留相应数量的存储空间。

（2）一维数组初始化。在定义数组的同时，可以用等号和花括号包围起来的初值列表，对其初始化。如果初始值的个数少于数组长度，则余下的元素被初始化为 0。定义时如果缺省数组长度，就必须有初始值部分，这时 C 语言编译器将统计初始值的个数，并以此作为数组的长度。

（3）访问一维数组。除了字符数组之外，其余的一维数组不能整体操作，只能访问其数组元素。正确访问数组元素的关键是正确计算数组元素的下标。一维数组最常见的用法包括平行数组、数组排序或查找、数组形参和实参等。平行数组常用于表示多列的表格，每个数组表示一列。数组形参和实参就是整个数组作为实参，这时只需用数组名即可，相应的形参应该用数组名后跟一对空的方括号定义；数组作为函数形参，可在被调函数和主调函数之间起双向传递的作用。也就是说，形参数组和实参数组“共享同一段内存”。

3. 字符数组

C 语言中的字符串采用字符数组和字符指针两种方式表示。

（1）字符数组定义和初始化。基类型是 char 的一维数组就是字符数组，数组名是字符串的整体标识，数组长度是字符串的最大长度（包含字符串结束标记在内）。通常采用字符串常量对字符数组初始化。

（2）字符数组的输入输出和 string 库。C 语言通过字符数组名来整体操作字符数组，C 语言中的 string 库（string.h 头文件）中包含了许多字符串操作的有用函数，例如 strcpy( )字符串复制函数、strcmp( )字符串比较函数、strcat( )字符串连接函数、strlen( )计算字符串长度函数，等等。

4. 二维数组和多维数组

C 语言中支持多维数组，其维数仅受具体的系统限制；但是最常用的是二维数组。

（1）二维数组定义和初始化。二维数组的主要用途是表示行-列表格，定义时需要给出二维下标的大小；第一维下标通常表示行号，第二维下标表示列号。二维数组可以用按行赋初始值和顺序赋初始值等两种方式。

（2）二维数组是一维数组的一维数组。C 语言中本质上只有一维数组，多维数组是一维数组的特例和扩展，二维数组可以视为数组单元为一维数组的一维数组。

（3）字符串数组。字符串数组是二维的字符数组，通常用于表示名称列表或者消息列表。

7.6.2　难点和常见错误

对初学者来说，使用 C 语言中的数组数据类型时，最容易犯的一个错误是：越界访问内存。

数组定义时的长度是数组中实际单元的个数，由于下标从 0 开始，所以最大合法下标是数组长度减 1。记住，C 编译程序不会帮助你将数组元素的操作约束在定义的单元内，这是程序员的职责。使用数组时，一定要避免使用非法下标的可能性。如果下标是输入数据，则使用前一定要先检查；当循环变量达到数组长度时，一定要终止处理数组元素的操作。

使用字符数组时，尤其要注意定义时指定的是串的最大长度，它已经为结束标记预留了一个字节，所以你最多只能使用比该长度少 1 个字节的存储空间。

当出现下标越界，访问非法存储空间的错误时，系统可能出现的现象不确定，也许你的程序前一刻看起来正确，但后一刻却引起程序崩溃或者硬件错误，这是非常严重的错误，也是检查难度较大的错误之一。

习　题　7

1. 请找出并更正下列语句中的错误：

a）假设有如下定义：

```
int b[10]={ 0 }, i ;
for( i = 0 ; i <= 10 ; i++)
        b[ i ] = 1 ;
```

b）假设有如下定义：

```
char str[5];
scanf("%s", str );        /*用户输入 hello*/
```

c）假设有如下定义：

```
char s[12];
strcpy( s, "Welcome Home");
```

d）if(strcmp(string1 , string2))
        printf("The strings are equal.\n");

2. 请分别编写一条语句完成下面对一维数组的操作。

a）将整型数组的 10 个元素初始化为 0；

b）将整型数组 bonus 的 15 个元素逐个加 1；

c）从键盘上读入浮点数数组 monthlyTemperature 的 12 个值；

d）从键盘读入一行字符（包含空格字符）到字符数组 s1 中。

3. 请说明以下程序的功能。

```
#include <stdio.h>
#include <stdlib.h>
#define SIZE 10
int whatIsThis(int b[ ], int p);
int main()
{
        int x;
        int a[SIZE] = {1,2,3,4,5,6,7,8,9,10};
        x = whatIsThis(a,SIZE);
        printf("Result is %d\n",x);
        system("PAUSE");
        return 0;
}  /*end main*/
int whatIsThis(int b[ ], int p)
{
        if( p == 1)
            return b[0];
        else
            return b[p-1] + whatIsThis( b, p – 1 );
}   /*end   whatIsThis*/
```

4. 请阅读以下程序段，按照屏幕输出写出该程序段的运行结果：

```
#define Z 3
int a, b;
char square[Z][Z+1] = {"cat", "ode", "dog"};
for( a=0 ; a < Z ; a++){
    printf("%i:",a);
    for( b = 0 ; b < Z ; b++){
        if( a == 0)
            printf("%2c", square[a][b]);
        else
            printf("%2c",square[b][a-1]);
    }
```

```
    putchar('\n');
}
```

5. 编程将两个从小到大排好序的一维数组归并成一个有序的一维数组。

6. n个人围成一圈，依次编号从1到n。从编号为1的人开始从1到3报数，凡报数是3的人退出圈子，编程输出依次出列的人的编号。

7. 请编程把一个输入的十进制整数转换为任意进制（二进制到十六进制之间）的数。

8. 请编程检查输入的字符串是否满足以下两个条件：

（1）字符串中左括号“（”的个数与右括号“）”的个数相等

（2）从首字符开始起顺序查找，任何时候右括号“）”的个数都不能超过左括号。

9. 请编程将一个字符串中的所有大写字母变成小写，而小写字母变成大写，其余字符不变。

10. 请编程实现，找到一个二维数组的鞍点，即该位置上的元素在该行上最大，在该列上最小；也可能不存在鞍点。

11. 请不使用stracat( )函数，请编程将两个字符串连接成一个字符串。

12. 请编程从一个字符串中删除指定的子字符串，两个字符串都由键盘输入。

13. 全班有30个学生，输入每个学生姓名、出生日期、学号、专业等信息。请编程实现查找学生的操作，要求输入待查找学生学号，输出该学生基本信息。

14. **（插入排序）**请编写程序实现插入排序（在输入过程中完成排序）。任意顺序输入10个整数，把输入的第1个数放在数组的第1个位置上，以后每读入个数都和已存入的数进行比较，确定该数按照从小到大的顺序在数组应处的位置。把原处于该位置上以及后面的所有数都后移一个位置，把新输入的数填入空出来的位置上。这样数组中的数总是从小到大来排列的。10个数输入完以后输出数组。

15. **（关键词统计）**有5个预先设定的关键词。编程输入一行字符串，从前到后查找其中出现的关键单词及出现次数。

16. **（查找数组中的最小数）**编写一个递归函数，该函数接收一个整数数组和该数组的大小作为实参，函数返回值是数组的最小元素。当接收到只有一个元素的数组时，函数停止处理并返回。

17. **（线性查找）**编写一个函数实现对数组的线性查找。该函数接收一个整型数组和该数组的大小作为实参。如果找到欲查找的关键字，则返回相应数组元素的下标，否则返回-1。

18. **（折半查找）**编写一个函数实现数组的折半查找。该函数接收一个整型数组，查找的起始下标和终止下标作为实参。如果找到欲查找的关键字，则返回相应数组元素的下标，否则返回-1。

第8章 指 针

本章将讨论C语言中最强的特性之一：指针（pointer)。这是因为：第一，指针支持动态分配内存，为构建在程序执行期间大小可以增加或减小的动态数据结构（链表、二叉树等）提供技术支持；第二，指针可以实现按引用传递，为函数提供修改变元并返回多个结果的手段；第三，指针可以改善某些子程序的效率。

然而，指针又是C语言中最危险的特性之一，不正确地使用指针，容易带来难以排除的程序错误。例如，访问未初始化的无效指针可能引起系统瘫痪。对于成功的C语言程序设计来说，正确理解和使用指针，对防止指针的滥用是至关重要的。

本章介绍的主要内容包括：

- 直接访问和间接访问，指针和指针运算。
- 指针、数组和字符串的紧密联系。
- 指针形参、函数指针、命令行参数的使用。
- 对指针的数据类型和指针运算、指针与数组关系、多级指针和多维数组的深入理解。

8.1 什么是指针

在说明什么是指针之前，先来弄清楚数据在内存中是如何组织存储、如何读写的。

8.1.1 数据的组织方式

内存是由若干个内存单元组成的连续空间。每个内存单元中可存储一个字节的数据，这就是内存单元的“内容”，就像旅店房间中居住的房客。每个内存单元分配有一个独一无二的编号，这就是内存单元的“地址”，就像旅店中的房间号。每个内存单元的地址编号是固定的，而内容是可根据需要变化的，这就像每个旅店房间有固定的房间号，而房间内的客人是流动的一样。

数据组织正是为各种逻辑结构的数据选择合适的物理存储方法，以达到既能快速有效地读写数据，又能提高存储空间利用率的目的。这就像旅店在旅客入住或预订时，合理地安排所有客人的住房，既能提高旅店入住率，又尽可能方便每个客人在旅店的活动。

在数据组织的层次关系中，比特（二进制的位）是最低一层的物理单位；其次是字符，一个字符在计算机中占一个字节。而从程序的角度来看，数据元（又称属性或字段）是最低一层中的逻辑单位，例如学生的学号、姓名等属性，这些属性通常可以用C语言程序中简单类型的变量或者数组来表示。将逻辑相关的多个数据元组织在一起，可以组成多种复杂的数据结构。例如，某个同学考了C语言，则有一个成绩需要处理。而如果一个课堂的所有学生考了C语言，则有一组成绩需要存储。这时程序员必须考虑如何存储这一组成绩数据，既可以少占用内存空间，同时又能确保读写数据的便利和效率。这就是数据结构的选择问题。

1. 单个变量的存储方式

如果在程序中定义了一个变量，在编译时就必须给这个变量在内存的用户数据区中分配相应内存单元；该变量的数据类型决定了分配的内存空间大小，以及存储的数据格式。C 语言中的基本数据类型就像内存的“标准间”，使用时根据需要申请相应大小的“标准间”。

例如，假设有一个学生（学号 1234）考了 C 语言，成绩 92 分。则程序中用变量 c_score 存储 C 语言的成绩，sno 存储该学生的学号，变量定义如下：

```
short int c_score=92;
long int sno=1234;
```

如图 8-1 所示，假设系统编译时给变量 c_score 分配了 0x2000 和 x2001 这两个内存单元，0x2000 就是变量 c_score 的地址。变量 sno 分配在 0x2002 到 0x2005 之间的四个内存单元，0x2002 是变量 sno 的地址。

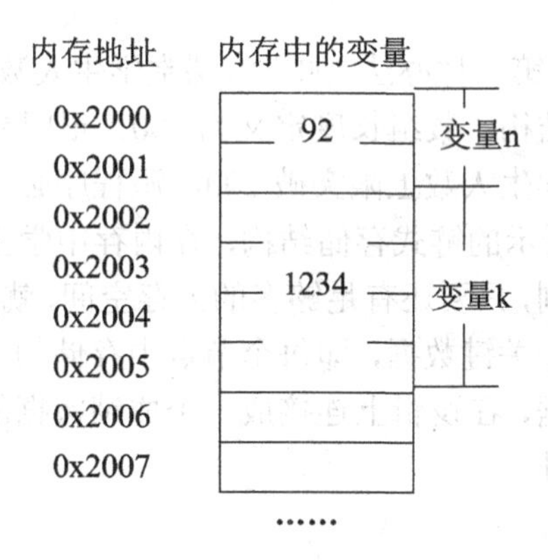

图 8-1 内存单元的地址和内容

2. 数据集的存储方式

图 8-1 说明了单个变量的存储结构，但在实际应用中，通常处理的是数据集。如果数据集中的每个数据都分别用单独的变量来表示，那么源程序中需要定义大量的变量，使用不便；另一方面，这种方式无法反映数据之间的内在联系，数据处理难度增大，代码修改不便。例如需要增加一名学生成绩，就必须修改源代码、重新编译。这时就需要创建更灵活的数据结构，在占用尽量少的存储空间的前提下，既能反映数据之间的联系，又便于进行代码维护。

从数据的组织方式上来看，数据结构包括逻辑结构和存储结构两种。数据的逻辑结构抽象反映数据元素的逻辑关系；而数据的存储结构是指数据在内存中的组织方式，是数据的逻辑结构在计算机存储器中的实现。

数据的存储结构包括顺序存储结构和链式存储结构。顺序存储结构简单易用，适用于数据元素个数固定的情况；但是存在不易扩展的弱点。链式存储结构灵活易于扩展，适合数据元素个数不确定的情况。

例如，一个课堂的学生考了 C 语言，那么该如何存储这个课堂所有学生的成绩集呢？常见的解决方案如下所示：

（1）学生人数固定。

假设该课堂共 50 名学生，则定义成绩集为数组：

short int score[50];

该课堂中学生的成绩集数据采用图 8-2 所示的顺序存储结构。其中，score[i]存储了该课堂中第 i+1 名学生的 C 语言成绩，下标代表学生的序号，数组元素代表学生成绩。

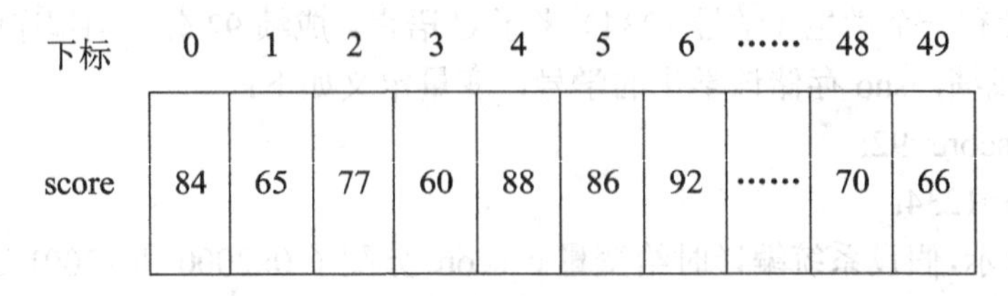

图 8-2　顺序存储结构示意图

（2）学生人数不固定。

这时常用两种解决办法：第一种办法，如果该课堂学生人数不超过 200 人，则可采用（1）中所示的数组，即顺序存储结构；数组长度定义为 200。很明显，这种存储结构将造成内存空间的浪费；而且一旦课堂学生人数上限突破 200，源程序必须修改才能正确使用。

第二种方法就是图 8-3 所示的链式存储结构，在内存中学生成绩可以分散存储。这样做的优点是不受学生人数的限制，只要还有足够多的内存空间，就可以随时增加新的成绩数据。这种存储结构中必须用到一个关键数据，即每个节点中存储的下一个数据地址，它将这些物理上分散存放的多个成绩数据，在逻辑上连接成一个成绩数据的有序集合。这种数据就是指针，代表内存单元的物理地址。

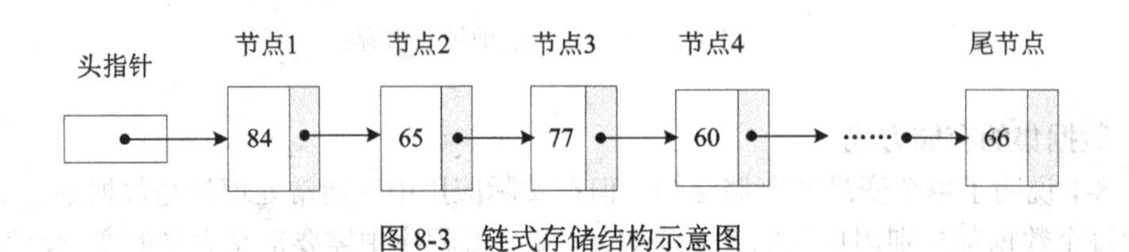

图 8-3　链式存储结构示意图

8.1.2　指针和指针变量

指针就是内存地址，指针变量是存放内存地址的变量。

一般而言，变量可以直接存放一个特定的数值，变量名是直接引用数据值的，这种访问数据的方式被称为直接访问，例如图 8-4（a）所示的变量 count。

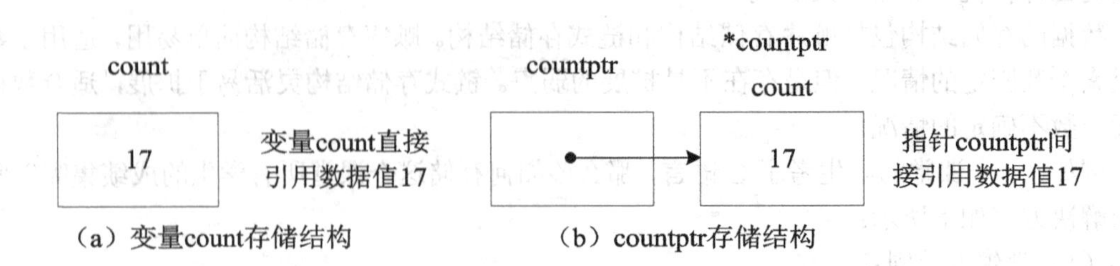

图 8-4　直接访问和间接访问变量的典型例子

指针变量中存放的是另一个变量的地址，通过指针变量来读写数据值，这种访问方式被称为间接访问。第二个变量被称为指针变量指向的变量。例如图 8-4（b）所示的指针变量 countptr，如果 countptr 中存放的是变量 count 的地址，则称 countptr 指向的变量是 count，表示为*countptr。

指针变量同样必须“先定义，后使用”。指针变量定义的一般形式是：

*type　*name*

其中，name 是变量名，*表示 name 是指针变量；type 可以是任何有效的类型，是指针变量 name 的基类型，也就是*name（name 指向的对象）的数据类型。

需要说明的是，内存地址本来没有数据类型可言，仅仅代表内存单元的序号。因此，指针变量的基本类型不代表指针变量的类型，而是代表指针指向的变量（即*name）的数据类型。

例如：

```
int *countptr, count=17;
```

表示定义指针变量 countptr，其基本类型是 int，因此，countptr 只能指向 int 类型的变量。如果要达到图 8-4（b）所示的效果，就必须对指针变量 countptr 初始化。

8.2 指针变量的初始化

指针变量在使用前必须初始化，既可以在指针变量定义的同时对其初始化，也可以用赋值语句对指针变量初始化。这就涉及如何用另一个变量的地址对指针变量赋值。本节重点叙述指针变量初始化的概念。

8.2.1 指针运算符

C 语言中有两个特殊的指针运算符：取地址运算符&和间接访问运算符*。它们都是一元运算符。取地址运算符&返回的结果是操作数的地址值，这种地址值是操作数在内存中的位置，与变量的内容无关。间接访问运算符*，是取地址运算符&的逆运算，该运算返回的结果是它的操作数（即一个指针）指向的对象。

例如，要达成图 8-4（b）所示的效果，则应该有如下定义：

```
int *countptr, count=17;
```

那么，语句

```
countptr=&count;
```

的含义是把变量 count 的地址存入到变量 countptr 中。于是，countptr 被称为“指向 count”。此时，*countptr 表示 countptr 指向的变量，也就是变量 count。而语句

```
printf("%d,%d",count,*countptr);
```

的作用是打印变量 count 和*countptr 的值，也就是 17 和 17。当然，通过 count 引用数据值 17 是直接引用的方式，而通过*countptr 引用数据值 17 是间接访问的方式。

【例题 8-1】 使用指针运算符&和*的演示范例。

```
1.   /*使用指针运算符&和*的演示范例。源程序：LT8-1.C*/
2.   #include <stdio.h>
3.   #include <stdlib.h>
4.
5.   int main(void)
6.   {
7.       int a,*aptr;      /*定义整型变量a，指针变量aptr*/
8.
9.       a=10;
10.      aptr=&a;          /*把a的地址赋给指针变量aptr*/
11.
12.      printf("变量a的地址是：%p，变量aptr的值是：%p\n",&a,aptr);
13.      printf("变量aptr的地址是：%p\n",&aptr);
14.      printf("变量a的值是：%d，变量*aptr的值是%d：\n",a,*aptr);
15.      printf("&*aptr的值是：%p\n*&aptr的值是：%p\n",&*aptr,*&aptr);
16.
17.      system("PAUSE");
18.      return 0;
19.  }    /*main 函数结束*/
```

```
变量a的地址是：0013FF60，变量aptr的值是：0013FF60
变量aptr的地址是：0013FF54
变量a的值是：10，变量*aptr的值是：10
&*aptr的值是：0013FF60
*&aptr的值是：0013FF60
请按任意键继续…
```

关于例题 8-1 的两点说明：

- 格式符%p：指针格式符，用于输出地址数据。
- 程序运行结果中所有地址数据是由系统自动分配的，每次执行系统分配的地址都可能不同。读者在上机运行例题 8-1 的源程序时，变量 a、aptr 在内存中的存储位置和本例题中的位置会不同，因此，第 12 行、第 13 行和第 15 行的 printf( )语句运行结果中输出的地址数据将会和本例题的运行结果不同。

8.2.2 空指针和空类型指针

1. 空指针

非静态的局部指针变量已定义但没有赋值前，其值是不确定的，也就是说，该指针变量指向的对象不确定，可能是任意一个不合法的内存单元。此时试图使用该指针，不仅可能造成程序崩溃，也可能造成操作系统垮掉，这是非常严重的错误。

大多数 C 语言程序员使用指针的一个重要习惯是：对于当前没有指向合法的内存位置的指针，为其赋值 NULL，以确保该指针不指向任何对象。

NULL（或 null）被称为空指针，它是一个空指针常数。许多 C 语言的头文件，如<stdio,.h>和<stdlib.h>等，定义了 NULL，如下所示：

```
#define NULL 0
```

NULL 是取值为 0 的特殊指针。任何类型的指针都允许赋予 NULL 空指针值。例如：

```
int *p=NULL;
```

表示定义一个指针变量 p，它指向的对象是 int 类型的数据。同时将变量 p 初始化为 NULL，即空指针，表示指针变量 p 不指向任何对象。然而，指针有一个空值，并不表示是“可靠的”，例如，下面序列语句尽管不正确，但却不会出现编译错误：

```
int *p=NULL;
*p=8;                          /*严重错误！ */
```

在这个情况下，对 p 的赋值导致对零赋值，通常会导致系统崩溃！

2. 空类型指针

指针的基类型也可以定义为 void 类型，void 指针就是类型为 void *类型的指针，它是一种通用指针类型，称为空类型指针，又称为一般指针。空类型指针用于表示指针指向对象的类型未知。当内存的语义不清楚时，空类型指针常用来表示原始内存。

8.2.3 动态分配函数

动态分配是在程序运行过程中获取内存的方法。全局变量是在编译过程中获得内存的，而非静态的局部变量使用栈空间，两者都不能在运行中增减。然而，程序在运行中也可能需要数量可变的内存空间。图 8-3 所示的链式存储结构，这类数据结构本质上是动态的，其内存在程序运行过程中是可伸缩的，可根据需求来增减。为达到这种效果，要求程序能够根据需要临时分配和释放内存。

C 语言中最重要的两个动态分配函数是 malloc()和 free()。函数 malloc()分配内存，free()释放内存。这些函数都在 stdlib.h 头文件中说明，因此使用这些库函数时，程序必须加上：

```
#include <stdilb.h>
```

1. malloc 函数

Malloc( )的原型为：

*void *malloc(size_t size);*

其中 size_t 是在 stdlib.h 头文件中被“typedef unsigned size_t;”语句定义，它相当于无符号整型。malloc( )函数的作用是在动态存储区中分配一段长度为 size 的连续内存空间，此函数的返回值是新分配内存的首地址，如果没有足够的内存空间，则此函数返回 NULL，表示内存分配失败。使用前，应当核实返回的指针不为空，否则，将可能系统崩溃。新分配的存储区未被初始化。调用 malloc( )函数的正确方法是：

```
int *p;
p=(int *)malloc(10*sizeof( int ));          /*分配 10 个整数的连续内存*/
if(!p){                                     /*分配内存失败*/
        printf("Out of memory.\n");
        exit(1);
}
```

2. free( )函数

Free( )函数的原型为：

*void free(void *p);*

free( )函数的作用是释放原先用 malloc( )等分配的内存空间，p 是这段内存空间的起始地址，将它交还给系统。已经释放的内存，以后的 malloc( )等分配内存函数可以使用。如果程序中未使用 free( )函数，则当程序运行结束时，所分配的内存单元自动释放。至关重要的是，绝对不要用无效指针调用 free( )，否则将破坏自由表。

标准 C 语言还另外定义了两个动态分配函数：calloc()和 realloc()。calloc()为数组分配内存，realloc()为此前用 malloc()函数分配了的内存重新分配内存。读者可自行查阅相关资料。

8.2.4 指针的初始化

指针初始化可能在定义的同时进行，也可以在定义后通过赋值语句实现。指针变量初始化的一般形式是：

*type *name = initialization* ;

其中，initialization 为初始值，其取值为 NULL，表示 name 不指向任何对象；其取值也可以为已经定义的地址或指针，或者动态分配内存。

全局/静态指针变量未初始化，系统自动初始化为 NULL，此时指向对象不存在；自动指针变量未初始化，保留原来存储在内存空间中数据；此时指针指向的对象没有意义。引用未初始化的指针可能会造成系统崩溃等严重错误，因此指针在使用前必须初始化。

例如，有如下定义：

```
int x=31;
int *ptr1=&x,*ptr2,*ptr3;
ptr3=NULL;
```

如图 8-5 所示，ptr1 指向变量 x，ptr3 指向位置 0（即不指向任何对象），ptr2 未初始化。应避免使用像 ptr2 这样未初始化的指针变量。

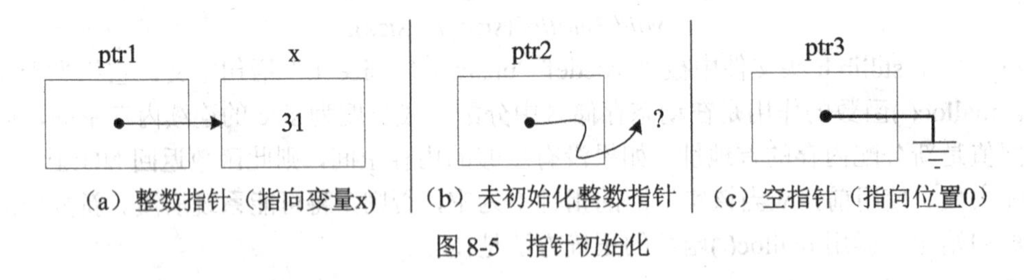

图 8-5　指针初始化

【例题 8-2】 使用动态分配的数组保存字符串，要求用户从标准控制台输入字符串，然后反向输出该字符串。

如例题 8-2 中第 13 行所示，可以使用动态分配的方式给指针初始化，但需要在使用前先测试 s，确保申请内存是成功的（malloc( )返回有效指针）。为防止空指针引起的严重问题，必须进行这种测试。

```
1.  /*使用动态分配的数组保存字符串，并反向输出该字符串。源程序：LT8-2.C*/
2.  #include <stdio.h>
3.  #include <stdlib.h>
4.  #include <string.h>
5.
6.  int main(void)
7.  {
8.      int a;
9.      char *s;     /*定义字符指针s*/
10.
11.     printf("\n输入一个字符串，反向输出！\n\n");
12.
13.     s = (char *)malloc(80);
14.
15.     if(!s)
16.     {
17.         printf("Memory request failed\n");
18.         exit(1);
19.     }
20.
21.     gets(s);     /*输入字符串*/
22.
23.     /*反向输出字符串*/
24.     for(a=strlen(s)-1 ; a>=0 ; a-- )
25.         putchar(s[a]);
26.
27.     printf("\n\n");
28.
29.     free(s);     /*释放内存*/
30.
31.     system("PAUSE");
32.     return 0;
33. }   /*end main*/
```

```
输入一个字符串，反向输出！

abcd12345
54321dcba

请按任意键继续…
```

程序 LT8-2.C 中定义了字符指针 s，第 13 行的语句

```
s = (char *)malloc(80);
```

动态申请了连续 80 个字节的存储空间，并把这段内存的起始地址保存到指针变量 s 中。在语义上，s 起着数组名一样的作用，所以，程序 LT8-2.C 中的 s 所代表的存储空间就是一段动态的字符数组。第 25 行中，通过下标运算符（[ ]）访问了其中的数组元素 s[a]。

8.3 指针运算

指针可以作为赋值、算术、关系运算和强制类型转换表达式的操作数，但是，不是 C 语言所有的运算符都可以处理指针。

本节介绍可以使用指针的运算符以及使用方法。

8.3.1 指针赋值

指针赋值的一般形式是：

$$ptr1 = ptr2$$

其中，ptr1 是指针变量，ptr2 是指针变量或地址表达式。

例如，有如下定义：

```
int a,*aptr1,*aptr2;
```

在赋值序列

```
aptr1 = &a;
aptr2 = aptr1;
```

之后，aptr1、aptr2 都指向指针变量 a。

指针赋值应遵循以下规则：

（1）任何指针可以直接赋给同类型的指针；

（2）任何类型的指针都可以赋给空类型指针（void *类型的指针）；

（3）空类型指针（void *指针）和空指针（NULL）可以直接赋给任何类型的指针变量；

（4）可以将一个类型的指针赋给另一种类型的指针，但这涉及指针转换的问题。赋值运算符需要将右侧的指针强制转换为左侧的指针类型之后，才能完成赋值运算。

8.3.2 指针转换

一个类型的指针可以转换为另一个类型的指针，一般有两种转换类型：

1. void *指针转换

void *指针代表原始内存，因此又称一般指针。转换为 void *指针，或者将 void *指针转换为其他类型指针，无需使用强制类型转换。

2. 其他类型指针转换

void *指针之外的其他类型指针相互转换时，必须使用强制类型转换。例如：

```
double x=100.01, y;
int *p;
p = (int *)&x;
y = *p;
```

那么，变量 y 的值不会是 100.01。注意，将 double *类型的地址&x 赋值给 p，尽管使用的强制类型转换是正确的，但是 x 占用了 8 个字节，而*p 仅仅占用了 int 类型相应的空间（2 个或 4 个字节）。这样即使 p 是合法的指针，将 double *的地址赋值给它，也无法改变它指向的对象是 int 类型的事实。

8.3.3 指针算术运算

指针可以完成的算术运算只有加法和减法。

1. 指针加、减一个整数

指针加法运算的一般规则为，如果有表达式：

$$p1+d$$

该表达式的值为 p1 当前执行对象的下面第 d 个对象。也就是说，+d 表示向后移动 d 个*p1 的内存空间，因此，p1+d 的值等于 p1+sizeof(*p1)*d。

例如，有如下定义：

```
short int *p1, score[10]={84,65,77,60,88,86,92,93,70,66};
long int *p2;
p1 = &score[0];
```

假设&score[0]当前值为 2000，则表达式：

p1++

使得 p1 的值变成 2002，而不是 2001。每次增量（指针加 1）之后，指针指向下一个对象，这里 p1 加 1 之后，指向下一个整数。同理，表达式：

p1--

使 p1 的值变成 1998。

如果有如下语句：

p2 = (long int *)&score[0];

那么，表达式：

p2++

使得 p2 的值为 2004，而不是 2002。这是因为，p2 增量之后，p2 指向下一个长整数，一个长整数的长度是 4 个字节，而一个短整数的长度只有 2 个字节。也就是，p2 的值等于(long int *)&score[0]+sizeof(long int)。图 8-6 为这个概念的示例。

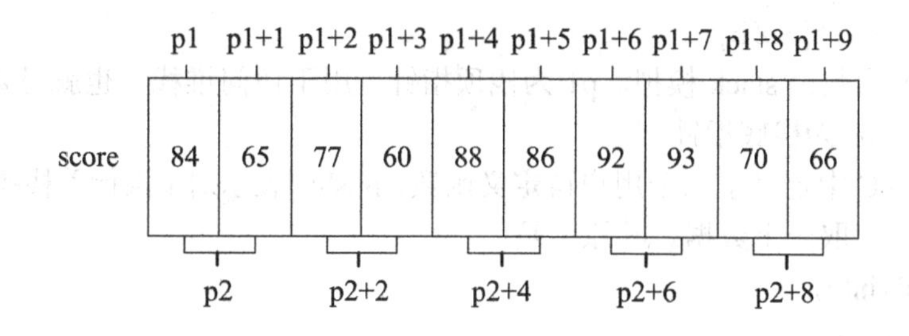

图 8-6 指针算术运算示例

2. 两个指针的减法运算

除了指针和整数可以完成加法和减法运算之外，只有一种算术运算是合法的：一个指针减去另一个同类型的指针。运算结果为整数，表示两个指针指向对象之间间隔的元素个数。

例如，有如下的变量定义：

```
short int   *pa,*pb,score[10];
long int *p1,*p2 ;
pa = &score[8];
pb = &score[2];
p3 = ( long int *) &score[0];
p4 = ( long int *) (score+4);
```

那么，表达式

```
pa - pb
```

的结果是6，表示pa和pb指向的对象之间short int类型元素个数为6，而不是简单的地址相减。

表达式

```
p4 - p3
```

的结果是2，而不是4。因为p4和p3指向的对象之间间隔的元素是以*p3或者*p4的数据类型来计算的。参与减法的两个指针应当是同类型的指针，一般指向同一个数组中的元素，否则就毫无意义。

8.3.4 指针比较

在关系表达式中，可以比较两个指针的大小。参与比较的两个指针类型必须相同，而且必须指向共同对象，例如数组，否则没有意义。

若p1和p2指向同一数组，则

p1<p2　　表示判断是否p1指的元素在前；

p1>p2　　表示判断是否p1指的元素在后；

p1==p2　　表示判断p1与p2是否指向同一元素。

NULL空指针可以和任何类型的指针比较。

【例题8-3】 堆栈（stack）是一种先进后出（first-in last-out）的表，好比将若干个盘子堆放起来，每次放或者取一个盘子，最先堆放的盘子最后被取走，将一个数据压入堆栈称为入栈，从堆栈中取走一个数据称为出栈操作。现在编程实现该算法。

程序LT8-3.C中采用数组来模拟实现堆栈，其定义是

```
int *tos,*p1,stack[SIZE];
```

其中，堆栈空间由数组stack模拟。p1为栈顶指针，用于访问堆栈，也就是数据入栈或者数据出栈的位置；tos为栈底指针。

程序LT8-3.C中定义了两个用户自定义函数，push( )表示对i执行入栈操作；pop( )表示从堆栈的栈顶出读取一个数据。其原型是：

```
void   push(int i);
int   pop(void);
```

push()和pop()中都需要对栈顶指针p1进行关系测试，以判断是否越界；函数push()判断栈

顶指针是否越过栈上界；pop()判断 p1 是否越过栈下界。

主函数把从标准控制台输入的数据压入堆栈；输入 0 时，从栈中弹出一个数据；输入-1 时，停止运行。

例题 8-3 的源程序如下所示：

```
1.  /*堆栈操作，输入执行出栈操作，-1停止程序运行。源程序：LT8-3.C*/
2.  #include <stdio.h>
3.  #include <stdlib.h>
4.  
5.  #define   SIZE 50
6.  
7.  void   push(int i);      /*入栈函数使用说明*/
8.  int   pop(void);         /*出栈函数使用说明*/
9.  
10. int *tos,*p1,stack[SIZE];   /*堆栈、栈顶及栈底指针定义*/
11. 
12. int main(void)
13. {
14.       int value;
15. 
16.       tos=stack;
17.       p1=stack;
18. 
19.       do
20.       {
21.             printf("输入一个整数：");
22.             scanf("%d",&value);
23. 
24.             if (value!=0)   push(value);
25.             else   printf("出栈数据是%d\n",pop());
26. 
27.       }while(value!=-1);
28. 
29.       system("PAUSE");
30.       return 0;
31. }   /*end main*/
32. 
33. /*将入栈操作定义成用户自定义函数*/
34. void push(int i)
```

```
35.  {
36.      p1++;
37.      if(p1==(tos+SIZE))
38.      {   /*判断堆栈是否已满*/
39.          printf("堆栈已满\n");
40.          system("PAUSE");
41.          exit(1);
42.      }
43.
44.      *p1=i;
45.  }   /*end push*/
46.
47.  /*将出栈操作定义成自定义函数*/
48.  int pop(void)
49.  {
50.      if(p1==tos)
51.      { /*判断堆栈是否空*/
52.          printf("堆栈空\n");
53.          system("PAUSE");
54.          exit(1);
55.      }
56.
57.      p1--;
58.
59.      return *(p1+1);
60.  }   /*end pop*/
```

```
输入一个整数：89
输入一个整数：3
输入一个整数：0
出栈数据是：3
输入一个整数：-1
请按任意键继续…
```

8.4　地址参数：指针形参模拟引用调用

一般高级语言中，子程序之间的数据通信方式包括：值调用和引用调用。值调用可实现从主调函数向被调用子程序传入数据，而引用调用可实现主调函数和被调用函数之间的双向数据通信。

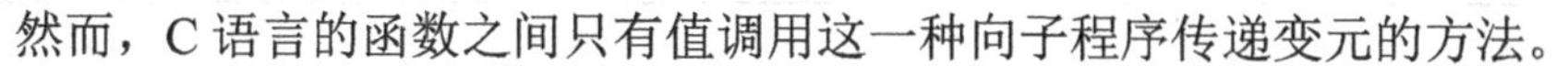

然而，C 语言的函数之间只有值调用这一种向子程序传递变元的方法。

【例题 8-4】 交换两个整数值的错误范例，整数类型形参无法改变实参值。

程序 LT8-4.C 中定义函数

void swapNumbers(int variableOne,int variableTwo);

的本意是：交换 varialbleOne 和 variableTwo 两个对应的实参值。主函数第 16 行的语句

swapNumbers(firstNum, secondNum);

希望通过调用函数 swapNumbers( )交换变量 firstNum 和 secondNum 的数据值。

但是，正如图 8-7 所示的一样，实参 firstNum 和 secondNum 是在主函数中获得内存的，而形参是 varialbleOne 和 variableTwo 在第 16 行的函数调用之后，才获得内存；二者有各自独立的内存，而且函数返回值形参 varialbleOne 和 variableTwo 被释放。所以，例题 8-4 中，对形参 variableOne、variableTwo 的交换操作，只改变了形参 variableOne、variableTwo 的值，没有改变实参 firstNum、secondNum 的值。因此，swapNumbers 函数调用结束后，输出的仍然是 23 和 45。

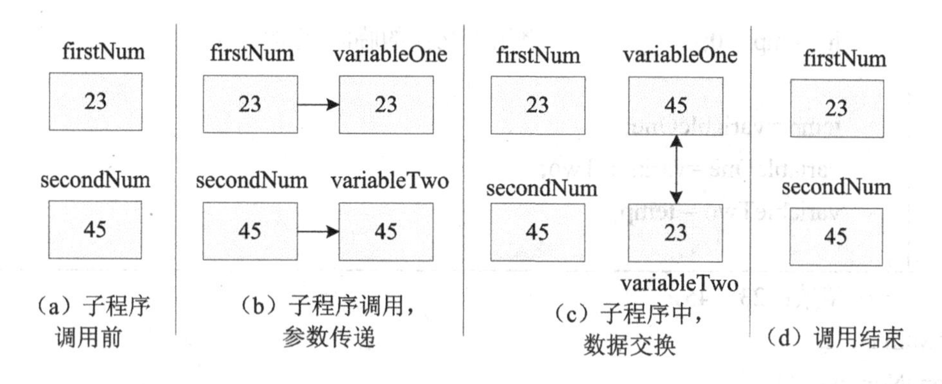

图 8-7 整数形参，无法改变实参

例题 8-4 的源程序是：

```
1.  /*数据交换错误示范，源文件：LT8-4.c*/
2.  #include <stdio.h>
3.  #include <stdlib.h>
4.
5.  void swapNumbers(int variableOne,int variableTwo);
6.
7.  int main(void)
8.  {
9.      int firstNum =0,secondNum=0;
10.
11.     printf("请输入两个整数：");
12.     scanf("%d%d",&firstNum,&secondNum);
```

```
13.
14.         printf("firstNum is:%d\nsecondNum is:%d\n",firstNum,secondNum );
15.         printf("交换两个数\n");
16.         swapNumbers( firstNum, secondNum);
17.
18.         printf(" firstNum is:%d\nsecondNum is:%d\n",firstNum,secondNum);
19.
20.         system("PAUSE");
21.         return 0;
22.     }   /*end main*/
23.
24.     /*函数swapNumbers：希望交换两个参数的值*/
25.     void swapNumbers(int variableOne,int variableTwo)
26.     {
27.         int temp = 0;                /*用于交换的临时变量*/
28.
29.         temp =variableOne;
30.         variableOne =variableTwo;
31.         variableTwo = temp;
32.     }
```

```
请输入一个整数：23  45↙
firstNum is：23
secondNum is：45
交换两个数
firstNum is：23
secondNum is：45
请按任意键继续…
```

如果必须要在调用函数 swapNumbers 过程中，交换 main 函数中定义的变量 firstNum、secondNum 的值，该如何修改上述代码呢？

这时，必须采用函数之间的双向传递方式。事实上，C 语言是通过指针作为函数形参的方式，来模拟引用调用的。这种方法可实现主调函数和子程序共享变元的存储空间，达到在二者之间双向数据通信的目的。

【例题 8-5】 交换两个整数值的正确示范，整数指针形参模拟引用调用，改变变元值。

与例题 LT8-4 不同，例题 8-5 中定义函数 swapNumbers，函数原型是：

void swapNumbers(int* variableOne,int* variableTwo) ;

函数调用如第 17 行所示：

swapNumbers(&firstNum,&secondNum);

请注意，形参 variableOne 和 variableTwo 都是整数指针类型的，而实参是&firstNum 和&secondNum。通过函数调用时，实参和形参之间的值传递，形参 variableOne 指向变元 firstNum，形参 varialbleTwo 指向变元 secondNum。所以，函数 swapNumbers 在无权按变量名直接访问变元 firstNum 和 secondNum 的情况下，通过两个形参可以间接地访问这两个变元。而且，由于变元 firstNum 和 secondNum 是主函数所属的局部变量，因此，在第 17 行的函数调用结束后，二者的存储空间仍然是有效的，从而达到在被调用函数 swapNumbers( ) 内部交换主函数中的两个变量值的效果。

图 8-8 描述了函数 swapNumbers 调用前后，通过整数指针形参改变变元，实现子程序 swapNumbers 和主程序之间双向数据交换的过程。注意子程序并没有改变实参值，而是改变了变元值（实参指向的对象）。事实上，在子程序调用时执行了实参和形参的值传递后，形参和实参指向同一个变元对象，从而达到主程序和子程序共享内存的目的。

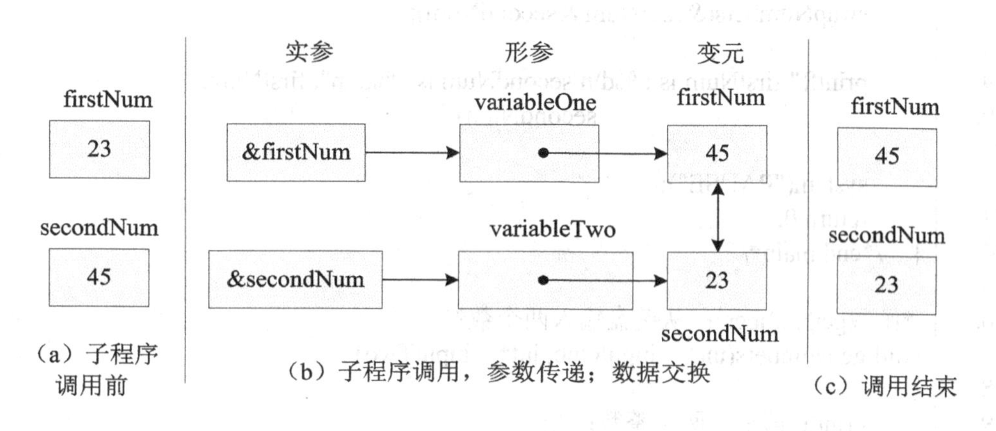

图 8-8 整数指针形参模拟引用调用，改变变元值

函数 swapNumbers( )中实参&firstNum、&secondNum 和形参 variableOne、variableTwo，以及变元 firstNum、secondNum 之间的值传递和相互关系如图 8-9 所示。

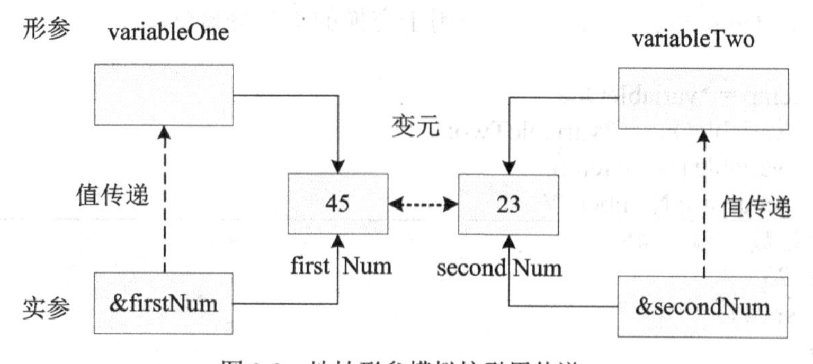

图 8-9 地址形参模拟按引用传递

```
1.  /*数据交换，地址变量间接引用示例程序，源文件：LT8-5.c*/
2.  #include <stdio.h>
3.  #include <stdlib.h>
4.
5.  void getNumbers(int* inputOne,int* inputTwo);
6.  void swapNumbers(int* variableOne,int* variableTwo);
7.
8.  int main(void)
9.   {
10.      int firstNum =0,secondNum=0;
11.
12.      getNumbers( &firstNum,&secondNum);
13.
14.      printf("firstNum is : %d \n secondNum is : %d \n\n", firstNum,
15.                             secondNum );
16.      printf("交换两个数\n");
17.      swapNumbers(&firstNum,&secondNum);
18.
19.      printf(" firstNum is : %d\n secondNum is : %d \n", firstNum,
20.                             secondNum);
21.
22.      system("PAUSE");
23.      return 0;
24.  }   /*end main*/
25.
26.  /*函数getNumbers：从键盘输入两个数*/
27.  void getNumbers(int*   inputOne, int*   inputTwo)
28.  {
29.      printf("请输入两个整数：");
30.      scanf("%d   %d",inputOne,inputTwo);
31.  }   /*end getNumbers*/
32.
33.  /*函数swapNumbers：交换两个变量的值*/
34.  void swapNumbers(int* variableOne,int* variableTwo)
35.  {
36.      int temp = 0;              /*用于交换的临时变量*/
37.
38.      temp = *variableOne;
39.      *variableOne = *variableTwo;
40.      *variableTwo = temp;
41.  }   /*end swapNumbers*/
```

```
请输入一个整数：23    45↙
firstNum is：23
secondNum is：45
交换两个数
firstNum is：45
secondNum is：23
请按任意键继续…
```

由图 8-9 可以看出，C 语言中函数通过地址形参模拟引用传递实现“双向”传递。但是请读者注意这种方式本质上仍是值传递，仅仅因为形参和实参都是指针，使得形参和实参“共享内存”，换句话说，形参和实参指向同一个变元；这个变元空间就是函数双向传递信息的内存空间。

C 语言用指针形参模拟引用调用的过程可简单描述成如下几条：

（1）在主调函数中定义代表变元的变量，主调函数通过变量名直接访问该变元，把传入给被调用函数的数据赋值给该变量；

（2）主调函数调用被调用函数，把变元的地址拷贝到被调用函数的形参中；

（3）被调用函数通过实参和形参之间的值传递，获取变元的地址；

（4）被调用函数通过形参获得的变元地址间接访问该变元，把计算结果赋值给该变元；

（5）被调用函数调用结束，返回主调函数；

（6）主调函数访问该变元，获取计算结果。

8.5 数组和指针

在 C 语言中，数组和指针关系十分密切。数组名可以看成是常量指针，指针也可以用于任何涉及数组下标的操作。常说 C 语言中“数组与指针等价”，该如何理解等价的含义？它是否代表“相同”或者可以互换？

本节重点叙述数组与指针的关系。

8.5.1 数组元素的指针表示&指针的下标表示

1. 下标运算符

现在来回顾第 7 章中讲述的下标运算符的用法。下标运算符的一般形式是：

$$exp1[exp2]$$

其中，exp1 和 exp2 是操作数表达式，要求其中一个是地址类型，表示起始地址；另一个必须是整数，表示偏移量。事实上，C 语言将下标表达式定义为：

$$*((exp1)+(exp2))$$

例如，有如下定义：

```
int score[30];
```

则表达式

```
score[2]
```

被 C 语言转换为

```
*(score+2)
```

其中 score 为 int *类型的地址常量。请读者记住，数组名是一个常量指针，它总是指向数组头，即下标为 0 的元素。

2. 数组元素的指针表示

C 语言提供两种访问数组元素的方法：下标法和指针法。两者是等价的，可以互换。那么表达式：

```
score[2]
```

和

```
*(score+2)
```

是等价的，可以直接互换。

3. 指针的下标表示

同理，假设有如下的程序片段：

```
int score[20],*p;
p = score;
```

数组名 score 可以看作值指向 score[0]的常量指针，因此，这条语句等价于用数组 score 的第一个元素的地址赋值给 p，即等价于：

```
p = &score[0];
```

欲取数组中第 5 个元素时，可以写成：

```
score[4]
```

或者

```
*(p+4)
```

前一个表达式被称为下标表示法。而后一个表达式中，4 表示指针的偏移量，这个偏移量和数组下标的作用是一样的，这种表示法被称为指针表示法。那么表达式：

```
p[4]
```

和

```
*(p+4)
```

是等价的，都表示数组元素 score[4]。

因此，在 p 取值等于 score 的前提下，以下五个表达式都表示数组元素 score[4]：

score[4]	*(p+4)	p[4]	4[score]	4[p]

后两个表达式 4[score]和 4[p]看起来有些奇怪，但实际上，C 语言在处理下标表达式 score[4]时，就是将其转换为*(score+4)来完成的。只要下标运算符的两个操作数中有一个是地址，另一个是整型数据，代表偏移量就可以了。

C 语言将下标法和指针法定义为等价的表示法的优点是使得数组和指针可以互换，通过指针模拟或访问数组的顺序存储结构更为简便。例如：

```
int   num , *ptr;
printf("enter the number of type int to   allocate:");
scanf("%d",&num);
ptr = (int *)calloc(num, sizeof(int));
```

实际上，上面申请分配的是长度为 num 的动态数组，ptr 是这个动态数组的起始地址，起着数组名的作用。而 ptr[i]或者*(ptr+i)表示该数组中下标为 i 的数组元素。

8.5.2 字符串的指针表示

如同第 7 章中所述，字符串就是一系列字符，这一系列字符被当作整体来看待。C 语言中没有专门的字符串，而是用字符数组来表示。实际上，编译程序将字符串解释为一个指向字符数组的指针，即 char *类型指针。它代表字符串第一个字符的位置，并以偏移量为 1 顺序地按地址增量方向，连续访问其后的每一个字符，直到遇到字符串结束标记'\0'为止。

字符指针是 C 语言中表示字符串的第二种表示方法。

1. 字符指针的定义

字符指针定义的一般形式是：

*char *string_name;*

其中，string_name 是字符指针名，用于存放字符串的起始地址。注意：这里只定义了存储字符串起始地址的指针变量空间，并没有申请真正存放字符串的内存空间。

2. 字符指针的初始化

字符指针必须通过初始化才能获取存放字符串的真正内存空间。字符指针初始化一般形式如下：

*char *string_name = initialization;*

其中，intialization 可以是字符串常量、已定义的字符数组名或者动态分配内存获得的地址。

例如：

char *str, *president = "Abraham Lincoln";

str = (char *) malloc(10);

其中，str 通过动态分配内存申请了连续 10 个字节的内存空间，因此 str 可存储的字符串最大长度为 9。persident 初始化的字符串包含结束标记在内共 16 个字节，因此 persident 可存储的字符串最大长度为 15。而表达式：

strcpy(str, president)

错误，原因是 str 没有申请足够多的内存空间存放字符串"Abraham Lincoln"。

【例题 8-6】 输入两个字符串，不用 strcmp 函数，编程比较两个字符串的大小。

```
1.  /*不使用库函数，比较字符串大小。源文件：LT8-6.C*/
2.  #include <stdio.h>
3.  #include <stdlib.h>
4.  #define   SIZE   20
5.  
6.  int stringCompare( char * str1Ptr, char * str2Ptr);
7.  
8.  int main(void)
9.  {
10.     char   str1[SIZE],str2[SIZE];
11.     int n;
12. 
13.     printf("\n比较字符串大小！ \n\n");
14. 
15.     printf("请输入两行字符串：\n");
16.     gets(str1);
17.     gets(str2);
18. 
19.     n = stringCompare(str1, str2);
20. 
```

```
21.        if (n>0)
22.            printf("\n%s>%s\n", str1, str2);
23.        else
24.            if(n<0)
25.                printf("\n%s<%s\n", str1, str2);
26.            else
27.                printf("\n%s = %s\n", str1, str2);
28.
29.        system("PAUSE");
30.        return 0;
31.    }   /*end main*/
32.
33.    /*函数stringCompare：比较字符串大小*/
34.    int stringCompare( char * str1Ptr, char * str2Ptr)
35.    {
36.        int n;
37.
38.        while( (*str1Ptr == *str2Ptr) && (*str1Ptr != '\0') )
39.        {
40.                str1Ptr++;
41.                str2Ptr++;
42.        }
43.
44.        n = *str1Ptr - *str2Ptr;
45.
46.        return n;
47.    }   /*end stringCompare*/
```

```
比较两个字符串大小！

请输入两行字符串：
hello!↙
hi!↙

hello!<hi!
请按任意键继续…
```

例题 8-6 中定义两个字符数组 str1 和 str2，存放从控制台输入的两个字符串。字符串比较函数 stringCompare 定义两个字符指针形参 str1Ptr 和 str2Ptr，通过参数间值传递，它们的初始值为分别指向 str1 和 str2 两个字符串首字符。通过逐个判断 str1 和 str2 的每一对字符是否相等，从左到右直至找到第一对不相等的字符或者所有字符判断完成为止。

3. 字符数组和字符指针的比较

例题 8-6 展示了 C 语言中字符串的字符数组和字符指针两种表示方法的使用。那么字符数组和字符指针表示字符串是否完全相同？是否可以直接互换？

图 8-10 中说明的是例题 8-6 中字符数组 str1 和形参 str1Ptr 的存储结构。二者存储结构存在根本区别，字符数组 str1 是直接申请了存放字符串的内存靠近；而形参字符指针 str1Ptr 申请了存放字符串起始地址的变量空间，通过实参与形参间的值传递，指向字符数组 str1。

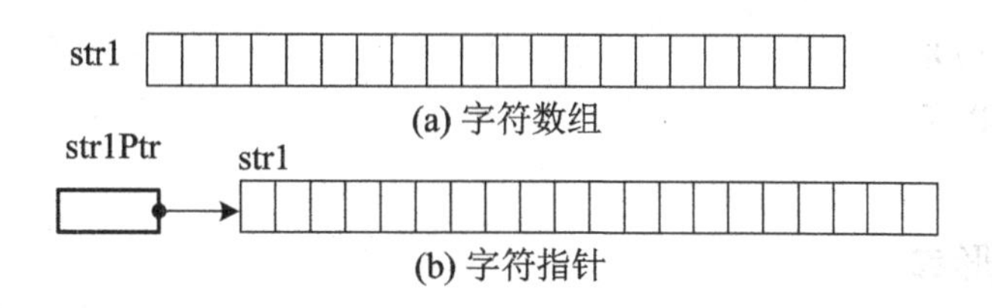

图 8-10　字符数组和字符指针的区别

如果将例题 8-6 中第 10 行的定义修改为：

char *str1, *str2;

那么，必须在 main( )函数增加给 str1 和 str2 分配存放字符串的内存空间的语句，否则，程序将会出现访问非法内存的严重错误，严重时可能引起系统瘫痪。

简而言之，C 语言中字符数组和字符指针都可表示字符串，但是二者存在本质区别，前者是连续内存，直接申请存放字符串的空间；后者是地址，只申请了存放字符串起始地址的空间，需要通过其他方式申请存放字符串的空间。实际使用时，形参常用字符指针形式，其他位置常用字符数组。

例如，以下函数 strlen()的功能是计算字符串的长度：

```
/*版本 1： 编写一个函数求字符串的长度*/
int strlen(char *s)
{
    int n=0;
    while(*s!='\0')
    {   n++;
        s++;
    }
    return n;
}
```

由于'\0'是 8 个比特位全 0 的二进制编码，因此，上述函数代码可简化后写成版本 2：

```
/*版本 2：编写一个函数求字符串的长度*/
int strlen(char *s)
{
    int n=0;
    while(*s++)
        n++;
```

```
    return n;
}
```

当然，也可写出以下的版本 3 的形式：

```
/*版本 3：编写一个函数求字符串的长度*/
int strlen(char *s)
{
    char *p=s;
    while(*p++);
        return p - s;
}
```

8.5.3 数组名形参

如果主调函数和被调用函数之间需要传入的信息是一维数组，这时就需要用到数组类型的形参，也就是数组名形参。标准 C 为了简化函数之间传递的信息数量，提高效率，将数组名形参直接转换为指针类型的形参。

例如上面定义的 strlen()函数的函数原型亦可写成：

int strlen(char s[ ]);

其中，形参 s 的定义中数组长度可写可不写，C 系统不会检查形参数组的长度定义。实际上，上述定义被系统转换为

int strlen(char *s);

在主调函数中定义：

char str[20]="C language";

函数调用 strlen(str)中，实参是数组名 str，也就是数组起始地址，函数 strlen( )可以通过指针形参 s 访问数组 str 的每个元素。标准 C 这样定义的好处有两点：一是函数间不必传递数组集合，只需传递数组的起始地址，函数间传递数据简单；二是实参数组名代表的数组为主调函数和被调用函数“共享”，起着双向传递的作用。因此，数组名形参就是地址形参，实质上模拟了按引用传递。形参数组就是实参数组，实参数组既可传入信息，也可传出结果。

【例题 8-7】 数组元素与数组名作函数参数比较范例。

例题 8-7 中第 5 行定义了函数：void swap2(int x[])，函数形参 x 是一维数组，被系统转换为 int *类型的一级指针。第 21 行函数调用：swap2(a)，实参为数组名 a。函数 swap2( )中交换了 x[0]和 x[1]的数据值，也就是交换了 a[0]和 a[1]的数据值。函数调用前后内存的变化如图 8-11 所示。

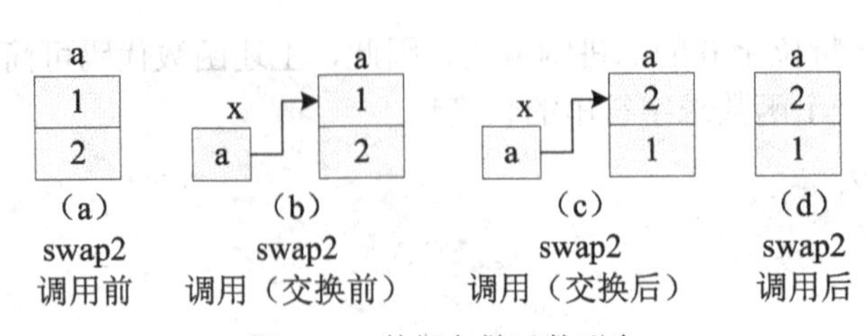

图 8-11 数组名做函数形参

例题 8-7 的源程序如下所示：

```
1.	/*数组名形参示例。源文件：LT8-7-2.C*/
2.	#include <stdio.h>
3.	#include <stdlib.h>
4.	
5.	void swap2(int x[])
6.	{
7.		int z;
8.		z = x[0];
9.		x[0] = x[1];
10.		x[1] = z;
11.	}	/*end swap2*/
12.	
13.	int main()
14.	{
15.		int a[2]={1,2};
16.	
17.		printf("\n数组名做函数形参示例\n\n");
18.	
19.		printf("swap2函数执行前：a[0]=%d\ta[1]=%d\n\n",a[0],a[1]);
20.	
21.		swap2(a);
22.	
23.		printf("swap2函数执行后：a[0]=%d\ta[1]=%d\n\n",a[0],a[1]);
24.	
25.		system("PAUSE");
26.		return 0;
27.	}	/*end main*/
```

```
数组名做函数形参示例！
swap2函数执行前：a[0]=1     a[1]=2
swap2函数执行后：a[0]=2     a[1]=1
请按任意键继续…
```

如果将例题 8-7 中第 5 行开始定义的函数 swap2( )改为：

```
void swap1(int x,int y)
{
    int z;
    z=x;
    x=y;
```

计算机科学与技术专业规划教材

```
    y=z;
  }    /*end swap1*/
```

例题 8-7 中第 21 行的函数调用改为：

swap1(a[0],a[1]);

也就是数组元素做函数实参。这时由于传入函数内部的是数组元素值，因此在调用函数 swap1()的过程中只是获取了数组 a 的元素数据值的副本，而无法直接访问或间接访问数组 a 的内存空间，因此，形参 x 和 y 的交换无法改变实参 a[0]和 a[1]的数据值。

【例题 8-8】 不使用库函数，编程实现字符串复制。

程序 LT8-8.C 中定义了函数 strCpy( )，其原型是：

void strCpy(char s[ ] , char t[ ]);

它的作用是把字符串 t 复制到 s 中。实际上，形参数组 s 和 t 都被 C 编译器转换为 char *类型的指针。该函数中逐个把 t[n]的数值赋给 s[n]，最终实现字符串的复制操作。

主函数中采用字符数组而不是字符指针形式来代表字符串，这样做的好处是可以在主函数中省掉了动态申请串的存储空间的语句。

```
1.   /*数组名形参示例。源文件：LT8-8-1.C*/
2.   #include <stdio.h>
3.   #include <stdlib.h>
4.
5.   void strCpy(char s[ ] , char t[ ] );
6.
7.   int main()
8.   {
9.       char str1[81] , str2[81];
10.
11.      printf("\n字符串复制范例程序！ \n\n");
12.
13.      printf("请输入一行字符串\n");
14.      gets(str1);
15.
16.      strcpy(str2,str1);
17.
18.      printf("字符串str1是：%s\n", str1 );
19.      printf("字符串str2是：%s\n", str1 );
20.
21.      system("PAUSE");
22.      return 0;
23.  }  /*end main*/
24.
25.  /*版本1。数组形参版。字符串复制函数strCpy*/
```

```
26.  void strCpy(char s[ ] , char t[ ] )
27.  {    int n=0;
28.       while( ( s[n] = t[n]) != '\0')
29.       n++;
30.  }    /*end strCpy*/
```

```
字符串复制范例程序！
请输入一行字符串
this is a test!↙
字符串str1是：this is a test!
字符串str2是：this is a test!
请按任意键继续…
```

例题 8-8 中定义了函数 strCpy()，以下是该函数的其他几个版本：

```
/*版本 2：指针形参版。字符串复制函数*/
void strCpy( char *s , char *t )
{    int n=0;
     while( ( s[n] = t[n]) != '\0')    n++;
} /*end strCpy*/
```

版本 2 可进一步简化为版本 3：

```
/*版本 3：指针形参版。字符串复制函数*/
void strCpy( char *s , char *t )
{        while( ( *s = *t ) != '\0')
           {    s++;   t++;    }
} /*end strCpy*/
```

版本 3 可简化为版本 4：

```
/*版本 4：指针形参版。字符串复制函数*/
void strCpy( char *s , char *t )
{    while( (*s++ = *t++ ) );
} /*end strCpy*/
```

8.5.4 二维数组的地址

为了更好地解读二维数组的指针，先来简单温习一下一维数组和一级指针之间的关系。

1. 一维数组和一级指针

对于定义：

int q[10], *p=q;

那么，q 是 int *类型的地址常量，p 是 int *类型的变量。q+i 就是数组元素 q[i]的地址，q[i]、*(q+i)、*(p+i)、p[i]都表示数组 q 中下标为 i 的元素。

2. 深入理解二维数组的地址

正确解读二维数组的内存结构和地址，需要遵循以下两个基本准则：

（1）C 语言实质上只有一维数组：把二维数组当作一维数组来分析。

（2）正确解读多维数组的类型定义：依据数组定义中运算符优先级别和结合性来分析多维数组的内存结构和指针。

假设有二维数组定义如下：

short int array[3][4];

如图 8-12 所示，上述定义中出现了两个下标运算符，按照下标运算符的左结合性，依次解读二维数组 array 的类型和地址：

① 首先解读 array[3]，这说明 array 是一个由三个元素构成的一维数组。因此数组名 array 是地址常量，指向数组元素 array[0]；

② 第二，解读[4]，这说明 array[i]（i=0,1,2）是由 4 个元素构成的一维数组。array[i]是数组名，指向数组元素 array[i][0]；

③ 最后，解读 short int，这说明数组元素 array[i][j]（j=0,1,2,3）是短整型。

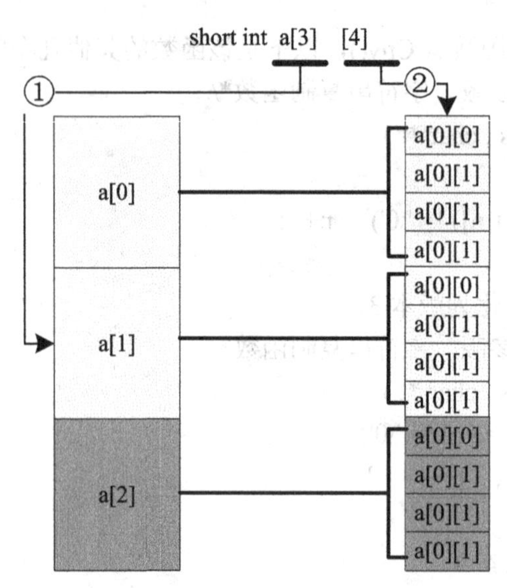

图 8-12 正确解读二维数组的类型和地址

按照“一维数组名是指向下标为 0 的元素的指针”的基本概念，可以得出以下结论：

① array、array+i 是行指针。array 是由 array[0]、array[1]、array[2]构成的一维数组的数组名，指向 array[0]，即指向数组 array 的第 0 行。array+1 表示以 array 为基准地址，向后移动 arrray[0]的内存空间，即 4 个短整型的数据空间大小，因此 array+1 指向 array[1]，即数组 array 的第 1 行。

② &array[i][j]、array[i]为列指针。array[i] 由 array[i][0]、array[i][1]、array[i][2]、array[i][3]构成的一维数组的数组名，指向 array[i][0]，及指向数组 array 的第 i 行第 0 列。array[i]+j 表示以 array[i]为基准地址，向后移动 j 个 array[i][0]的内存空间，因此 array[i]+j 是数组 array 第 i 行第 j 列的数组元素地址。

8.5.5 指针数组

1. 指针数组的定义

指针数组就是数组元素为指针的数组。一维指针数组的一般定义形式是：

*type *array[SIZE]*

其中，array 是一维数组名，指针（地址）常量；SIZE 表示数组元素的个数；type *是数组元素的数据类型，表示数组元素 array[i]是一级指针。

例如：

int *p[4];

其中，p 是一维指针数组，p[i]是 int *的指针。注意上述定义中，p[i]未初始化。

2. 指针数组的初始化

一维指针数组初始化的一般形式是：

*type *array[SIZE] = initialization;*

例如，有如下定义：

int b[2][3], *pb[2] = { b[0], b[1]};

其中，b 是 2×3 的二维数组，pb 是一维的指针数组。pb[0]指向 b[0]，pb[1]指向 b[1]。

例如，定义指针数组 pname 来保存 5 个英文单词：

char pname[5]={"gain", "much", "stronger", "point", "bye" };

当然，也可以定义二维字符数组 name 来存储 5 个英文单词，其定义如下所示：

char name[5][9]={"gain", "much", "stronger", "point", "bye" };

虽然指针数组和二维数组可以存储相同逻辑结构的数据，但是二者的存储结构存在本质区别，如图 8-13 所示。

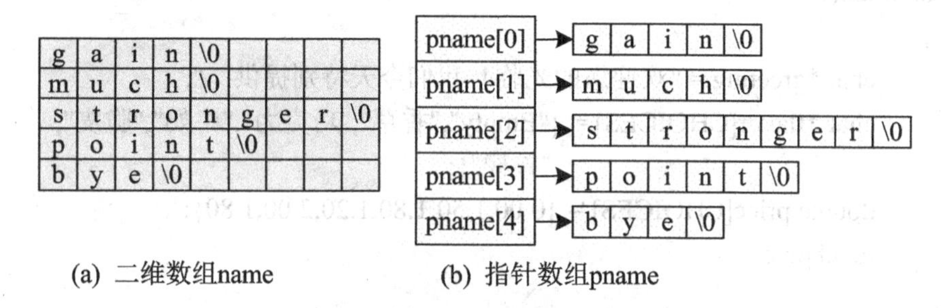

图 8-13 二维数组（字符串数组）和指针数组的区别

二维数组存储空间固定，字符指针数组相当于可变列长的二维数组。指针数组元素 pname[i]的作用相当于二维数组的行名 name[i]。

【例题 8-9】 售卖冰淇淋程序（见表 8-1）。

表 8-1 **售卖冰淇淋程序问题说明**

目标：显示冰淇淋口味菜单和价格表，用户选择需购买的口味，打印价格。
输入：用户输入需要购买的冰淇淋口味。
限制：提供 5 种口味的冰淇淋；用户一次购买一种口味，购买一支冰淇淋。
输出要求：显示用户购买的口味和价格。
价格：单位元，保留小数点后两位。

例题 8-9 中定义了菜单函数：

int menu(char title[ ] , int max , char *menu_list[ ]);
其中，参数 title 是菜单的欢迎标题；menu_list 是指针数组，存储菜单项的名称；max 表示菜单项的个数。

主函数中定义了相应的字符指针和指针数组：

char *greeting = "欢迎您的光临！我们今天特别提供：";

char *flavor[CHOICES] = {"Empty","香草","巧克力","牛奶","脆皮", "柠檬"};

其中，greeting 是本程序需要显示的菜单欢迎标题。flavor 是菜单项名称。请注意这里的实参 flavor 的类型是和形参 menu_list 一样的指针数组类型，这样可以确保形参和实参指向的内存空间的结构和语义完全一致。

例题 8-9 的源程序如下所示：

```
1.   /*售卖冰淇淋。菜单处理程序示例。源文件：LT8-9-1.C*/
2.   #include <stdio.h>
3.   #include <stdlib.h>
4.   #define CHOICES    6      /*冰淇淋的口味数目*/
5.
6.   int menu(char title[ ], int max , char *menu_list[ ] );
7.
8.   int main()
9.   {
10.       char *greeting = "欢迎您的光临！我们今天特别提供：";
11.       char *flavor[CHOICES] = {"Empty","香草","巧克力","牛奶","脆皮",
12.                                  "柠檬"};
13.       double price[CHOICES] = {0.00,1.50,1.80,1.20,2.00,1.80};
14.       int choice;
15.
16.       choice = menu(greeting, CHOICES , flavor);
17.
18.       printf("\n您购买的是：%s   口味的冰淇淋\n价格：%.2f   元\n",
19.                               flavor[choice], price[choice] );
20.       puts("\n谢谢您的光临！欢迎下次再来！\n");
21.
22.       system("PAUSE");
23.       return 0;
24.  }   /*end main*/
25.
26.  /*菜单函数menu*/
27.  int menu(char title[ ] , int max , char *menu_list[ ] )
28.  {
29.       int choice;
```

```
30.         int n = 0;      /*显示菜单的循环计数器*/
31.
32.         printf("\n%s\n", title);
33.
34.         for( n=0 ; n < max ; ++n )
35.             printf("\t%i.%s\n", n , menu_list[n]);
36.
37.         printf("请您选择：");
38.         for( ; ; )
39.         {
40.             scanf("%i", &choice);
41.             if ( choice >= 0 && choice < max )
42.                 break;
43.             printf("请在0和%i之间选择：", max - 1 );
44.         }
45.
46.         return choice;
47.     } /*end menu*/
```

8.5.6 C 语言中指针和数组“等价”

通常所说的 C 语言中数组与指针“等价”，是指可以用指针方便的访问数组或者模拟数组，不代表数组和指针“相同”。

事实上，一旦数组出现在表达式中，C 编译器会隐式地生成一个指向数组第一个成员的指针，就像程序员写出了&a[0] 一样。而这个定义的后果就是：C 编译器不严格区分数组下标操作符和指针。

a[i]，根据上边的规则，数组蜕化为指针，然后按照指针变量的方式如 p[i]那样寻址，尽管最终的内存访问并不一样。如果把数组地址赋给指针：

p = a;

那么 p[3] 和 a[3] 将会访问同样的成员。

但是，请读者注意，数组与指针“等价”，不表示数组和指针相同，二者甚至也不能直接互换。指针和数组在存储结构上存在本质区别。

例如，例题 8-9 中从第 27 行开始定义了菜单函数：

int menu(char title[ ] , int max , char *menu_list[ ]);

main 函数第 11 行定义了指针数组 flavor：

char *flavor[CHOICES] = {"Empty","香草","巧克力","牛奶","脆皮","柠檬"};

如果保持第 27 行定义的函数 menu 不变，形参 menu_list 仍然是指针数组。而将 main 函数第 11 行的定义改为二维数组，如下所示：

char array_flavor[CHOICES][20] = {"Empty","香草","巧克力", "牛奶", "脆皮","柠檬"};

main( )函数中第 16 行的函数调用：

choice = menu(greeting, CHOICES , array_flavor);

在 DEV C++中编译出现警告信息“passing arg 3of 'menu' from incompatible pointer type”，即提示函数 menu 的第 3 个形参和实参的数据类型不一致，强行运行程序出现系统瘫痪的严重错误。为什么会出现错误呢？

因为 menu 函数的第 3 个形参是：

char *menu_list[ ];

系统将其转换为指针类型，即 menu_list 是 char **类型的二级指针。实参 array_flavor 是二维数组名，数组起始地址。数组 array_flavor 中直接存放了 6 个菜单项的字符串编码，每个菜单项最大长度为 20 个字节。

而执行主函数第 16 行的函数调用时，形参 menu_list 和实参 array_flavor 之间发生值传递，即相当于执行：

menu_list = array_flavor;

函数 menu 中访问的数组元素 menu_list[n]是 char *类型的一级指针。以 menu_list[0]为例说明如下：menu_list[0]被系统转换为*menu_list，指代地址编码为 array_flavor 的内存单元，该单元为 char *类型，表示第 1 个菜单项的起始地址。但事实上，该单元存储的是第 1 个菜单项的名称"Empty"。

读者可以从形参 menu_list 和实参 array_flavor 存储结构的不同出发，仔细分析错误的原因。需要注意的是，C 编译系统中指针类型的数据需要多少个字节是和系统或硬件有关的，通常为 2 个或 4 个字节不等。

保证函数形参和实参的类型一致，也就确保实参和形参的存储结构和语义完全相同，这就确保函数参数之间值传递的正确、程序不犯错。

8.6 多级指针

标准 C 中没有限制一级指针的基类型，如果指针指向的对象本身就是指针类型，这就是多级指针。简单地说，二级指针就是一级指针的一级指针。标准 C 没有限制多级指针的级数，级数越多，间接访问的层次就越多，编程的难度就越大，程序犯错的可能性也越大。

本节重点以二级指针为例说明多级指针的定义和使用。

8.6.1 二级指针

二级指针定义的一般形式是：

type ***name*;

其中，name 是指针变量名；**是二级指针变量 name 的标志；type *是指针变量 name 直接指向的对象的数据类型；type 是*name 指向的数据对象数据类型。

- name：二级指针变量，由系统分配。
- *name：二级指针变量直接指向的对象，编译系统不会自动分配，需要初始化。
- **name：二级指针变量间接指向的对象（存放数据的内存空间），编译系统不会自动分配，需要初始化。

例如，有如下定义：

int count ,*ptr, **pptr;

```
ptr = &count;
pptr = &ptr;
**pptr = 17;
```

二级指针 pptr 指向一级指针 ptr；一级指针 ptr 指向变量 count。

例如：

```
int count ,*ptr, **pptr;
pptr = &count;
```

是错误的。二级指针只能指向一级指针，不能越级指向简单类型变量 count。

【例题 8-10】 二级指针示例程序。

```
1.   /*二级指针示例程序。源文件：LT8-10.C*/
2.   #include <stdio.h>
3.   #include <stdlib.h>
4.
5.   int main()
6.   {
7.       int i;
8.       char **p,*name[2]={"1234567","abcdefgh"};
9.
10.      printf("两个字符串是：\n");
11.      for(p=name;p<name+2;p++)
12.          printf("%s\n",*p);
13.
14.      printf("\n两个字符串的第一个字符是：\n");
15.      for(i=0, p=name;p<name+2;p++)
16.          printf("%c\n",*(*p+i));
17.
18.      system("PAUSE");
19.      return 0;
20.  }   /*end main*/
```

```
两个字符串是：
1234567
abcdefgh
两个字符串的第一个字符是：
1
a
请按任意键继续…
```

程序 LT8-10.C 中定义了二级字符指针 p，第 15 行中循环语句的 increment 部分的

p++

每次都会使得 p 的数值增加一个 char *的单位，即指向指针数组 name 的下一个数组单元。

8.6.2 数组指针

数组指针就是指向数组的指针变量。数组指针的一般定义形式是：

type (**arrayPtr*)[*SIZE*]

其中，arrayPtr 是指针变量名；*arrayPtr 是由 SIZE 个 type 类型的数组元素组成的一维数组。

例如，有如下定义：

int (*q)[4], a[3][4];

q = a;

那么，q 指向的对象是 a[0]。q+1 表示从地址 a 开始向后移动一个*q 的内存空间，即由 4 和 int 类型组成的一维数组空间大小；q+1 指向 a[1]。

注意：指针数组是由指针作为元素组成的数组，而数组指针是指向数组的指针变量。而二维数组名作函数形参实际上被转换为指向一维数组的指针变量。例如形参：

int x[ ][10];

被转换为

int (*x)[10];

【例题 8-11】 数组指针示例程序，找出二维数组的最大值。

```
1.   /*找出二维数组的元素最大值。源文件：LT8-11.C*/
2.   #include <stdio.h>
3.   #include <stdlib.h>
4.
5.   int  maxValue(int  array[ ][4]);
6.
7.   int main()
8.   {
9.       int a[3][4]={{1,3,5,7}, {2,4,6,8},{15,17,34,12}};
10.
11.      printf("max value is %d\n",maxValue(a));
12.
13.      system("PAUSE");
14.      return 0;
15.  }  /*end main*/
16.
17.  /*函数maxValue：求二维数组元素最大值*/
18.  int  maxValue(int  array[ ][4])
19.  {
20.      int i,j,k,max;
21.
22.      max=array[0][0];
23.      for(i=0;i<3;i++)
```

计算机科学与技术专业规划教材

```
24.             for(j=0;j<4;j++)
25.                 if(array[i][j]>max)
26.                     max=array[i][j];
27.
28.         return(max);
29.     }       /*end maxValue*/
```

```
max value is 34
请按任意键继续…
```

例题 8-11 中第 18 行定义的函数：

int maxValue(int array[ ][4]);

二维数组形参 arrayarray 被转换为 int (*)[4]类型,本质上是数组指针。

如果向函数 f()传递二位数组：

```
int array[NROWS][NCOLUMNS];
f(array);
```

那么函数的声明必须匹配：

```
void f(int a[][NCOLUMNS])
{ ... }
```

或者

```
void f(int (*ap)[NCOLUMNS])       /* ap 是数组指针*/
{ ... }
```

在第一个声明中，编译器进行了通常的从“数组的数组” 到“数组的指针”的隐式转换；第二种形式中的指针定义显而易见。因为被调函数并不为数组分配地址，所以它并不需要知道总的大小，所以行数 NROWS 可以省略。但数组的宽度依然重要，所以列维度 NCOLUMNS (对于三维或多维数组，相关的维度) 必须保留。

8.6.3 深入理解多级指针

初学者常常感觉 C 语言的多级指针难于理解和掌握，常常程序中犯了错误，还不知道错误的原因，从而造成程序调试难度较大。

正如同本书 8.5.4 节中叙述的一样，正确理解 C 语言的多级指针需要遵循以下两个基本准则：

（1）C 本质上只有一维数组和一级指针。二维数组是数组的数组，可蜕化为数组的指针，不是指针的指针。而二级指针是一级指针的一级指针。

（2）正确解读多级指针的类型定义：依据定义中运算符优先级别和结合性来分析多维数组或多级指针的内存结构。

例如，有定义如下所示：

① int *p[3];   /*p 是指针数组，有 3 个 int *类型的元素*/

② int (*p)[3];   /*p 是指针变量，指向 3 个 int 类型数据组成的一维数组*/

③ int *p(int);   /*p 是函数，返回类型 int *，该函数有 1 个 int 类型的形参*/

④ int (*p)(int);

/*p 是指针变量，指向函数，该函数返回类型 int，有 1 个 int 类型的形参*/

⑤ int *(*p)(int);

/*p 是指针变量，指向函数，该函数返回类型 int *，有 1 个 int 类型的形参*/

⑥ int (*p[3])(int);

/*p 是数组，其 3 个元素均为函数指针，该函数返回类型 int、1 个 int 类型形参*/

⑦ int *(*p[3])(int);

/*p 是数组，其 3 个元素均为函数指针，该函数返回类型 int *、1 个 int 类型形参*/。

8.7 命令行参数

命令行指的是：在操作系统状态下，为执行某个程序而键入的一行字符。命令行一般形式如下：

命令名　参数 1　参数 2… 参数 *n*

例如在 DOS 中复制文件可以键入命令：

C:\TC> copy　source.c　temp.c

其中，“C:\TC>”是系统提示符。而 UNIX 中可以键入：

$ copy　source.c　temp.c

其中，“$”为系统提示符。

C 语言的 main( )函数像用户自定义函数一样可以定义形参，不同的是，main( )函数的实参是通过命令行实参传入的。命令行实参就是 main( )函数的实参，它是由操作系统自动传递给 main( )函数。

main( )函数的形参通常定义如下：

```
int main( int argc , char *argv[ ])
{
    ……
}
```

其中，argc 表示命令行中参数的个数；argv 指向一个指针数组，argv[i]表示命令行参数中各字符串首地址。当然，标准 C 规定 main( )函数的形参名可以任意，但个数和类型必须是固定的。

【例题 8-12】 命令行参数示例程序，回显命令行中的所有单词。

```
1.  /*命令行参数示例程序。源文件：LT8-12.C*/
2.  #include <stdio.h>
3.  #include <stdlib.h>
4.
5.  int main(int   argc, char   *argv[])
6.  {
7.       while(argc-->0)
8.            printf("%s\n",*argv++);
9.
10.      return 0;
11. }  /*end main*/
```

调试LT8-12.C程序时，需要先编译并生成可执行程序，在Windows平台下调试输出可执行文件LT8-12.exe，然后在命令行方式（DOS方式）下键入

LT8-12 hi world↙

这时，形参argc的数值是3，形参数组argv实质上二级指针，指向三个字符串"LT8-12"、"hi"和world"作为数组元素组成的指针数组。

例题8-12的运行结果如下所示

```
C:\TC>LT8-12 hi world↙
LT8-12
hi
world
```

8.8　函数指针

函数指针就是指向函数的指针变量。函数指针定义的一般形式是：

type (**functionPtr*)(*argument list*);

其中，functionPtr是指针变量名；type为函数*functionPtr的返回类型；argument list是函数functionPtr的形参列表。

而函数名代表函数的可执行代码在内存中的起始地址，就是函数的指针。函数指针采用函数名对其初始化，函数指针初始化的一般形式是：

type (**functionPtr*)(*argument list*) = *functionname*;

其中，functionname是函数名。而

(*functionPtr)(实参列表)；

表示调用functionPtr指向的函数。

【例题8-13】　函数指针示例程序。

```
1.  /*函数指针示例程序。源文件：LT8-13.C*/
2.  #include <stdio.h>
3.  #include <stdlib.h>
4.  
5.  int main(int    argc, char    *argv[])
6.  {
7.       int a,b;
8.       int max(int,int),min(int,int),add(int,int);
9.       void process(int,int,int (*fun)());
10. 
11.      scanf("%d,%d",&a,&b);
12.      process(a,b,max);
13.      process(a,b,min);
14.      process(a,b,add);
```

计算机科学与技术专业规划教材

```
15.
16.         system("PAUSE");
17.         return 0;
18.  }   /*end main*/
19.
20.
21.  void process(int x,int y,int (*fun)())
22.  {
23.         int result;
24.         result=(*fun)(x,y);
25.         printf("%d\n",result);
26.  }
27.
28.  int max(int x,int y)
29.  {
30.          printf("max=");
31.          return(x>y?x:y);
32.  }
33.
34.  int min(int x,int y)
35.  {
36.            printf("min=");
37.            return(x<y?x:y);
38.  }
39.
40.  int add(int x,int y)
41.  {
42.          printf("sum=");
43.          return(x+y);
44.  }
```

利用函数指针作为函数形参，可以写出扩展性较好的 C 源程序。例如程序 LT8-13.C 中如果需要增加两个整数和乘法的运算，只需增加相应的两个函数，而 process( )函数不必修改，这样有利于 C 程序的扩展和二次开发。

【例题 8-14】 利用函数指针编写一个通用的菜单驱动程序。

例题 8-14 中的程序不包含菜单显示部分的代码，仅包含菜单驱动程序代码。函数 function1、function2、function3 分别为 3 个菜单项的执行函数。主函数中定义的

```
void (*f[3])( int ) = { function1,function2,function3 };
```

f 是指针数组，存储着指向 3 个菜单项执行函数的函数指针。

```
1.  /*函数指针:菜单驱动程序。源文件：LT8-14.C*/
2.  #include <stdio.h>
3.  #include <stdlib.h>
4.  
5.  /*各菜单项的执行函数*/
6.  void function1( int a);
7.  void function2( int b);
8.  void function3( int c);
9.  
10. /*主函数*/
11. int main()
12. {
13.     void (*f[3])( int ) = { function1,function2,function3 };
14.     int choice;
15.     printf("\n请输入0～2，3表示退出\n\n");
16.     scanf("%d",&choice);
17. 
18.     while(choice>=0&&choice<3)
19.     {
20.         (*f[choice])(choice);
21. 
22.         printf("\n请输入0～2，3表示退出\n\n");
23.         scanf("%d",&choice);
24.     }
25. 
26.     system("PAUSE");
27.     return 0;
28. }  /*end main*/
29. 
30. void function1( int a)
31. {
32.      printf("您输入的是%d，现在调用子函数\n",a);
33. }
34. 
35. void function2( int b)
36. {
37.      printf("您输入的是%d，现在调用子函数\n",b);
38. }
39. 
40. void function3( int c)
41. {
42.      printf("您输入的是%d，现在调用子函数\n",c);
43. }
```

```
请输入0～2，3表示退出
2↙
您输入的是2，现在调用子函数3
3↙
请按任意键继续…
```

如果需要增加菜单项，只需要增加相应菜单执行函数的定义，并相应修改 f 的定义和初始化列表即可。

8.9 本章小结

本章讲解了 C 语言中最核心的概念之一——指针，请读者熟练掌握！

8.9.1 主要知识点

本章应重点掌握的知识点如下所述。

1. 指针变量的定义和初始化

（1）指针的含义。一个指针中存放的值是另一个有值变量的地址值。在这个意义上，变量名是直接引用变量值的，而指针则是间接引用变量值的。

（2）指针变量的定义、初始化和用途。和其他变量一样，指针变量必须先定义后使用。指针变量在使用前必须初始化，指针可以初始化为 NULL、一个地址值、或动态分配内存。访问未初始化的指针可能引起严重的错误，甚至引起系统瘫痪！

2. 指针运算

（1）指针运算符。取地址算符&，间接寻址运算符*。

（2）指针可以相互赋值。同类型的指针可以相互赋值。这个原则的一个例外就是，一个 void *类型指针可以用任何类型的指针赋值，同理所有类型指针都可以用 void *类型指针赋值。在这两种情形中，都无须使用强制类型转换运算符。

（3）算术运算。指针可以完成加法和减法运算。指针可以进行增 1（++）或减 1（--），指针加或减一个整数以及两个指针的减法等运算。

（4）指针可以参与关系运算，但是除非两个指针指向同一个数组，否则没有意义。例外的是所有类型指针都可直接与 NULL 指针比较。

（5）void *类型指针是一个通用指针，表示原始内存。不能直接引用 void *类型指针指代的对象，除非对 void *类型指针进行强制类型转换。

3. 地址形参模拟按引用传递，实现函数之间的双向传递

（1）C 语言中使用指针和间接寻址运算符来模拟按引用传递。这时主调函数需要事先定义用于双向传递信息的变元，然后将变元的地址传递给被调用函数。主调函数通过变元的变量名访问，而被调用函数通过间接访问的方式访问变元。

（2）数组名（形如 int [ ]）做函数形参时，被 C 系统直接转换为指针类型（形如 int *）。这两种方式的形参可以互换。

4. 数组与指针"等价"，不是"相同"

（1）数组元素的指针表示与指针的下标表示是等价的。

（2）C 本质上只有一维数组，二维数组是一维数组的一维数组。

（3）C 语言通过指针可以更简便的访问数组，但是数组是连续的内存空间，数组名不能赋值。指针是地址变量，可以赋值。二者"等价"不表示可以直接互换。

5. 其他

（1）多级指针。二级指针是一级指针的一级指针。

（2）数组指针和指针数组的区别。数组指针是指向数组的指针变量，指针数组是由指针作为元素组成的数组。

（3）函数指针。灵活运用指向函数的指针可以写出更通用的 C 程序。

（4）命令行参数。main 函数的实参。

8.9.2 难点和常见错误

指针错误难以定位，其实指针本身并没有问题。问题在于，通过错误指针操作时，程序对未知内存进行读或写操作。读操作时，最坏情况是取得无用数据。而写操作时，可能冲掉其他代码或数据；这种错误可能直到程序执行一段时间后才出现，因此将排查错误的工作引入歧途。指针错误性质特别严重，请读者引起重视，全力防止。

以下列出几种常见指针错误：

1. 访问未初始化的指针

考虑以下程序

```
/*This program is wrong：wrong1.C*/
#include <stdio.h>
int main(void)
{
    int x, *p;
    x=10;
    *p=x;       /*错误：p 未初始化*/
    return 0;
}
```

上述程序将 10 写到未知的内存位置。因为 p 从未赋值，p 的内容不确定。这种问题看起来不引人注目，如果执行的是小程序，p 中的随机地址指向“安全区”的可能性极高，通常不会产生严重后果，多数编译系统会发出警告信息。

但是随着程序的增大，p 指向重要区域的概率增大，可能指向程序的代码或数据，或者指向操作系统，最终导致程序不能正常工作。

2. 错误理解间接寻址和指针运算符

考虑以下程序

```
/*This program has an error：wrong2.C*/
#include <stdio.h>
#include <stdlib.h>
int main(void)
{
    char   *p;
    *p = (char *) malloc(100);      /*错误行*/
    gets(p);
    printf("%s", p);
    return 0;
}
```

整个程序很可能会瘫痪。因为 malloc()返回的地址没有送入指针 p 中，而是送到了*p（p

指向的内存位置），本程序中并不知道这个内存位置在哪里。向未知内存位置赋值的结果是一场灾难。

3. 访问空指针

一个更隐蔽的错误是：没有对 malloc()的返回值进行检查。例如仅仅将 wrong2.C 中的错误行更改为：

```
p = (char *) malloc(100);
```

是不够的。切记内存耗尽时，malloc()返回 NULL 值，这时不要使用该指针。使用 NULL 指针是非法的，几乎总会导致程序崩溃。

4. 访问错误的内存位置

```
/*This program has a bug：wrong3.C*/
#include <stdio.h>
#include <stdlib.h>
int main(void)
{
     char   *p;
     char s[80] ;
     p = s ;
     do{
          gets(s) ;
          while(*p)       printf("%d", *p++);    /*输出每个字符的整数值*/
     }while(strcmp(s, "done"));
     return 0;
}
```

程序 wrong3.C 中存在一个非常危险的错误。该程序通过 p 打印字符串 s 中的 ASCII 值。问题是只对 p 赋值了一次，在第一轮循环结束后，p 指向输入的第一个字符串结束标记所在位置。第二轮循环开始时，p 没有重置为 s 的起点，而是从第一轮结束点继续。此时 p 可能指向另一个串、另一个变量，甚至程序的某一段。

综上所述，尽管指针可能引起麻烦，但指针毕竟是C语言最有用的内容之一，无论可能招致什么困难都值得使用。我们应该小心谨慎，使用指针前首先确定其指向什么位置。此外，上述 3 个程序中的错误，请读者自行思考如何改正。

习 题 8

1. 假设有如下定义，请找出并更正以下程序片段中的错误：

```
int   *zPtr;
int   *aPtr = NULL;
void   *sPtr = NULL;
int   number, i;
int   z[ 5 ] = { 1, 2, 3, 4, 5 };
sPtr = z;
```

a）++zPtr;

b）zPtr = z;　　number = zPtr;

c）zPtr = z;　　number = *zPtr[2]; /*将数组 z 中数据 3 赋给 number*/

d）zPtr = z;

```
for( i = 0 ; i <= 5; i++)
        printf("%d\t", *( zPtr+i));
```

e）sPtr = z;　　number = *sPtr;　　/*通过 sPtr 赋值给 number*/

f）++z;

2. 根据如下 4 个变量的图 8-14，写出变量定义和初始化代码。（假设本系统中，int 类型为 2 个字节）。

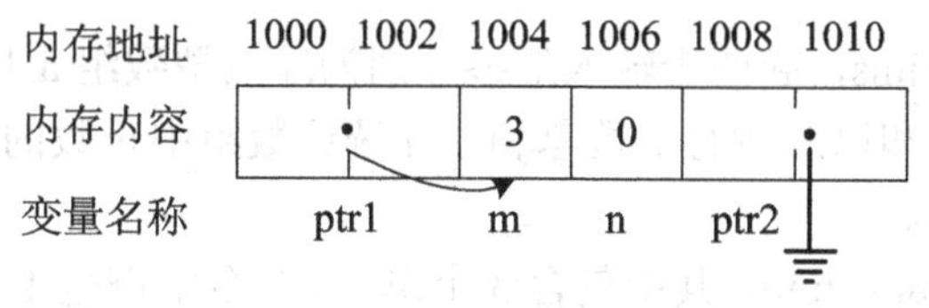

图 8-14　变量定义示意图

3. 写出下面的声明和代码中循环的输出结果。

```
#define    Z    3
char   square[Z][Z];
char   *start = &square[0][0];
char   *end = &square[Z-1][Z-1];
char   *p;
for ( p=end; p>=start; p-=2 )
            *p = '1';
for ( p=start; p<end; ++p)
{           ++p;
            *p = '0';
}
for ( p=start; p<=end; ++p)
            printf("%3c", *p);
puts("\n");
```

4. 依照图 8-15 给出的数据结构，检查以下语句。如果操作是合法的，则说出 x 的值或 p2 的值。如果操作是非法的，解释为什么。假定所有数据都是 double 型，所有指针都是 double * 类型的。

p1　p2　p3

0.0	1.2	3.4	5.6	7.8	9.0
ar[0]	[1]	[2]	[3]	[4]	[5]

图 8-15　习题 4 中的变量定义示意图

a）x = *p1;

b）x = p1+1;

c）x = *(p2+1);

d）p2 = p1[4];

e）p2++;

f）p2 = p3−p1;

5. 编写一个程序，用随机数方式生成一个4×5二维数组的元素值（整数类型），然后分别计算每行、每列的平均值。

6. 编写程序将一个不确定位数的正整数进行三位分节后输出，如输入1234567，输出1，234，567。

7. 编写一个函数sums，起两个输入形参分别为浮点型数组a和表示数组长度的整数n。计算数组中所有正数总和以及所有负数总和，并统计数组中正数的个数和负数的个数。这4个答案都通过形参返回。

8. 编写一个函数substitute，其中包含3个形参，2个字符型1个字符串型。在字符串中查找是否出现第1个字符，并将其替换为第2个字符。返回进行替换的次数。

9. 编写函数完成以下功能：输入两个字符串s和t，判断s中是否包含字符串t。

10. 从一个字符串中删除指定字符。要求字符串和指定删除的字符都从键盘输入。

11. **（编程完成队列操作）** 队列是以先进先出顺序访问的线性列表。队列的两个基本操作：入队，表示插入一个新数据到队列中，新数据放在队列尾部。出队，从队列首部取走一个数据。要求用数组模拟队列，编程实现入队和出队的操作，入队和出队数据都为整数。输入0表示执行出队操作，输入-1表示程序执行结束，其余整数表示执行入队操作。

例如队列内容为“1、3、5”，则将数据7入队后，队列内容变为“1、3、5、7”。而执行一次出队操作之后，出队数据为1，队列内容为“3、5、7”。

请注意：队列为空时，执行出队操作错误。队列为满时，执行入队操作错误。

12. **（使用函数的指针数组）** 请参照例题8-9和例题8-14编写一个菜单程序，要求显示菜单项，并读取用户的选择，然后提示用户选择的菜单项。说明：菜单形式，菜单项内容自定。

13. **（扑克牌洗牌和发牌）** 用4×13数组表示52张扑克牌，行表示花色，第0行表示红桃（heart），第1行表示方块（diamond），第2行表示草花（club），第3行表示黑桃（spade），编一个扑克牌洗牌的程序，并将洗过的扑克牌平均发成4堆。

14. **（随机生成迷宫）** 请编写一个函数mazeGenerator，该函数接收一个表示迷宫的12×12的字符数组作为实参，然后，随机地产生一个迷宫，符号#表示围墙，符号.表示迷宫中可行路线上的空格。该函数还提供迷宫的起点和终点位置。

15. **（穿越迷宫）** 请编写一个递归函数mazeTraverse，这个函数接受习题14产生的12×12的字符数组表示的迷宫，以及你在迷宫的起始位置作为实参。由于函数mazeTraverse视图找到出口位置，所以，函数将字母X放置在行进路线结果的空格上。每次移动后，函数都显示迷宫的状态，这样用户可以亲眼看到迷宫问题是如何解决的。

第 9 章　结构、联合、枚举和 typedef

到本章为止，已经介绍了两种构造类型的数据对象：数组和字符串。然而，仅有这两种数据对象不足以描述现实世界中事物的属性。例如，每个学生有以下属性：学号（number、长整型或字符串）、姓名（name、字符串）、性别（sex、字符或枚举类型）、年龄（age、整型或短整型）以及多门课程成绩（score、整型数组或浮点型数组）。可以将这些属性分别定义成相互独立的变量 number、name、sex、age、score，但是这样却无法反映它们之间的内在联系。程序设计语言需要提供更强的数据表达能力，以简便、直接地表达现实世界中各种事物的相关属性。

C 语言允许程序员用五种方法定义自己的数据类型，本章将详细描述这些类型：

● 结构类型（structure）：也称聚合类型，是在一个相同名字下的一组相关变量的集合。结构类型允许其包含的变量具有不同的数据类型，它可以把一个事物的多个特征属性组织在一起，有利于程序员理解数据的语义。将指针和结构类型一起使用，可以实现更复杂的数据结构。

● 位段（bit field）：结构类型的一种变形，允许方便地访问二进制位（bit）。

● 联合类型（union）：允许把同一段内存定义成不同类型的变量。

● 枚举类型（enumeration）：标识符作为常量组成的数据类型。

● 定义数据类型别名（typedef）：为已经存在的类型定义别名。

9.1　结构类型的现实意义：实体

数据是描述事物的符号记录，它可以是数字、文字等多种不同表现形式，数据可以有多种表现形式，它们都可以经过数字化后存入计算机。在日常生活中，数据直接用自然语言描述。在计算机中，程序为了处理和存储这些事物，就需要抽出对这些事物感兴趣的特征组成一个记录来描述。

例如，学生档案如图 9-1 所示。

这里的学生记录就是数据，了解上述含义的人可以得到如下信息：王薇是一个女大学生，1991 年出生，2009 年考入外语学院。数据的表达形式和数据的解释是分不开的，数据的解释是对数据含义的说明。这样的二维表格的数据表达能力很强，高级语言中都有相应的数据类型，这就是结构类型，或称记录，数据库中称为关系；不论名称为何，都是实体在计算机程序中的描述。

（1）实体。客观存在并可相互区别的事物称为实体。实体可以是具体的人、事、物，也可以是抽象的概念，例如学生、教室、课程、学生的选课等都是实体。图 9-1 中表格第 2 行到第 4 行描述了 3 个学生实体的特征。

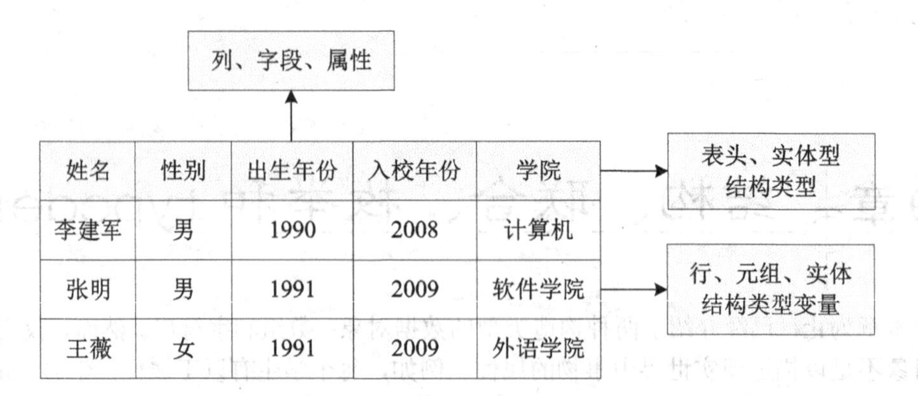

姓名	性别	出生年份	入校年份	学院
李建军	男	1990	2008	计算机
张明	男	1991	2009	软件学院
王薇	女	1991	2009	外语学院

图 9-1　学生档案表

（2）属性。实体具有的某一特性称为属性。两个实体可以由多个属性组成。例如，学生实体可以由姓名、性别、出生年份、入校年份、所属学院等属性组成，这些属性组合在一起表述了一个学生的特征。图 9-1 中表格共有 5 列，即学生实体包含 5 个属性。

（3）域。属性的取值范围称为该属性的域。例如，性别的域是（男、女）。

（4）实体型。具有相同属性的实体必然具有相同的特征和性质。用实体名和属性名集合可以刻画同类型的实体，称为实体型。例如，图 9-1 中表格的表头描述了实体型的特征，也就是学生（姓名、性别、出生年份、入校年份、所属学院）这个实体型。

结构类型就是实体在 C 语言中的数据表达形式。使用结构类型时，需要首先定义实体型，即先定义结构类型（相当于定义图 9-1 中表格的表头信息：实体型名字、属性名字、属性的域或称数据类型）；然后再定义结构类型变量（也可能是数组或其他数据结构形式），也就是定义存放图 9-1 的表格中各行实体属性数据的存储空间。而访问结构类型变量时，需要明确指出访问的是该变量的哪个属性（相当于图 9-1 的表格中行号和列号）。

9.2　结构类型的定义和初始化

结构类型是一种派生数据类型，即结构类型是使用其他数据类型的对象来构建的。与标准数据类型不同，使用结构类型变量，需要先自行定义结构类型，再定义结构类型变量。

9.2.1　定义结构类型

结构类型定义的一般形式是：

```
struct 【结构名】{
    类型标识符    成员名；
    类型标识符    成员名；
    ……
};
```

其中，struct 是定义结构类型的关键字。结构名是引用结构类型的唯一标记名称；使用结构名时必须使用关键字 struct。也就是这里定义的结构类型名称是“struct 结构名”，而不是“结构名”。

其后，用花括号括起来定义的变量，被称为结构成员，也就是该结构类型对应实体型的属性。结构成员定义中指明了各属性名、相应的数据类型。同一个结构类型的成员不能同名，但是不同结构类型的成员可以拥有相同名称却不会引发冲突，因为它们属于不同的实体型。

例如，定义一个学生结构类型：

```
struct    student {                 /*学生结构类型名*/
          long int order;           /*学号*/
          char   name[20];          /*姓名*/
          char gender;              /*性别*/
          short int birthyear;      /*出生年份*/
          short int loginyear;      /*入校年份*/
          char depart[30];          /*所属学院*/
          int score[5];             /*5 门课程的成绩*/
};
```

注意，定义结尾处的分号（;）是不可少，因为结构类型定义也是 C 的语句。上述的定义中，什么变量都没有定义，仅仅定义了数据的形式（表格的表头信息、实体型），也就是定义了未来创建 struct student 类型变量的“模板”。

结构类型可以嵌套定义。例如，定义一个职工结构类型：

```
struct employee{                    /*职工结构类型名*/
          char   name[20];          /*姓名*/
          char gender;              /*性别*/
          struct date {
               int day, month, year;
          } birthday;               /*出生日期*/
          struct date   workdate;   /*参加工作日期*/
};
```

struct employee 中包含 name、gender、birthday 和 workdate 四个成员。其中，定义成员 birthday 的同时嵌套定义了结构类型 struct date，然后使用这个类型定义了 workdate 成员。

但是，结构类型不能递归定义。例如，定义结构类型 worker

```
struct worker{                      /*工人结构类型名*/
        char firstname[20];         /*名字*/
        char lastname[20];          /*姓氏*/
        int age;                    /*年龄*/
        char gender;                /*性别*/
        double hourlysalary;        /*时薪*/
        struct worker person;       /*错误：结构类型递归定义！*/
        struct worker *ePtr;        /*正确：指针类型成员。结构类型自引用定义*/
};
```

是错误的。因为成员 person 的类型是 struct worker 自身，结构类型不允许递归定义。成员 ePtr 是指向 struct worker 的指针类型，这是正确的定义，被称为结构类型自引用定义。

9.2.2 定义结构类型变量

结构类型的变量定义有三种形式。

第一种方法是先单独定义结构类型，再定义变量。例如，利用上面定义的结构类型来定义变量：

```
struct student stu1, stu2, stu3;
struct emplyee w1, w2;
```

第二种方法是在定义结构类型的同时定义变量。例如，定义平面上的两点：

```
struct point{                          /*平面上的点结构类型*/
    double x, y;                       /*横、纵坐标*/
} firstPoint, secondPoint ;            /*定义变量*/
```

变量名 firstPoint、secondPoint 放置在右花括号（}）和分号（ ;）之间。

一旦程序中只需要一次某个结构类型的变量，以后不再需要该结构类型时，可以采用第三种定义结构类型变量的方法。例如，定义表示一条直线线段的变量：

```
struct{
    struct point firstPoint, secondPoint;      /*直线的两个端点*/
} line;                                        /*定义线段变量*/
```

这里，没有写代表标记名称的结构名。变量 line 包含名称为 firstPoint 和 secondPoint 的两个成员，它们和上面定义的变量 firstPoint、secondPoint 同名，这在一个程序中是允许的。因为 line 的成员 firstPoint 和 secondPoint 不是独立存在的变量，而是变量 line 的从属，编译程序可以根据标识符 firstPoint 和 secondPoint 前面是否存在变量名 line 的成员引用标记，来区别究竟是独立的变量名，还是 line 的成员名。

与数组类似的是，结构类型变量采用顺序存储结构，其内存空间的程度等于所有成员长度总和。例如，变量 line 的存储长度等于 2×sizeof(struct point)，也就是 4×sizeof(double)。

9.2.3 结构类型变量的初始化

结构类型变量的初始化采用和数组初始化类似的方法，初始值列表是用花括号括起来的，并且按照存储的先后次序依次给出各成员的初始值。

第一种方法，先定义结构类型，再定义变量，同时进行初始化。例如，定义变量 stu4，并且初始化为王薇同学的相关信息：

```
struct student stu4 = { 20091101, "王薇", 'f', 1991, 2009, "外语学院", { 87, 90, 78, 85, 92}};
```

其中，初始值{ 87, 90, 78, 85, 92}是赋值给数组成员 score 的 5 个数组元素的，按照顺序存储结构的次序，{ 87, 90, 78, 85, 92}两边的花括号可以删除。

第二种方法，定义结构类型的同时定义变量，并且进行初始化。例如，定义代表教师的结构类型 teacher，然后定义变量 t1，并且将其初始化为：姓名"李平"，性别'm'（男），出生年份 1963，职称"教授"。定义如下所示：

```
struct teacher{                        /*教师结构类型名*/
        char name[20];                 /*姓名*/
        char gender;                   /*性别*/
        int birthyear;                 /*出生年份*/
```

```
        char position[10];              /*职称*/
} t1 = {"李平", 'm', 1963, "教授"};
```

第三种方法，只定义结构类型变量，不定义结构类型，同时对变量进行初始化。例如，定义边与坐标轴平行的矩形变量 rectangle，初始化为：左下角的点坐标{1.0, 1.0}，右上角的点坐标{12.0, 12.0}。定义如下所示：

```
struct {
        struct point leftbottom, righttop;
} rectangle = {{1.0, 1.0}, {12.0, 12.0}};           /*定义矩形变量*/
```

初始值{1.0, 1.0}和{12.0, 12.0}分别赋值给变量 rectangle 的成员 leftbottom 和 righttop，同样内存的两组花括号都可以删除，这时编译程序将按照顺序存储结构的次序依次赋值。

如果初始值列表中的个数少于结构类型中成员个数，则余下的没有初始值与之对应的成员，被自动初始化为 0（当成员为指针时，它被初始化为 NULL）。例如，定义变量 stu5，并且初始化为张明同学的相关信息：

```
struct student stu5 = { 20092326, "张明", 'm', 1991, 2009, "软件学院"};
```

其中，数组成员 score 的 5 个数组元素没有初始值与之对应，因此被自动初始化为 0。

9.2.4　结构类型变量的引用

引用结构类型变量的基本原则是：

（1）只能引用结构类型变量的成员

使用成员引用运算符（.）可以访问结构类型变量的成员，引用的一般形式是：

结构类型变量名.成员名

例如，以下语句可以把 90 赋给前面定义的变量 stu5 的成员 score 下标 0 的元素：

```
stu5 . score[ 0 ] = 90;
```

（2）必须逐级引用结构类型变量的成员

引用结构类型变量的成员只能逐级引用，不能越级。例如要在屏幕上显示矩形 rectangle 的对角点的坐标，应该书写成：

```
printf("The left bottom : %.2f, %.2f\n", rectangle.leftbottom.x, rectangle.leftbottom.y);
printf("The right top : %.2f, %.2f\n", rectangle.righttop.x, rectangle.righttop.y);
```

以引用矩形右上角点的横坐标为例，应该写成 rectangle.righttop.x，不能错误写成 rectangle.x，因为变量 rectangle 没有名称为 x 的成员，x 是 rectangle.righttop 的成员。

同理，如果职员 w1（前面定义的变量）2002 年参加工作，相应赋值语句是：

```
w1. workdate.year = 2002;
```

（3）除了同类型的结构类型变量允许相互赋值之外，不能整体引用结构类型变量名

同类型的结构类型变量可以相互赋值，例如把 stu4 赋值给 stu1，赋值语句是：

```
stu1 = stu4;
```

这时，可以直接用结构类型变量名赋值，不必逐个成员赋值。除此之外，C 语言不允许整体引用结构类型变量名。例如，语句：

```
stu2 = { 20081211, "李建军", 'm', 1990, 2008, "计算机"};
```

是错误的。

【例题 9-1】　计算平面上任意两点之间的距离。

首先定义平面上的点为结构类型，如下所示：

```
struct point{                    /*点的结构类型名*/
    double x;                    /*横坐标*/
    double y;                    /*纵坐标*/
};
```

程序中定义两个函数分别用于输入一个点坐标和计算两点距离。函数原型如下所示：

```
struct point readPoint();                          /*输入点的坐标函数*/
double distance(struct point p1, struct point p2);  /*计算两个点的距离*/
```

函数 readPoint( )实现从控制台输入平面上的 1 个点坐标值。函数 distance( )用于计算 p1 和 p2 两点之间的距离。

```
1.  /*计算两点之间的距离。源程序：LT9-1.C*/
2.  #include <stdio.h>
3.  #include <stdlib.h>
4.  #include <math.h>
5.  
6.  struct point {
7.      double x;
8.      double y;
9.  };
10. 
11. struct point readPoint();
12. double distance(struct point p1, struct point p2);
13. 
14. int main(void)
15. {
16.     struct point a,b;    /*平面上的两个点*/
17.     double dis;
18. 
19.     printf("\n计算两点间的距离！ \n\n");
20. 
21.     printf("请输入第1个点的坐标（例如：1.0,2.0）：");
22.     a = readPoint();
23. 
24.     printf("\n请输入第2个点的坐标（例如：1.0,2.0）：");
25.     b = readPoint();
26. 
27.     dis = distance(a,b);
28. 
29.     printf("\n两点间的距离是：%.2f\n",dis);
```

```
30.
31.        system("PAUSE");
32.        return 0;
33.    }    /*end main*/
34.
35.    struct point readPoint( )
36.    {
37.        struct point p;
38.        scanf("%lf,%lf",&p.x,&p.y);
39.        return p;
40.    }    /*end readPoint*/
41.
42.    double distance(struct point p1, struct point p2)
43.    {
44.        double d;
45.        d = sqrt( (p1.x-p2.x)*(p1.x-p2.x)+(p1.y-p2.y)*(p1.y-p2.y));
46.        return d;
47.    }    /*end distance*/
```

```
计算两点之间的距离！

请输入第1个点的坐标（例如：1.0,2.0）：1,1↙
请输入第2个点的坐标（例如：1.0,2.0）：2,2↙

两点间的距离是：1.41
请按任意键继续…
```

9.3　向函数传递结构

本节讨论向函数传递结构和结构成员的方法。

9.3.1　向函数传递结构类型成员

函数调用时，如果实参是结构类型变量的成员，实际上及传递一个结构成员的值给被调函数，相当于传递简单类型（假设成员不是数组或串）变量。例如，有结构类型定义如下：

```
struct fred{
    char x;
    int y;
    float z;
    char s[10];
}mike;
```

那么，以下函数调用都是传递结构成员的范例：

```
func(mike.x);        /*char 类型参数：传递 x 成员值*/
func1(mike.y);       /*int 类型参数：传递 y 成员值*/
func2(mike.z);       /*float 类型参数：传递 z 成员值*/
func3(mike.s);       /*字符数组参数：传递 s 成员值*/
func4(mike.s[3]);    /*char 类型参数：传递 s 中下标 3 的元素值*/
```

如果需要传递结构成员的地址，应该使用取地址算符（&）。例如：

```
func5(&mike.x);
```

注意：取地址算符（&）放置在结构类型变量名 mike 前面，而不是成员 x 的前面。

9.3.2 向函数传递全结构

如果需要将结构的所有成员传递给被调函数时，形参和实参应该是同类型的结构类型变量，这时需要按照标准值传递方式把全结构（整个结构）传递给被调函数。函数内对形参的成员的修改不影响相应实参的成员值。结构类型参数仅起传入信息的作用。

例如，平面上的点变量 a 以及矩形变量 b 的定义如下：

```
struct point{
    double x, y;
} a;
struct rect{
    struct point pt1,pt2;
} b;
```

函数 ptinrect( )的功能是：判断点 p 是否在矩形 r 的内部；

```
int ptinrect(struct point p, struct rect r)
{
    return    ( (p.x>=r.pt1.x) && (p.y<=pt2.x )) && ( (p.y>=r.pt1.y) && (p.y<=pt2.y) );
}
```

那么，函数调用

```
ptintrect(a,b)
```

结果等于 1 表示点 a 在矩形 b 的内部，0 表示点 a 在矩形 b 的外部。

注意，此时要求实参和形参必须是同样的结构类型。例如，如果修改 a 和 b 的定义为：

```
struct point{
    int x, y;
}a;
struct point2{
    int x,y;
} b;
struct rect{
    struct point pt1,pt2;
} c;
```

那么，函数调用

```
ptintrect(b, c)
```

是错误的调用，因为实参b是struct point2类型的，而形参p是struct point类型的。二者虽然形式相同，但仍然是两个不同的结构类型。

【例题9-2】 请编写一个程序实现：输入一个时间，计算下一秒的时间。

首先定义时间类型如下：

```
struct time{                    /*时间结构类型名*/
    int hour;                   /*小时*/
    int minutes;                /*分钟*/
    int second;                 /*秒*/
};
```

然后，定义readTime( )函数输入一个时间数据。函数nextTime( )计算下一秒的时间，其形参t是struct time类型，传递给它的实参必须是同类型变量。函数原型如下所示：

```
struct time readTime();                 /*输入一个时间*/
struct time nextTime(struct time t);    /*计算下一秒时间*/
```

```
1.  /*计算下一秒的时间。源程序：LT9-2.C*/
2.  #include <stdio.h>
3.  #include <stdlib.h>
4.  
5.  struct time{
6.      int hour;
7.      int minutes;
8.      int second;
9.  };
10. 
11. struct time readTime();
12. struct time nextTime(struct time t);
13. 
14. int main(void)
15. {
16.     struct time now,nexttime;       /*当前时间，下一秒时间*/
17. 
18.     printf("\n计算下一秒的时间！ \n\n");
19. 
20.     now = readTime();
21. 
22.     nexttime = nextTime(now);
23. 
24.     printf("\n您输入的时间是：%d:%d:%d\n", now.hour, now.minutes,
25.                     now.second);
26.     printf("\n下一秒之后的时间是：%d:%d:%d\n", nexttime.hour,
```

计算机科学与技术专业规划教材

```
27.                         nexttime.minutes, nexttime.second);
28.
29.      system("PAUSE");
30.      return 0;
31.  }   /*end main*/
32.
33.  struct time readTime()
34.  {
35.      struct time t;
36.      int error;
37.      do{
38.          error = 0;
39.          printf("请输入一个时间（例如：12：12：25）：");
40.          scanf("%d:%d:%d",&t.hour,&t.minutes,&t.second);
41.          if(t.hour<0||t.hour>23)
42.          {
43.              printf("小时数据错误：0～23！\n");
44.              error = 1;
45.          }
46.          if(t.minutes<0||t.minutes>59)
47.          {
48.              printf("分钟数据错误：0～59！\n");
49.              error = 1;
50.          }
51.          if(t.second<0||t.second>59)
52.          {
53.              printf("秒钟数据错误：0～59！\n");
54.              error = 1;
55.          }
56.          if(error)
57.              printf("请重新输入！\n");
58.      }while(error);
59.      return t;
60.  }   /*end readTime*/
61.
62.  struct time nextTime(struct time t)
63.  {
64.      t.second++;
65.      if(t.second>=60)
66.      {
```

```
67.              t.second = 0;
68.              t.minutes++;
69.              if(t.minutes>=60)
70.              {
71.                  t.minutes = 0;
72.                  t.hour++;
73.                  if(t.hour>=24)
74.                      t.hour = 0;
75.              }
76.          }
77.          return t;
78.      }   /*end nextTime*/
```

```
计算下一秒的时间！

请输入一个时间（例如：12：12：25）：23:59:59↙

您输入的时间是：23:59:59

下一秒的时间是：0:0:0
请按任意键继续…
```

9.4　结构数组

结构类型最常见的用法之一就是结构数组，本节讨论结构数组的定义、初始化和使用。

1. 定义结构数组

定义结构数组时，必须先定义结构类型，再定义结构数组。例如，运用前面定义的 struct student 类型定义结构数组 stu，定义形式是：

```
struct student stu[28];
```

stu 是拥有 28 个 struct student 类型元素的一维结构数组。访问结构数组时，需要对数组使用下标，并且注明引用数组元素的哪个成员。例如，打印 stu 中第 2 个元素的 name 成员：

```
printf("第%d 个学生姓名是：%s\n", 2, stu[1].name);
```

2. 结构数组的初始化

结构数组同样可以采用分行初始化和顺序初始化两种形式。例如，以下语句是结构数组按分行初始化的范例：

```
struct stud{
    int num;
    char name[20];
    char gender;
    int age;
```

```
} stu[ ]={{100, "Wang Lin",'M',20}, {101, "Li Gang",'M',19}, {110, "Liu Yan",'F',19} };
```

因为是给结构数组的全部元素初始化，所以省略了数组长度的说明。

而如果按照顺序初始化方式，则上述语句可以写成：

```
struct stud{
        int num;
        char name[20];
        char gender;
        int age;
} stu[ ]={100, "Wang Lin",'M',20, 101, "Li Gang",'M',19, 110, "Liu Yan",'F',19 };
```

【例题 9-3】 编写一个数组排序程序，要求输出排序后的数据以及其原有的序号。

首先定义结构数组如下所示：

```
struct data{
      int no;                /*数据的序号*/
      int num;               /*数据值*/
} x[N];
```

然后，定义函数 sort( )和 readData( )分别实现数组排序和输入数组的功能。函数原型是：

```
void sort(struct data x[ ], int n);              /*排序函数*/
void readData(struct data x[ ], int n);          /*输入数组的元素值*/
```

其中，sort( )函数的形参 x 是数组类型，C 编译程序将其转换为指向结构类型的指针。形参 x 用于接受待排序数组的起始地址，它模拟了按引用传递，起着双向传递的作用；也就是说，通过形参数组名 x 访问的数组就是实参数组的相同空间。同理，函数 readData( )的第 1 个形参同样是结构数组类型。所以，函数 sort( )和 readData( )都是通过地址类别形参来模拟按引用传递，从而带出结果的。

```
1.   /*数组排序：输出排序后的数据和原有的序号。源程序：LT9-3.C*/
2.   #include <stdio.h>
3.   #include <stdlib.h>
4.   #define N 6
5.
6.   struct data{
7.         int no;          /*数据序号*/
8.         int num;         /*数据值*/
9.   };
10.
11.  void sort(struct data x[ ], int n);
12.  void readData(struct data x[ ], int n);
13.
14.  int main(void)
15.  {
16.        struct data x[N],temp;
```

```
17.         int i,j;
18.
19.         printf("\n数据排序：输出排序后的数据和原有的序号。\n\n");
20.
21.         printf("请输入%i个整数：",N);
22.         readData(x,N);
23.
24.         sort(x, N);
25.
26.         /*输出结果*/
27.         printf("\n原来序号      值\n");
28.         for(i=0; i<N ; i++)
29.                 printf("%5d %10d\n",x[i].no,x[i].num);
30.
31.         system("PAUSE");
32.         return 0;
33.     }  /*end main*/
34.
35.     void sort(struct data x[ ], int n)
36.     {
37.         int i,j;
38.         struct data temp;
39.         for(i=0;i<n-1;i++)
40.             for(j=0;j<n-i-1;j++)
41.                 if (x[j].num>x[j+1].num)
42.                 {
43.                     temp=x[j];
44.                     x[j]=x[j+1];
45.                     x[j+1]=temp;
46.                 }
47.     }   /*end sort*/
48.
49.     void readData(struct data x[ ], int n)
50.     {
51.         int i;
52.         for(i=0;i<n;i++)
53.         {
54.             scanf("%d",&x[i].num);
55.             x[i].no=i+1;
56.         }
57.     }   /*end readData*/
```

```
数据排序：输出排序后的数据和原有的序号。

请输入6个整数：32  12  2  6  8  88↙

原来序号      值
   3          2
   4          6
   5          8
   2         12
   1         32
   6         88
请按任意键继续…
```

9.5 结构与指针

结构类型的另一个最常见的用法就是将指针和结构类型一起使用，实现各种复杂的数据结构。本节讨论结构指针的某些特殊用法。

9.5.1 结构指针

指向结构的指针简称为结构指针。和定义其他指针一样，定义结构指针时需要在变量名前面添加星号（*）。定义结构指针的一般形式是：

*struct 结构类型名 *结构类型指针变量名;*

例如：

```
struct stud{
    int  num;
    char name[20];
    char gender;
    int age;
} stu, *p;
p = &stu;
```

使用结构指针访问结构成员，一种方法是使用指针运算符（*）和成员引用算符（.）。例如：

```
(*p).age = 20;
```

上述语句相当于给 stu 的成员 age 赋值为 20。C 语言中定义了指向运算符（->），可以简化上述表达式：

```
p->age = 20;
```

其中，p->age 和(*p).age 是等价的，都表示要用 p 指向的变量 stu 的成员 age。

【例题 9-4】 编写一个程序，模拟一个软计时器。要求：程序执行时开始计时，用户按任意键终止计时。

程序中定义代表时间的结构类型：

```
struct my_time{
        int hours;
        int minutes;
        int seconds;
};
```

定义 3 个用户自定义函数，函数原型和作用是：

```
void display(struct my_time *t);          /*显示当前计时时间*t*/
void update(struct my_time *t);           /*计算*t 的下一秒时间*/
void delay(void);                         /*延时函数*/
```

```
1.    /*模拟软计时器。源程序：LT9-4.C*/
2.    #include <stdio.h>
3.    #include <stdlib.h>
4.    #include <conio.h>
5.    #define DELAY 56800000
6.    
7.    struct my_time{
8.            int hours;
9.            int minutes;
10.           int seconds;
11.   };
12.   
13.   void display(struct my_time *t);
14.   void update(struct my_time *t);
15.   void delay(void);
16.   
17.   int main(void)
18.   {
19.           struct my_time systime;
20.   
21.           systime.hours = 0;
22.           systime.minutes =0;
23.           systime.seconds = 0;
24.   
25.           for( ; ; )
26.           {
27.                   update(&systime);
28.                   display(&systime);
29.                   if(kbhit())    break;
30.           }
31.   
```

```
32.     system("PAUSE");
33.     return 0;
34. }   /*end main*/
35.
36. void update(struct my_time *t)
37. {
38.     t->seconds++;
39.     if( t->seconds ==60)
40.     {
41.         t->seconds = 0;
42.         t->minutes++;
43.     }
44.     if( t->minutes ==60 )
45.     {
46.         t->minutes = 0;
47.         t->hours++;
48.     }
49.     if( t->hours ==24)
50.         t->hours = 0;
51.
52.     delay();
53. }   /*end update*/
54.
55. void display(struct my_time *t)
56. {
57.     printf("%02d:", t->hours);
58.     printf("%02d:", t->minutes);
59.     printf("%02d\n",t->seconds );
60. }   /*end display*/
61.
62. void delay(void)
63. {
64.     long int i;
65.     for( i=1; i<DELAY; i++) ;
66. }   /*end delay*/
```

```
00:00:01
00:00:02
00:00:03
00:00:04
请按任意键继续…
```

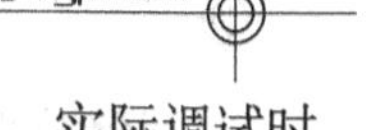

delay( )函数中执行一个空语句的循环体DELAY次，以达到延时的目的。实际调试时，可以通过修改DELAY的值，以调整循环次数，达到延时1秒钟的目的。

9.5.2　结构类型的自引用定义

如果结构类型中存在某个结构成员，该成员是指向自身所属结构类型的指针，这就是结构类型的自引用定义。例如：

```
struct    tnode{
    char word[20];
    int count;
    struct tnode*left;                      /*结构类型自引用定义*/
    struct tnode*right;                     /*结构类型自引用定义*/
};
```

其中，成员left和right是struct tnode *类型的指针。struct tnode可以是二叉树节点的类型。

结构类型的自引用定义常用于构建各种动态数据结构，如队列、堆栈、链表、二叉树等。

9.5.3　动态数据结构

程序由算法和数据结构组成，优秀的程序是二者的美妙结合。选择和实现数据结构，和构造处理数据的子程序一样重要。数据结构指数据的组织方式，数据结构不同，算法也会不同。因此程序员应当掌握正确存储和检索数据的多种方法，以适应多种情况的需要。应当综合考虑算法和数据结构，选择最佳的算法和数据结构的组合。

从计算机角度来看，数据指所有能被输入到计算机中，且被计算机处理的符号的集合。数据是对客观事物的符号化描述，是计算机操作的对象的总称，是计算机程序加工的“原料”。数据元素是数据的基本单位，在计算机程序中通常作为一个整体进行考虑和处理。而数据结构是相互之间存在特定关系的数据元素的集合。

理解数据结构，应该从三个方面进行：

（1）数据的逻辑结构。数据的逻辑结构抽象反映数据元素之间的逻辑关系。逻辑结构分为线性结构和非线性结构两种。如果数据结构中的元素之间存在一个对一个的关系，被称为线性结构；否则，就是非线性结构。线性结构包括线性表、栈和队列等，例如，客户到银行办事，需要先拿排队号，逻辑上就是典型的“先来先服务”的队列结构，但是这些客户不一定要排成一列，可以坐在银行大厅中任何位置。这也就是队列式的逻辑结构，在物理位置上可以有多种实现方法。

（2）数据的存储（物理）结构。数据的逻辑结构在计算机存储器中的实现就是数据的物理结构，或称存储结构。它包括数据元素的表示和关系的表示。数据元素之间的关系在计算机中有两种不同的表示方法：顺序存储结构和链式存储结构。顺序存储结构的特点是借助数据元素在存储器中的相对位置来表示数据元素间的逻辑关系，例如C语言中的数组和结构类型就是顺序存储结构的代表。链式存储结构是借助指示元素存储地址的指针表示数据元素间的逻辑关系。

（3）定义在数据结构上的一组操作。操作的种类是没有限制的，基本的操作主要包括检索、排序、插入、删除、修改等。

从存储数据元素的节点的分配方式上来看，数据结构又可分为静态数据结构和动态数据结构。静态数据结构的特点是：数据点是在程序执行过程中预先分配好的；数据结构中能够存储的最大节点数是固定的；在程序执行过程中不能调整存储空间的大小。而动态数据结构的特点是：数据节点是在程序执行过程中动态分配的；其中，能够存储的最大节点数是不固定的，可按需分配；动态数据结构在程序执行过程中可以动态调整存储空间的大小。

9.5.4 链表的概念和分类

链表是一种常用的数据结构，它由一组被称为节点的自引用结构组成的线性排列。这些节点通过一个被称为链的指针连接在一起。对一个链表的访问必须通过指向链表第一个节点的指针来实现；而对后继节点的访问，则必须是通过存储在每一个节点内部的指针链成员来实现；而链表的最后一个节点的指针链成员习惯被置为NULL，以表示链表的末尾。

链表的第一个节点被称为链表的头指针，链表的最后一个节点被称为尾节点；头指针是链表的标志，也是访问链表的起点。链表的节点在内存中通常不是连续存储的，但在逻辑上，链表的节点是以连续的形式出现的。

从链表的指针链成员来看，链表分为单链表、循环链表和双向链表。单向链表（即单链表）的元素含有指向下一个数据项的链，而循环链表的尾节点的值不是NULL，而是指向链表的头节点的；双向链表中的元素含有指向下一个和前一个数据项的两个链。

1. 单链表

单链表要求链表中的每一个节点含有一个指向下一个节点的链成员。单链表的节点是由结构类型组成的，其中包含表示数据元素的信息域，以及表示节点之间关系的指针链。例如，图 9-2 所示的是一个信息域为一个整数的单链表。

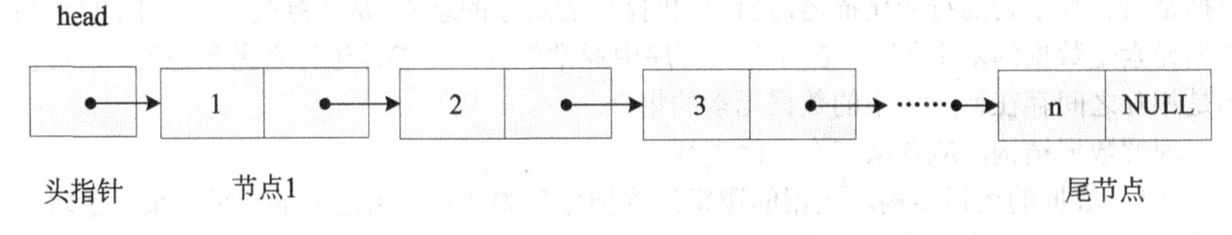

图 9-2 单链表示意图

定义图 9-2 的节点类型如下：

```
struct node{
        int data;                 /*数据域*/
        struct node *next;        /*指针链域*/
} *head;                          /*链表的头指针变量*/
```

以下是对该链表节点的合法引用方式：

```
head->data                /*节点 1 的数据域*/
head->next                /*节点 1 的指针域，第 2 个节点地址*/
head->next->data          /*第 2 个节点的数据域*/
```

2. 单循环链表

如图 9-3 所示，单循环链表和单链表的唯一区别就是：单循环链表中尾节点的指针链成

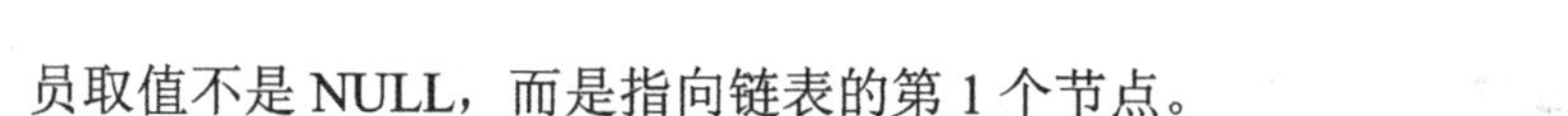
员取值不是 NULL，而是指向链表的第 1 个节点。

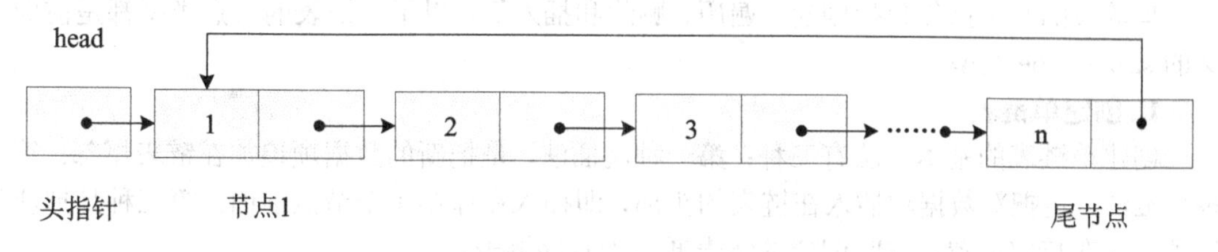

图 9-3　单循环链表示意图

3. 双循环链表

与单循环链表不同的是，双循环链表中每个节点都有两个指针链成员，一个指向下一个节点，另一个指向前一个节点。这两个指针链域构成双循环链表中两个不同方向的环。双循环链表如图 9-4 所示。

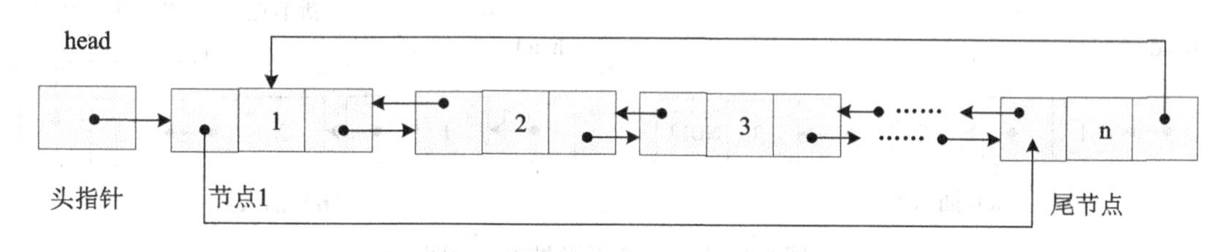

图 9-4　双循环链表示意图

4. 双向单链表

如图 9-5 所示，双向单链表中第 1 个节点中表示前一个节点的指针链取值为 NULL，尾节点中指向后一个节点的指针链取值为 NULL。

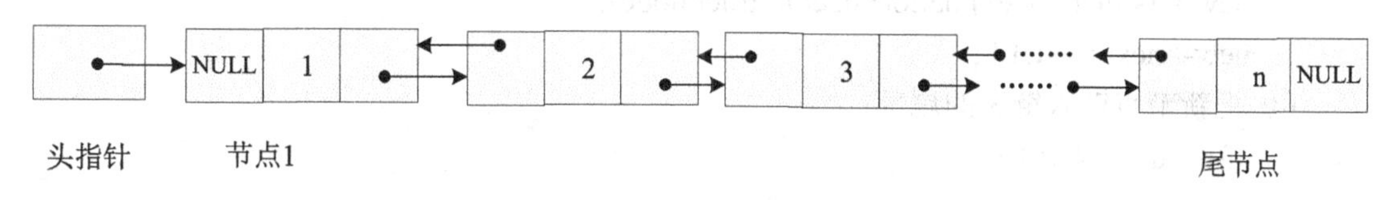

图 9-5　双向单链表示意图

双向单链表和双向循环链表并称为双向链表，其节点类型定义如下：

```
struct node{
        int data;                    /*数据域*/
        struct node *next;           /*下一个节点的指针链域*/
        struct node *prior;          /*前一个节点的指针链域*/
};
```

下面以动态单链表为例，说明动态数据结构的操作。

9.5.5 单链表的基本操作

单链表的基本操作包括创建、遍历、删除和插入等。以下单链表的节点类型都是前面定义的 struct node 类型。

1. 创建单链表

创建单链表的基本方法有三种：第一种尾插法，是把新的数据项追加在链表尾部；第二种头插法，是把新数据项插入在链表的头部，即插入在原第 1 个节点前面；第三种是把新数据项插入在特定位置，这时创建的链表通常为有序链表。

由于访问链表只能从链表的第 1 个节点开始顺序访问，因此采用尾插法创建的链表逻辑上是队列式的，而采用头插法创建的链表逻辑上是栈式的。

（1）尾插法创建单链表。

图 9-6 所示为尾插法创建单链表的过程。

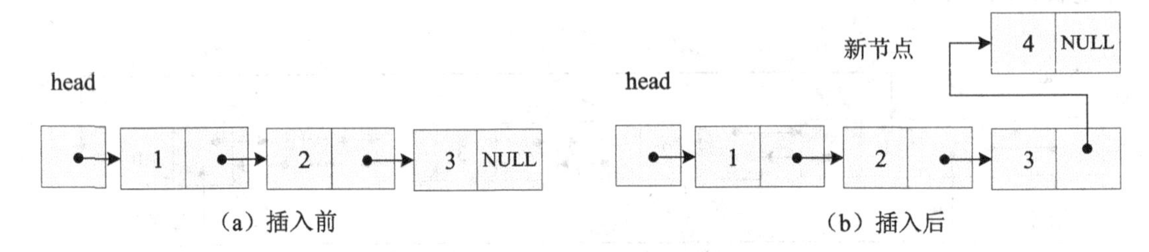

图 9-6 尾插法创建单链表示意图

定义相关变量如下：

```
struct node *head, *new, *tail;            /*单链表头指针、新节点指针、尾节点指针*/
```

尾插法创建单链表的过程大致如下：

① 置头指针为空：head=NULL;

② 创建新节点：

```
new = (struct node*)malloc(sizeof(struct node));
new->next = NULL;
```

③ 把新节点链入链表的尾部：

```
if(head ==NULL)
        head = new;
else
        tail->next = new;
tail=new;
```

④ 重复②、③步直到链表创建完成。

【例题 9-5】 编写函数实现尾插法创建单链表。要求：从控制台输入整数，以-1 作为结束标记。

如果仅要求返回被创建的单链表的头指针，则编写函数 creatRightLink_1( )如下所示：

```
1.	/*函数creatRightLink_1：尾插法创建单链表，版本1*/
2.	struct node * creatRightLink_1(  )
3.	{
4.		struct node *head, *new, *tail;		/*头指针、新节点指针、尾节点指针*/
5.		int n;
6.	
7.		head = NULL;			/*设置链表为空链表*/
8.	
9.		scanf("%d",&n);
10.		while(n!=-1)
11.		{
12.			new = (struct node *)malloc(sizeof(struct node));	/*创建新节点*/
13.			new->data = n;
14.			new->next = NULL;
15.	
16.			if(head == NULL)		/*如果链表为空*/
17.				head = new;
18.			else
19.				tail->next = new;
20.	
21.			tail = new;
22.	
23.			scanf("%d",&n);
24.		}
25.	
26.		return (head);
27.	}	/*end creatRightLink_1*/
```

如果函数必须返回被创建的链表中节点个数，则该函数需要带出节点个数和单链表的头指针两个结果，因此编写函数 creatRightLink_2( )如下所示：

```
1.	/*函数creatRightLink_2：尾插法创建单链表，版本2*/
2.	int creatRightLink_2(struct node **phead)
3.	{
4.		struct node *new, *tail;	/*新节点指针、尾节点指针*/
5.		int n, k = 0;
6.	
7.		*phead = NULL;			/*设置链表为空链表*/
```

```
8.
9.        scanf("%d",&n);
10.       while(n != -1)
11.       {
12.           new = (struct node *)malloc(sizeof(struct node));
13.           new->data = n;
14.           new->next = NULL;
15.
16.           if(*phead == NULL)
17.               *phead = new;
18.           else
19.               tail->next = new;
20.
21.           tail = new;
22.
23.           scanf("%d",&n);
24.           k++;
25.       }
26.
27.       return (k);
28.   }   /*end creatRightLink_2*/
```

该函数返回类型 int，表示返回被创建的单链表节点个数；形参 phead 为二级指针，传给它的实参必须是单链表的头指针地址，即调用函数 creatRightLint_2( )之前需要先定义存储单链表头指针的变量 head，然后以&head 作为形参 phead 对应的实参。此时*phead 是函数 creatRightLint_2( )的第二个返回结果。

（2）头插法创建单链表。

图 9-7 所示为头插法创建单链表的过程。

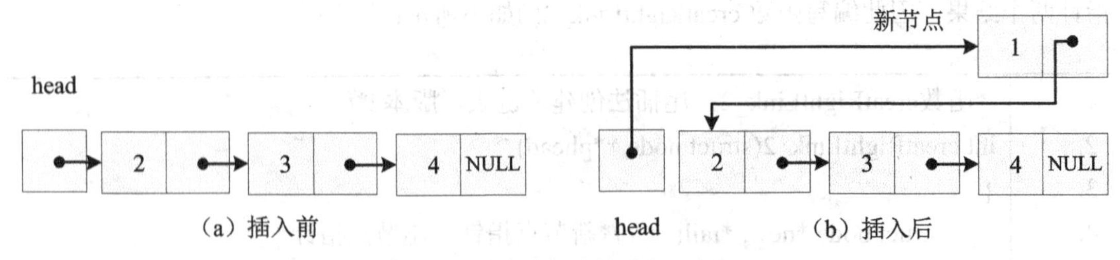

图 9-7　头插法创建单链表示意图

定义相关变量如下：

```
struct node *head, *new;              /*单链表头指针、新节点指针*/
```

头插法创建单链表的过程大致如下：

① 链表置空，即置头指针为空：head=NULL;

② 创建新节点：

new = (struct node*)malloc(sizeof(struct node));

③ 新节点连入链表，链接在原头节点的前面：

new->next = head;

head = new;

④ 重复②、③步直到链表创建完成。

【例题 9-6】 编写函数实现头插法创建单链表。要求：从控制台输入整数，以-1 作为结束标记。

如果仅要求返回被创建的单链表的头指针，则编写函数 creatLefttLink_1( )如下所示:

```
1.  /*函数creatLeftLink_1：头插法创建单链表，版本1*/
2.  struct node * creatLeftLink_1( )
3.  {
4.      struct node *head,*new;            /*链表头指针、新节点指针*/
5.      int n;
6.  
7.      head=NULL;          /*链表置空*/
8.  
9.      scanf("%d",&n);
10.     while(n != -1)
11.     {
12.         new = (struct node *)malloc(sizeof(struct node));   /*创建新节点*/
13.         new->data = n;
14. 
15.         new->next = head;       /*插入到链表头部*/
16.         head=new;
17. 
18.         scanf("%d",&n);
19.     }
20. 
21.     return (head);
22. }   /*end creatLeftLink_1*/
```

如果函数必须返回被创建的链表中节点个数，则该函数需要带出节点个数和单链表的头指针两个结果，因此编写函数 creatLeftLink_2( )如下所示：

```
1.  /*函数creatLeftLink_2：头插法创建单链表，版本2*/
2.  int creatLeftLink_2(struct node **phead)
3.  {
4.          struct node *new;           /*新节点指针*/
5.          int n,k = 0;
6.  
7.          *phead = NULL;              /*链表置空*/
8.  
9.          scanf("%d",&n);
10.         while(n != -1)
11.         {
12.             new = (struct node *)malloc(sizeof(struct node));   /*创建新节点*/
13.             new->data = n;
14.  
15.             new->next = *phead;             /*插入到链表头部*/
16.             *phead = new;
17.  
18.             scanf("%d",&n);
19.             k++;
20.         }
21.         return (k);
22. }           /*end creatLeftLink_2*/
```

（3）创建有序链表。

假设有序链表的节点是按照数据域从小到大的顺序排列的，那么创建有序单链表的关键就是将新数据项插入到正确的位置。图9-8所示的是创建有序单链表的过程。

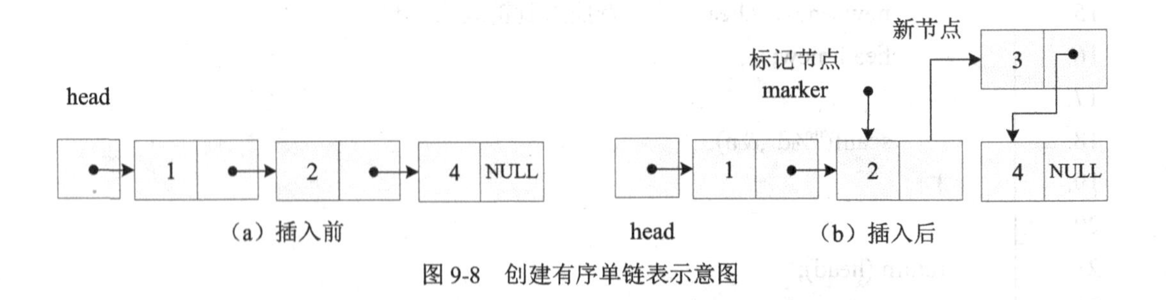

图9-8　创建有序单链表示意图

定义相关变量如下：

struct node *head, *new, *marker,*p;　/*单链表头指针、新节点指针、标记节点指针*/

创建有序单链表的过程大致如下：

① 链表置空，即置头指针为空：head=NULL;

② 创建新节点：

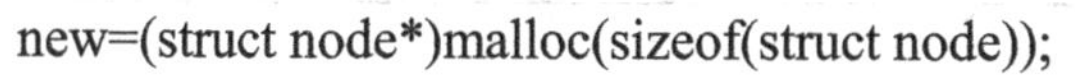

new=(struct node*)malloc(sizeof(struct node));

③ 查找标记节点 marker 和 p，新节点插入在 marker 的后面、p 的前面；

④ 将新节点连入链表中，即插入到 marker 指向的节点后面：

```
if(x 新节点插入到链表头部，即 p 等于 head)
{       new->next = head;
        head = new;
}
else
{       new->next = marker->next;
        marker->next = new;
}
```

⑤ 重复②、③、④步直到链表创建完成。

【例题 9-7】 编写函数实现创建有序单链表。要求：从控制台输入整数，以-1 作为结束标记。有序单链表中节点按照数据从小到大排序。

创建有序单链表函数 creatSortLink( )如下所示，其中函数 insetSort( )的功能是将数据 n 插入到有序单链表 head 中。

```
1.    /*函数insertSort：插入一个新节点到有序单链表*/
2.    struct node * insertSort(struct node *head, int n)
3.    {
4.        struct node *new, *p, *marker;       /*新节点指针、两个标记节点指针*/
5.
6.        new = (struct node *)malloc(sizeof(struct node));     /*创建新节点*/
7.        new->data = n;
8.
9.        /*查找标记节点marker和p*/
10.       p = head;
11.       while(p != NULL    && p->data < n)
12.       {
13.           marker = p;
14.           p = p->next;
15.       }
16.
17.       if( p == head)              /*如果新节点需要插入到链表头部*/
18.       {
19.           new->next = head;
20.           head = new;
21.       }
22.       else
23.       {
```

```
24.            marker->next = new;
25.            new->next = marker;
26.        }
27.
28.        return (head);
29.    }    /*end insertSort*/
30.
31.    /*函数creatSortLink：创建有序单链表*/
32.    struct node * creatSortLink(struct node *head)
33.    {
34.        int n;
35.
36.        head=NULL;                  /*链表置空*/
37.
38.        scanf("%d", &n);
39.        while(n != -1)
40.        {
41.            head = insertSort(head,n);    /*把数据项n插入链表*/
42.
43.            scanf("%d", &n);
44.        }
45.        return head;
46.    }    /*end creatSortLink*/
```

2. 遍历单链表

遍历链表是指将链表的每个节点都访问一遍。

【例题 9-8】 编写函数实现遍历单链表的功能。

遍历单链表函数 printtLink( )如下所示：

```
1.     /*函数printLink：遍历单链表*/
2.     void printLink(struct node *head)
3.     {
4.         struct node *p;
5.
6.         p = head;
7.         while(p != NULL)
8.         {
9.             printf("%d\n",p->data);
10.
11.            p = p->next;
12.        }
13.    }    /*end printLink*/
```

3. 删除节点

从单链表中删除某个节点，首先需要查找被删除节点，并标记被删除节点的前一个节点地址。图 9-9 所示是从单链表中删除节点示意图。

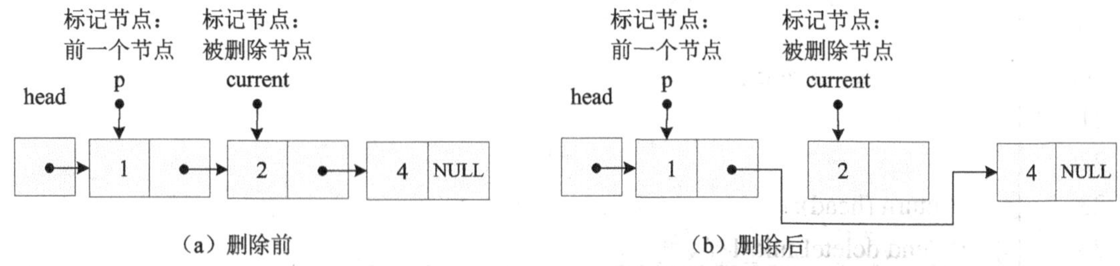

图 9-9　从单链表中删除节点示意图

定义相关变量如下：

struct node *head, *current, *p;　　/*单链表头指针、被删除节点、前一个节点*/

从单链表中删除数据节点的过程如下：

（1）找到要删除的节点，current 指向该节点，p 指向要删除节点的前趋节点。

（2）如果要删除的节点为头节点，则

head = current->next;

（3）如果要删除的节点不是头节点，则

p->next = current->next

（4）释放已经删除的节点

free(current);

【例题 9-9】　编写函数实现从单链表中删除一个节点的功能。

如果不要求删除函数返回删除成功与否的标记，那么删除节点函数 deleteLink_1( )如下所示，其中由于不排除被删除节点是第 1 个节点，因此返回值必须是单链表的头指针。

```
1.   /*函数deleteLink_1：从单链表中删除节点，版本1*/
2.   struct node * deleteLink_1(struct node *head,  int n)
3.   {
4.        struct node *current, *p;       /*被删除节点、前一个节点*/
5.        /*查找被删除节点*/
6.        corrent = head;
7.        while(current->data != n && current->next != NULL)
8.        {
9.            p = current;
10.           current = current->next;
11.       }
12.
13.       if(current->data ==n)      /*如果找到被删除节点*/
14.       {
```

```
15.            if(current == head)      /*被删除的节点是链头*/
16.                head = current->next;
17.            else              /*被删除的节点不是链头*/
18.                p->next = current->next;
19.
20.            free(current);
21.        }
22.
23.        return (head);
24.    }    /*end deleteLink_1*/
```

如果要求删除函数必须返回删除成功与否的标记，那么删除节点函数 deleteLink_2( )如下所示，其中函数返回 1 表示删除操作成功，返回 0 表示删除操作失败。

函数形参 phead 是二级指针，其实参必须是单链表头指针的地址&head，它起着双向传递的作用，可以实现返回被修改的链表头指针的值。

```
1.    /*函数deleteLink_2：从单链表中删除节点，版本2*/
2.    int deleteLink_2(struct node **phead,   int n)
3.    {
4.        struct node *current, *p;          /*被删除节点、前一个节点*/
5.        /*查找被删除节点*/
6.        current = *phead;
7.        while(current->data != n && current->next != NULL)
8.        {
9.            p = current;
10.           current = current->next;
11.       }
12.
13.       if(current->data == n)      /*如果找到被删除节点*/
14.       {
15.           if(current == *phead)     /*被删除的节点是链头*/
16.               *phead = current->next;
17.           else              /*被删除的节点不是链头*/
18.               p->next = current->next;
19.
20.           free(current);
21.
22.           return 1;
23.       }
24.       else
25.           return 0;
26.   }    /*end deleteLink_2*/
```

4. 插入新节点

把新节点插入到一个单链表中，同样可以有尾插法、头插法和插入到特殊位置三种不同方法。插入节点的方法已经包含在创建链表的过程中，这里不再复述。

9.6　位段

和多数高级语言不同，C 语言具有访问字节中位（bit）的能力，这就是位段，是 C 语言特有的内设机制。位段仅用于结构类型或联合类型成员，C 语言允许用户指定这些成员所占用的存储空间位数。位段的使用，可以使得程序具有如下价值：

（1）内存紧张时，可以考虑使用位段。

（2）某些设备把编码信息传输到各个二进制位。

（3）某些加密算法需要访问字节中的位。

位段定义的一般形式是：

type name：　*length*;

位段成员 name 只能是结构类型或联合类型的成员，其数据类型 type 必须是 int、signed int、unsigned int 中的一种。

位段最常见用于硬件设备的输入。例如，串行通信适配器的状态可以按表 9-1 形式组成。

表 9-1　　串行通信适配器的状态表

位	意义	位	意义
0	清除后发送数据改变	4	清除后发送
1	数据就绪改变	5	数据就绪
2	检测到尾边界	6	电话振铃
3	接收线路改变	7	已接收信号

上述信息可以通过以下位段在 1 个字节中表达：

```
struct    status_type{
      unsigned delta_cts: 1;
      unsigned delta_dsr: 1;
      unsigned tr_edge:   1;
      unsigned delta_rec: 1;
      unsigned cts:       1;
      unsigned dsr:       1;
      unsigned ring:      1;
      unsigned rec_line:  1;
}status;
```

使用位段成员时，形式和其他结构类型成员一样。例如，下述代码可以使得程序确定何时可以接受或发送数据：

```
status = get_port_status( );
if(status.cts)   printf("clear to send");
if(status.dsr)   printf("data ready");
```

使用位段时，需要注意位段占据的二进制位数决定了该成员的话数据取值范围。例如 status 的 8 个成员都只占用 1 个 bit，因此取值只能为 1 或 0。

C 语言中还包含无名位段，即没有成员名的位段定义，且长度为 0。无名位段使其后续位段成员从下 1 个字节开始出分配内存空间。例如，

```
struct status{
    unsigned sign:          1;      /*符号标志*/
    unsigned zero:          1;      /*零标志*/
    unsigned carry:         1;      /*进位标志*/
    unsigned :              0;      /*长度为 0 的无名位段*/
    unsigned parity:        1;      /*奇偶/溢出标志*/
    unsigned half_carry:    1;      /*半进位标志*/
    unsigned negative:      1;      /*减标志*/
  } flags;
```

其中，flags 的 sign、zero 和 carry 三个成员分配在同一个内存单元，而 parity、half_carry 和 negative 分配在下一个内存单元中。

9.7 联合类型

联合类型，又称共用体，和结构类型一样，同样是一种派生数据类型。联合类型是指多个变量共享的一片内存，它是 C 语言提供的以多种方式解释同一位模式的方法。

9.7.1 定义联合类型变量

定义联合类型变量的方法和结构类型类似，其一般形式是：

```
union    【联合名】{
              类型标识符      成员名;
              类型标识符      成员名;
                  ……
         }variable_list;
```

其中，union 是定义结构类型的关键字。“union 结构名”是联合类型名，variable_list 是联合类型变量名列表。

例如，以下代码

```
union data{
    long int n;
    char ch;
};
```

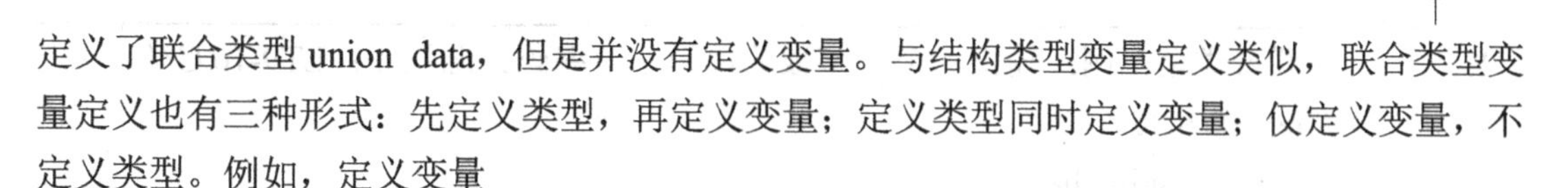

定义了联合类型 union data，但是并没有定义变量。与结构类型变量定义类似，联合类型变量定义也有三种形式：先定义类型，再定义变量；定义类型同时定义变量；仅定义变量，不定义类型。例如，定义变量

union data un;

在变量 un 中，长整型成员 n 和字符型成员 ch 共享同一片内存。n 占 4 个字节，ch 占 1 个字节，如图 9-10 所示。联合类型变量的存储长度就是成员的最大长度。

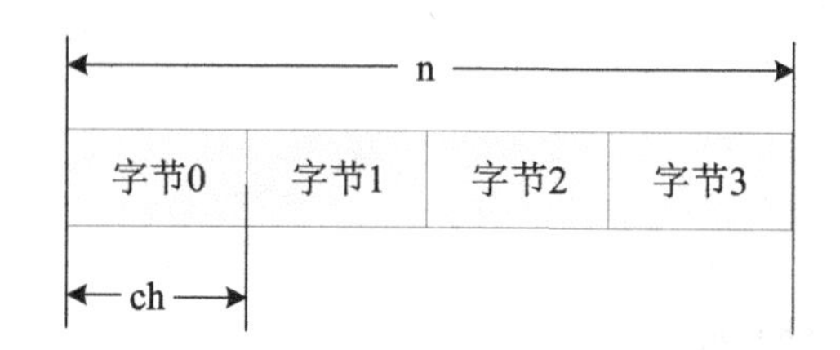

图 9-10　n 和 ch 利用联合变量 un 的存储示意图

9.7.2　联合类型变量的引用

访问联合类型变量的成员的方法和访问结构类型变量的成员一样，也是使用成员引用运算符（.）和指向运算符（->）。

例如，以下赋值语句把 0x2458 赋值给 un 的 n 成员

un.n = 0x2458;

那么，引用

un.ch

是合法的，其值是字节 0 中的内容 0x58，只有引用 un.n 时其值才是 0x2458。可以看出，使用联合类型可以很容易的实现类型转换。实际上，联合类型常用于频繁进行类型转换的场合。

引用联合类型变量时，通常引用它的成员，不能引用联合类型变量本身。例如，语句

un = 0x2458;

是错误的。

不引用成员名，直接使用联合类型变量名可以完成的运算只有两种：两个同类型的联合类型变量可以相互赋值，或者用取地址算符&取得联合类型变量的地址。例如，

&un

代表变量 un 的地址。

联合类型变量可以用与其第 1 个成员相同数据类型的数值来进行初始化。例如，对变量 value 初始化：

union data value = { 10 };

是有效的，它表示对 value 的成员 n 初始化为 10。

【例题 9-10】　编写程序实现：从控制台输入一个长整数，以十六进制格式输出其每个字节的编码。

```
1.  /*联合类型范例：输出一个长整数的每个字节编码。源程序：LT9-10.C*/
2.  #include <stdio.h>
3.  #include <stdlib.h>
4.
5.  union int_char{
6.      long int data;
7.      char ch[4];
8.  };
9.
10. int main(void)
11. {
12.     union int_char a;
13.     int n;
14.
15.     printf("\n输出一个长整数的每个字节编码程序！\n\n");
16.
17.     printf("请输入一个整数：");
18.     scanf("%ld", &a.data);
19.
20.     printf("\n您输入的整数是：%ld\n", a.data);
21.     for( n=0 ; n<sizeof(long int) ; n++)
22.             printf("第%d字节编码是：%x\n",n, a.ch[n]);
23.     printf("\n");
24.
25.     system("PAUSE");
26.     return 0;
27. } /*end main*/
```

```
输出一个长整数的每个字节编码程序！

请输入一个整数：65536↙

您输入的整数是：65536
第0字节编码是：0
第1字节编码是：0
第2字节编码是：1
第3字节编码是：0

请按任意键继续…
```

程序中定义了联合类型：

```
union int_char{
    long int data;
    char ch[4];
};
```

其中成员 data 和 ch 都占 4 个字节。ch[i]（i 取值 0～3）正好占据 data 的第 0 字节到第 3 字节的相同空间。

9.8 枚举类型

枚举常量是一系列命名的整型常量，而枚举类型就是包含一组枚举常量的派生数据类型。生活中枚举的例子很多，例如每周有七天：

SUNDAY, MONDAY, TUESDAY, WEDNESDAY, THURSDAY, FRIDAY, SATURDAY

程序中可以用整数 0 到 6 分别表示周日、周一到周六，但是却不如直接用上述符号来得更好，这样可以让读程序的人看到表明自身含义的符号，有助于读者理解程序。

9.8.1 定义枚举类型变量

枚举类型变量的定义方法很像结构类型，其一般形式是：

enum 【枚举名】{ *enumeration_constant_list* }*variable_list*;

其中，enum 是定义枚举类型的关键字。"enum 枚举名"是枚举类型名，variable_list 是枚举类型变量名列表。

例如，以下代码

```
enum week{
SUNDAY, MONDAY, TUESDAY, WEDNESDAY, THURSDAY, FRIDAY, SATURDAY };
```

没有定义任何变量，仅仅定义了枚举类型 enum week；花括号中是 enum week 类型的枚举常量集合。枚举常量的值从整数 0 开始依次递增，因此，SUNDAY 的值是 0，MONDAY 的值是 1，以此类推。而如果想要用 1～6 表示周一到周六，7 表示周日，可以修改 enum week 定义如下：

```
enum week{  SUNDAY = 7,
        MONDAY = 1, TUESDAY, WEDNESDAY, THURSDAY, FRIDAY, SATURDAY };
```

由于 SUNDAY 被置成 7，MONDAY 被置成 1，所以，后面的枚举常量就从 2 开始依次递增。

与结构类型变量定义类似，枚举类型变量定义也有三种形式：先定义类型，再定义变量；定义类型同时定义变量；仅定义变量，不定义类型。例如，语句

```
enum week today;
```

定义了 today 变量，它的取值只能是 enum week 定义的 7 个枚举常量之一。

9.8.2 枚举类型变量的引用

使用枚举类型变量需要注意以下几点：

（1）枚举常量是被命名的整常量，不是变量。

例如，语句

FRIDAY = 5;

是错误的，因为FRIDAY是enum week类型中的常量。

（2）当变量取值范围限定在规定的整常数范围内时，可采用枚举类型。

如果要表示人民币中从1元到10元之间的纸币种类，可以定义：

```
enum RMB {
    one_yuan = 1 ;
    two_yuan = 2;
    five_yuan = 5;
    ten_yuan = 10;
}money;
```

这样就限定了money变量只能取one_yuan到ten_yuan中的一个值，也就是限定在整常数1、2、5和10中。

（3）每一个枚举常量都是一个整数值，因此枚举常量可用于任何整数的场合。

例如，语句

printf("%d,%d", two_yuan, ten_yuan);

将在屏幕上显示结果“2,10”。

（4）枚举常量只能作为整数直接输入输出，不能作为串直接输入输出。

关于枚举类型有一个错误假设：枚举类型可以直接输入输出。实际并非如此。例如，以下语句段就不能正常工作

```
today = SATURDAY;
printf("%s", today);
```

这里SATURDAY是被命名的整常量，不是字符串。试图将其作为字符串输出是无效的。实际上，输入输出枚举常量相应的符号是相当繁琐的。下面通过一个范例来说明。

【例题9-11】 编写程序实现：现有红色、黄色、蓝色、黑色和白色球各1只，从中依次取出3个球，编程输出所有可能的取法。

程序LT9-8.C中定义

enum color {red,yellow,blue,white,black};

表示红色、黄色、蓝色、黑色和白色等五种颜色。并定义enum color类型的变量

enum color i, j, k;

分别表示第一次、第二次和第三次取出的球的颜色。

1.	/*枚举类型范例：排列问题。源程序：LT9-8.C*/
2.	#include <stdio.h>
3.	#include <stdlib.h>
4.	#include <string.h>
5.	#include <stdio.h>
6.	
7.	enum color {red,yellow,blue,white,black};
8.	

```
9.    int main(void)
10.   {
11.       enum color i, j, k, temp;
12.       int n, loop;
13.
14.       printf("\n枚举类型范例：5种颜色球，依次抽取3个，求解解决方案！\n\n");
15.
16.       n=0;
17.       for(i=red; i<=black; i++)
18.           for(j=red; j<=black; j++)
19.               if(i!=j)
20.               {
21.                   for(k=red; k<=black; k++)
22.                       if ( (k!=i)&&(k!=j))
23.                       {
24.                           n++;
25.                           printf("%-5d",n);
26.                           for(loop=1; loop<=3; loop++)
27.                           {
28.                               switch (loop)
29.                               {
30.                                   case 1:   temp=i;break;
31.                                   case 2:   temp=j;break;
32.                                   case 3:   temp=k;break;
33.                               }
34.                               switch(temp)
35.                               {
36.                                 case red: printf("%-10s","red");break;
37.                                 case yellow: printf("%-10s","yellow");break;
38.                                 case blue:   printf("%-10s","blue");break;
39.                                 case white: printf("%-10s","white");break;
40.                                 case black: printf("%-10s","black");break;
41.                               }
42.                           }
43.                           printf("\n");
44.                       }
45.               }
46.       printf("总共有:%d种方案\n\n",n);
47.
48.       system("PAUSE");
49.       return 0;
50.   } /*end main*/
```

9.9 typedef 定义类型别名

typedef 是 C 语言提供的为已有的数据类型定义类型别名的机制。此时，并没有产生新的数据类型，只是为现存的类型定义了一个新的名字。这样不仅有助于给现有数据类型取一个更有意义的名字，而且可以帮助编写出更具移植性的程序。可以为每一个依赖于机器的数据类型定义类型名，便于在新环境中编译时只需改动 typedef 语句即可。

typedef 语句的一般形式是：

typedef type newname;

其中，type 是任何合法的数据类型，而 newname 是该类型的新名字。新名字是追加的，不会消除原类型名。

例如，通过如下语句为 int 和 float 定义新名字：

```
typedef int   INTEGER;
typedef float   REAL;
```

那么，变量定义：

```
INTEGER     a,b,c;
REAL      f1,f2;
```

将被编译程序处理为

```
int    a,b,c;
float      f1,f2;
```

C 语言中，typedef 定义类型步骤是：

（1）按定义变量方法先写出定义语句。例如：

```
int    i;
```

（2）把变量定义语句中的变量名换成新类型名。例如：

```
int   INTEGER;
```

（3）在最前面增加 typedef。例如：

```
typedef    int    INTEGER;
```

（4）此后，就可以用新类型名来定义变量。例如：

```
INTEGER i, j;
```

例如，为数组类型定义别名的书写步骤是：

（1）数组定义语句是：int a[100];

（2）把数组名 a 改为数组类型别名 ARRAY：int ARRAY[100];

（3）最前面增加 typedef，因此 typedef 语句是：

```
typedef    int    ARRAY[100];
```

（4）用数组类型别名 ARRAY 数组：

```
ARRAY    a,b,c;
```

那么，a、b 和 c 都是长度为 100 的整型数组。

同理，语句段：

```
typedef    int    (*POWER)();
POWER    p1,p2;
```

定义了函数指针类型别名 POWER，以及函数指针变量 p1 和 p2。上述语句段相当于以下定

义语句：

```
int (*p1)( ), (*p2)( );
```

而想要给结构类型定义别名，可以采用如下的形式：

```
typedef    struct    date {
               int     month;
               int    day;
               int    year;
      }DATE;
```

DATE 是 struct date 的新名字。

9.10　本章小结

本章讲解了 C 语言中定义自己的数据类型的五种方法：结构类型、位段、联合类型、枚举类型以及 typedef。

9.10.1　主要知识点

本章应重点掌握的知识点如下所述。

1. 结构类型

（1）结构类型是由一个或多个成员组成的聚合体。一个结构类型通常表示一种实体型，其每个成员代表该实体型的一个属性。

（2）使用结构类型时，通常需要先定义结构类型，再定义结构类型变量。

（3）结构类型变量的初始化。和数组类似，结构类型变量采用初始值列表进行初始化。初始值列表中，用逗号间隔各个初始值。如果初始值列表的个数少于结构成员的个数，则剩余的没有初始值与之对应的成员被初始化 0 或 NULL（当成员是指针类型时）。

（4）结构类型变量的基本操作包括：成员访问、赋值，结构类型作为函数参数或返回值，以及关键层次对象。

（5）结构类型成员运算符：成员引用算符（.）、指向算符（->），使用这两个算符可以访问结构成员。

（6）将结构体传给函数的三种方式：传递成员、传递全结构，或者传递结构类型变量的指针。前两者是值传递、单向方式，后者是用指针模拟按引用传递、双向传递方式。

（7）使用结构类型可以构造结构数组，或者和指针一起构造复杂的数据结构。

2. 位段

（1）当结构类型或联合类型的成员时无符号整型或有符号整型时，C 语言允许指定该成员所占用的存储位数，这被称为位段。

（2）对结构类型的位段成员的访问，和普通结构类型成员访问一样。只需注意位段成员占据的存储位数限定了其数据取值范围。

（3）位段常用于对硬件状态的操作。

3. 联合类型

（1）联合类型的成员共用体一个存储空间。使用联合类型，可以避免当前没有被使用的变量所造成的内存空间的浪费。

（2）大多数情况下，联合类型中成员个数都至少为两个或两个以上。但每次只能访问其中一个成员。确保按照正确的数据类型访问成员，这是程序员的责任。访问联合类型成员的方法和访问结构类型成员的方式相同。

（3）整体访问联合类型变量的操作包括：两个相同类型的联合类型变量可以相互赋值；可以用取地址算符（&）读取一个联合类型变量的地址。不能直接对联合类型变量进行比较运算。

（4）联合类型变量可以用与其第一个成员相同数据类型的数值来初始化。

4. 枚举类型

（1）枚举类型是一个用标识符表示的枚举常量的集合，它是用 enum 关键字定义的派生数据类型。

（2）除非特别定义，枚举常量的整常量值从 0 开始，依次递增。

（3）使用枚举类型比较可以增强程序的可读性，而且可以限定整型变量的取值范围。

5. typedef

（1）使用 typedef 可以为已存在的数据类型定义一个新名字，有助于程序员写出可移植性更好的代码。

（2）使用 typedef 并没有创建新的数据类型。

9.10.2 难点和常见错误

结构、联合和枚举都属于用户自定义数据类型，可以用于生成不同尺寸的变量，这些变量的尺寸随机器而变。而 sizeof 算符可以计算变量或类型的尺寸，帮助消除出现对机器的依赖。下面先来看一个与结构类型有关的疑问。

1. 结构类型的存储空间长度等于或大于成员长度之和

假设有如下的结构类型定义：

```
struct student_type
{
    char name[10];
    long int num;
    long int age;
    char addr[15];
};
```

请问，struct student_type 的存储空间长度是多少？事实上，表达式

sizeof(struct student_type)

的结果很可能是 36 字节，而不是成员长度之和的 33 字节。

为什么 sizeof 返回的值大于结构的期望值?

正确解答是：为了高效的访问，许多处理器喜欢（或要求） 多字节对象（例如，结构中任何大于 char 的类型)不能处于随意的内存地址，而且必须是 2 或 4 或对象大小的倍数。这就造成结构类型中的“空洞”，这些“空洞” 充当了“填充”，为了保持结构中后面的域的对齐，结构可能有尾部填充，以便 sizeof 能够总是返回一致的大小。

2. 用 sizeof 确保可移植性

正因为结构类型的尺寸可能大于其成员之和，因此如果需要知道结构类型的尺寸时，就

需要使用 sizeof 算符。例如，为结构类型的对象动态分配内存时，应使用如下的语句段：

```
struct student_type *ps;
ps = (struct student_type *) malloc(sizeof(struct student_type);
```

sizeof 算符是编译时运算符，是在编译时已经知道计算各种变量的尺寸所必需的所有信息。这对联合类型同样特别有意义，因为联合类型的尺寸总是等于其最大成员的尺寸。

习　题　9

1. 请找出并更正以下程序片段中的错误。

a）
```
struct card{
        char   face[20];
        char   suit[20];
} c, *cPtr ;
cPtr = &c:
scanf("%s", *cPtr->suit);
```

b）
```
struct card{
        char   face[20];
        char   suit[20];
}hearts[13] = {"C Language"};
printf("%s\n", hearts.face);
```

c）
```
union values {
        char    w;
        float  x;
        double   y;
} v = {1.28} ;
```

d）
```
struct person {
        char firstname[20];
        char lastname[20];
        int age;
}
```

e）
```
struct card{
        char   face[20];
        char   suit[20];
};
card d;
```

2. 按照如下的 typedef 的定义和函数原型，检查并改正下列语句中的错误。

```
typedef enum STATE { AWFUL, BAD, OK, GOOD, FINE} state_t;
typedef struct JUNK{
     char name[16];
     short size;
```

```
    float price;
    state_t status;
}junk_t;
char lable[][10]={"Awful", "Bad", "Ok", "Good", "Fine");
void analyze(junk_t j);
```

a）JUNK heap;

b）scanf("%15s%i%g", heap);

c）heap.state_t = BAD;

d）analyze(junk_t heap);

e）printf("%s:condition = %s \n", heap.name, heap.status);

3. 请编程实现两个复数的加法和减法运算。

4. 请编程实现：定义一个结构类型表示日期，输入今天的日期，输出明天的日期。

5. 请编程实现：定义一个结构类型表示日期，输入年号和该年的第几天的天数，输出该天的日期。

6. 请编程实现：定义一个结构类型表示日期，输入一个日期，输出该天是当年的第几天。

7. 请编写一个计分程序：输入个学生的学号、姓名以及3门课程的成绩，输入10个学生的数据，计算每个学生的平均成绩，并打印平均成绩在85分以上的人数。

要求：

a）编写一条typedef语句声明一条完整的学生记录。

b）编写一个变量定义语句，定义包含10个学生记录的数组class，使用数值0初始化数组。

8. 请编写程序：输出int类型的整数的每个字节的编码（十六进制样式输出）。要求编写的程序能够在2字节或4字节整型的系统平台间移植。

9. 请编写一个程序：将两个数据域为整数的单链表合并为一个链表，并打印合并后的结果。要求程序中编写如下的函数：

a）创建单链表函数creat( )。

b）合并链表函数concatenate( )：该函数接收指向两个链表的指针作为形参，然后将第二个链表拼接到第一个链表的后面。

c）打印单链表中所有节点的数据函数print( )。

10. 请编写一个程序创建一个包含10个字符串的单链表，然后将该链表逆序，即原来的尾节点变成第一个节点，原来的第一个节点变成尾节点。

11. 请编写一个递归函数：递归地在链表中查找某个指定的值，如果找到，函数返回指向这个数据值节点的指针，否则返回NULL。然后编写主函数和相应的创建链表的函数，使得程序完整。

第10章 流 与 文 件

将数据保存在变量或者数组中，实质上是存储在内存中，这是暂时的，一旦程序运行结束，这些数据就会丢失。文件是存储在以硬盘为主的辅助存储器上的，它是用来永久保存数据的。高级语言将数据独立于程序代码之外，存储在数据文件中。程序中通过相应的文件系统实现对文件的输入输出操作。

本章介绍 C 文件系统，以及如何在 C 程序中创建、更新和处理数据文件。如同之前介绍过的控制台 I/O，文件 I/O 是通过调用 C 标准库中的函数实现的，这种方式使得 C 文件系统特别灵活。例如，数据既可以用二进制格式传送，也可以用文本格式传送，便于生成适应各种需要的文件。

本章介绍的主要内容包括：

- 文件的基本概念，C 语言提供的数据文件的类型。
- 流与缓冲的基本概念。
- 用户自定义流，打开、关闭文件的基本方法。
- 输入输出文本流和二进制流，流的定位。
- 对文件的深入讨论。

10.1 文件的基本概念

一般来说，每台计算机都有一个操作系统负责管理计算机的各种资源。操作系统的文件系统负责将外部设备（如硬盘、打印机、光驱等）的信息组织方式进行统一规划，提供统一的程序访问数据的方法。

10.1.1 什么是文件

通常所说的文件是指磁盘文件，它是存储外部介质上的一个信息序列的集合，操作系统给每个信息序列一个单独的名称，这个名称就叫做文件名(或文件标识符)。文件是操作系统数据管理的单位，它是存储在类似磁盘或磁带这样的设备上的信息的物理集合，每个文件除了有各自的文件名之外，还拥有自己的文件属性。

由于文件存储在外存中，外存的信息相对于内存来说是海量的，而且出于安全、规范的角度，不能够允许程序随意使用外存的信息，因此，当程序要使用文件时必须向操作系统申请使用，操作系统按规则授权给程序后程序才可以使用后，使用完毕后，程序应该通知操作系统。

文件的分类有多种方法，按文件的逻辑结构分类，文件包括：

（1）记录文件：记录文件是由具有一定结构的记录组成。

（2）流式文件：流式文件是由一个个字符（字节）数据顺序组成。

按文件的存储介质分类，文件包括：

（1）磁盘文件：磁盘文件是指存储在介质（磁盘、磁带等）上的文件。

（2）设备文件：设备文件是指非存储介质设备（键盘、显示器、打印机等）。

按文件的组织形式分类，文件包括：

（1）文本文件：文本文件是把数据当做一个个字符以相应的码值存入到文件中，在采用 ASCII 码的计算机系统中存放的就是字符 ASCII 码，也就是 ASCII 文件。读写文本文件时，需要进行编码转换，因此效率较低；但是文本文件可以直接用相应编译软件直接编辑，使用方便。

（2）二进制文件：二进制文件是按照数据的二进制代码形式直接存入到文件中的，由于数据按其在内存中的存储形式原样存放，因此读写二进制文件时无需编码转换，使用二进制文件效率较高。

10.1.2 数据文件与程序文件

广义地说，高级语言编写的程序包含两种不同形式的文件：其一是程序文件，包括源程序文件、目标文件、可执行程序文件等。其二是数据文件，即程序的输入或者输出数据的存储文件。本章中涉及的文件指的是数据文件。

与汇编语言不同，高级语言将数据和程序代码分来存储，从物理结构上实现数据程序的分离，这种方法存在以下优点：

（1）程序与数据实现存储结构上的分离，对数据文件的改动不会引起程序的改动，独立性较好。

（2）可以实现数据共享，不同程序可以访问同一数据文件中的数据。

（3）能长期保存程序运行的中间数据或结果数据。

10.1.3 C 语言中的数据文件

在 C 语言中，文件是程序的输入或者输出的单元，这些输入或者输出既可能来自于磁盘文件，也可能来自于终端、打印机等各种外部设备。从 C 程序角度来看，无论是磁盘文件，还是其他外部设备都是文件。文件实际上是一个存储在外存中的由一连串字符（字节）构成的任意信息序列，即字符流。C 程序需要按照特定的规则去访问这个序列。

也就是说，C 语言中的文件是逻辑的概念，除了大家熟悉的磁盘文件外，所有能进行输入输出的设备都被看作是文件，如打印机、磁盘机和用户终端等。当然，这些文件的能力可能不同，例如磁盘文件支持随机读写，而键盘只能读、不能写，打印机仅支持写。

C 程序通过操作把流与设备联系起来。文件被打开后，可以在程序和文件间交换数据。虽然，文件（或者说各种外设）的能力不完全一样，但是所有流都是完全一样的。对于初学者来说，C 语言中流和文件分离可能显得有些怪异，但是这种分离的目的是为了提供一致的界面。C 语言可以只考虑流，用单一的文件系统完成 I/O 操作。C 的 I/O 系统自动把原始的输入或输出转换为容易管理的流。

10.2 流与缓冲

在开始讨论 ANSI C 文件系统之前，理解“流（stream）”和“文件（file）”之间的区别

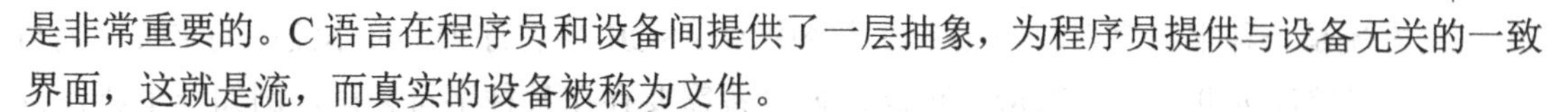

是非常重要的。C语言在程序员和设备间提供了一层抽象，为程序员提供与设备无关的一致界面，这就是流，而真实的设备被称为文件。

C语言的文件I/O就是流域文件之间的交互作用。为了理解C语言文件I/O，就必须先领会流和缓冲区的概念。

10.2.1　流：输入流和输出流

程序的输入和输出就是进出文件、终端、打印机、网络插座或者其他设备的一个数据字节序列。当C程序读或写一个文件时，就会有一个流与这个文件联系在一起。C语言中的流是指连接程序和文件、设备，并且将数据导入或者导出程序的管道。

可以把流想象成一根水管，要使用水管，就必须先找到水源（信息提供者），以及目的地（信息消费者）。然后将水管的一头连接到水源处，另一端连接到目的地。需要用水时，就打开阀门，这时，水就从源头出流动到目的地。

当流的源头是程序，数据流动的目的地是显示器、磁盘文件或者打印机等，这时流被称为输出流。如图10-1所示，当调用输出函数写数据时，就像打开阀门让水流出来，数据（计算结果）从程序写入到各种外设。

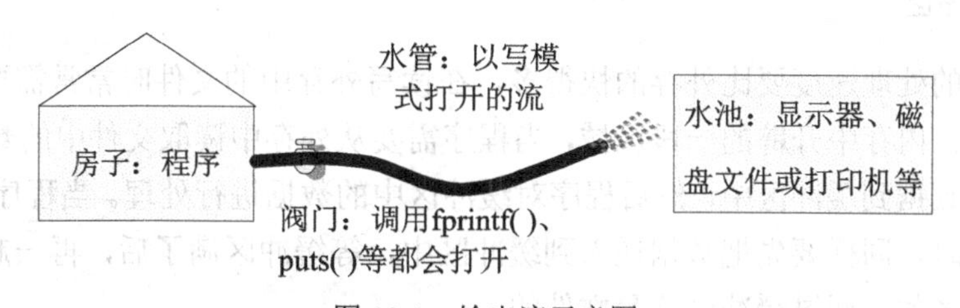

图10-1　输出流示意图

如果流的源头是磁盘文件、键盘等，数据流动的目的地是程序时，这时流被称为输入流。如图10-2所示，当调用输入函数读取数据时，就像打开阀门让水流出来，原始数据从各种外设被读入到程序中，等待进一步处理。

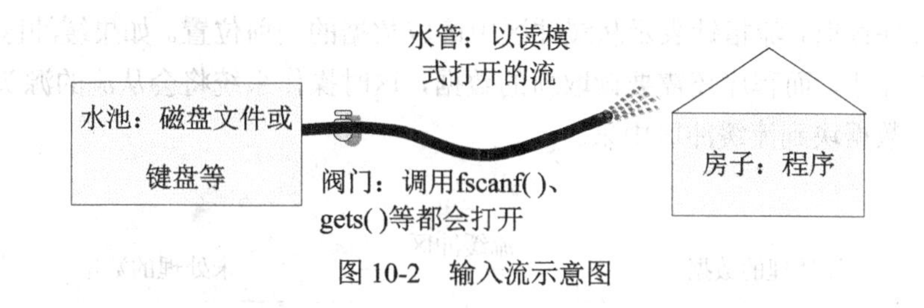

图10-2　输入流示意图

所有流的性质完全类似，因为流基本上与设备无关，所以用于写入磁盘文件的函数也能写入另一类型的设备。

10.2.2　流的格式：文本流和二进制流

C语言中共有两类流：文本流和二进制流。

文本流是一种字符序列，例如多数系统中为 ASCII 字符序列。文本流中的字符序列与外设中的字符序列并不一一对应，可能依据设备需要存在某种字符翻译，例如一个新行符（newline）可能变换为一个回车/换行符号对。因此，写出（或读入）的字符总数可能与外设中的字符总数不同。

二进制流是一种字节序列，它与外设中的字节序列意义对应，不进行任何字符变换。写出（或读入）的字节数和外设中被操作的字节数相等。然而，二进制流的末尾可能被填充 null 符号，数量由环境和实现而定，填充 null 的原因可能是为了恰好充满一个磁盘扇区，由此方便存取、提高速度。

例如，将整数 10000 用文本流的方式写出到磁盘文件中，那么 10000 将被转换为'1'和 4 个'0'的字符序列，其二进制编码是：

00110001 00110000 00110000 00110000 00110000

而如果见整数 10000 以二进制流样式写入到磁盘文件，那么将写出的是 10000 这个整数在 C 程序中的原本的编码样式：

00100111 00010000

10.2.3 缓冲区

由于内存的处理速度要比外存的快得多，在读写外存中的文件时常常需要用到缓冲区。所谓缓冲区是在内存中开辟的一段区域，当程序需要从外存中读取文件中的数据时，系统先读入足够多的数据到缓冲区中，然后程序对缓冲区中的数据进行处理。当程序需要写数据到外存中文件中时，同样要先把数据送入到缓冲区中，等缓冲区满了后，再一起存入外存中。所以程序绝大多数是通过缓冲区读写文件的。

与水管不同的是，水管中的水是持续流动的，而 C 语言的流则总是通过缓存的。这导致数据总是以块的形式流动。一个缓冲区作为流的一部分，它是一段内存空间，位于数据提供者和数据消费者之间。

图 10-3 所示是一个输入流，流中的数据通过缓冲进入到数据块，缓冲区中的一部分数据已经被程序读取，这部分数据就像流出水管的水，已经不在缓冲区中。缓冲区中还有一部分数据等待程序读取，流指针表示从缓冲区中读取数据的当前位置。如果缓冲区中的数据全部被程序处理完毕，而程序还需要读取新的数据，这时操作系统将会从流的源头（文件）中交换一批新的数据块到流缓冲区中来。

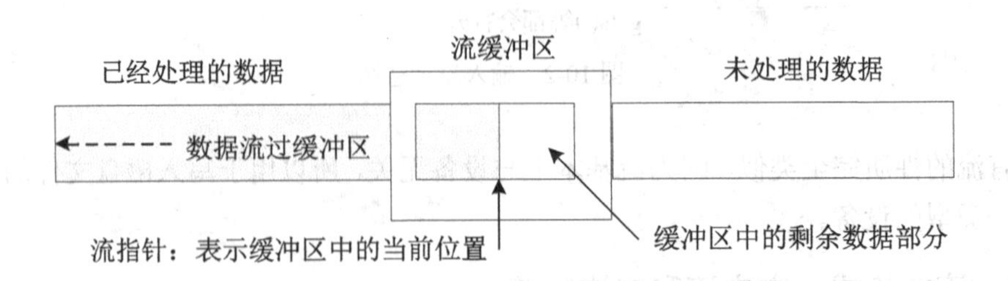

图 10-3 流缓冲区是一个数据窗口

根据缓冲区是否由计算机系统自动提供，可以分为缓冲文件系统和非缓冲文件系统。缓冲文件系统由系统提供缓冲区，非缓冲文件系统由程序员在程序指定缓冲区。

C 语言最初是为 UNIX 操作系统实现的，因此，早期的 C 版本（以及目前的很多版本）支持与 UNIX 兼容的一组 I/O 函数，这组 I/O 函数采用非缓冲模式，被称为类 UNIX I/O 系统，或者非缓冲 I/O 系统。但是，在标准化 C 语言之时，并没有把类 UNIX I/O 函数包含到标准中来，这主要是因为它们是多余的，而且类 UNIX I/O 函数可能与支持 C 的某些环境无关。简而言之，ANSI C 只支持缓冲文件系统，而 UNIX 使用缓冲文件系统处理文本文件，使用非缓冲文件系统处理二进制文件。

10.2.4　标准流

在 C 语言中预先定义了三个标准流：stdin、stdout 和 stderr。这些流在 stdio.h 中定义，默认连接到键盘和显示器，如图 10-4 所示。

（1）stdin 流是一个标准输入流。任何时候只要调用 scanf( )、getchar( )或者 gets( )都会使用 stdin。默认情况下对应键盘，当然多数系统允许重定向到从文件输入数据。

（2）stdout 流是一个标准输出流。printf( )、putchar( )或者 puts( )等函数需要使用标准输出流 stdout。默认情况下对应显示器，当然多数系统同样允许将其重定向到文件。

（3）stderr 流是标准错误流。操作系统用它来显示错误消息。标准错误流对应显示器，尽管它也可以重定向，但是却很少使用。

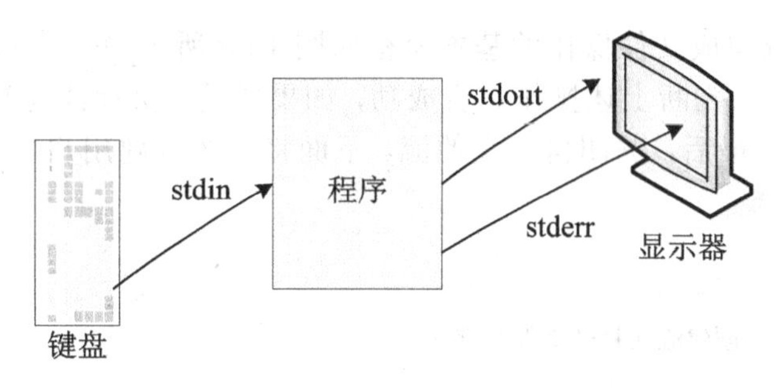

图 10-4　3 个标准流

stdin 流和 stdout 流允许用户交互式运行程序。多数操作系统允许用户在不修改程序的前提下，交互式或者非交互式运行程序，这是通过一种称为文件重定向机制来实现的。例如，如果在 Windows 命令方式下运行程序 myroot.exe，可以使用命令：

myroot

这时，操作系统会按照交互式运行程序 myroot.exe，标准输入流从键盘输入数据，而标准输出流则把结果输出到显示器上。而如果使用重定向模式，则命令用

myroot <my.in >my.out

表示，操作系统将按照非交互式方式运行程序，标准输入流被重定向到文件 my.in，标准输出流被重定向到文件 my.out，如图 10-5 所示。用户在系统提示之前看不到任何信息，除了标准错误流显示在显示器上的信息之外。

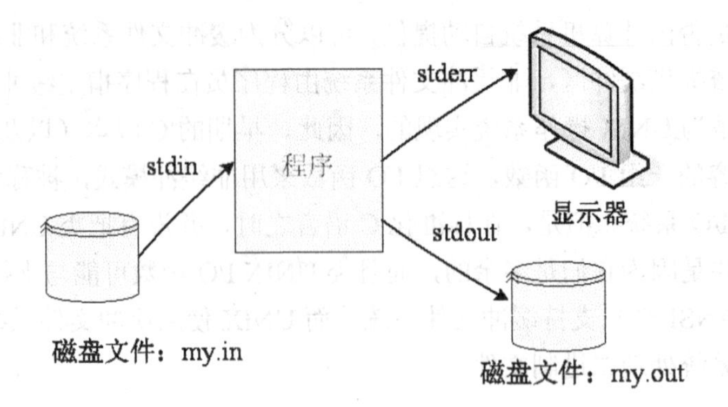

图 10-5　重定向之后的标准流

10.3　用户自定义流

stdin、stdout和stderr流都是缺省定义的。需要从文件读取或者写出数据到文件中去时，程序员可以使用重定向标准流到文件，或者重新创建一个用户自定义流。创建流时，必须给定名称，同时需要指定是使用文本模式还是二进制模式打开流。使用完之后，流必须关闭。

10.3.1　C语言文件操作基本流程

C语言中通过流完成文件操作的基本流程如图10-6所示。第一步是创建用户自定义流，打开文件。第二，判断上述操作是否成功，如果成功，执行读写文件的操作；否则，提示文件操作错误。最后，关闭自定义的流。下面将介绍创建用户自定义流和关闭流的方法。

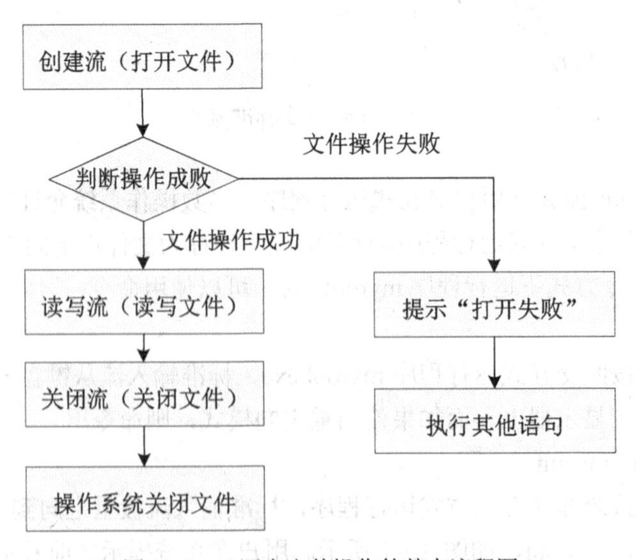

图 10-6　C语言文件操作的基本流程图

10.3.2　定义和打开流

1. 定义流变量

流变量就是文件类型指针变量。流变量定义的一般形式是：

*FILE *filePtr;*

其中，filePtr 是被定义的文件类型指针变量，即用户自定义流变量。FILE 是在 stdio.h 中定义的文件结构体，FILE 的定义形式是：

```
typedef    struct
{
        int      _fd;                /*文件号*/
        int      _cleft;             /*缓冲区中剩下的字符数*/
        int      _mode;              /*文件操作方式*/
        char     *_next;             /*文件当前读写位置*/
        char     *_buff;             /*文件缓冲区位置*/
}FILE;
```

2. 打开流

定义流变量之后，就必须打开流，即创建流的源头、目的地以及流的格式。打开流的方式是：

filePtr = fopen(filename , mode);

其中，filePtr 是被打开的流，它被指定连接到文件 filename。mode 是创建流的模式，即文件使用方式。mode 的具体方法如表 10-1 所示。串"rb"中的字符 b 表示二进制文件。串"rb+"也可以写成"r+b"。

表 10-1　**文件使用方式列表**

文件使用方式	含　义
"r/rb"	只读模式，为输入打开一个已存在的文本/二进制文件
"w/wb"	只写模式，为输出打开或建立一个文本/二进制文件，如果文件已经存在，则删除文件原有内容
"a/ab"	追加模式，打开或创建一个文件，向文本/二进制文件末尾追加数据
"r+/rb+"	读写模式，为读写打开一个已存在的文本/二进制文件
"w+/wb+"	读写模式，为读写打开或建立一个文本/二进制文件，如果文件已经存在，则删除文件原有内容
"a+/ab+"	读写模式，打开或创建一个文件，向文本/二进制“读写”文件末尾追加数据

创建流（打开文件）成功时，fopen( )返回文件指针；创建失败，fopen( )返回 NULL。当然，三个标准流是缺省定义的，无需创建。

例如，为读取文件“c:\bkc\test.dat”而定义和打开流的代码是：

```
FILE    *fp;
fp= fopen ("c:\\bkc\\test.dat", "r");
if( fp==NULL )                    /*测试打开是否成功*/
```

```
{        printf("File open error!\n");
         exit(1);
}
```

10.3.3 关闭流

函数 fclose( )关闭用 fopen( )打开的流。fclose( )把遗留在缓冲区中的数据写入文件，实施操作系统的关闭操作。fclose( )同时释放与流联系的文件控制块。多数情况下，系统都限制同时处于打开状态的文件总数，因此，使用完毕后，关闭无用文件是合理的。

关闭流的一般形式是：

fclose(filePtr);

其中，filePtr 是之前被打开的流变量。函数返回 0，表示正常关闭流；返回非 0，表示关闭流错误。

10.3.4 文件管理错误

打开流、读写文件之前，应当检测 fopen( )函数的返回值，如果返回 NULL 表示出现错误导致文件无法打开。通常，打开流需要完成下列几项工作，如果其中任何一项出现错误，则打开操作失败。

（1）为流分配一个大小合适的缓存。如果计算机中内存不能提供该缓存的空间，则打开流失败；如果分配成功，则缓存的地址作为 FILE *类型的流变量的一个成员存储。

（2）输入模式下，操作系统必须定位文件。如果文件被保护，或者指定目录中不存在该文件，或者没有读取的权限，则打开失败。一旦定位文件，那么文件开始的位置将保存在 FILE*的对象中。

（3）输出模式下，操作系统必须检查是否存在该名称的文件。如果存在则删除旧文件。然后由新文件使用磁盘空间。如果磁盘空间已满，或者文件被保护，或者用户没有在该目录中写的权限，则打开流失败。

关闭文件导致系统刷新缓存并且进行一些整理工作。这个过程很少出现错误，最主要的错误原因是磁盘空间已满。由于这种错误很少出现，因此程序通常不需要检查这种错误。

10.4 I/O 文本流

C 文件系统中包含很多标准库函数实现对文件的读/写操作，例如 fgetc( )、fputc( )、fscanf( )、fprintf( )等库函数用于读写文本流。本节介绍输入/输出文本流的函数。

10.4.1 输出文本流

一旦某个文本流在写模式或者追加模式正确打开，数据就可以从程序被传送到流的目的地（磁盘文件或者某些设备）。需要向 stdout 流写数据时，可以使用 printf( )、puts( )或 putchar( )，这些函数隐含使用标准输出流 stdout。此外还有 fputc( )、fputs( )或者 fprintf( )函数，输出数据到用户自定义流。

1. fputc( )：输出一个字符

C 文件系统定义了两个输出字符的函数：putc( )和 fputc( )。事实上，putc( )是用宏定义

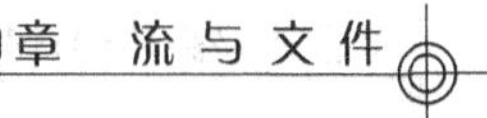

实现的，它是在 stdio.h 头文件中定义的，定义形式如下：

```
#define    putc(ch,fp)    fputc(ch,fp)
```

读者可自由使用 putc( )或者 fputc( )。本书适用 fputc( )函数。

fputc( )函数向已经用“写模式”打开的文本流写一个字符，其原型是：

*int fputc(int c, FILE *fp);*

其中，fp 是已经使用 fopen( )打开的流变量，它通知函数 fputc( )哪个文件需要写入字符。ch 是被写入到文件中的字符，它通知函数 fputc( )写入的是什么字符。

fputc( )函数成功时返回被写入的字符，失败时返回 EOF。

例如，下述代码段用写模式打开或创建文本文件 my.out，并且写入字符'Z'到文件中：

```
typedef   FILE   *stream;
stream    my_out;
my_out = fopen("my.out", "w");
if( my_out==NULL )
{   printf("File can not open!\n");
    exit(0);
}
fputc( 'Z', my_out);
```

2. fputs( )：输出一个字符串

与 fputc( )不同的是，函数 fputs( )向指定的文本流写入一个字符串，其原型是：

*int fputs(const char *s, FILE *fp) ;*

其中，fp 是已经使用 fopen( )打开的流变量，它通知函数 fputs( )哪个文件需要写入字符串。S 是需要写入的字符串。函数成功时返回写入的最后一个字符；否则，返回 EOF。

例如，下述代码段用写模式打开或创建文本文件 my.out，如果打开失败则向 stderr 输出"File can not open ! "。文件打开成功，则向文件 my.out 写入字符串"The C language"。

```
typedef   FILE   *stream;
stream    my_out;
my_out = fopen("my.out", "w");
if( my_out==NULL )
{         fputs("File can not open!\n", stderr);
          exit(0);
}
fputs("The C language", stream);
```

3. fprintf( )：格式化输出

除了操作对象不同之外，函数 fprintf( )和 printf( )完全一样，其原型是：

*int fprintf(FILE *fp ,const char *format, output-list) ;*

其中，fp 是已经使用 fopen( )打开的流变量，它通知函数 fprintf( )哪个文件需要写入数据。output-list 是输出项列表。format 是与 output_list 对应的格式串。fprintf( )成功时返回实际输出的字符个数；否则返回为 EOF。

例如，以下语句：

```
typedef   FILE   *stream;
```

```
stream      my_out;
char fname = "Wuhan University";
int t = 11;
my_out = fopen("my.out", "w");
if( my_out==NULL )
{       fputs("File can not open!\n", stderr);
        exit(0);
}
fprintf(my_out, "name:%s    time=%d\n", fname, t);
```

向 my_out 对应的文件当前位置写入字符串

```
name:Wuhan University    time=11
```

10.4.2 输入文本流

一旦某个文本流在读模式正确打开，数据就可以从文件被传送到流的目的地：程序。需要从 stdin 流读取数据时，可以使用 scanf( )、gets( )或 getchar( )，这些函数隐含使用标准输入流 stdin。此外还有 fgetc( )、fgets( )或者 fscanf( )函数，从用户自定义流读取数据。

1. feof( )：判断文件是否到末尾

从文件中读取数据时，常常需要判断是否达到文件末尾，以避免输入函数出错。我们先来介绍判断文件是否到达末尾的函数 feof( )，其原型为：

*int feof (FILE *fp);*

其中，fp 是已经使用 fopen( )打开的流变量。此函数测试 fp 对应的文件是否已经到达文件末尾，如果是，该函数返回真值（非 0 值）；否则返回 0。

feof( )函数既可以适用于文本流，也可以适用于二进制流。

2. fgetc( )：输入一个字符

C 文件系统同样定义了两个输入字符的函数：getc( )和 fgetc( )。getc( )用宏定义实现，定义形式如下：

```
#define    getc(fp)       fgetc(fp)
```

fgetc( )函数从已经用“读模式”打开的文本流读取一个字符，其原型是：

*int fgetc(FILE *fp);*

其中，fp 是已经使用 fopen( )打开的流变量，它通知函数 fgetc( )从哪个文件读取字符。成功时，函数返回整数，但读入的字符包含在低字节中。除非发生错误，否则，返回整数的高字节为零。失败时，函数返回 EOF。

例如，以下代码段以读模式打开文本文件 my.in，然后读取一个字符：

```
typedef   FILE    *stream;
stream     my_in;
char ch;
my_in = fopen("my.in",  “r");
if( my_in ==NULL )
{       printf("File open error!\n");
        exit(0);
```

```
}
ch = fgetc( my_in );
```

3. fgets( )：输入一个字符串

fgets( )函数从已经用“读模式”打开的文本流读取一个字符串，其原型是：

*char * fgets(char　*s, int n ,　FILE　*fp);*

其中，fp 是已经使用 fopen( )打开的流变量，它通知函数 fgets( )从哪个文件读取字符串。s 是保存读入的字符串的内存空间的起始地址。n 是存储字符串的内存空间长度。也就是说，函数 fgets( )只能读入长度小于等于 n-1 的字符串。

fgets( )从指定的流读取一个串，读到新行字符或已读到 n-1 个字符时结束。读到新行符（newline）时，把新行符也作为读入串的一部分（这一点与 gets( )不同）。返回的字符串以 NULL 结尾。成功时，函数返回指针 s 的值，即字符串起始地址。失败时，函数返回空指针 NULL。

例如，以下代码段以读模式打开文本文件 my.in，然后读取一个长度不超过 79 个字符的字符串，遇到新行符或者文件末尾停止读入操作：

```
typedef    FILE    *stream;
stream     my_in;
char s[80];
my_in = fopen("my.in", "r");
if( my_in ==NULL )
{       printf("File open error!\n");
        exit(0);
}
fgets(s , 79 , my_in);
```

4. fscanf( )：格式化输入

除了操作对象不同之外，函数 fscanf( )和 scanf( )完全一样，其原型是：

*int　fscanf (FILE　*fp, char *format, input-list);*

其中，fp 是已经使用 fopen( )打开的流变量，它通知函数 fscanf( )从哪个文件读入数据。input-list 是输出地址列表。format 是与 input_list 对应的格式串。fscanf( )成功时返回输入的项目个数；否则，返回为 EOF。

例如，以下代码段以读模式打开文本文件 my.in，然后读取一个浮点数：

```
typedef    FILE    *stream;
stream     my_in;
float x;
my_in = fopen("my.in", "r");
if( my_in ==NULL )
{       printf("File open error!\n");
        exit(0);
}
fscanf(my_in, "%g", &x);
```

而语句

```
fscanf(stdin , "%f ", &x);
```

表示从标准输入流 stdin 读入一个浮点数并且保存到变量 x 中，它等价于语句

```
scanf("%f", &x);
```

10.4.3 文本文件应用范例

【例题 10-1】 编写程序实现：文件复制操作。

首先按照 Windows 命令行方式下文件复制的基本格式，设置例题 10-1 的运行样式为命令行方式。例题 10-1 的源代码如下：

```
1.  /*文件复制程序。源程序：LT10-1.C*/
2.  #include <stdio.h>
3.  #include <stdlib.h>
4.
5.  int main(int argc, char *argv[ ])
6.  {
7.      FILE *in , *out;
8.      char ch;
9.
10.     printf("\n文件复制程序！ \n\n");
11.
12.     /*命令行格式测试*/
13.     if( argc != 3)
14.     {
15.         printf("命令行格式错误！ \n");
16.         exit(1);
17.     }
18.
19.     /*打开源文件*/
20.     if( (in = fopen(argv[1], "r" ))== NULL)
21.     {
22.         printf("打开源文件错误！ \n");
23.         exit(1);
24.     }
25.
26.     /*打开目标文件*/
27.     if( (out = fopen(argv[2], "w" ))== NULL)
28.     {
29.         printf("打开目标文件错误！ \n");
30.         exit(1);
31.     }
```

```
32.
33.     /*文件复制*/
34.     printf("文件复制中...\n");
35.     while( !feof(in) )
36.     {
37.         ch = fgetc(in);
38.         if( !feof(in))      putc(ch,out);
39.     }
40.     printf("文件复制完成\n");
41.
42.     fclose(in);
43.     fclose(out);
44.
45.     system("PAUSE");
46.     return 0;
47. }   /*end main*/
```

运行时，需要先生成可执行文件“LT10-1.exe”，然后在 Windows 命令行方式运行：

LT10-1 LT10-1.C d:\filecopy.C

表示执行程序 LT10-1.exe，将当前目录下文件“LT10-1.C”复制到 d 盘根目录下，改名为 filecopy.C。

上述程序中输入文件打开模式为文本文件样式，但是仍然可以复制任何类型的文件。这是因为不管是何种类型文件，上述程序都会当作文本文件打开，然后逐个字符读出，写入到目标文件中，所以目标文件和源文件的编码会是完全一样的。

【例题 10-2】 编写程序实现：从键盘读字符并存入到文件中，以$结束。

此程序同样采用命令行方式，命令行格式如下所示：

LT10-2 filename

表示运行程序 LT10-2.exe，从键盘读取字符存入到文件 filename 中，直到遇到$字符为止。

```
1.  /*从键盘读字符并写入文件中。源程序：LT10-2.C*/
2.  #include <stdio.h>
3.  #include <stdlib.h>
4.
5.  int main(int argc, char *argv[ ])
6.  {
7.      FILE *out;
8.      char ch;
9.
10.     printf("\n从键盘读字符并写入到文件中！\n\n");
11.
```

```
12.        /*命令行格式测试*/
13.        if( argc != 2)
14.        {
15.            printf("命令行格式错误！\n");
16.            exit(1);
17.        }
18.
19.        /*打开目标文件*/
20.        if( (out = fopen(argv[1], "w" ))== NULL)
21.        {
22.            printf("打开目标文件错误！\n");
23.            exit(1);
24.        }
25.
26.        /*从键盘读入文件内容*/
27.        do
28.        {
29.            ch = getchar();
30.            fputc(ch, out);
31.        }while( ch!='$' );
32.
33.        fclose(out);     /*关闭文件*/
34.
35.        system("PAUSE");
36.        return 0;
37.    }  /*end main*/
```

例题 10-2 是一个最简单的文件编辑软件，读者可在此基础上增加文本内容修改、另存为、浏览文件内容等功能。

【例题 10-3】 编程实现模拟 UNIX 中的 cat 命令的功能，该命令使用格式如下：

cat 【filename1 【filename2】【……】】

其功能为显示指定的文件内容，如果 cat 命令后面没有指定任何文件名，则从键盘读入信息显示在标准终端上，如果指定多个文件名，则依次显示各文件内容。

```
1.    /*模拟UNIX中cat命令。源程序：LT10-3.C*/
2.    #include <stdio.h>
3.    #include <stdlib.h>
4.
5.    int main(int argc, char *argv[ ])
6.    {
```

```
7.          FILE *fp;
8.          void filecopy(FILE *,FILE *);
9.
10.         if(argc==1)
11.             filecopy(stdin,stdout);
12.         else
13.             while(--argc>0)
14.                 if((fp=fopen(*++argv,"r"))==NULL)
15.                 {
16.                     printf("cat:can't open %s\n",*argv);
17.                     exit(1) ;
18.                 }
19.                 else
20.                 {
21.                     filecopy(fp,stdout);
22.                     fclose(fp);
23.                 }
24.
25.         system("PAUSE");
26.         return 0;
27.     }   /*end main*/
28.
29.     /*函数filecopy:复制文件ifp到文件ofp*/
30.     void filecopy(FILE *ifp,FILE *ofp)
31.     {
32.         int c;
33.         while((c=getc(ifp))!=EOF)
34.             putc(c,ofp);
35.     }   /*end filecopy*/
```

10.5 I/O二进制流

C文件系统中包含一组可读写二进制流的函数：fwrite( )和 fread( )。

10.5.1 输出二进制流

fwrite( )函数向已经用写模式或追加模式打开的二进制流中写入数据块，其函数原型是：

*size_t fwrite(void *buffer,size_t size, size_t count,FILE *fp);*

其中，fp 是已经使用 fopen( )打开的二进制流变量，它通知函数 fwrite( )哪个文件需要写入数据块。buffer 是需要写入到文件中的数据块的指针，即保存数据块的起始地址。count 是需要输出的数据块的个数，而size是每个数据块的大小（字节数）。size_t是系统定义的类型别名，其定义形式如下：

```
typedef    unsigned    size_t;
```

fwrite( )函数成功执行时，返回输出的数据块个数；否则，返回EOF。

例如，将长整型数组a[20]的前10个元素写入文件f.dat中，代码段是

```
typedef   FILE   *stream;
stream    my_out;
long int a[20];
my_out = fopen("f.dat", "wb");
if( my_out == NULL )
{       printf("File can not open!\n");
        exit(0);
 }
if (fwrite(a, sizeof(long int), 10, my_out) != 10)
        printf("写文件出现错误!\n");
```

10.5.2 输入二进制流

fread( )函数从已经用读模式打开的二进制流中读取数据块，其函数原型是：

*size_t fread(void *buffer,size_t size, size_t count,FILE *fp);*

其中，fp是已经使用fopen( )打开的二进制流变量，它通知函数fwrite( )从哪个文件中读取数据块。buffer是保存读取的数据块的缓冲区指针，即保存数据块的起始地址。count是需要读取的数据块的个数，而size是每个数据块的大小（字节数）。

fread( )函数成功执行时，返回输入数据块个数；否则，返回EOF。

例如，从文件f.dat中读取10个长整数并且存储到数组a[20]中，代码段是

```
typedef   FILE   *stream;
stream    my_in;
long int a[20];
my_in = fopen("f.dat", "rb");
if( my_in == NULL )
{       printf("File can not open!\n");
        exit(0);
 }
if (fread(a, sizeof(long int), 10, my_in) != 10)
        printf("读文件出现错误!\n");
```

10.5.3 二进制文件应用范例

【例题10-4】 编写程序实现：从键盘读入学生信息并写入文件中。

首先定义表示学生信息的结构类型

```
struct student_type{
      char name[10];
```

```
        long int num;
        int age;
        char addr[15];
    }stud[SIZE];
```

假设学生人数相对固定，所以本程序中定义全局的结构数组 stud 来存储学生数据。

程序 LT10-4.C 中定义函数 save( )实现保存学生数据的功能。函数 display( )用于显示学生数据文件的内容。它们的原型是：

```
void save(int n);
void display( );
```

其中，n 表示学生实际人数。

例题 10-4 的源代码如下：

```
1.  /*从键盘读入学生信息并写入文件中。源程序：LT10-4.C*/
2.  #include <stdio.h>
3.  #include <stdlib.h>
4.  #define SIZE 50
5.  
6.  struct student_type{
7.      char name[10];
8.       long int num;
9.       int age;
10.      char addr[15];
11. }stud[SIZE];
12. 
13. void save(int n);
14. void display( );
15. 
16. int main(void)
17. {
18.     int i, n;
19. 
20.     printf("\n从键盘读入学生信息并写入文件中！\n\n");
21. 
22.     printf("请输入学生人数：");
23.     do{
24.         scanf("%d", &n);
25.     }while(n>SIZE);
26. 
27.     for( i=0; i<n; i++ )
```

```
28.        {
29.            printf("下面输入第%i个学生信息：\n", i+1);
30.            printf("姓名：");
31.            scanf("%s",stud[i].name);
32.            fflush(stdin);        /*清仓标准输入流*/
33.            printf("学号：");
34.            scanf("%ld", &stud[i].num);
35.            fflush(stdin);
36.            printf("年龄：");
37.            scanf("%d", &stud[i].age);
38.            fflush(stdin);
39.            printf("地址：");
40.            scanf("%s",stud[i].addr);
41.            fflush(stdin);
42.        }
43.
44.        printf("下面保存学生信息\n");
45.        save(n);
46.
47.        printf("下面显示学生信息数据文件内容\n");
48.        display();
49.
50.        system("PAUSE");
51.        return 0;
52.    }   /*end main*/
53.
54.    /*函数save：保存学生信息*/
55.    void save(int n)
56.    {
57.        FILE *fp;
58.        int    i;
59.
60.        if((fp=fopen("d:\\stu_dat","wb"))==NULL)
61.        {
62.            printf("cannot open file\n");
63.            exit(1);
64.        }
65.
66.        for(i=0;i<n;i++)
```

```
67.             if(fwrite(&stud[i],sizeof(struct student_type),1,fp)!=1)
68.                     printf("file write error\n");
69.
70.         fclose(fp);
71.     }   /*end save*/
72.
73.     /*函数display：输出学生信息数据文件内容*/
74.     void display()
75.     {
76.         FILE *fp;
77.         int i=0;
78.
79.         if((fp=fopen("d:\\stu_dat","rb"))==NULL)
80.         {
81.             printf("cannot open file\n");
82.             exit(1);
83.         }
84.
85.         while(!feof(fp))
86.         {
87.             if(fread(&stud[i],sizeof(struct student_type),1,fp) ==1)
88.             {
89.                 printf("%-10s %4ld %4d %-15s\n",stud[i].name,
90.                                     stud[i].num,stud[i].age,stud[i].addr);
91.                 i++;
92.             }
93.         }
94.
95.         fclose(fp);
96.     }   /*end display*/
```

【例题 10-5】 编写程序实现：一个简单的通信录程序。

例题 10-5 开发了一个简单的通信录程序，由此示范单链表的操作，以及使用 fwrite( ) 和 fread( )读写大量数据。例题 10-5 是例题 6-5 的一个完整的范例，这里介绍通信录程序的实现。

这里的通信录程序实现了插入新纪录、浏览通信录、按姓名查询、按姓名删除、保存等功能。

通信录是采用头插法创建的单链表，链表节点定义为结构类型 ADDRESS。

函数 load( )和 save( )分别装入和保存通信录数据到数据文件“maillist”。在这两个函数中检查了 fread( )和 fwrite( )的返回值，由此判断是否出现错误。

```
1.  /*---------------------------------------------------------
2.     1个简单的通信录管理系统，单链表和文件范例。
3.     源程序：程序LT10_5.C
4.  ---------------------------------------------------------*/
5.  #include <stdio.h>
6.  #include <stdlib.h>
7.  #include <ctype.h>
8.  #include <string.h>
9.  
10. #define FILENAME "maillist"
11. 
12. typedef struct   person{
13.       char name[20];              /*姓名*/
14.       char address[40];           /*地址*/
15.       long zip;                   /*邮编*/
16.       char phone[15];             /*电话号码*/
17. } PERSON ;
18. typedef struct address{
19.       char name[20];
20.       char address[40];
21.       long zip;
22.       char phone[15];
23.       struct address *next;
24. } ADDRESS;
25. typedef ADDRESS *AD_LIST;
26. 
27. AD_LIST   load(void);
28. int menu_select(void);
29. AD_LIST insert(AD_LIST head);
30. void show(AD_LIST head);
31. void find(AD_LIST head);
32. AD_LIST deletenode(AD_LIST head);
33. void save(AD_LIST head);
34. 
35. int main(void)
36. {
37.       AD_LIST   head;                /*通信录链表头指针*/
38.       char choice;
39. 
40.       head = load( );
```

```
41.         for( ; ; ){
42.             choice = menu_select( );
43.             switch (choice){
44.                 case 1:   head = insert(head);
45.                           break;
46.                 case 2:   show(head);
47.                           break;
48.                 case 3:   find(head);
49.                           break;
50.                 case 4:   deletenode(head);
51.                           break;
52.                 case 5:   save(head);
53.                           break;
54.                 case 6:   return 0;
55.             }
56.         }
57.
58.         return 0;
59.     }   /*end main*/
60.
61.     /*menu_select:Get a menu selection*/
62.     int menu_select(void)
63.     {
64.         char s[80];
65.         int c;
66.
67.         printf("\t\t     通信录管理系统\n");
68.         printf("\t\t==================================\n");
69.         printf("\t\t    1.  插入一条记录\n");
70.         printf("\t\t    2.  显示所有记录\n");
71.         printf("\t\t    3.  按姓名查找\n");
72.         printf("\t\t    4.  按姓名删除\n");
73.         printf("\t\t    5.  存盘\n");
74.         printf("\t\t    6.  退出\n");
75.
76.         do{
77.             printf("\n\n\t请选择（~6）： ");
78.             gets(s);
79.             printf("\n");
80.             c = atoi(s);
```

```
81.         }while(c < 0 || c > 6);
82.
83.         return c;
84.     }   /*end menu_selection*/
85.
86.     /*load:Load the maillist file*/
87.     AD_LIST load(void)
88.     {
89.         AD_LIST p,q,head;
90.         PERSON   per;
91.         FILE *fp;
92.
93.         q = head = NULL;
94.
95.         if ((fp=fopen(FILENAME,"rb")) == NULL){
96.             printf("Can not open file %s\n", FILENAME);
97.             return head;
98.         }
99.         else
100.        {
101.            while (!feof(fp))
102.                if(fread(&per,sizeof(PERSON),1,fp) == 1) {
103.                    p = (AD_LIST)malloc(sizeof(ADDRESS));
104.
105.                    strcpy(p->name,per.name);
106.                    strcpy(p->address,per.address);
107.                    p->zip = per.zip;
108.                    strcpy(p->phone,per.phone);
109.
110.                    head = p;
111.                    p->next = q;
112.                    q = head;
113.                }
114.
115.            fclose(fp);
116.            return(head);
117.        }
118.    }       /*end load*/
119.
120.    /*insert:Input a new record into the list*/
```

```
121.  AD_LIST insert(AD_LIST head)
122.  {
123.      AD_LIST temp, p;
124.
125.      p = head;
126.
127.      temp = (AD_LIST)malloc(sizeof(ADDRESS));
128.
129.      printf("\n\t请输入姓名:");
130.      gets(temp->name);
131.      printf("\n\t请输入通信地址:");
132.      gets(temp->address);
133.      fflush(stdin);
134.      printf("\n\t请输入位邮政编码:");
135.      scanf("%ld",&temp->zip);
136.      fflush(stdin);
137.      printf("\n\t请输入电话号码:");
138.      gets(temp->phone);
139.      fflush(stdin);
140.
141.      head = temp;
142.      temp->next = p;
143.
144.      return head;
145.  }   /*end insert*/
146.
147.  /*save:Save the list*/
148.  void save(AD_LIST head)
149.  {
150.      AD_LIST p;
151.      FILE *fp;
152.      PERSON    per;
153.
154.      if ((fp = fopen(FILENAME,"wb")) == NULL){
155.          printf("Can not open file %s\n", FILENAME);
156.          return ;
157.      }
158.      else
159.      {
160.          p = head;
```

```
161.
162.            while(p != NULL){
163.                strcpy(per.name,p->name);
164.                strcpy(per.address,p->address);
165.                per.zip = p->zip;
166.                strcpy(per.phone,p->phone);
167.
168.                if(fwrite(&per,sizeof(PERSON),1,fp) != 1)
169.                    printf("File write error.\n");
170.
171.                p = p->next;
172.            }
173.
174.            fclose(fp);
175.        }
176.    }       /*end save*/
177.
178.    /*show:Show the list*/
179.    void show(AD_LIST    head)
180.    {
181.        AD_LIST p;
182.
183.        p = head;
184.
185.        printf("%-30s%-40s%-20s%-40s\n","姓名", "地址", "邮编","电话号码");
186.        while(p != NULL){
187.            printf("%-30s",p->name);
188.            printf("%-40s",p->address);
189.            printf("%-20ld",p->zip);
190.            printf("%-40s\n\n",p->phone);
191.
192.            p = p->next;
193.        }
194.    }       /*end show*/
195.
196.    /*find:Find a record in the list*/
197.    void find(AD_LIST    head)
198.    {
199.        AD_LIST p;
200.        char name[20];
```

```
201.         int flag = 0;
202. 
203.         printf("请输入要查找的人的姓名:");
204.         gets(name);
205. 
206.         p = head;
207.         while(p != NULL) {
208.             if (strcmp(name,p->name) == 0) {
209.                 printf("Name:%s\n",p->name);
210.                 printf("Address:%s\n",p->address);
211.                 printf("Zip:%ld\n",p->zip);
212.                 printf("Phone:%s\n\n",p->phone);
213.                 flag = 1;
214.             }
215.             p = p->next;
216.         }
217. 
218.         if (flag == 0)
219.             printf("\n\t\t查无此人\n\n");
220.     }     /*end find*/
221. 
222.     /*deletenode:delete a record in the list*/
223.     AD_LIST deletenode(AD_LIST head)
224.     {
225.         AD_LIST p, q;
226.         char name[20];
227.         int flag = 0;
228. 
229.         printf("请输入要删除的人的姓名:");
230.         gets(name);
231. 
232.         p = q = head;
233.         while(p != NULL) {
234.             if (strcmp(name,p->name)==0) {
235.                 if (head == p)
236.                     head = p->next;
237.                 else
238.                     q->next = p->next;
239. 
240.                 free(p);
```

```
241.
242.                 p = q->next;
243.
244.                 flag = 1;
245.             }
246.             else
247.             {
248.                 q = p;
249.                 p = p->next;
250.             }
251.         }
252.
253.         if (flag == 0)
254.             printf("\n\t\t查无此人\n\n");
255.         return head;
256. }       /*end deletenode*/
```

读者可以把上述通信录程序作为进一步扩充功能的基础。

10.6 其他文件处理库函数

C 语言文件系统还提供一系列辅助性文件处理库函数，实现读取或定位文件的位置指示、错误检测、删除文件或者对流清仓等。

10.6.1 流的定位

流的定位就是重置文件的位置指示，C 语言主要包括两个流的定位函数：rewind( )和seek( )。

1. rewind( )：重置文件位置指示到文件头

rewind( )函数的功能是重置文件的位置指示到文件开始处，其原型是：

*void rewind(FILE *fp);*

其中，fp 是有效的流变量。

2. fseek( )：重置文件位置指示到指定位置

文件的输入输出一般情况下是按顺序访问的，文件指针在文件刚打开是指向文件的开始位置，每次进行文件读写后，自动移动到下一个位置，使得文件读写严格地一个一个进行下去。但是，在程序设计过程中，有时需要以任意顺序访问一个文件，C 语言提供系统调用函数 fseek 来改变文件指针的位置，其函数原型是：

*int fseek(FILE *fp, long int offset, int origin);*

其中，fp 是有效的流变量。该函数表示将已经打开的文件 fp 的当前读写位置移动到由 offset 和 origin 所确定的位置。origin 是指定的文件位置基准，offset 是偏移的字节数。根据 offset 为正数或负数决定向后或前移。

其中 origin 的可能取值为：

- SEEK_SET：文件的开始位置。
- SEEK_CUR：文件的当前位置。
- SEEK_END：文件的结束位置。

其中，SEEK_SET、SEEK_CUR 和 SEEK_END 依次为 0，1 和 2。

如果文件指针成功设置，则函数返回值为 0，否则为非 0 值。

【例题 10-6】 编写程序实现：读取并显示例题 10-4 中创建的学生数据文件 d:\stu_dat 中的第 1、3 条学生数据。

例题 10-6 的源代码如下：

```
1.  /*读取学生数据文件中第1、3个学生信息。源程序：LT10-6.C*/
2.  #include <stdio.h>
3.  #include <stdlib.h>
4.  #define SIZE 3
5.
6.  struct student_type{
7.          char name[10];
8.          long int num;
9.          int age;
10.         char addr[15];
11. }stud[SIZE];
12.
13. int main(void)
14. {
15.       int i;
16.       FILE *fp;
17.
18.       printf("\n读取学生文件中第1、3个学生信息！ \n\n");
19.
20.       if((fp=fopen("d:\\stu_dat","rb"))==NULL)
21.       {
22.             printf("can't open file\n");
23.             exit(1);
24.       }
25.
26.       printf("姓名     学号      年龄       地址\n");
27.       for(i=0;i<3;i+=2)
28.       {
29.             fseek(fp,i*sizeof(struct student_type),0);
30.             fread(&stud[i],sizeof(struct student_type),1,fp);
```

```
31.             printf("%s\t%ld\t%d\t%s\n", stud[i].name, stud[i].num,
32.                                    stud[i].age, stud[i].addr);
33.         }
34.         printf("\n");
35.
36.         fclose(fp);
37.
38.         system("PAUSE");
39.         return 0;
40.     }   /*end main*/
```

10.6.2 读取流变量的位置号

ftell( )函数用于读取流变量的当前位置号，其函数原型是：

*long ftell(FILE *fp);*

其中，fp 是有效的流变量。成功时，函数返回 fp 的当前位置值，它是相对于文件开头的位移量。失败时，返回 EOF。

【例题 10-7】 编写程序实现：计算文件长度。

打开文件后，将文件指针定位后文件尾部，此时读出的文件指针位置数据就是文件长度。例题 10-7 的源代码如下：

```
1.      /*计算文件长度。源程序：LT10-7.C*/
2.      #include <stdio.h>
3.      #include <stdlib.h>
4.
5.      int main(void)
6.      {
7.          int i;
8.          FILE *fp;
9.          char filename[80];
10.         long length;
11.
12.         printf("\n计算文件的长度！ \n\n");
13.
14.         printf("请输入文件名：");
15.         gets(filename);
16.
17.         fp=fopen(filename,"rb");
18.         if(fp==NULL)
```

```
19.         {
20.             printf("file not found!\n");
21.             system("PAUSE");
22.             exit(1);
23.         }
24.         else
25.         {
26.             fseek(fp,0L,SEEK_END);
27.             length = ftell(fp);
28.             printf("Length of File is %1d bytes\n\n",length);
29.         }
30.
31.         fclose(fp);
32.
33.         system("PAUSE");
34.         return 0;
35.     }   /*end main*/
```

10.6.3　错误检测

ferror( )函数判断文件操作是否出错，其原型是：

*int　ferror(FILE　*fp);*

其中，fp是有效的流变量。在最近一次函数操作中出错时，函数返回真值；否则，返回假值（0）。每次调用文件输入输出函数，均产生一个新的ferror函数值，所以应及时测试。fopen打开文件时，ferror函数初值自动置为0。

clearerr( )函数清除文件操作错误标记，其原型是：

*void　clearerr(FILE　*fp)*

其中，fp是有效的流变量。

10.6.4　删除文件

函数remove( )删除指定文件，其原型是：

*int remove(const char * filename);*

其中，filename是指定删除的文件名。成功时，函数返回零；否则，返回非零。

10.6.5　对流清仓

函数fflush( )对输出流清仓，其原型是：

*int fflush(FILE * fp);*

其中，fp是有效的流变量。函数把缓冲的全部数据写到fp对应的文件中。成功时，返回零；否则，返回非零。

用空指针作实参调用fflush( )函数时，所有用于输出模式的文件都被清仓。

10.7 文件的深入讨论

读写文件是程序在内存和外存之间交换数据的方法。由于外存和内存的特点不同，例如读写外存的速度远低于内存的速度，因此文件和之前学过的其他数据类型的特点存在较大的差异。前面讲解的有关文件的知识只是介绍了文件的基本操作规则，在使用文件时必须充分考虑如何写出高性能、可移植的程序。

10.7.1 二进制文件和文本文件的适用范围

本章之前介绍了访问文本文件的方法，以及处理二进制文件的方法。但是要注意有些计算机不支持二进制文件，此时如果程序员按照二进制模式打开一个文件的话，那么这个文件就被当作文本文件来处理。

比较文本文件和二进制文件，文本文件总是首选的文件格式，因为文本文件具有内在的可移植性，而且可以用其他标准工具来检查和操作文件中的数据，因而使用起来比较简便。但是使用二进制文件不需要进行编码转换，速度和容量方面较好。

简而言之，在要求高性能的场合，可以考虑使用二进制文件。而如果要求编写可移植的程序，请使用文本文件。

10.7.2 是否有必要保存指针：链表的存储和恢复

数据文件是为程序永久保存数据的数据仓库，便于下一次可以从中恢复数据。那么是否C语言中任何类型的数据都可以存入文件并恢复？或者说，指针是否有必要保存到文件中？

我们从单链表的存储和恢复这个范例入手，来深入分析这个问题。假设有如下的定义：

```
struct node{
    int num;
    struct node *next;
}*head;
```

指针变量head是一个单链表的头指针，假设程序中已经建立了一个单链表，如图10-7所示。

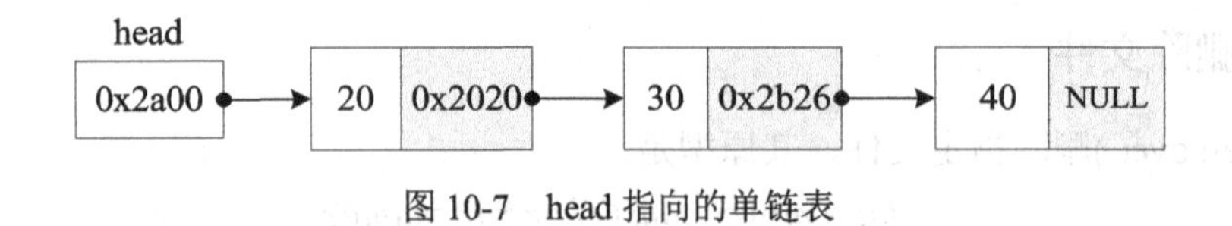

图 10-7 head 指向的单链表

下面的程序段一把head指向的单链表写入文件“link.dat”中。

1.	/*程序段一*/
2.	FILE *fp;
3.	struct node *p;
4.	p = head;
5.	if((fp = fopen("link.dat", "wb")) == NULL)

```
6.          exit(1);
7.      while(p != NULL)
8.      {    if(fwrite(p, sizeof(struct node),1,fp) != 1)
9.               exit(1);
10.          p = p->next;
11.     }
12.     fclose(fp);
```

程序段一执行后，写入到文件“link.dat”的数据内容是：

20 0x2020 30 0x2b26 40 0x0

然后，使用程序段二从文件“link.dat”中读取数据并恢复链表。程序段二的代码是：

```
1.      /*程序段二*/
2.      FILE *fp;
3.      struct node p,*q;       /*p为链表头节点变量，q指向链表的尾节点*/
4.
5.      if((fp = fopen("link.dat", "rb")) == NULL)
6.          exit(1);
7.
8.      head = NULL;            /*链表置空*/
9.
10.     while(!feof(fp));
11.             if(head == NULL)        /*如果链表为空*/
12.                 /*从文件读取一个节点数据，作为链表的头节点*/
13.                 if(fread(&p, sizeof(struct node),1,fp) == 1)
14.                 {    head = &p;
15.                      q = p->next;
16.                 }
17.             else
18.                 if(fread(q, sizeof(struct node),1,fp) == 1)
19.                      q = q->next;
```

请问，程序段二是否可以正确地把该链表恢复出来？

程序段二执行过程中，首先读取文件“link.dat”中第一个数据块并且存入到变量 p 中，将 p 作为单链表中第一个节点，连接到头指针 head 之后。然后，将 p->next 的值赋值给 q 变量，此时 q 的取值是从文件中读出来的 0x2020。然后，从文件中读取第二个数据块存入到 q 指向的空间，即地址为 0x2020 的内存空间。重复上述过程直到文件中的数据块全部读出来为止。因此，程序段二执行之后，head 指向的单链表如图 10-8 所示。

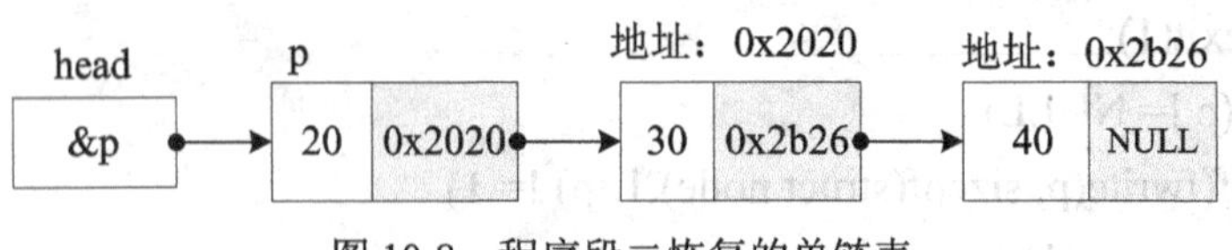

图 10-8　程序段二恢复的单链表

到这里是否可以得出结论，程序段二已经成功地将链表恢复出来了？但是和想象不同的是，结论是程序段二并没有把链表成功地恢复出来，为什么？

请注意，程序中内存单元的分配只能由系统进行，要么是通过程序中定义变量获取合法内存，要么通过动态分配内存函数获得合法内存。使用非系统分配的内存空间是严重错误，这就是访问非法内存，可能引起程序崩溃。

当执行程序段一时，链表的节点依次存储在地址编号为 0x2a00、0x2020、0x2b26 的内存空间中，一旦程序段一执行完毕，这三个节点的内存空间都会被系统收回和释放。

当执行程序段二时，从文件中读取的第 1 个数据的 next 成员中的取值为 0x2020，程序把第 2 个数据存放到该地址开始的内存空间中。可是，要注意在执行程序段二时，地址编号为 0x2020 的内存单元并不是由系统分配的，程序中不能保证该地址开始的内存单元是空闲的，没有被其他程序或者系统中其他进程占用，并且在程序段二执行期间也不会被分配给其他变量或程序使用。如果该内存单元已经被分配给其他对象，或者被分配给其他变量或程序使用，将会导致严重后果。

总之，指针或地址是没有必要存入到文件中的，即使存入到文件中，以后也决不能使用这些地址类别数据，否则将可能引发严重错误。例题 10-5 中在保存通信录单链表中的数据时，就进行了类型转换，去掉了 next 域的地址数据，因此并没有存储指针数据，而是在每次调用 load( )函数时，从数据文件“maillist”中读取数据，并动态申请内存重新创建单链表。

10.7.3　加速文件处理速度

在程序处理文件过程中，最影响效率的一个因素是文件 I/O 时间，尤其是对大容量的文件处理。对文件扫描一遍，就意味着按从头到尾的顺序对文件中每个记录读/写一次，即每条记录从磁盘上读入到内存中一次。当文件很大时，往往需要多次读写磁盘，这会消耗相当大的处理时间。因此应尽量采取一些手段，如减少文件扫描次数，有效利用缓冲区，使文件 I/O 和 CPU 处理尽可能重叠来提高文件处理的速度。

我们以文件的合并操作为例来说明如何提高文件处理速度：假设有两个数据文件 price1.dat 和 price2.dat，其中分别存入了各 90 个长整型的数据。要求编写程序实现对文件 price1.dat 和 price2.dat 的合并操作，要求按照数据从小到大的顺序合并，结果存放到文件 result.dat 中。

如果上述问题有一个限制条件：程序中允许使用的内存空间限制在 100 个长整型数据范围之内。

通常的思路是：先把 price1.dat 和 price2.dat 数据文件的内容都读入到内存中，然后进行排序，最后写入到 result.dat 文件中。但是由于程序中允许使用的内存空间被限制在 100 个长整型数据范围之内，因此第一步读取两个文件数据的操作无法正确完成，这时就必须对算法进行改进。

一个最简单的思路是：

（1）读入 price1.dat 的数据到内存中，然后进行排序。

（2）将排序结果写回到文件 price1.dat 中。

（3）读入 price2.dat 的数据到内存中，进行排序。

（4）将排序结果写回到文件 price2.dat 中。

（5）对排好序的 price1.dat 和 price2.dat 内容实行合并操作。

类似的问题还很多，例如文件的外排序问题。对文件中的记录排序时，一旦文件中的记录数目过多，超过了内存的容量，就需要使用文件的外排序算法。将要排序的记录放在外存中，逐次把外存中的记录读入内存，排序后的记录也存放在外存中。

提高文件处理速度的办法还有很多，例如对大文件执行检索操作时，可以建立索引文件或倒排文件，这就像书本的目录和正文内容一样，书本的目录是按关键词来建立索引的，而正文页面就是索引目标。总之，和读写外存的速度相比，内存处理速度几乎可以是忽略的，因此，提高文件处理速度的基本思想就是尽可能减少扫描文件的次数，减少文件 I/O 的时间。

10.8　本章小结

文件是用来永久保存大批量数据的，它是存储在以硬盘为主的辅助存储器上的。本章介绍读写文件的方法，本章应重点掌握知识点包括：

- C 语言把文件看做是字节按顺序组成的一个流。当一个文件被打开时，就会有一个流与该文件联系在一起。请注意，文件名是帮助操作系统识别数据用的，而流名称则是程序中使用的，二者有着根本区别。
- 流提供了文件和程序之间的信息交流通道。
- C 语言包含三个标准流：stdin、stdout 和 stderr。当一个程序开始执行时，这三个标准流就被自动打开。C 语言系统通过这三个标准流操作标准输入、标准输出和标准错误三个文件。
- C 语言通过 fputc( )、fputs( )或者 fprintf( )函数，分别输出一个字符、一个字符串或者多个数据到文本文件中。使用 fgetc( )、fgets( )或者 fscanf( )函数，从文本文件中分别输入一个字符、一个字符串或者多个数据到程序中。
- C 语言提供 fread( )函数，从二进制文件中输入数据块到程序中。而 fwrite( )函数可以输出数据块到二进制文件中。
- 如果需要编写高性能程序，应该使用二进制文件。而需要编写可移植性的程序，应当使用文本文件。

习　题　10

1. 缓冲流和非缓冲流之间有什么区别？缓冲的优点是什么？为什么 stderr 没有缓冲？
2. 找出以下程序段的错误，并指明如何改正。

a）open("receive.dat","r+");

b）打开文件 tools.dat，在不丢弃数据的情况下，向该文件添加数据：

```
if(tfPtr = fopen("tooles.dat","w")==NULL)    exit(1);
```

c）打开文件 courses.dat，在不更改原有内容的前提下添加数据：

```
if (cfPtr = fopen("courses.dat", "w+") == NULL)    exit(1);
```

d）从文件 paytable.dat 中读入一条记录（所有输入项 account 和 amount 都是 int 类型），流变量 payPtr 指向该文件：

```
fscanf(payPtr, &account, &amount);
```

3. 请编写一个函数 LineCount()，计算一个文本文件的行数。

4. 请编程实现：输入的一系列书信息（书名，作者，出版社，单价，库存数目，类别等），把这些信息保存到文件 book.dat 中。

5. 请编程实现：将题 4 中建立好的文件内容按照单价由高到低排序，将排好序的内容存入到文件 newbook.dat 中。

6. 请编写一个程序，输入一个文件名，按照十六进制在屏幕上输出文件的内容。

7. 请编写一个程序，输入一个文件名，将文件的内容反序后重新存储到一个新的文件中。

8. **（文本文件转换）**UNIX 和 DOS 系统中的文本文件略有不同，UNIX 文本文件的每一行都以一个换行符（\n）结束，而 DOS 文本文件中的每一行则以换行符和回车符（\n\r）结束。请编写一个常用工具程序 u2d，将文本文件从 UNIX 格式转换为 DOS 格式。该程序提示用户键入输入和输出文件的名称，读取输入文件，然后在输出文件中回显每个字符。写完每个换行符之后，再添加一个额外的回车符。

第11章　问题求解策略和算法设计

有不少人（例如计算机的初学者）认为计算机软件或者计算机科学仅仅是编写程序，调试程序而已，其实不然。计算机科学虽然年轻，但它和数学、物理等历史悠久的学科一样，具有自身的规律和理论。计算机科学的一个核心问题就是算法理论，它研究常用的、有代表性的算法，并分析算法的复杂度和评判的准则。许多程序设计学习者最终没有成为专业的软件工作者，算法分析与设计理论功底不够扎实是主要原因之一。

本章将从 C 语言实例出发，简要介绍穷举法、局部搜索法、回溯法、分治法、动态规划法以及人工智能方法。本章通过对一些常见而又有代表性的算法及其实现的讨论，使读者可以初步领略算法设计的奇妙，理解其一般原理，更好地领会程序设计应该是算法设计和语言技巧的完美结合。

11.1　穷举法：天平检测假金币

穷举法（或称穷举搜索法），又称枚举法、穷举蛮力法等。穷举法是编程中常用的一种方法，通常是在找不到解决问题的规律时采用。顾名思义，穷举法就是检查搜索空间中的每一个解直到找到最好的全局解。它需要对可能是解的众多候选解按某种顺序进行逐一枚举和检验，并从中找出那些符合要求的候选解作为问题的解。也就是说，如果不知道最优解的评价准则是什么，那么采用穷举法时，将无法确认已经知道最优解，除非已经对所有的解进行了检查。

穷举法的优点是简单，唯一要做的事情是系统地产生问题的每一个可能解，即如何得到问题每一个可能解的序列。由于每一个可能解都需要进行评估，所以这些解的产生和评估的次序是不相关的。下面通过一个实例来说明如何使用穷举法。

【例题 11-1】　请用穷举法编程解决天平检测假金币问题。

例题 11-1 的问题描述如表 11-1 所示。

表 11-1　**天平检测假币程序的问题说明**

问题定义：某银行收到可靠消息：在前次的 n 个金币中有一枚重量不同的假金币（假设真金币重量相同）。假设该银行只有一台天平可用，用这台天平可以称量出左边托盘中的物体是轻于、重于或等于右边托盘中的物体。为了分辨出假金币，银行职员将所有的金币编为 1 到 n 号。然后用天平称量不同的金币组合，每次仔细记载称量金币的编号和结果。现在要求你编写一个程序，帮助银行职员根据称量记录找出假金币的编号。

输入：首先输入两个空格隔开的两个整数：金币的总数以及称量的次数。

随后分行输入每次称量记录：

第一行输入两边托盘中放置的金币总数。

续表

第二行输入左右托盘中的金币编号，所有的数之间都由空格隔开。

第三行输入数据用'<'，'>'，'='和记录称量结果：

- '<'表示左边托盘中的金币比右边的轻；
- '>'表示左边托盘中的金币比右边的重；
- '='表示左右两边托盘中的金币一样重。

输出要求：输出假金币的编号。如果根据称量记录无法确定假金币，则输出 0。

1. 选择数据结构

例题 11-1 中不需要定义特殊的数据结构，主要的变量或数组包括

```
int n,k;
```

其中，n 代表金币总数（2≤n≤1000），k 是称量的次数（1≤k≤100）。以及

```
int num[100][1001];
short flag[1000];
char s[1000];
```

其中，二维数组 num 是称重记录，第一维下标表示称重的序号；num[i][0]代表第 i+1 次称重时两边托盘中放置的金币总数，num[i][j]（j = 1，2，…，n）代表第 i+1 次称重时第 j 个金币的编号。数组 s 保存称重结果，元素 s[j]代表第 j+1 次称重结果，分别用'>'、'='和'<'表示。

数组元素 flag[j]代表“当前搜索的金币是假币”这个假设与“第 j+1 次称重结果”是否矛盾的结论。其取值为 0，表示通过本次称重可以断定“当前搜索金币不是假金币”；取值非零时，表示“当前搜索金币有可能是假金币”。

2. 算法设计

例题 11-1 采用暴力搜索算法，也就是穷举法。例题 11-1 中定义了用户自定义函数 jd( )和主函数两个模块。主函数的总体思路如表 11-2 所示。

表 11-2　　天平检测假币程序的主函数算法描述

1.	假设 i 号金币是假的（i 取值为 0，1，2，…，n−1），依次对上述每一个假设进行真假推断。
2.	对每次称量的记录进行监测；如果假设与所有的称重记录都不矛盾，则 i 号金币有可能是假金币。
3.	如果有可能是假金币的个数只有 1 个，则输出它的编号；否则，输出 0。

函数 jd( )的功能是：首先假设 j 号金币是假金币，然后通过本次称重结果对这个假设做出真假的判断。其原型是：

```
short int jd(int j, int *s, char c);
```

其中，j 是金币编号。s 是称量记录，其下标 0 的元素表示本次称重的金币数目。c 是本次称量结果，取值分别为'<'、'>'和'='。

函数 jd( )用来判断“设 j 号金币是假的”和本次称量结果之间是否存在矛盾。函数返回值为 0 表示通过本次称重数据可以判断“j 号金币不是假金币”；返回非零数据表示“j 号金币可能是假金币”。

函数 jd( )的基本思路如表 11-3 所示。

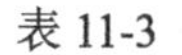

表 11-3　　天平检测假币程序的函数 jd( )算法描述

1. 首先判断本次称重有无 j 号金币。如果本次称重有 j 号金币，则给变量 f 赋值为 0，否则赋值为 1。
2. 如果本次称重有 j 号金币，但本次称重中没有出现假金币；或者本次称重没有 j 号金币，且本次称重中出现假金币；函数返回数值 0，此时可以推断，j 号金币不是假金币（第 24 行）。
3. 如果本次称重中没有假金币且本次称重没有 j 号金币，所以，不能排除 j 号金币是假金币，此时函数返回整数 2（程序第 28 行）。
4. 如果本次称重中出现假金币，且 j 出现在轻的一边托盘中，函数返回整数-1，此时仍然不能排除 j 号金币是假金币（程序第 32 行）。
5. 如果本次称重中出现假金币，且 j 出现在重的一边托盘中，函数返回整数 1，此时仍然不能排除 j 号金币是假金币（程序第 36 行）。

例题 11-1 的源程序如下所示。

```
1.    /*假金币（False coin）问题，穷举法版本。源程序：LT11-1-1.C*/
2.    #include <stdio.h>
3.    #include <stdlib.h>
4.
5.    int n,k;   /*n是金币的总数（2<=n<=1000），k是称量的次数（1<=k<=100）*/
6.
7.    /*  函数jd：判断假设j号金币是假的与称量结果是否矛盾*/
8.    /* s是称量记录，其第一个元素是金币个数*/
9.    /* c是称量结果*/
10.   short int jd(int j,int *s, char c)
11.   {
12.       int i,f,m;
13.
14.       m = s[0];       /*读取天平左右两边的金币数目*/
15.
16.       /*判断本次称重有无j号金币*/
17.       for( i = f = 1; i <= 2 * m && f ; )
18.           if( s[ i ] == j )                /*如果j号金币出现在本次称重中*/
19.               f = 0;
20.           else
21.               ++i;
22.
23.       /*假设j是假金币与称重结果矛盾，如果j号金币不是假金币*/
24.       if( !f && c == '=' || f && c != '=' )
25.           return 0;
```

```
26.
27.         /*假设j是假金币与称重结果不矛盾，不能排除j号金币是假金币*/
28.         if( f && c == '=')
29.             return 2;
30.
31.         /*假设j是假金币与称重结果不矛盾，j号金币有可能是假金币*/
32.         if( i <= m && c == '<' || i > m && c == '>' )
33.             return -1;
34.
35.         /*假设j是假金币与本次称重结果不矛盾，j号金币有可能是假金币*/
36.         return 1;
37.     }   /*end jd*/
38.
39.     int main()
40.     {
41.         int i,j,m1,m2,num[100][1001],t,no;
42.         short flag[1000];
43.         char s[1000];
44.
45.         printf("请输入金币总数和称重次数（例如3）");
46.         scanf("%d%d",&n,&k);
47.         for( i = 0 ; i < k ; ++i){
48.         printf("\n请输入第%d次称重的数据\n",i + 1);
49.
50.         /*输入第i+1次称重两边托盘中放置的金币数目*/
51.         printf("请输入左右两边金币的数目：");
52.         scanf("%d",&num[ i ][ 0 ]);      /
53.
54.         /*输入第i+1次称重左、右两边托盘中金币编号*/
55.         printf("请输入左右两边金币的编号（以空格间隔）：");
56.         for( j = 1 ; j <= 2 * num[ i ][ 0 ]; ++j)
57.             scanf("%d",&num[ i] [ j ]);
58.
59.         fflush(stdin);
60.
61.         /*输入第i+1次称重的结果*/
62.         printf("请输入本次称重结果（<、=、>）：");
63.         scanf("%c",s + i);
64.         }
65.
```

```
66.     /*暴力搜索所有可能，假设i是假金币*/
67.     for( i = 1,t = 0;i <= n; ++i){
68.         /*对所有的称量记录进行检测，判断是否与称重结果矛盾*/
69.         for( j = 0; j < k ; ++j){
70.             /*检测第j次称重结果*/
71.             flag[ j ] = jd(i, num[j],s[j] );
72.
73.             /*如果通过第j次称重可以明确，i号金币不是假金币*/
74.             if( !flag[ j ] )
75.                 break;
76.         }
77.
78.         /*如果i号金币不是假金币，对下一个金币检测*/
79.         if( j < k )
80.             continue;
81.
82.         for( j = m1 = m2 = 0 ; j < k ; ++j)
83.             if( flag[ j ] == 1)
84.                 m1++;
85.             else if(flag[ j ] == -1)
86.                     m2++;
87.
88.          /*i号金币在多次假币称重检测中，但可排除是假金币*/
89.          if( m1 && m2)
90.              continue;
91.
92.          /* t保存嫌疑对象的个数*/
93.          t++;
94.          if( t > 1)
95.              break;
96.
97.          no = i;
98.     }
99.
100.    /* 是否只有一个嫌疑对象*/
101.    if( t != 1)
102.        printf("\n没有假金币：\n");
103.    else
104.        printf("\n假金币编号是：%d\n",no);
105.
```

```
106.        system("PAUSE");
107.        return 0;
108.    }   /*end main*/
```

```
请输入金币总数和称重次数（例如 5   3）5   3↙

请输入第1次称重的数据
请输入左右两边金币的数目：2↙
请输入左右两边金币的编号（以空格间隔）：1   2   3   4↙
请输入本次称重结果（<、=、>）：<

请输入第1次称重的数据
请输入左右两边金币的数目：1↙
请输入左右两边金币的编号（以空格间隔）：1   4↙
请输入本次称重结果（<、=、>）：=

请输入第1次称重的数据
请输入左右两边金币的数目：1↙
请输入左右两边金币的编号（以空格间隔）：  2   5↙
请输入本次称重结果（<、=、>）：=

假金币编号是：3
请按任意键继续…
```

穷举法最大的缺点就是时间效率极低。通常，即使是寻找一个中等规模问题的解也会使人筋疲力尽，而很多实际问题的搜索空间往往会更大，很多问题可能需要花费几个世纪的时间才能检查完它的每一个解。但是，即使这样，还可以用一些其他方法来减少搜索的工作量，例如回溯法。此外，一些经典的由部分解构造完整解的算法都是基于穷举算法的，例如分支定界法等。例如，第 9 章中的例题 9-11 描述了从 5 个元素中取 3 个排列的问题，该例题采用的就是穷举法；如果将问题规模扩展到 20 个、50 个元素，甚至是上百个元素的全排列问题，程序的执行时间将会出现快速上升，甚至最终导致第 11.6 节中的组合爆炸现象。

穷举法用时间上的牺牲换来了解的全面性保证，如果你要解决的是一个小问题且有时间枚举出这个搜索解空间时，用穷举法是可以找到最优解。但如果面临一个较大的问题，请不要使用这种方法，因为可能你永远无法枚举完所有情况。但是，随着计算机运算速度的飞速发展，穷举法的形象已经不再是最低等和原始的无奈之举，比如经常有黑客在几乎没有任何已知信息的情况下利用穷举法来破译密码，足见这种方法还是有其适用的领域。

11.2 局部搜索法：二分法求方程的解

局部搜索法是一种近似算法，在人工智能中经常使用。虽然一般而言，这种方法不能给出最优解，但却能给出一个可以接受的局部最优解（比较好的解）。

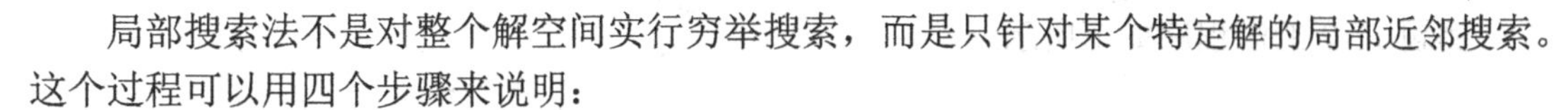

局部搜索法不是对整个解空间实行穷举搜索，而是只针对某个特定解的局部近邻搜索。这个过程可以用四个步骤来说明：

（1）从搜索空间中找出一个解并且评估其质量，将它定义为当前解。

（2）变换当前解为一个新解并评估它的值。

（3）如果新解比当前解更好，则将当前解用新解替换；否则抛弃新解。

（4）重复第 2 步和第 3 步，直到在给定集中找不到改进解。

局部搜索法的关键在于当前解的变换类型。如果这个变换集合包括了所有可能的变换，则这个方法会给出最优解，其时间复杂度和穷举法一样。一般情况下，这个变换集合是所有变换集合的一个真子集，从而以实际上可以执行一个经选择的集合中所有的变换，这种变换就是局部变换。因此这种方法被称为局部搜索法。下面通过一个实例来说明该方法的应用。

【例题 11-2】　请用二分法编程求解方程的解。

例题 11-2 的问题描述如表 11-4 所示。

表 11-4　**二分法求方程的解程序的问题说明**

问题说明
问题定义：采用二分法求解下面方程的根 $2x^3 - 4x^2 + 3x - 6 = 0$
输入：输入原始区间[x1, x2]的数值。
限制：要求 f(x1)和 f(x2)异号，以确保该区间有实数解。
输出要求：输出[x1, x2]的近似解，保留小数点后 4 位数字，要求近似解的函数绝对值小于 10^{-5}。

二分法的思路是：给定一个区间“[x1, x2]”。如果函数 f(x)在该区间之内是单调变化的，则可以根据 f(x1)和 f(x2)是否同号来确定方程“f(x)=0”在区间“[x1, x2]”内是否存在一个实数解。如果 f(x1)和 f(x2)不同号，则方程“f(x)=0”在区间“[x1, x2]”内存在一个实数解；否则，需要调整 x1 和 x2 的值。一旦确定方程“f(x)=0”在区间“[x1, x2]”内存在一个实数解，那么就用二分法将区间“[x1, x2]”一分为二，再判断在哪一个区间内有实数解。如此判断继续下去，直到小区间满足精度要求为止。

例题 11-2 的具体算法描述如表 11-5 所示。

表 11-5　**二分法求方程的解程序的主函数算法描述**

步骤	算法描述
1.	输入 x1 和 x2 的值。
2.	计算 f(x1)和 f(x2)的值。
3.	如果 f(x1)和 f(x2)同号，则重复第 1 步和第 2 步，直到 f(x1)和 f(x2)不同号为止。
4.	计算 x1 和 x2 的中点：x0 = (x1 + x2) / 2.0。
5.	计算 f(x0)的值。
6.	判断 f(x1)和 f(x0)是否同号。如果 f(x1)和 f(x0)同号，将区间调整为“[x0 , x2]”。如果 f(x1)和 f(x0)不同号，将区间调整为“[x1 , x0]”。
7.	判断(x0)的绝对值是否不小于一个指定值（10^{-5}），如果不小于该数值，则重复第 4 步到第 7 步；否则执行第 8 步。
8.	输入 x0 的值作为近似解。

例题 11-2 的源程序如下所示。

```
1.  /*二分法求函数的解，局部搜索法实例程序。源程序：LT11-2.C*/
2.  #include <stdio.h>
3.  #include <stdlib.h>
4.  #include <math.h>
5.
6.  /* 函数f：需要求解的函数*/
7.  double f(double x)
8.  {
9.      double y;
10.
11.     y = x *( ( 2 * x - 4 ) *x + 3 ) - 6;
12.
13.     return y;
14. }   /* end f */
15.
16. /*主函数*/
17. int main()
18. {
19.     double x0, x1, x2, f0, f1, f2;
20.
21.     /*输入初始区间数值*/
22.     do{
23.         printf("请输入x1和x2（例如2.4,4.5）：");
24.         scanf("%lf,%lf", &x1, &x2);
25.
26.         f1 = f(x1);
27.         f2 = f(x2);
28.     }while( f1 * f2 > 0);
29.
30.     /*二分法求解近似解*/
31.     do{
32.         /*计算中点*/
33.         x0 = ( x1 + x2 ) / 2.0;
34.         f0 = f( x0 );
35.
36.         /*判断f(x0)和f(x1)是否同号*/
37.         if( f0 * f1 < 0 ){
38.             x2 = x0;
```

```
39.                 f2 = f0;
40.             }
41.             else
42.             {
43.                 x1 =x0;
44.                 f1 = f0;
45.             }
46.         }while( fabs(f0) >= 1e-5 );
47.
48.         printf("近似解是：%.4f\n", x0);
49.
50.         system("PAUSE");
51.          return 0;
52.     }   /*end main*/
```

```
请输入x1和x2（例如2.4, 4.5）：-10, 10↙
近似解是：2.0000
请按任意键继续…
```

局部搜索法可能出现两种极端情况：第一种情况是当前解就是一个潜在解，这时当前解对任何一个新解的概率都没有影响，实质上就变成了枚举搜索。由于可能重复选取已经选过的点，此时局部搜索法比枚举法更糟糕。另一种情况是，局部搜索法总是返回当前值，这样就毫无进展。

总之，在弄清楚评估函数和表示方法之前，还要明智地选择解的变换方法，这是正确使用局部变换法的关键。

11.3　回溯法：八皇后问题

穷举法需要检查搜索空间中的每一个解直到找到最好的全局解，因此穷举法的时间效率极低。与此不同的是，回溯法是一种选优搜索法，它在穷举法的基础上进行了改进，按选优条件向前搜索，以达到目标。为了解决某个问题，回溯法需要逐次尝试解的各个部分，并加以记录，组成部分解。当搜索到某一步，发现某部分失败（原先的选择并不优或达不到目标）时，则将之从部分解中删除，然后退回一步重新选择。这种走不通就退回再走的技术被称为回溯法，而满足回溯条件的某个状态点被称为“回溯点”。

回溯法是既带有系统性又带有跳跃性的搜索算法。它在包含问题的解空间树中，按照深度优先策略，从根节点出发搜索解空间树。当搜索至解空间树的任一节点时，总是先判断该节点是否肯定不包含问题的解。如果肯定不包含，则跳过对以该节点为根的子树搜索，逐层向其祖先节点回溯。否则，进入该子树，继续按深度优先策略进行搜索。

回溯法在求解问题的所有解时，要回溯到根，只有根节点的所有子树都已被搜索过，算法才结束。回溯法适用于解一些组合数较大的问题。

回溯法的算法一般框架是：

（1）针对所给问题，定义问题的解空间：应用回溯法求解问题时，首先应明确定义问题的解空间。问题的解空间应至少包含问题的一个（最优）解。

（2）确定了解空间的组织结构后，回溯法就从开始节点（根节点）出发，以深度优先的方式搜索整个解空间。这个开始节点就成为一个活节点，同时也成为当前的扩展节点。

（3）在当前的扩展节点处，搜索向纵深方向移至一个新节点。这个新节点就成为一个新的活节点，并成为当前扩展节点。

（4）如果在当前的扩展节点处不能再向纵深方向移动，则当前扩展节点就成为死节点。换句话说，这个节点不再是一个活节点。此时，应往回移动（回溯）至最近的一个活节点处，并使这个活节点成为当前的扩展节点。

（5）回溯法即以这种工作方式递归地在解空间中搜索，直至找到所要求的解或解空间中已没有活节点时为止。

下面通过经典的八皇后问题来说明如何使用回溯法编写程序。

【例题 11-3】 请用回溯法编程求解八皇后问题。

例题 11-3 的问题描述如表 11-6 所示。

表 11-6 **回溯法求解八皇后程序的问题说明**

问题定义： 八皇后问题是一个著名而古老的问题。该问题要求在 8×8 的国际象棋棋盘上放置 8 个皇后，使得它们不能相互攻击。问有多少种放置的方案。
输入： 无。
限制： 任意两个皇后不能处于同一行、同一列或者同一斜线上。
输出要求： 输出所有可能解，输出第 1 行至第 8 行 8 个皇后的列号。

八皇后问题是回溯算法的典型例题。该问题由 19 世纪数学家高斯 1850 年手工解决。有人用图论的方法解出八皇后问题有 92 种方案，现在用 C 递归程序，可以很容易地求出这 92 种方案。

1. 选择数据结构

解决八皇后问题的第一个问题是如何表示国际象棋的棋盘和任意一个可能解。图 11-1（a）是八皇后问题 92 种解中的一种；图 11-1（b）是棋盘的坐标表示。首先把棋盘的横坐标定为 j（列号），纵坐标定为 i（行号），i 和 j 的取值都从 1 到 8。

由于每个皇后分别放置在不同的行上，八个皇后就对应了八个不同的列号，即 i 的每个取值上都有一个皇后。所以，不必用二维数组表示整个 8×8 的棋盘，而只需要定义 1 个一维数组就可以描述八皇后问题任意一个解。程序中定义数组

```
int queen[8];
```

表示 8 个皇后的位置。其中，queen[i-1]记录第 i 行中皇后的位置，i 取值为 1～8。

另一个关键问题是：如果在棋盘中任选一个位置放置第 1 个皇后，那么如何表示由该皇后形成的禁区，即棋盘中哪些位置不能再放置皇后？图 11-1（b）就描述了上述问题的一个典型例子，如果在第 5 行第 3 列中放置第一个皇后（用 Q 表示），那么应该在 4 条线上形成禁区，这 4 条禁区线分别是：

（1）行线禁区。queen[4]是用来保存第 5 行皇后的列号，一旦给 queen[4]赋值为 3，就表示把一个皇后放置在第 5 行第 3 列。此时，就表示该行已经无法放置第 2 个皇后，所以行

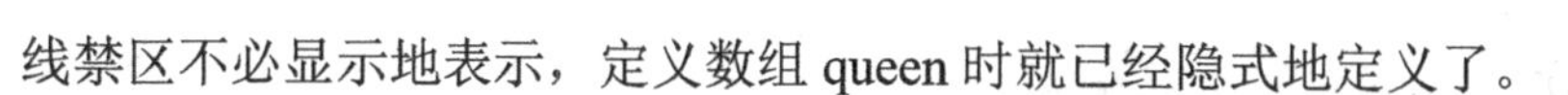

线禁区不必显示地表示，定义数组 queen 时就已经隐式地定义了。

（2）列线禁区。第 5 行第 3 列中放置第 1 个皇后之后，第 3 列不能再放置第 2 个皇后，程序中定义的数组 b 表示棋盘上的列线禁区，元素 b[j−1]用来记录第 j 列有无皇后，数值 1 表示第 j 列上已经有皇后了；数值 0 表示没有皇后。

（3）−45 度线禁区。在第 5 行第 3 列中放置第 1 个皇后之后，与第 5 行第 3 列在同一条−45 度线上的格子就变成了禁区。棋盘上共有 15 条−45 度线，每一条−45 度线上的行号和列号的和值（i+j）是常量，取值范围从 2 到 16。程序中定义数组 c 表示−45 度线禁区，其中元素 c[i+j-2]记录从第 i+j−1 条−45 度的线（从对角线）上有无皇后。数值 1 表示有皇后；0 表示无皇后。

（4）45 度线禁区。在第 5 行第 3 列中放置第一个皇后之后，与第 5 行第 3 列在同一条 45 度线上的格子就变成了禁区。棋盘上共有 15 条 45 度线，每一条 45 度线的行号和列号的差值（i−j）为常量，取值从−7 到 7。程序中定义数组 d 表示 45 度线禁区，其中元素 d[i−j+7]记录从第 i−j+8 条 45 度线（主对角线）上有无皇后。数值 1 表示有；0 表示无。

所以，程序中定义数组

int b[8], c[15], d[15];

分别表示列线禁区、−45 度线禁区和 45 度线禁区。其中 b[j−1]记录第 j 列有无皇后；c[i+j−2]记录从第 i+j−1 条−45 度线（从对角线）上有无皇后；d[i−j+7]记录从第 i−j+8 条 45 度线（主对角线）上有无皇后。

程序 LT11-3.C 中定义了全局变量

int queennum = 0;

表示当前解的序号。

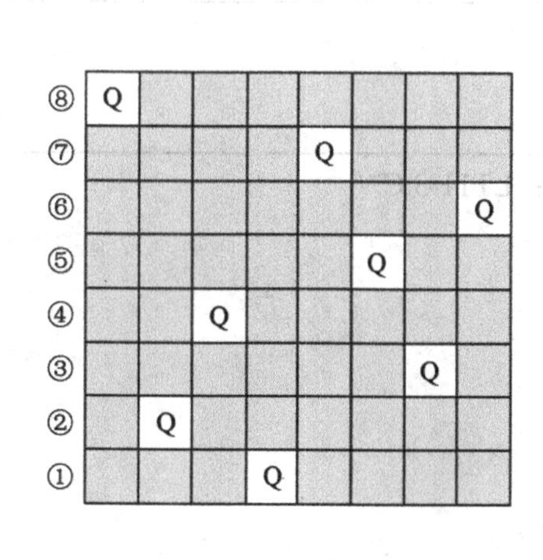

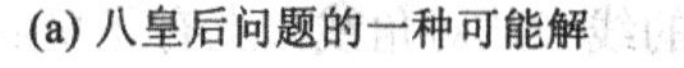
(a) 八皇后问题的一种可能解

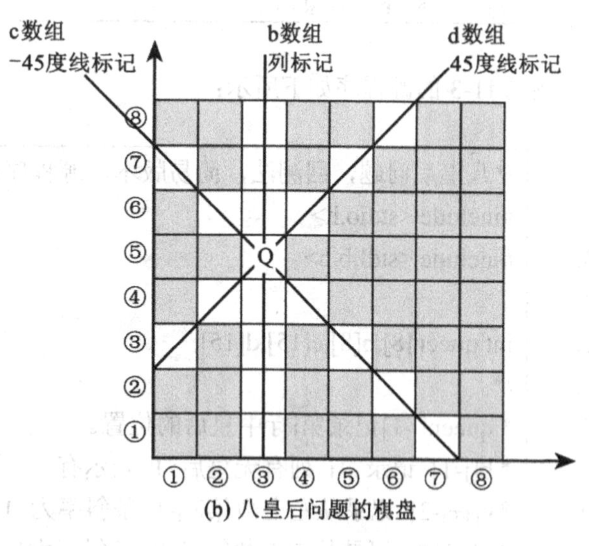

(b) 八皇后问题的棋盘

图 11-1　八皇后问题的示意图

2. 算法设计

程序 LT11-3.C 中定义了两个用户自定义函数，它们的原型是：

void　print( );

void　tryqueen(int i);

其中，函数 print( )的功能是打印八皇后问题的当前解，它按顺序输出当前解的序号以及当前解中从第 1 行到第 8 行共 8 个皇后的列号。函数 tryqueen( )的功能是为第 i 个皇后选择合适位置，也就是为第 i+1 行放置一个皇后。

主函数的基本思路是：

（1）初始化棋盘。

（2）为第 1 个皇后选择合适位置。

其中，第 2 步是通过调用 tryqueen(0)来实现的。

函数 tryqueen( )运用回溯法，采用了递归函数形式。该函数的作用是正确地放置第 i+1 行（i=0,1，…，7）上的皇后。

该函数的算法描述如表 11-7 所示。

表 11-7　八皇后程序的 tryqueen 函数算法描述

1.	j=0，表示从第 1 列开始试探。
2.	检测第 i+1 行第 j+1 列是否存在位置冲突，如果没有位置冲突，则执行第 3 步；否则跳转到第 7 步开始执行。
3.	在位置（i+1,j+1）上放置一个皇后；并且设置列线、45 度线和-45 度线等禁区标记。
4.	如果第 8 个皇后还没有放置好，则调用 tryqueen(i+1)，表示继续放置下一个皇后。
5.	如果 8 个皇后全部放置好，则调用 print( )函数，输出当前解。
6.	释放位置（i+1,j+1），也就是消除由于当前解形成的所有禁区标记。
7.	j=j+1，如果 j 小于 8，则跳转到第 2 步试探下一列。
8.	如果 j 等于 8，函数结束。

例题 11-3 的源程序如下所示：

```
1.   /*八皇后问题，回溯法，简易版本。源程序：LT11-3.C*/
2.   #include <stdio.h>
3.   #include <stdlib.h>
4.   
5.   int queen[8],b[8],c[15],d[15];
6.   /*
7.   * queen[j-1]记录第j行中皇后的位置。
8.   * b[j-1] 记录第j 列有无皇后,1 表示有。
9.   * c[i+j-2] 记录从左上数第i+j-1 条斜率为-1 的线（从对角线）上有无皇后。
10.  * d[i-j+7] 记录从右上数第i-j+8 条斜率为1 的线（主对角线）上有无皇后。
11.  */
12.  int queennum = 0;
13.  
14.  /*函数print：打印结果*/
```

```
15.  void   print()
16.  {
17.       int k;
18.
19.       queennum++;
20.       printf("%d:",queennum);
21.
22.       for( k = 0 ; k < 8 ; k++)
23.            printf("\t %d",queen[ k ]);
24.
25.       printf("\n");
26.  }   /*end print*/
27.
28.  /*函数tryqueen：为第i个皇后选择合适位置*/
29.  void tryqueen(int i)
30.  {
31.       int j;
32.
33.       /*每个皇后都有8种可能位置*/
34.       for( j = 0 ; j < 8 ; j++){
35.           /*判断位置是否冲突*/
36.           if( ( b[ j ] == 0) &&( c[ i + j ] == 0) && (d[ i - j + 7 ] == 0)){
37.                queen[ i ] = j + 1;       /*摆放第i+1行的皇后到第j+1列*/
38.                b[ j ] = 1;               /*宣布占领第j+1列*/
39.                c[ i + j ] = 1;           /*宣布占领两个对角线*/
40.                d[ i - j + 7 ] = 1;
41.
42.                if( i < 7 )          /*如果8个皇后没有摆完，递归摆放下一皇后*/
43.                     tryqueen( i + 1 );
44.                else
45.                     print( );                /*完成任务，打印结果*/
46.
47.                b[ j ] = 0;                   /*回溯*/
48.                c[ i + j ] = 0;
49.                d[ i - j + 7 ] = 0;
50.           }    /*end if*/
51.       }    /*end for*/
52.  }   /*end tryqueen*/
53.
```

```
54.  /*主函数*/
55.  int main( )
56.  {
57.        int k;
58.
59.        printf("\n八皇后问题求解！ \n");
60.
61.        /*数据初始化*/
62.        for( k = 0 ; k < 15 ; k++) {
63.              b[ k ] = 0;
64.              c[ k ] = 0;
65.              d[ k ] = 0;
66.        }     /*end for*/
67.
68.        tryqueen(0);                          /*从第1个皇后开始放置*/
69.
70.        system("PAUSE");
71.        return 0;
72.  }     /*end main*/
```

八皇后问题共有 92 个解，由于篇幅的原因这里没有列出程序运行结果。请读者自行上机运行本程序，分析程序运行结果。

回溯法的实质是检测所有可能的解，也就是穷尽所有可能情况，从中寻找问题的答案。所以，回溯法的时间复杂度与穷举法一样。实际运用时，通常需要用到启发信息，启发函数来判断每一个可能的部分，按其函数值的大小将所有可能的部分排成一列。换言之，把导致算法成功可能性大的部分排在前面，这样很可能很快就得到了问题的答案。

11.4 分治法：快速排序法

为了有效地管理一个国家或者大型企业，往往使用分而治之的方法，就是将一个国家或者企业分成几个部分（例如，州或者省等）。对每个部分，都有一个主管去管理，国家元首或者企业负责人就不直接对这个部分进行管理。在计算机科学中，这种思想得到借鉴，这就是分而治之法，简称分治法。

分治法的基本思路是把一个看似较为复杂的问题先分解为若干个较小的问题，再分别解决这些较小的问题。最后由这些小问题的解来构造整个问题的解。

分治法的一般框架是：

（1）将原始问题 P 分解为若干个子问题：P_1，P_2，…，P_k。

（2）i=1。

（3）对问题 P_i 求解，如果问题 P_i 的规模 size(P_i)小于指定阈值 ρ，则求解问题 P_i，得到解 S_i，然后跳转到第 5 步。否则，执行第 4 步。

（4）递归地调用分治法，分解问题 P_i。

（5）将解 S_i 组合到最终解中。

下面通过经典的快速排序法说明分治法的使用方法。和前面讲解过的冒泡排序算法比较，快速排序的效果好得令人吃惊。

【例题 11-4】　请用快速排序法编程，实现对一个字符串的升序排序。

例题 11-4 的问题描述如表 11-8 所示。

快速排序的基本思想是分区，其一般过程是：先选择一个比较数的值，称该数为分区数。然后将数组中分为两段：大于等于分区数的元素放在一边，小于分区数的元素放另一边。然后对数组的两段分别重复上述方法分段，直到该数组完成排序。

表 11-8　　**快速排序程序的问题说明**

问题定义：采用快速排序法对一个字符串按照从小到大的次序排序。
输入：输入一行字符。
输出要求：输出排序后的字符串。

例如，字符数组的数值是：

fedacb

那么，快速排序的过程是：

（1）选择中间点的数据'd'作为分区数。

（2）将数组分成左右两个区域；左边区域是比分区数'd'小的数据；右边区域是大于等于分区数'd'的数据。为达到这个目的，采用如下的基本步骤：

①先把分区数'd'与最左边的元素交换，即字符数组内容变成 defacb。

②然后把所有比分区数"d"小的元素值放置在紧跟着分区数"d"的后面，即字符数组的数值变成 dacbfe。

③再把分区数"d"与最后一个小于它的元素值交换，即字符数组的数值变成 bacdfe。

（3）递归地对左边区域字符串"bac"进行快速排序。

（4）递归地对右边区域字符串"fe"进行快速排序。

例题 11-4 中自定义了函数 quick( )、swap( )和 quicksort( )，它们的原型是：

void quick(char *items,int count);

函数 quick 是快速排序初始函数，其功能是对字符串 items 中的 count 个元素实现快速排序。

void swap(char *items, int i, int j);

函数 swap 的功能是：交换 items 第 i 个元素和第 j 个元素值。

void quicksort(char *items,int left,int right);

函数 quicksort 是快速排序主函数，其功能是对字符串 items 中从下标 left 到 right 之间的字符串实现快速排序。

函数 quicksort( )的算法描述如表 11-9 所示。

表 11-9　　　　快速排序程序的 quicksort( )函数算法描述

1.	如果 items 中指定区域内元素个数<2，则排序过程终止。
2.	设置 last 变量初值为 left，last 将要保存最后一个小于分区数的元素值的下标。
3.	将中间点元素值作为分区数，即下标为(left+right)/2 的元素。把分区数和下标为 left 的元素值交换。
4.	设置 i 初值为 left+1。
5.	如果 items[i] < items[left]，那么交换 items[i]和 items[last]两个数值。
6.	last= last+1。
7.	i=i+1。
8.	如果 i 小于等于 right，即还有数据没有搜索，则跳转到第 5 步继续搜索；否则，执行第 9 步。
9.	交换 items[left]和 items[last]两个元素值。
10.	对左边区域排序。也就是说，递归调用 quicksort( )函数，对字符串 items 中从 left 到 last-1 之间的子串排序。
11.	对右边区域排序。也就是说，递归调用 quicksort( )函数，对字符串 items 中从 last+1 到 right 之间的子串排序。

例题 11-4 的源程序如下所示：

```
1.  /*快速排序法，分治法范例程序。源程序：LT11-4.C*/
2.  #include <stdio.h>
3.  #include <stdlib.h>
4.  #include <string.h>
5.
6.  void quicksort(char *items,int left,int right);
7.
8.  /*函数 quick：快速排序初始函数*/
9.  void quick(char *items,int count)
10. {
11.         quicksort(items, 0, count - 1);
12. }   /*end quick*/
13.
14. /*函数 swap：交换 items 第 i 个元素和第 j 个元素值*/
15. void swap( char *items, int i, int j)
16. {
17.         char temp;
18.
19.         temp = items[i];
20.         items[i] = items[j];
21.         items[j]= temp;
22. }   /*end swap*/
23.
24. /*函数 quicksort：快速排序主函数*/
```

```
25.  void quicksort(char *items,int left,int right)
26.  {
27.      int i, last;
28.
29.      /*如果数组元素个数小于 2 个，排序过程终止*/
30.      if( left >= right )
31.          return;
32.      last = left;
33.
34.      /*将分区数设置到数组最左边*/
35.      swap(items, left, ( left + right ) / 2 );
36.
37.      /*把所有小于分区数的元素值放置在数组左边区域*/
38.      for( i = left + 1; i <= right; i++)
39.          if( items[i] < items[left] )
40.              swap( items, ++last, i );
41.
42.      /*把分区数放置在正确位置*/
43.      swap( items, left, last);
44.      quicksort(items, left, last - 1 );        /*对左边区域排序*/
45.      quicksort(items, last + 1, right);        /*对右边区域排序*/
46.  }   /*end qs*/
47.
48.  int main( )
49.  {
50.      char s[81];
51.
52.      printf("\n 快速排序程序！ \n");
53.
54.      printf("请输入一行字符：");
55.      gets(s);
56.
57.      quick(s,strlen(s));
58.
59.      printf("排序后的字符串是：");
60.      puts(s);
61.
62.      system("PAUSE");
63.      return 0;
64.  }   /*end main*/
```

请输快速排序程序！
请输入一行字符：aahgfssjf↙
aix 排序后的字符串是：aaffghjss
请按任意键继续…

11.5 动态规划法：矩阵连乘积

动态规划法是系统分析中常用方法之一，它是在 20 世纪 50 年代由贝尔曼（R. Bellman）等人提出，用来解决多阶段决策过程问题的一种最优化方法。所谓多阶段决策过程，就是把研究问题分成若干个相互联系的阶段，由每个阶段都作出决策，从而使整个过程达到最优化。

动态规划的实质是分治思想和解决冗余，因此，动态规划是一种将问题实例分解为更小的、相似的子问题，并存储子问题的解而避免计算重复的子问题，以解决最优化问题的算法策略。设计一个标准的动态规划算法，通常可按以下几个步骤进行：

（1）划分阶段。按照问题的时间或空间特征，把问题分为若干个阶段。注意这若干个阶段一定要是有序的或者是可排序的（即无后向性），否则问题就无法用动态规划求解。

（2）选择状态。将问题发展到各个阶段时所处于的各种客观情况用不同的状态表示出来。当然，状态的选择要满足无后向性。

下面通过矩阵的连乘积为例来说明动态规划法的使用方法。

【例题 11-5】 请用动态规划法，编程计算并输出矩阵连乘的最优方案。

例题 11-5 的问题描述如表 11-10 所示。

表 11-10 **动态规划法求解矩阵连乘的最优解程序的问题说明**

问题定义： n 个矩阵的连乘积（如下所示），编写程序寻找运算量最小，也就是最省时间的运算顺序。 $M_1M_2M_3\cdots\cdots M_n$
输入： 输入参与连乘积的矩阵个数 n，以及 n+1 个矩阵维数大小。
输出要求： 输出 n 个矩阵连乘积的最优运算顺序。

考虑 n 个矩阵的连乘积

$M_1 M_2 M_3 \cdots\cdots M_n$

其中，下标表示矩阵的序号。由于矩阵乘法的特点：两个相邻的矩阵，前者的列数和后者的行数相等。所以，这 n 个矩阵只需要 n+1 个维数大小。由于矩阵乘法符合结合律，因此 n 个矩阵的连乘积可以有多种不同的结合方式，即不同的乘法运算顺序。不同的乘法运算顺序，将导致不同的运算过程，相应程序的运算量也会存在较大差异。

下面以 4 个矩阵的连乘积为例，来说明如何使用动态规划法解决矩阵连乘积问题。假设 4 个矩阵的连乘积是：

$M_1^{10\times30}\quad M_2^{30\times70}\quad M_3^{70\times1}\quad M_4^{1\times200}$

其中，上标表示 4 个矩阵的维数大小。它们的乘积可以表示为

$M_{1,4}^{10\times200}$

如果分别用以下三种不同的运算顺序计算上面的 4 矩阵连乘积，则运算量分析如下：

- 从左到右顺序进行乘法运算。首先计算 $M_1^{10\times30}\quad M_2^{30\times70}$，其运算量是 21000，其结果表示为 $M_{1,2}^{10\times70}$。第二步，计算 $M_{1,2}^{10\times70}M_3^{70\times1}$，其运算量是 700，其结果表示

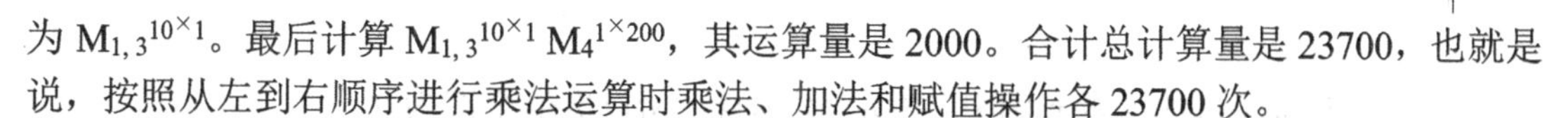

为 $M_{1,3}^{10\times1}$。最后计算 $M_{1,3}^{10\times1}M_4^{1\times200}$，其运算量是 2000。合计总计算量是 23700，也就是说，按照从左到右顺序进行乘法运算时乘法、加法和赋值操作各 23700 次。

- 从右到左地进行乘法运算。按照类似方法计算，可以得出总计算量是 494000 次。
- 按照$((M_1^{10\times30}\ (M_2^{30\times70}\ M_3^{70\times1}))M_4^{1\times200})$顺序进行乘法计算。其总计算量是 4400 次。

从上面实例可以看出，运算顺序不同，运算量存在非常大的差异。第 3 种方法比第 2 种方法的运算量小 100 多倍。所以，需要有一种方法帮助寻找一种运算量最小的结合方法，而不是贸然地按照从左到右或者从右到左的顺序完成计算。

1. 选择数据结构

程序 LT11-5.C 中定义的主要变量或数组是：

int n, *p, **m, **s;

其中，n 是矩阵个数。指针 p 指向一个动态的一维数组，其中 p[i]（i=0,1,…,n）表示矩阵连乘积的第 i 个维数大小。对于上面的 4 个矩阵连乘积的例子，p 数组的值是{10,30,70,1,200}。

指针 m 指向一个动态的二维数组，m 是一个 n 阶的方矩阵。其元素 m[i][j]表示通过连乘积得出的乘积矩阵

$M_{i,j}$

即矩阵 $M_i\ M_{i+1}\ \cdots M_j$ 的连乘积所需的最小运算量。

指针 s 指向一个动态的二维数组，s 是一个 n 阶的方矩阵。s 用来记录最优连乘积顺序的断开位置。

2. 算法设计

程序 LT11-5.C 中定义了两个用户自定义函数，函数 matrixchain 的作用是计算矩阵连乘积的最优值，即计算得出最小运算量矩阵 m 和断开点记录矩阵 s 的结果。函数 traceback 的作用是构造并打印矩阵连乘积的最优计算顺序。

（1）计算最优解函数 matrixchain。

函数 matrixchain 的原型是：

void　matrixchain(int *p,int n,int **m,int **s);

其中，参数 p 是矩阵维数数组的起始地址。n 是矩阵个数。m 是最小计算量二维数组的起始地址。s 是最优顺序断开位置的二维数组起始地址。参数 m 和 s 起着传出计算结果的作用。

为了计算矩阵 m 中 m[i][j]的最小运算量值，先按照−45 度线方向把 m 划分为 r=2，3，…，n 等 n−1 条线。这 n−1 条线以及从对角线把方矩阵 m 划分为 n 个小组，如图 11-2 所示。

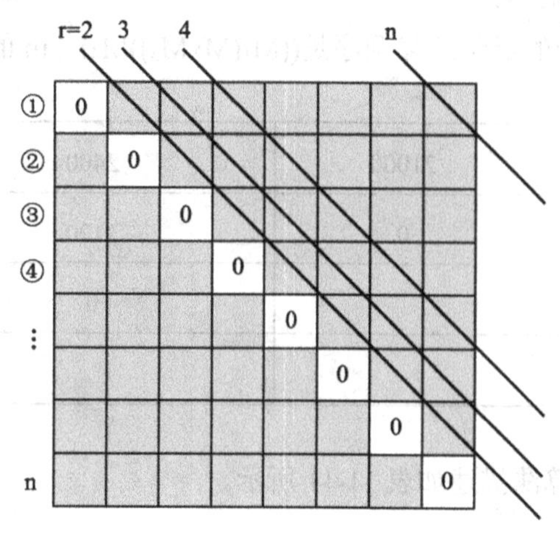

图 11-2　矩阵连乘积的最小运算量方矩阵 m 的示意图

● 从对角线经过的元素 m[i][i]，表示 M_i 本身，所以取值全部为 0。

● r=2 经过的元素 m[i][j]，其中 j 等于 i+1。表示 M_iM_{i+1} 的乘积，这时只需一次乘法，其最小运算量是 p[i-1]*p[i]*p[j]。

● r=3 经过的元素 m[i][j]，其中 j 等于 i+2。表示 $M_iM_{i+1}M_j$ 的乘积，这时有两种计算顺序，它们是（M_i（$M_{i+1}M_j$））以及（（M_iM_{i+1}）M_j），前者的断开点是 i，其运算量是 m[i+1][j]+p[i-1]*p[i]*p[j]；后者的断开点 k 等于 i+1，其计算量是 m[i][i+1]+p[i-1]*p[i+1]*p[j]，即 m[i][k]+p[i-1]*p[k]*p[j]。最小计算量是这两个数值的最小值。

● 对任意一条 r 线条经过的元素 m[i][j]，表示 $M_iM_{i+1}\cdots M_j$ 的乘积。按照断开点 k=i、i+1、…、j-1 的结合顺序，这个连乘积有 j-i 种计算顺序。当断开点 k=i 时，表示(M_i($M_{i+1}\cdots M_j$))的乘积，其运算量是 m[i+1][j]+p[i-1]*p[i]*p[j]。对断开点 k=i+1、…、j-1 的结合顺序，表示(($M_i\cdots M_k$) ($M_{k+1}\cdots M_j$))的乘积，其运算量是 m[i][k]+m[k+1][j]+p[i-1]*p[k]*p[j]。总运算量是上述 j-i 个数值的最小值。

也就是说，m 方矩阵只需计算从对角线以上的各个元素值。

例如，对上面的 4 个矩阵的连乘积的例子而言，m 的计算方法是：

● m[1][1]、m[2][2]、m[3][3]以及 m[4][4]设置为 0 值。

● 直线“r=2”经过的元素为 m[1][2]、m[2][3]和 m[3][4]，分别表示 M_1M_2、M_2M_3 和 M_3M_4 的乘积，运算量分别是 21000、2100 和 14000。

● 直线“r=3”经过的元素为 m[1][3]和 m[2][4]，分别表示 $M_1M_2M_3$ 和 $M_2M_3M_4$ 的乘积。m[1][3]有两种运算顺序：((M_1 M_2) M_3)和(M_1 (M_2M_3))，运算量分别是 21700 和 2400，所以 m[1][3]取值为 2400。m[2][4]有两种运算顺序：((M_2 M_3) M_4)和(M_2 (M_3M_4))，运算量分别是 8100 和 43400，所以 m[1][3]取值为 8100。

● 直线“r=4”经过的元素为 m[1][4]，表示 $M_1M_2M_3M_4$ 的乘积。该乘积包括 3 种计算顺序：((M_1)($M_2M_3M_4$))、((M_1 M_2) (M_3M_4))和((M_1M_2 M_3) (M_4))。最小运算量分别是 68100（相应计算顺序是((M_1) ((M_2 M_3) M_4))、175000（相应计算顺序((M_1 M_2) (M_3M_4))）和 4400（相应计算顺序((M_1 (M_2M_3)) (M_4)))。

所以，这个 4 矩阵连乘积的最优运算顺序是((M_1(M_2 M_3))M_4)。m 的值是：

0	21000	2400	4400
	0	2100	8100
		0	14000
			0

函数 matrixchain 的算法描述如表 11-11 所示。

表 11-11　　函数 matrixchain 的算法描述

1.	设置方矩阵 m 中主对角线上的元素值为 0，即 i 取值从 1 到 n，执行 m[i][i]=0
2.	设置 r 初值为 2
3.	如果 r 小于等于 n，继续执行第 4 步；否则跳转到第 17 步
4.	设置 i 初值为 1
5.	如果 i 小于等于 n-r+1，继续执行第 6 步；否则跳转到第 16 步
6.	j=i+r-1
7.	计算 m[i][j]=m[i+1][j]+p[i-1]*p[i]*p[j]
8.	保存断开点 i 到 s[i][j]，即执行 s[i][j]=i
9.	设置断开点 k 初值为 i+1
10.	如果 k 小于 j，继续执行第 11 步；否则跳转到第 15 步
11.	计算断开点为 k 时的运算量，即 t=m[i][k]+m[k+1][j]+p[i-1]*p[k]*p[j]
12.	如果 t<m[i][j]，用 t 更新 m[i][j]；即执行 m[i][j]=t
13.	保存断开点 k 到 s[i][j]中，s[i][j]=k
14.	k=k+1，跳转到第 10 步
15.	i=i+1，跳转到第 5 步
16.	r=r+1，跳转到第 3 步
17.	函数结束

（2）构造最优结合方式函数 traceback。

函数 traceback 的原型是：

```
void    traceback(int i, int j, int **s);
```

其中，s 指向的二维数组中保存了最优运算顺序的断开位置；参数 i 和 j 表示打印结合方法的矩阵连乘积的起始序号和终止序号。函数 traceback 的算法描述如表 11-12 所示。

表 11-12　　函数 traceback 的算法描述

1.	如果 i 等于 j，表示只有一个矩阵，则打印信息“Mi”，跳转到第 8 步。
2.	如果 i+1 等于 j，表示是两个矩阵乘积，则打印信息“(Mi　Mj)”，跳转到第 8 步。
3.	如果矩阵个数大于等于 2，执行第 4 步到第 8 步。
4.	打印左括号。
5.	递归地调用 traceback(i,s[i][j],s)，打印 $M_i \cdots M_{s[i][j]}$的结合方法。
6.	递归地调用 traceback(s[i][j]+1,j,s)，打印 $M_{s[i][j]+1} \cdots M_j$ 的结合方法。
7.	打印右括号。
8.	函数结束。

● 主函数

主函数的算法描述如表 11-13 所示。

表 11-13 主函数的算法描述

1.	输入矩阵个数 n。
2.	为数组 p 分配连续 n+1 个整数空间，并输入 n+1 维数值。
3.	为 m 和 s 分配内存空间。
4.	调用 matrixchain(p, n, m, s)，计算最优解。
5.	调用 traceback(1, n, s)，打印最优结合方法。
6.	释放 p、m 和 s 的内存空间。
7.	程序结束。

例题 11-5 的源程序如下所示：

```
1.  /* 矩阵连乘问题，求解最优解。源程序: LT11-5.C*/
2.  #include <stdio.h>
3.  #include <stdlib.h>
4.  
5.  /*函数matrixchain：计算最优值*/
6.  void matrixchain(int *p,int n,int **m,int **s)
7.  {
8.      int i, r, j, t, k;
9.  
10.     for( i = 1; i <= n; i++)
11.         m[i][i] = 0;
12. 
13.     for( r = 2; r <= n; r++){
14.         for ( i = 1;i <= n - r + 1; i++){
15.             j = i + r - 1;
16.             m[i][j] = m[ i + 1 ][j] + p[ i - 1 ] * p[ i ] * p[j];
17. 
18.             s[i][j] = i;
19.             for( k = i + 1; k < j; k++){
20.                 t = m[i][k] + m[ k + 1 ][j] + p[ i - 1 ] * p[k] * p[j];
21.                 if (t < m[i][j] ) {
22.                     m[i][j] = t;
23.                     s[i][j] = k;
24.                 }
25.             }
26.         }
27.     }
```

```
28.  }     /* end matrixchain */
29.
30.  /*函数traceback：构造并打印最优解*/
31.  void traceback(int i,int j,int **s)
32.  {
33.      if(i == j)
34.          printf(" M%d ",i) ;
35.      else if( i + 1 == j)
36.          printf("( M%d M%d )",i,j);
37.      else{
38.          printf("( ");
39.          traceback(i,s[i][j],s);
40.          traceback(s[i][j]+1,j,s);
41.          printf(" )");
42.      }
43.  }      /* end traceback */
44.
45.  int main()
46.  {
47.      int i, n, *p, **m, **s;
48.
49.      printf("请输入矩阵的个数: ");
50.      scanf("%d",&n);
51.
52.      p = ( int * )malloc( ( n + 1 ) * sizeof(int));    /*  为矩阵的维数分配空间  */
53.
54.      /*  为二维数组m动态分配空间  */
55.      m = ( int **)malloc( ( n + 1) * sizeof(int *));
56.      for( i = 0; i <= n; i++)
57.          m[i] = (int * )malloc( ( n + 1) * sizeof( int ) );
58.
59.      /*  为记录最优断开位置的二维数组s动态分配空间  */
60.      s = (int **)malloc( ( n + 1 ) * sizeof(int *));
61.      for( i = 0; i <= n; i++)
62.          s[i] = ( int * )malloc( ( n + 1 ) * sizeof(int));
63.
64.      printf("请输入矩阵连乘的%d个维数大小：", n + 1 );
65.      for( i = 0; i <= n; i++)
66.          scanf("%d",&p[i] );
```

```
67.
68.         matrixchain( p, n, m, s);
69.         printf("\n");
70.         /*输出矩阵连乘的最优方案*/
71.         printf("矩阵连乘的最优方案是：\n");
72.         traceback(1, n, s);
73.         printf("\n\n");
74.
75.         /* 释放动态分配的空间*/
76.         free( p );
77.         for( i = 0; i <=n; i++){
78.             free( m[ i ] );
79.             m[i] = NULL;
80.         }
81.         free( m );
82.         m = NULL;
83.
84.         for( i = 0; i <=n; i++){
85.             free( s[ i ] );
86.             s[i] = NULL;
87.         }
88.         free( s );
89.         s = NULL;
90.
91.         system("PAUSE");
92.         return 0;
93.     }   /*end main*/
```

```
请输入矩阵的个数：4↙
请输入矩阵连乘的5个维数大小：  10 30 70 1 200↙

矩阵连乘的最优方案是：
( ( M1 ( M2 M3 ) ) M4 )

请按任意键继续…
```

适合于动态规划法的标准问题必须具有以下的特点：

① 整个问题的求解可以划分为若干个阶段的一系列决策过程。

② 每个阶段有若干可能状态。

③ 一个决策将你从一个阶段的一种状态带到下一个阶段的某种状态。

④ 在任一阶段，最佳的决策序列（也叫做策略）和该阶段以前的决策无关。

⑤ 各阶段状态之间的转换有明确定义的费用，而且在选择最佳决策时有递归关系。

11.6　人工智能问题求解：组合爆炸现象

所有问题基本分为两类：第一类是计算性的问题，它们通过某种确保成功的决定过程（即计算过程）解决，这类问题常常易于转换成计算机能执行的算法。然而，绝大多数现实问题是适合计算解决方案的。事实上，很多问题是属于第二类问题，这类问题是非计算性的。解决第二类问题的方法是搜索，即人工智能关心的问题求解方法。

人工智能技术应用于现实问题的最大障碍就是多数情况下的规模和复杂性，因此早期的人工智能的主要目的是研究优秀的搜索技术。研究者一直认为搜索是问题求解的关键，而问题求解又是智能的关键成分。

11.6.1　组合爆炸

之前的例子，看起来都比较简单。然而，在计算机求解的大多数问题中，难度大得多。大多数现实问题都有很大的搜索空间，由于空间节点数目很大，到达目标的解路径也变得很多。最困难的一点就是，每增加一个节点后，解路径增加得更多。简而言之，到达目标的道路数比节点数增长得快。

以排列问题为例来说明上述观点，3 个对象的可能排列为 6。按照排列组合数学定理，N 个对象的排列总数是 N!（N 的阶乘）。所以，4 个对象的排列总数是 24，5 个对象是 120，6 个对象是 720。随着 N 的增长，N 个对象的排列总数的增长规模出现指数级别增长。例如，1000 个对象的排列总数简直是一个天文数字。这种现象被人工智能研究者成为组合爆炸。

组合爆炸现象中，搜索空间中每增加一个节点，搜索路径增加的数目远大于一倍。因此，当节点增加到一定数目时，问题的规模就超过我们的能力。例如，在排列问题中当对象数目比较数百时，很快就不能再研究（甚至枚举）各种组合了。由于可能解的数目随节点数增加太快，除了特别简单的情况外，这类问题一般不适合采用穷举搜索。穷举法需要研究所有节点，是一种蛮力技术。这种技术总是正确的，但因为占用的计算时间和资源太多，一般并不适用于这类复杂的现实问题。

处于上述考虑，人工智能研究者发展了其他多种搜索技术。当然，如果需要求解的是最优解，一般会导致穷举搜索，因为此外不能确保解是最优的。但大多是现实问题都只需要查找优解就可以了，这与求解最优解是不同的，求优解指寻找满足一组约束条件的某一个解，并不在乎是否还有满足约束的更好的解。

在搜索可能解的方法中，最基本的包括：深度优先搜索、宽度优先搜索、爬山搜索以及最小代价搜索等四种。

11.6.2　搜索技术

下面通过一个实例来说明各种搜索技术处理问题的方法。

【例题 11-6】　假设某旅游代理面对某个挑剔的客户，该客户预订了一张某航空公司的飞机票。代理商告诉客户，该公司没有两地间的直达航班。该客人坚持乘坐该航空公司的航班。表 11-14 是该航空公司的航班信息表。现在要求编写程序，帮助客户安排合适的航班。

表 11-14　　　　某航空公司航班信息表

航班	里程	航班	里程
纽约到芝加哥	1000 英里	多伦多到芝加哥	500 英里
芝加哥到丹佛	1000 英里	丹佛到欧巴纳	1000 英里
纽约到多伦多	800 英里	丹佛到休斯敦	1500 英里
纽约到丹佛	1900 英里	休斯敦到洛杉矶	1500 英里
多伦多到卡尔加里	1500 英里	丹佛到洛杉矶	1000 英里
多伦多到洛杉矶	1800 英里		

为便于理解，例题 11-6 中的某航空公司航班信息可以变换成图 11-3 所示的树形图。该图是一个有向图，即节点是用有向线条连接，有向线条不允许逆向穿过。这时，问题就变成了搜索从纽约到达洛杉矶的一条有向路径，该路径满足客户的需求，例如要么距离最短，要么转机数目（接续航班数目）最少，或者兼顾二者。

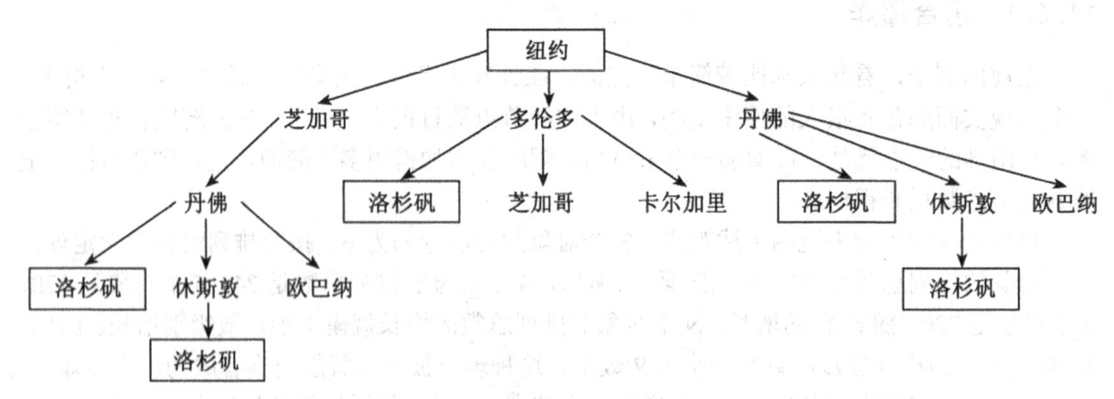

图 11-3　某航空公司航班的树形图

1. 深度优先搜索

深度优先搜索就是尝试另一路径前对通向目标的每一可能路径进行探索。例如，对图 11-4 所示的树形图进行搜索，其中 F 是目标。

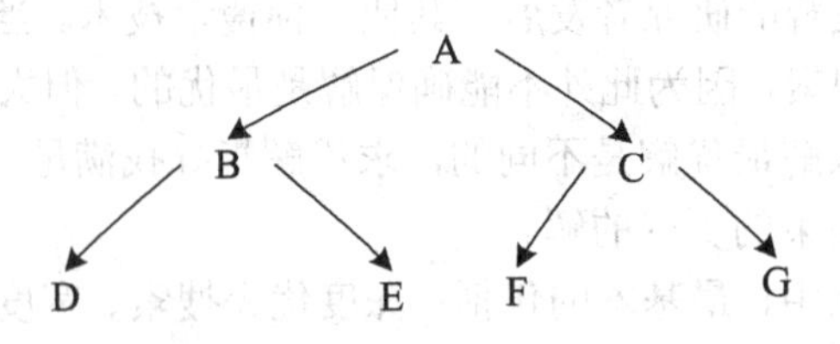

图 11-4　树形图的典型例子

深度优先搜索按 ABDBEBACF 序列遍历该树，就是对树的中序遍历。也就是从根节点（节点 A）开始，先访问它的左子树（以 B 为根节点的子树），其次访问 A，最后访问 A 的右子树（以 C 为根节点的子树）。重复上述过程，直到发现目标节点或者检查完解空间的最后一个节点。

显然，深度优先搜索可能可以找到目标，因为在最初情况下，深度优先搜索退化为穷举

搜索。例如，图 11-4 的搜索目标如果是 G 而不是 F 时，就是穷举搜索。

采用深度优先搜索技术，对例题 11-6 的空间（图 11-3 所示）进行搜索。首先搜索在纽约和洛杉矶之间有没有直飞航班，如有，则搜索终止。如果没有直飞航班，则按深度优先搜索的顺序进行搜索，直至发现第一个解。这时，发现的第一个解是“纽约 to 芝加哥 to 丹佛 to 洛杉矶”，飞行距离 3000 英里，如图 11-5 所示。这个结果不是最优解，最优解是“纽约 to 多伦多 to 洛杉矶”，飞行距离 2600 英里。当然，这个解也不错。

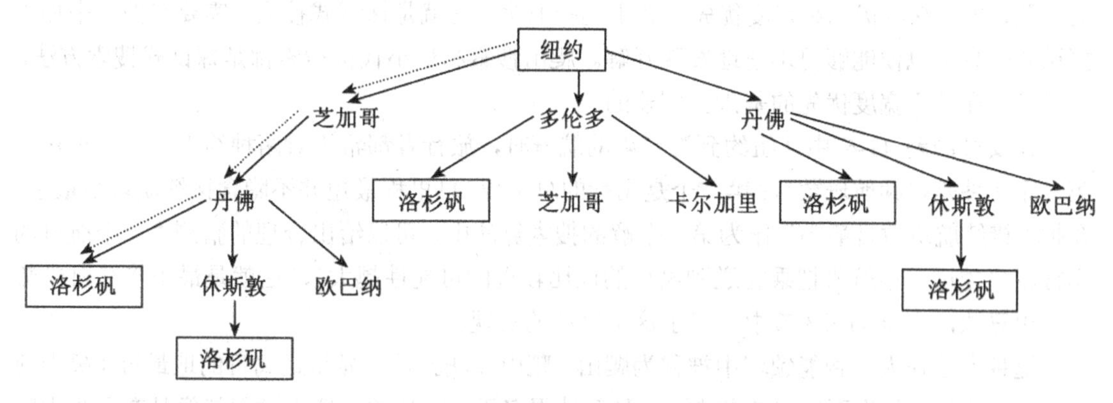

图 11-5　对解的深度优先搜索的解路径

深度优先算法肯定可以找到一个现存解。本例子中，第一次尝试就发现了解，但对于一般问题而言，深度优先算法需要回溯，有时甚至需要遍历大多数节点。尤其是在处理无解的特长路径时，深度优先算法的性能变得很差。

2. 宽度优先搜索

宽度优先搜索就是先检查同一层中所有节点，然后再检查下一层节点。例如，对图 11-4 所示的树形图按照宽度优先进行搜索，其中 F 是目标，则搜索顺序是 ABCDEF。

采用宽度优先搜索技术，对例题 11-6 的空间（如图 11-3 所示）进行搜索。首先需要检查与起始城市“纽约”连接的所有城市，看这些城市是否与目的地“洛杉矶”连接。这时，发现的第一个解是“纽约 to 芝加哥 to 多伦多 to 洛杉矶”，飞行距离 2600 英里，如图 11-6 所示。这个结果和最优解比较，虽然距离相同，但转乘次数多 1 次。

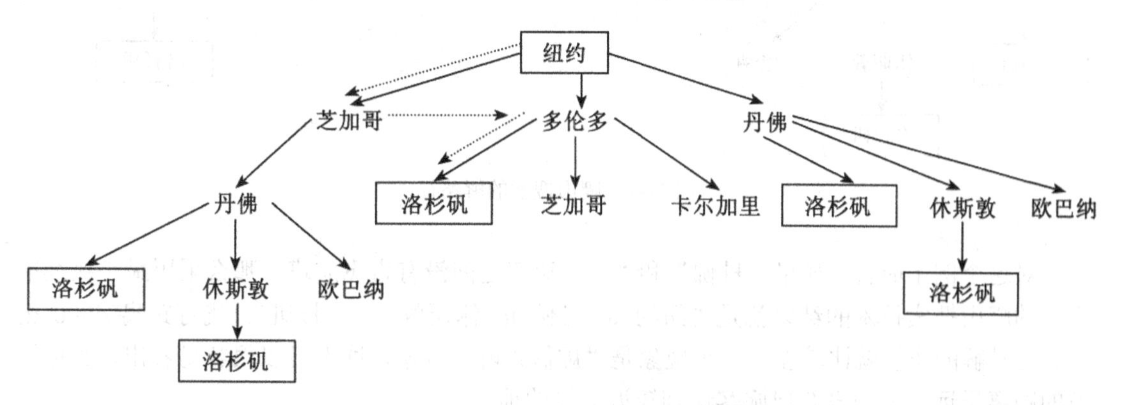

图 11-6　对解的宽度优先搜索的解路径

对于本例子，宽度优先算法的项目很好，未用回溯就发现了第一个解。但是这种特例不代表一般情况。当目标存在于深层时，宽度优先算法的缺点变得非常明显。此时，宽度优先算法的时间效率很差。

3. 爬山搜索

深度优先和宽度优先都是盲目搜索。这类求解方法只依赖于逐点探测，按照固定顺序探测，没有任何合理猜测的指导。一般情况下，我们应该基于对解所在层次的了解，给出恰当的猜测，再从深度优先和宽度优先二者中选择取舍。这就是探试式搜索，需要在搜索中加入探试式信息，以便能够更迅速地发现好解。爬山搜索和最小代价搜索都是探试式搜索方法，二者都是在基于宽度优先的基础上创建的。

在安排例题 11-6 中从纽约到洛杉矶的航班时，旅行者都希望对两种约束条件最小化。第一个条件是接续航班数目；第二个是飞行的总里程。总里程最短并不隐含接续航班数最小。在把“接续航班数目最小”作为第一个解的搜索算法中，可以给出合理的猜测“一个航班的飞行距离越远，该航班把乘客送到离目的地比较近的可能性越大”，这就是最小接续航班数的爬山算法，本章 11.6.3 节中给出了这个算法的实现。

这种方法在人工智能领域中被称为爬山。爬山算法就是把显得距离目的地最近（离当前点最远）的节点作为下一步的节点。这种算法得名于一种比喻，搜索过程就像是在黑夜中爬山时迷路，假设目的地是山顶，那么即使是在黑夜中，爬山者也知道向上攀登是正确的方向。

图 11-7 是采用最小接续航班数的爬山搜索技术，对例题 11-6 的空间（图 11-3 所示）进行搜索之后的结果。首先需要检查与起始城市“纽约”连接的所有城市中距离最远的城市，看这个城市是否与目的地“洛杉矶”直接连接。这时，发现的第一个解是“纽约 to 丹佛 to 洛杉矶”，飞行距离 2900 英里。

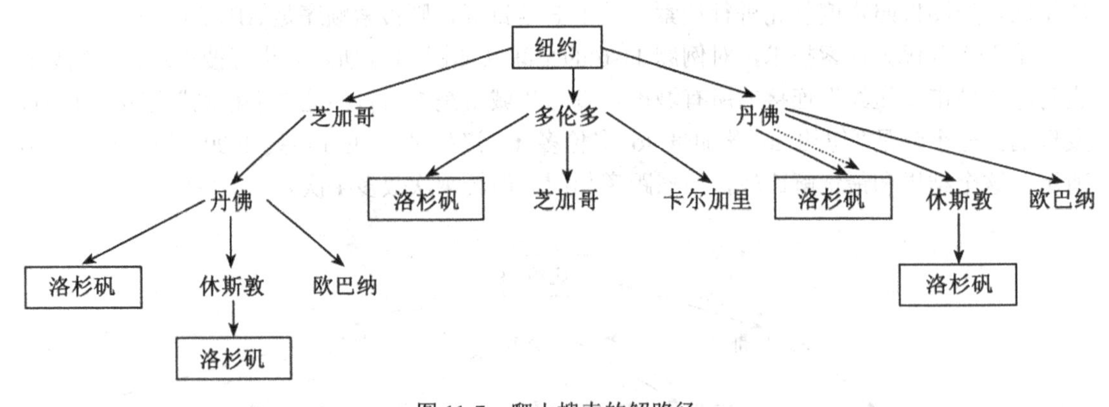

图 11-7 爬山搜索的解路径

对这个例子而言，如果“丹佛”和“洛杉矶”之间没有直飞航班，那么采用最小接续航班数的爬山搜索技术的结果就是“纽约 to 丹佛 to 休斯敦 to 洛杉矶”，飞行距离 4900 公里。这时解的质量就比较差，这个现象是“虚假顶峰”现象，读者可以很容易看出，到休斯敦的距离虽远，但却没有把旅客送到较近的目的地。

爬山搜索在很多情况下给出的解都比较好，因为这种方法尽量查找节点少的解路径。爬

山方法一般都比非探试式方法更快地导致接近一个最优的解。

4. 最小代价搜索

与爬山搜索相对的是最小代价搜索。这种策略类似于脚踩溜冰鞋站在大斜坡的中间，此时，明显感觉向下滑行比向上滑行容易得多。换言之，最小代价搜索就是取最小的抵达路径。

对航班安排问题采用最小代价搜索，就是指取“最短接续航班”这个最小代价，使得结果路由的距离最短的机会最大。与最小接续航班数的爬山算法不同的是，最小代价算法最小化飞行里程。

图 11-8 是采用最小代价搜索技术，对例题 11-6 的空间（图 11-3 所示）进行搜索之后的结果。首先需要检查与起始城市“纽约”连接的所有城市中距离最近的城市，看这个城市是否与目的地“洛杉矶”直接连接。这时，发现的第一个解是“纽约 to 多伦多 to 洛杉矶”，飞行距离 2600 英里，这刚好就是最优解。

虽然，本例中采用最小代价搜索方法求解质量很好，但不能因此认为它总是一种较好的搜索方式。只能说和爬山方法一样，最小代价方法一般优于非探试式方法。

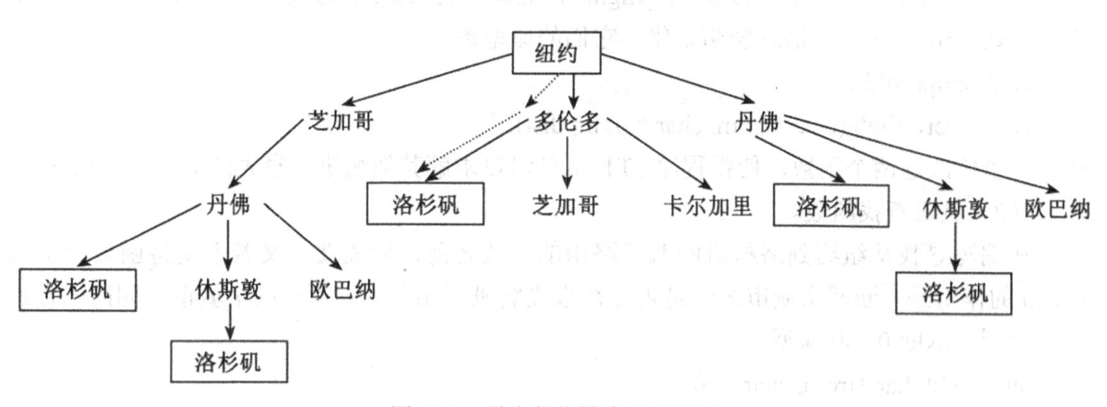

图 11-8　最小代价搜索的解路径

11.6.3　爬山搜索实例

本节将介绍采用最小接续航班数的爬山搜索技术，求解例题 11-6 中的安排航班问题的实现。例题 11-6 的问题描述如表 11-15 所示。

表 11-15　**爬山搜索技术实现航班安排问题程序的问题说明**

问题定义：采用最小接续航班数的爬山搜索技术，为某个旅客安排一条从纽约到达洛杉矶的航线。
输入：用户交互式地输入起始城市名和目的地城市名。程序中要求提前录入表 11-14 所示的航班信息表中数据。
输出要求：输出从纽约到达洛杉矶的航线，以及飞行总里程数。

1. 选择数据结构

程序 LT11-6.C 中定义了数组 flight 表示航班信息表，其定义如下：

```
struct FL{
      char from[20];
      char to[20];
      int distance;
      char skip;       /* 用于回溯的标记成员*/
};
struct FL flight[MAX];       /* 航班数组*/
int f_pos = 0;               /* 航班数组的入口序号*/
int find_pos = 0;            /* 搜索到的航班数组序号*/
```

其中，每个数组元素 flight[i]都代表一条航班记录，都必须含起止城市名、二者间的距离和一个帮助回溯的标志。

2. 算法设计

（1）航班信息录入函数。

程序 LT11-6.C 定义了函数 assert_flight( )，把每条航班记录录入航班数组 flight 相应元素中。函数 setup( )对航班信息表初始化。它们的原型是

```
void setup(void);
void assert_flight(char *from, char *to, int dist);
```

读者可以修改这两个函数，使得程序 LT11-6.C 可以求解其他航班信息表的航班安排问题。

（2）航班查找函数。

在编写寻找从纽约到洛杉矶的航班路由的函数之前，先需要定义若干支持函数。函数 match 的作用是判断两个城市之间是否存在直飞航班。如有，则返回两个城市之间的飞行距离；否则，返回 0。其原型是：

```
int match(char *from, char *to);
```

函数 find 的作用是在航班信息表中查找给定城市的航班情况。其原型是：

```
int find(char *from, char *anywhere);
```

该函数查找时采用爬山探试式搜索方法，选择距离希望中最接近目的地的当前位置尽可能远的航班。如有这样的航班存在，则通过 anywhere 返回该城市名称，并返回两个城市之间的距离；否则，返回 0。

其中，第 135 行的代码

```
flight[pos].skip = 1;
```

的作用描述如下：skip 取值为 1 的城市无有效航班。发现有航班时，将相应城市的 skip 域标志设置为活动的，由此控制从死节点回溯。

（3）回溯堆栈操作函数。

所有回溯的操作都是类堆栈操作，即先将后出操作。程序 LT11-6.C 中定义堆栈的数据结构是：

```
int tos = 0;                 /* 堆栈的栈顶*/
struct stack{
      char from[20];
```

```
    char to[20];
    int dist;
};
struct stack bt_stack[MAX];        /* 回溯用的堆栈*/
```

其中，tos 为栈顶，它指向最后一个入栈数据的下一个位置。

入栈和出栈操作分别由函数 push 和 pop 完成，它们的原型是：

```
void push(char *from, char *to, int dist);
void pop(char *from, char *to, int *dist);
```

（4）航班路由查找函数。

函数 flight 是寻找从纽约到洛杉矶之间的航班路由的关键子程序，其原型是

```
void isflight(char *from, char *to);
```

其中，首先查找从 from 到 to 两个城市之间是否存在直飞航班。如有，则将该航班信息保存到堆栈中，然后返回；否则，查找和 from 之间有直飞航班的城市，递归地搜索其目的地是否与 to 之间存在航班。

（5）打印航班路由函数。

航班 route 的作用是打印查找到的解航班路由信息，以及总里程数。其原型是：

```
void route(char *to);
```

例题 11-6 的源程序如下所示：

```
1.  /* 安排航班问题，爬山搜索（Hill-climbing）。源程序: LT11-6.C*/
2.  #include <stdio.h>
3.  #include <stdlib.h>
4.  #include <string.h>
5.
6.  #define MAX 100
7.
8.
9.  /*航班结构定义*/
10. struct FL{
11.       char from[20];
12.       char to[20];
13.       int distance;
14.       char skip;          /* 用于回溯的标记成员*/
15. };
16.
17. struct FL flight[MAX];      /* 航班数组*/
18.
19. int f_pos = 0;              /* 航班数组的入口序号*/
20. int find_pos = 0;           /* 搜索到的航班数组序号*/
```

```
21.
22.  int tos = 0;                    /* 堆栈的栈顶*/
23.  struct stack{
24.       char from[20];
25.       char to[20];
26.       int dist;
27.  };
28.
29.  struct stack bt_stack[MAX];            /* 回溯用的堆栈*/
30.
31.  void setup(void), route(char *to);
32.  void assert_flight(char *from, char *to, int dist);
33.  void push(char *from, char *to, int dist);
34.  void pop(char *from, char *to, int *dist);
35.  void isflight(char *from, char *to);
36.  int find(char *from, char *anywhere);
37.  int match(char *from, char *to);
38.
39.  int main()
40.  {
41.       char from[20], to[20];
42.
43.       setup( );
44.
45.       printf("From?");
46.       gets(from);
47.       printf("To?");
48.       gets(to);
49.
50.       isflight(from, to);
51.       route(to);
52.
53.       system("PAUSE");
54.       return 0;
55.  }    /*end main*/
56.
57.  /* 函数setup：初始化航班数组 */
58.  void setup( )
```

```
59.   {
60.       assert_flight("New York", "Chicago", 1000);
61.       assert_flight("Chicago", "Denver", 1000);
62.       assert_flight("New York", "Toronto", 800);
63.       assert_flight("New York", "Denver", 1900);
64.       assert_flight("Toronto", "Calgary", 1500);
65.       assert_flight("Toronto", "Los Angeles", 1800);
66.       assert_flight("Toronto", "Chicago", 500);
67.       assert_flight("Denver", "Urbana", 1000);
68.       assert_flight("Denver", "Houston", 1500);
69.       assert_flight("Houston", "Los Angeles", 1500);
70.       assert_flight("Denver", "Los Angeles", 1000);
71.   }     /* end setup */
72.
73.   /* 函数assert_flight：插入一条航班记录到航班数组 */
74.   void assert_flight(char *from, char *to, int dist)
75.   {
76.       if( f_pos < MAX ){
77.           strcpy( flight[f_pos].from, from);
78.           strcpy(flight[f_pos].to, to);
79.           flight[f_pos].distance = dist;
80.           flight[f_pos].skip = 0;
81.           f_pos++;
82.       }
83.       else printf("Flight database full.\n");
84.   }     /* end assert_flight */
85.
86.   /* 函数route：显示航班路线和总距离 */
87.   void route( char *to )
88.   {
89.       int dist, t;
90.
91.       dist = 0;
92.       t = 0;
93.       while( t < tos ){
94.           printf("%s    to ", bt_stack[t].from);
95.           dist += bt_stack[t].dist;
96.           t++;
```

计算机科学与技术专业规划教材

```
97.         }
98.
99.         printf("%s \n", to);
100.        printf("Distance is %d.\n", dist);
101.    }     /* end route */
102.
103.    /* 函数match：查找从from到to的航班，如果找到，返回距离；否则返回0 */
104.    int match( char *from, char *to)
105.    {
106.        register int t;
107.
108.        for( t = f_pos - 1; t > -1; t-- )
109.            if( !strcmp( flight[t].from, from) && !strcmp( flight[t].to, to ) )
110.                return flight[t].distance;
111.
112.        return 0;      /* no found */
113.    }     /* end match */
114.
115.    /* 函数find：查找从from起飞距离最远的目的地，并返回距离；
116.    *  如果没有任何航班，返回0 */
117.    int find( char *from, char *anywhere)
118.    {
119.        int pos, dist;
120.
121.        pos = dist = 0;
122.        find_pos = 0;
123.
124.        while( find_pos < f_pos ){
125.            if( !strcmp(flight[find_pos].from, from ) && !flight[find_pos].skip ){
126.                if( flight[find_pos].distance > dist ){
127.                    pos = find_pos;
128.                    dist = flight[find_pos].distance;
129.                }
130.            }
131.            find_pos++;
132.        }
133.        if( pos ){
134.            strcpy( anywhere, flight[pos].to );
```

```
135.            flight[pos].skip = 1;
136.            return flight[pos].distance;
137.        }
138.        return 0;
139.    }   /* end find */
140.
141.    /* 函数isflight：查找是否存在从from到to的航线*/
142.    void isflight( char *from, char *to)
143.    {
144.        int d, dist;
145.        char anywhere[20];
146.
147.        /* 查找是否存在直达航班*/
148.        if( d = match( from , to) ){
149.            push( from, to, d);
150.            return;
151.        }
152.
153.        /* 如果无直达航班，则查找其他航线*/
154.        if( dist = find(from, anywhere) ){
155.            push( from, to ,dist);
156.            isflight(anywhere, to);       /* 查找从anywhere到to的航班*/
157.        }
158.        else if( tos > 0 ){
159.            pop(from, to, &dist);
160.            isflight(from ,to);
161.        }
162.    }   /* end isflight */
163.
164.    /* 函数push：航线堆栈入栈操作*/
165.    void push( char *from, char *to, int dist)
166.    {
167.        if( tos < MAX ){
168.            strcpy( bt_stack[tos].from, from);
169.            strcpy( bt_stack[tos].to, to);
170.            bt_stack[tos].dist = dist;
171.            tos++;
172.        }
```

```
173.         else printf("Stack full!\n");
174.     }    /* end push */
175.
176.     /*  函数pop：航线堆栈出栈操作*/
177.     void pop( char *from, char *to, int *dist)
178.     {
179.         if( tos > 0 ){
180.             tos--;
181.             strcpy( from, bt_stack[tos].from );
182.             strcpy( to, bt_stack[tos].to );
183.             *dist = bt_stack[tos].dist;
184.         }
185.         else printf("Stack underflow!\n");
186.     }    /* end pop */
```

```
From?New York↙
To?Los Angeles↙
New York to Denver to Los Angeles
Distance is 2900
请按任意键继续…
```

11.6.4 选择搜索技术

评价搜索技术是相当复杂的，事实上这是人工智能中研究内容的一部分。然而，一般情况下，可以把目标局限于两个重要方面：

（1）寻找解的速度。

（2）解的质量。

如果希望找到问题的所有可能解，通常需要使用穷举法。但在很多现实问题中，只要找到一个解就可以了，因为这样做花费的代价最低。对这类问题，寻找解的速度是最重要的，但在其他情况下，要求的是质量，即解必须是优的，甚至可能是最优的。搜索解的速度取决于解路径的长度和遍历的节点数。

本节中介绍的各种搜索技术，互有长短，很难说哪一种技术总是优于其他技术。但是平均情况下，探试式搜索技术比盲目搜索具有更好的性能。但是，一旦缺乏确认下一个节点可能在求解路径上的足够信息（即无法给出恰当的探试式信息），就无法使用探试式搜索技术了。

无法使用探试式搜索技术时，使用深度优先搜索技术的效果较好。唯一的例外就是已经了解了某些事实，证明宽度优先更适用。

爬山法和最小代价法之间的选择，取决于希望最大化或者最小化的约束条件。爬山法产生的解路径上的节点一般更少，而最小代价法产生的解路径一般开销最小。

如果希望得到解决最优解又不能承担穷举搜索的开销，可以逐次使用上述 4 种方法，然

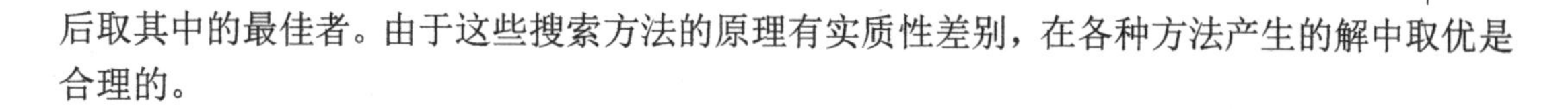

后取其中的最佳者。由于这些搜索方法的原理有实质性差别，在各种方法产生的解中取优是合理的。

11.7　本章小结

程序设计是算法设计和语言技巧的完美结合，本章从 C 语言实例，简要介绍穷举法、局部搜索法、回溯法、分治法、动态规划法以及人工智能搜索技术。以此为出发点，希望引导读者在熟练掌握语言工具的前提下，真正迈入程序设计领域。

习　题　11

1. 请采用穷举蛮力法，编程输入由 1、2、3、4 和 5 组成的所有排列。
2. 请编写程序实现至少 4 种不同的排序算法，并分析比较它们在时间开销上的优劣。
3. 请采用深度优先搜索技术，编程实现本章 11.6.3 节中例题 11-6 中的安排航班问题。
4. 请采用宽度优先搜索技术，编程实现本章 11.6.3 节中例题 11-6 中的安排航班问题。
5. 请采用最小代价搜索技术，编程实现本章 11.6.3 节中例题 11-6 中的安排航班问题。

附录A ASCII码表

十进制	八进制	十六进制	符号	十进制	八进制	十六进制	符号
0	0	0H	null \0	31	37	1FH	
1	1	1H		32	40	20H	space
2	2	2H		33	41	21H	!
3	3	3H		34	42	22H	" \"
4	4	4H		35	43	23H	#
5	5	5H		36	44	24H	$
6	6	6H		37	45	25H	%
7	7	7H	bell \a	38	46	26H	&
8	10	8H	backspace \b	39	47	27H	' \'
9	11	9H	tab \t	40	50	28H	(
10	12	AH	linefeed \n	41	51	29H	)
11	13	BH	vertical tab \v	42	52	2AH	*
12	14	CH	formfeed \f	43	53	2BH	+
13	15	DH	carriage return \r	44	54	2CH	,
14	16	EH		45	55	2DH	-
15	17	FH		46	56	2EH	.
16	20	10H		47	57	2FH	/
17	21	11H		48	60	30H	0
18	22	12H		49	61	31H	1
19	23	13H		50	62	32H	2
20	24	14H		51	63	33H	3
21	25	15H		52	64	34H	4
22	26	16H		53	65	35H	5
23	27	17H		54	66	36H	6
24	30	18H		55	67	37H	7
25	31	19H		56	70	38H	8
26	32	1AH		57	71	39H	9
27	33	1BH	escape \\	58	72	3AH	:
28	34	1CH		59	73	3BH	;
29	35	1DH		60	74	3CH	<
30	36	1EH		61	75	3DH	=

续表

十进制	八进制	十六进制	符号	十进制	八进制	十六进制	符号
62	76	3EH	>	95	137	5FH	_
63	77	3FH	?	96	140	60H	`
64	100	40H	@	97	141	61H	a
65	101	41H	A	98	142	62H	b
66	102	42H	B	99	143	63H	c
67	103	43H	C	100	144	64H	d
68	104	44H	D	101	145	65H	e
69	105	45H	E	102	146	66H	f
70	106	46H	F	103	147	67H	g
71	107	47H	G	104	150	68H	h
72	110	48H	H	105	151	69H	i
73	111	49H	I	106	152	6AH	j
74	112	4AH	J	107	153	6BH	k
75	113	4BH	K	108	154	6CH	l
76	114	4CH	L	109	155	6DH	m
77	115	4DH	M	110	156	6EH	n
78	116	4EH	N	111	157	6FH	o
79	117	4FH	O	112	160	70H	p
80	120	50H	P	113	161	71H	q
81	121	51H	Q	114	162	72H	r
82	122	52H	R	115	163	73H	s
83	123	53H	S	116	164	74H	t
84	124	54H	T	117	165	75H	u
85	125	55H	U	118	166	76H	v
86	126	56H	V	119	167	77H	w
87	127	57H	W	120	170	78H	x
88	130	58H	X	121	171	79H	y
89	131	59H	Y	122	172	7AH	z
90	132	5AH	Z	123	173	7BH	{
91	133	5BH	[	124	174	7CH	|
92	134	5CH	\	125	175	7DH	}
93	135	5DH	]	126	176	7EH	~
94	136	5EH	^	127	177	7FH	delete

符号列中：前者是打印输出形式或字符描述，后者是转义字符（如果存在的话）。

附录B C运算符的优先级和结合性

运算符的算元	运算符	含义	优先级	结合性
	[ ]	下标	17	从左到右
	函数名(形参)	函数调用	17	从左到右
	.	结构类型成员选择	17	从左到右
	->	用指针选择结构成员	17	从左到右
一元	后缀++ 后缀--	后缀自增 后缀自减	16	从右到左
一元	前缀++ 前缀--	前缀自增 前缀自减	15	从右到左
一元	sizeof	求对象的字节数	15	从右到左
一元	~	按位求补	15	从右到左
一元	!	逻辑非	15	从右到左
一元	+	一元加	15	从右到左
一元	-	求反	15	从右到左
一元	&	取地址	15	从右到左
一元	*	指针运算符	15	从右到左
一元	(类型名)	强制类型转换	14	从右到左
二元	*	乘法	13	从左到右
二元	/	除法	13	从左到右
二元	%	求模、取余数	13	从左到右
二元	+	加法	12	从左到右
二元	-	减法	12	从左到右
二元	<<	左移	11	从左到右
二元	>>	右移	11	从左到右
二元	<	小于	10	从左到右
二元	>	大于	10	从左到右
二元	<=	小于等于	10	从左到右

续表

运算符的算元	运算符	含义	优先级	结合性
二元	>=	大于等于	10	从左到右
二元	==	等于	9	从左到右
二元	!=	不等于	9	从左到右
二元	&	按位与	8	从左到右
二元	^	按位异或	7	从左到右
二元	|	按位或	6	从左到右
二元	&&	逻辑与	5	从左到右
二元	||	逻辑或	4	从左到右
三元	…?…:…	条件表达式	3	从右到左
二元	=	赋值	2	从右到左
二元	+=　-=	加或减后再赋值	2	从右到左
二元	*=　/=　%=	乘、除、取余数后再赋值	2	从右到左
二元	&=　^=　|=	按位操作后再赋值	2	从右到左
二元	<<=　>>=	移位后再赋值	2	从右到左
二元	,	左边优先顺序求值	1	从左到右

附录C C 关 键 字

1. 预处理命令

文件包含：#include
宏：#define #undef #error #line #pragma
高级宏操作符：#(stringize) ##(tokenize)
条件编译：#if #ifdef #else #ifndef, #endif

2. 控制字

下面的字控制程序块执行的流程。
函数：main return
条件：if else switch case default
循环：while for do
转向控制：goto break continue

3. 类型和声明

整型类型：long int short char signed unsigned
实数类型：double float long double
未知或通用类型：void
类型限定词：const volatile
存储类别：auto static extern register
类型操作符：sizeof
创建类型别名：typedef
定义新类型描述：struct enum union

附录D　常用C库函数

1. 字符处理函数

所在函数库为ctype.h

函数原型	说　明
int isalpha(int ch)	判断ch是否字母，若是字母返回非0值，否则返回0。
int isalnum(int ch)	判断ch是否字母或数字，若是字母或数字返回非0值，否则返回0。
int isascii(int ch)	判断ch是字符(ASCII码中的0-127)返回非0值，否则返回0。
int iscntrl(int ch)	判断ch是否控制字符，如果ch是作废字符（0x7F）或普通控制字符（0x00-0x1F）返回非0值，否则返回0。
int isdigit(int ch)	判断ch是否数字，若ch是数字('0'-'9')返回非0值，否则返回0。
int isgraph(int ch)	判断ch是否可显示字符，若字符(0x21-0x7E)返回非0值，否则返回0。
int islower(int ch)	判断ch是否小写字母，若ch是小写字母('a'-'z')返回非0值，否则返回0。
int isprint(int ch)	若ch是可打印字符(含空格)(0x20-0x7E)返回非0值，否则返回0。
int ispunct(int ch)	若ch是标点字符(0x00-0x1F)返回非0值，否则返回0。
int isspace(int ch)	若ch是空格，水平制表符('\t')，回车符('\r')，走纸换行('\f')，垂直制表符('\v')，换行符('\n')返回非0值，否则返回0。
int isupper(int ch)	若ch是大写字母返回非0值，否则返回0。
int isxdigit(int ch)	若ch是16进制数返回非0值，否则返回0。
int tolower(int ch)	若ch是大写字母返回相应的小写字母。
int toupper(int ch)	若ch是小写字母返回相应的大写字母。

2. 数学函数

所在函数库为math.h、stdlib.h、string.h、float.h

函数原型	说　明
int abs(int i)	返回整型参数 i 的绝对值
double cabs(struct complex znum)	返回复数 znum 的绝对值
double fabs(double x)	返回双精度参数 x 的绝对值
long labs(long n)	返回长整型参数 n 的绝对值
double exp(double x)	返回指数函数 e^x 的值
double frexp(double value,int *eptr)	返回 value=x*2^n 中 x 的值，n 存贮在 eptr 中
double ldexp(double value,int exp);	返回 value*2^{exp} 的值
double log(double x)	返回 $\log_e{}^x$ 的值
double log10(double x)	返回 $\log_{10}{}^x$ 的值
double pow(double x,double y)	返回 x^y 的值
double pow10(int p)	返回 10^p 的值
double sqrt(double x)	返回 x 的开方
double acos(double x)	返回 x 的反余弦 cos(x)值,x 为弧度
double asin(double x)	返回 x 的反正弦 sin-1(x)值,x 为弧度
double atan(double x)	返回 x 的反正切 tan-1(x)值,x 为弧度
double atan2(double y,double x)	返回 y/x 的反正切 tan-1(x)值,y 的 x 为弧度
double cos(double x)	返回 x 的余弦 cos(x)值,x 为弧度
double sin(double x)	返回 x 的正弦 sin(x)值,x 为弧度
double tan(double x)	返回 x 的正切 tan(x)值,x 为弧度
double cosh(double x)	返回 x 的双曲余弦 cosh(x)值,x 为弧度
double sinh(double x)	返回 x 的双曲正弦 sinh(x)值,x 为弧度
double tanh(double x)	返回 x 的双曲正切 tanh(x)值,x 为弧度
double hypot(double x,double y)	返回直角三角形斜边的长度(z), x 和 y 为直角边的长度
double ceil(double x)	返回不小于 x 的最小整数
double floor(double x)	返回不大于 x 的最大整数
void srand(unsigned seed)	初始化随机数发生器
int rand( )	产生一个随机数并返回这个数
double poly(double x, int n, double c[ ])	以形参数组 C 的元素为系数产生一个 n 阶多项式，代入 x 的值计算该多项式的结果并返回
double modf(double value, double *iptr)	将双精度数 value 分解成整数和小数部分，整数部分存入 iptr 指向的单元，函数返回值为小数部分

续表

函数原型	说　　明
double fmod(double x, double y)	返回 x/y 的余数
double frexp(double value,int *eptr)	将双精度数 value 分成尾数和阶（以 2 为底）
double atof(char *nptr)	将字符串 nptr 转换成浮点数并返回这个浮点数
double atoi(char *nptr)	将字符串 nptr 转换成整数并返回这个整数
double atol(char *nptr)	将字符串 nptr 转换成长整数并返回这个整数
char *ecvt(double value,int ndigit, int *decpt, int *sign)	将浮点数 value 转换成字符串并返回该字符串
char *fcvt(double value,int ndigit, int *decpt,int *sign)	将浮点数 value 转换成字符串并返回该字符串
char *gcvt(double value,int ndigit, char *buf)	将数 value 转换成字符串并存于 buf 中,并返回 buf 的指针
char *ultoa(unsigned long value, char *string, int radix)	将无符号整型数 value 转换成字符串并返回该字符串, radix 为转换时所用基数
char *ltoa(long value,char *string, int radix)	将长整型数 value 转换成字符串并返回该字符串,radix 为转换时所用基数
char *itoa(int value,char *string,int radix)	将整数 value 转换成字符串存入 string,radix 为转换时所用基数
double atof(char *nptr)	将字符串 nptr 转换成双精度数,并返回这个数,错误返回 0
int atoi(char *nptr)	将字符串 nptr 转换成整型数，　并返回这个数,错误返回 0
long atol(char *nptr)	将字符串 nptr 转换成长整型数,并返回这个数,错误返回 0
double strtod(char *str, char **endptr)	将字符串 str 转换成双精度数,并返回这个数
long strtol(char *str,char **endptr, int base)	将字符串 str 转换成长整型数,并返回这个数

3. 字符串处理函数

所用函数库为 string.h

函数原型	说　　明
char *stpcpy(char *dest, const char *src)	将字符串 src 复制到 dest
char *strcat(char *dest, const char *src)	将字符串 src 添加到 dest 末尾
char *strchr(const char *s,int c)	检索并返回字符 c 在字符串 s 中第一次出现的位置

续表

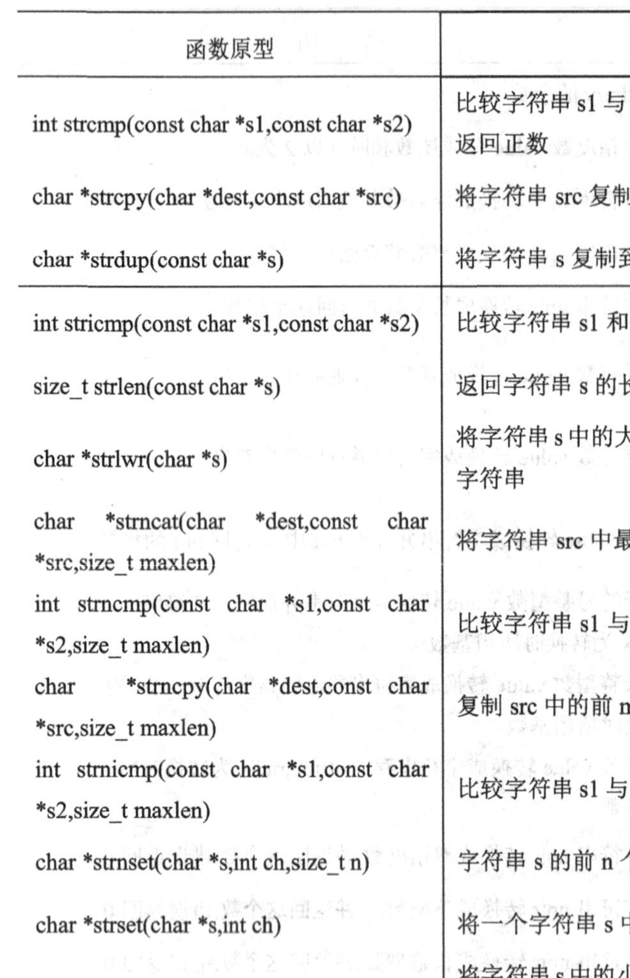

函数原型	说　明
int strcmp(const char *s1,const char *s2)	比较字符串 s1 与 s2 的大小,s1<s2 返回负数,s1=s2 返回 0,s1>s2 返回正数
char *strcpy(char *dest,const char *src)	将字符串 src 复制到 dest
char *strdup(const char *s)	将字符串 s 复制到新建立的内存区域，并返回该区域首地址
int stricmp(const char *s1,const char *s2)	比较字符串 s1 和 s2（不区分大小写字母）
size_t strlen(const char *s)	返回字符串 s 的长度
char *strlwr(char *s)	将字符串 s 中的大写字母全部转换成小写字母,并返回转换后的字符串
char *strncat(char *dest,const char *src,size_t maxlen)	将字符串 src 中最多 maxlen 个字符添加到字符串 dest 末尾
int strncmp(const char *s1,const char *s2,size_t maxlen)	比较字符串 s1 与 s2 中的前 maxlen 个字符
char *strncpy(char *dest,const char *src,size_t maxlen)	复制 src 中的前 maxlen 个字符到 dest 中
int strnicmp(const char *s1,const char *s2,size_t maxlen)	比较字符串 s1 与 s2 中的前 maxlen 个字符(不区分大小写字母)
char *strnset(char *s,int ch,size_t n)	字符串 s 的前 n 个字符更改为 ch 并返回修改后的字符串
char *strset(char *s,int ch)	将一个字符串 s 中的所有字符更改为一个给定的字符 ch
char strupr(char *s)	将字符串 s 中的小写字母全部转换成大写字母,并返回转换后的字符串

4. 输入输出函数

函数库为 io.h、conio.h、stat.h、dos.h、stdio.h、signal.h

函数原型	说　明
int kbhit()	本函数返回最近所敲的按键值
int fgetchar()	从标准输入设备读一个字符，显示在屏幕上
int getch()	从标准输入设备读一个字符，不显示在屏幕上
int putch()	向标准输出设备写一个字符
int getchar()	从标准输入设备读一个字符，显示在屏幕上
int putchar()	向标准输出设备写一个字符

续表

函数原型	说　明
int getche()	从标准输入设备读一个字符，显示在屏幕上
int ungetch(int c)	把字符 c 退回给标准输入设备
int scanf(char *format [, argument …])	从标准输入设备按 format 指定的格式输入数据赋给 argument 指向的单元
int cscanf(char *format [, argument …])	直接从控制台（键盘）读入数据
int puts(char *string)	发送一个字符串 string 给标准输出设备
void cputs(char *string)	发送一个字符串 string 给控制台(显示器)，直接对控制台作操作，比如显示器即为直接写频方式显示
int printf(char *format [, argument , …])	发送格式化字符串输出给标准输出设备
int cprintf(char *format [, argument, …])	发送格式化字符串输出给控制台(显示器)，直接对控制台作操作，比如显示器即为直接写频方式显示
int pen(char *pathname,int access[, int permiss])	为读或写打开一个文件，按 access 来确定是读文件还是写文件，permiss 为文件属性,可为以下值：S_IWRITE 允许写 S_IREAD 允许读 S_IREAD|S_IWRITE
int creat(char *filename,int permiss)	建立一个新文件 filename，并设定文件属性，如果文件已经存在，则清除文件原有内容
int creatnew(char *filename, int attrib)	建立一个新文件 filename，并设定文件属性，如果文件已经存在，则返回出错信息。attrib 为文件属性，可以为以下值：FA_RDONLY 只读 FA_HIDDEN 隐藏 FA_SYSTEM 系统
int read(int handle,void *buf,int nbyte)	从文件号为 handle 的文件中读 nbyte 个字符存入 buf 中
int write(int handle, void *buf, int nbyte)	将 buf 中的 nbyte 个字符写入文件号为 handle 的文件中
int eof(int *handle)	检查文件是否结束,结束返回 1，否则返回 0
long filelength(int handle)	返回文件长度，handle 为文件号
int setmode(int handle, unsigned mode)	本函数用来设定文件号为 handle 的文件的打开方式
long lseek(int handle,long offset,int fromwhere)	本函数将文件号为 handle 的文件的指针移到 fromwhere 后的第 offset 个字节处
long tell(int handle)	本函数返回文件号为 handle 的文件指针当前位置，以字节表示
int lock(int handle,long offset,long length)	对文件共享作封锁
int unlock(int handle, long offset, long length)	打开对文件共享的封锁

续表

函数原型	说　明
int close(int handle)	关闭 handle 所表示的文件处理，成功返回 0；否则返回-1，可用于 UNIX 系统
FILE *fopen(char *filename,char *type)	打开一个文件 filename,打开方式为 type，并返回这个文件指针
int getc(FILE *stream)	从流 stream 中读一个字符，并返回这个字符
int putc(int ch,FILE *stream)	向流 stream 写入一个字符 ch
int getw(FILE *stream)	从流 stream 读入一个整数，错误返回 EOF
int putw(int w,FILE *stream)	向流 stream 写入一个整数
int ungetc(char c,FILE *stream)	把字符 c 退回给流 stream，下一次读进的字符将是 c
int fgetc(FILE *stream)	从流 stream 处读一个字符，并返回这个字符
int fputc(int ch,FILE *stream)	将字符 ch 写入流 stream 中
char *fgets(char *string,int n,FILE *stream)	从流 stream 中读 n 个字符存入 string 中
int fputs(char *string,FILE *stream)	将字符串 string 写入流 stream 中
int fread(void *ptr, int size, int nitems, FILE *stream)	从流 stream 中读入 nitems 个长度为 size 的字符串存入 ptr 中
int fwrite(void *ptr,int size,int nitems,FILE *stream)	向流 stream 中写入 nitems 个长度为 size 的字符串，字符串在 ptr 中
int fscanf(FILE *stream,char *format[,argument,…])	以格式化形式从流 stream 中读入数据
int fprintf(FILE *stream, char *format [, argument,…])	以格式化形式将一个字符串写给指定的流 stream
int fseek(FILE *stream,long offset, int fromwhere)	函数把文件指针移到 fromwhere 所指位置的向后 offset 个字节处，fromwhere 可以为以下值：SEEK_SET 文件开关　SEEK_CUR 当前位置　SEEK_END 文件尾
long ftell(FILE *stream)	函数返回定位在 stream 中的当前文件指针位置,以字节表示
int rewind(FILE *stream)	将当前文件指针 stream 移到文件开头
int feof(FILE *stream)	检测流 stream 上的文件指针是否在结束位置
int ferror(FILE *stream)	检测流 stream 上是否有读写错误，如有错误就返回 1
void clearerr(FILE *stream)	清除流 stream 上的读写错误
int fclose(FILE *stream)	关闭一个流，可以是文件或设备(例如 LPT1)
int fcloseall()	关闭所有除 stdin 或 stdout 外的流

5. 存储分配函数

所在函数库为 dos.h、alloc.h、malloc.h、stdlib.h、process.h

函数原型	说　明
void *calloc(unsigned nelem, unsigned elsize)	分配 nelem 个长度为 elsize 的内存空间并返回所分配内存的指针
void *malloc(unsigned size)	分配 size 个字节的内存空间，并返回所分配内存的指针
void free(void *ptr)	释放先前所分配的内存，所要释放的内存的指针为 ptr
void *realloc(void *ptr,unsigned newsize)	改变已分配内存的大小,ptr 为已分配有内存区域的指针，newsize 为新的长度，返回分配好的内存指针

附录E C/C++互联网资源

1. 本教材课程网站

http://jpkc.whu.edu.cn/jpkc2005/alprogram

本课程的精品课程网站，可下载本教材免费的辅导材料、资源和源代码等。

2. C 辅导材料

www.cprogramming.com/tutorial.html#ctutorial

辅导材料：C Tutorial。包括 C 语言简介、控制语句、指针、结构类型、数组、字符串、文件 I/O、命令行参数、链表、递归、可变参数列表和二叉树等。

www.cs.cf.ac.uk/Dave/C/CE.html

A. D. Marshall 的教案：Programming in C: UNIX System Calls and Subroutines Using C。

www.vijaymukhi.com/vmis/vmchap4.htm

辅导材料：Covers Windows sockets programming in C。

www.codeproject.com/cpp/pointers.asp

Andrew Peace 的辅导材料：A Beginner's Guide to Pointers。

www.tidp.org/HOWTO/GCC-Frontend-HOWTO.html

Sreejith K Menon 的辅导材料：GCC Frontend HOWTO。包括编译器工具、GCC 的前端、GCC 的安装、创建自己的前端等。

www.its.strath.ac.uk/courses/c/

Strathclyde 大学计算机中心的 Steve Holmes 的辅导材料，"C Programming"。包括 C 语言概述、UNIX 环境下使用 C 语言等。

www.developertutorials.com/tutorials/linux/writing-compliling-c-programs-linux-050422/page1.html

AP Lawrence 的 Tony Lawrence 的辅导材料：Writing and Compliling C Programs on Linux。

irccrew.org/~cras/security/c-guide.html

Timo Sirainnen 的辅导材料：Secure, Efficient and Easy C Programming。包括内存分配、字符串处理、缓冲处理和实际应用等。

vergil.chemistry.gatech.edu/resources/programming/c-tutorial/toc.html

辅导材料：C Programming Tutorial。

users.actom.co.il/~choo/lupg/tutorials/c-on-unix/c-on-unix.html

Guy Keren 的辅导材料：Compiling C and C++ Programs on Unix Systems—gcc/g++。

www.iu.hio.no/~mark/CTutorial/CTutorial.html

Mark Burgess 的辅导材料：C ProgrammingTutorial。面向没有任何解释型程序设计语言基础的读者，介绍性 C 程序设计辅导材料等。

3. 免费的 C/C++编译器和开发工具

www.microsoft.com/vstudio/express/visualc/download

下载免费的 Microsoft Visual C++ .NET 2005 Express 版软件。

www.borland.com/bcppbuilder

下载免费的 Borland C++ Builder 2006 试用版。

www.metrowerks.com/MW/Develop/complier.htm

下载免费的 Metrowerks Code Warrior III 编译器试用版。

developer.intel.com/software/products/compilers/cwin/index.htm

下载免费的面向 Windows 操作系统的 Intel C++编译器 9.0 试用版。

gcc.gnu.org

下载免费的开发源代码的面向 Linux 操作系统的 GNU C++编译器。

developer.apple.com/tools/mpw-tools

下载免费的开发源代码的基于 Mac OS 7.x, 8.x 和 9.x 操作系统的 Macintosh Programmer's Workshop。

www.bloodshed.net/devcpp.html

下载免费的基于 GNU 编译器和 Cygwin 的 Mingw 端口的 Bloodshed Dev-C++集成开发环境 IDE。

www.codeblocks.org

下载 Code::Blocks，一个免费的开发源代码的跨平台的 C++集成开发环境 IDE。

www.digitalmars.com/download/dmcpp.html

下载 Digital Mars 公司的面向 Win32 的 C/C++编译器。

www.members.tripod.com/%7Eladsoft/frindx.htm?cc386.htm

下载 LadSoft 公司的 CC386 32 位的 C 编译器。

www.orbworks.com

下载基于 PalmOS，WinCE 和 Win32 操作系统的 C 编译器。

4. C99

www.open-std.org/jtcl/sc22/wg14/

C99 标准的官方网站，包括错误报告、工作论文、项目和里程碑事件、C99 标准的基本原理、联系方式等。

www.open-std.org/jtcl/sc22/wg14/www/docs/n1124.pdf

带有技术更正 1 和 2 的 C 标准。

www.wiley.com/WileyCDA/WileyTitle/productCd-0470845732.html

购买 C99 标准的一个副本。

www.comeaucomputing.com/techtalk/c99

C99 常见问题 CAQ。

www.open-std.org/jtcl/sc22/wg14/www/C99RationaleV5.10.pdf

白皮书：Rationale for International Standard-Programming Languages-C。该文档描述了 C99 标准委员会的思考内容。

gcc.gnu.org/c99status.html

在 GNU 编译器收集（GCC）中查找 C99 特性的现状。

www.kuro5hin.org/story/2001/2/23/194544/139

文章：Are You Ready for C99? 其中讨论了一些有趣的新特性、与 C++不兼容及需要编译器支持等议题。

www.informit.com/guides/content.asp?g=cplusplus&seqNum=215&rl=1

Danny Kalev 撰写的文章：A Tour of C99，总结了 C99 标准的一些新特性。

www.cuj.com/documents/s=8191/cuj0104meyers/

Randy Meyers 撰写的文章：The New C: Declarations and Initializations，其中讨论了 C99 的新特性。

home.tiscalinet.ch/t_wolf/tw/c/c9x_changes.html

针对 C99 的许多特性提供简单的技术性说明和代码例子。

developers.sun.com/prodtech/cc/index.jsp

下载 Sun Studio11，包含有一个免费的完全满足 C99 编译器。

www.softintegration.com/products/chstandards/download/

下载 Ch 标准版——一个免费的在很多平台上支持 C99 的解释程序。你可以下载 ChSCiTE——一个相应的集成开发环境 IDE。

5. C 项目、免费软件和共享软件

sourceforge.net/projects/cpp-performeter

测试你的 C/C++源代码性能的工具。

sourceforge.net/projects/gwtoolkit

C 语言的图形工具。

sourceforge.net/projects/cil

C 的中间语言。

sourceforge.net/projects/algoview

能产生代码的流程图的 C 算法展示器。

6. C 源代码

ourworld.compuserve.com/homepages/blueberry/samples.htm

一些入门级程序的 C/C++源程序样例。

www.programmershelp.co.uk/cfilecode.php

用 C 编写的文件输入/输出源代码样例。

www.programmershelp.co.uk/cgraphics.php

C 图形程序的代码样例。

www.programmershelp.co.uk/cmathcode.php

用 C 编写的演示数学函数的代码样例。

7. C 电子书籍

www.oreilly.com/catalog/pcp3/chapter/ch13.html

Steve Oualline 所著的 Practical C programming, 3/E 的样例章节：Simple Pointers。

publications.gbdirect.co.uk/c_book

Mike Banahan, Declan Brady 和 Mark Doran 的电子书籍：The C Book。

www.planetpdf.com/codecuts.pdfs/ooc.pdf

Axel-Tobias Schreiner 的电子书籍：Object-Oriented Programming with ANSI-C。

www.acm.uiuc.edu/webmonkeys/book/c_guide/index.html

Eric Huss 的电子书籍：The C Library Reference Guide。

8. C 常见问题 FAQ

www.cs.ruu.nl/wais/html/na-dir/C-faq/diff.html

对 news:comp.langg.c 中常见问题 FAQ 的更新和修改。

c-faq.com

对 news:comp.langg.c 新闻组中编辑出来的常见问题 FAQ。

faq.cprogramming.com/cgi-bin/smartfaq.cgi

C 和 C++程序设计的常见问题 FAQ。

www-users.cs.umn.edu/~tan/www-docs/C_lang.html

Steve Summit, C programming FAQS: Frequently Asked Questions 的作者，提供的 C 程序设计的常见问题。

参考文献

[1] 【美】赫伯特. 希尔特著，王子恢、戴健鹏等译. C 语言大全（第四版）[M]. 北京：电子工业出版社，2001.

[2] 【美】P. J. Detiel, H. M. Detiel，等著，苏小红，李东，王甜甜，等译. C 大学教程（第五版）[M]. 北京：电子工业出版社，2008.

[3] 【美】Alice E. Fischer, David W. Eggert，等著，裘岚，张晓芸等译. C 语言程序设计实用教程[M]. 北京：电子工业出版社，2001.

[4] 谭成予. C 程序设计导论[M]. 武汉：武汉大学出版社，2005.

[5] 孟庆昌，刘振英，陈海鹏，等. C 语言程序设计[M]. 北京：人民邮电出版社，2002.

[6] Brian W. Kernighan, Dennis M. Ritchie. The C Programming Language（Second edition）[M]. 北京：清华大学出版社（影印版），1996.

[7] 谭浩强著. C 程序设计（第三版）[M]. 北京：清华大学出版社，1999.

[8] 【美】K.N.King 著，吕秀峰译.C 语言程序设计现代方法[M]. 北京：人民邮电出版社，2007.

[9] 汤庸. 结构化与面向对象软件方法[M]. 北京：科学出版社，1998.

[10] 李春葆，张植民，肖忠付. C 语言程序设计题典[M]. 北京：清华大学出版社，2002.

[11] 温海，张友，童伟，等. C 语言精彩编程百例[M]. 北京：中国水利水电出版社，2003.

[12] 【美】Michael Sipser 著，张立昂，王捍贫，黄雄，等译. 计算理论导引[M]. 北京：机械工业出版社，2002.

[13] 卢开澄编著. 计算机算法导引——设计与分析[M]. 北京：清华大学出版社，1996.

[14] 张益新，沈雁. 算法引论[M]. 长沙：国防科技大学出版社，1995.

[15] Zbigniew Michalewicz, David B. Fogel 著，曹宏庆，李艳，董红斌，吴志健译[M]. 北京：中国水利水电出版社，2003.